"十二五"普通高等教育本科国家级规划教材

河南省"十四五"普通高等教育规划教材

大学计算机基础

（第三版）

徐久成　王岁花　主编

科学出版社

北京

内 容 简 介

本书是讲述计算机基础知识和应用的教材。全书共 8 章,分别介绍计算思维与计算机概论、操作系统概述及 Windows 7 基础、Word 2016 文字处理、Excel 2016 电子表格、PowerPoint 2016 演示文稿、计算机网络与安全、多媒体技术、软件技术基础等。

本书注重基本原理、基本方法及实用性,并包含了计算机发展的新技术。为了便于读者理解书中的知识和操作,每章后面均配有习题。其中部分习题放置了二维码,读者扫描二维码即可在手机上查看答案或视频讲解。

本书内容丰富,语言精练,通俗易懂,适合作为高等院校大学计算机基础课程教材,也可作为自学者或相关领域的工程技术人员的参考书。不同层次的学生可以根据需要选学其中的章节。

图书在版编目(CIP)数据

大学计算机基础 / 徐久成,王岁花主编. — 3 版. — 北京:科学出版社,2021.8

("十二五"普通高等教育本科国家级规划教材·河南省"十四五"普通高等教育规划教材)

ISBN 978-7-03-069093-7

Ⅰ. ① 大…　Ⅱ. ① 徐…　② 王…　Ⅲ. ①电子计算机-高等学校-教材　Ⅳ. ①TP3

中国版本图书馆 CIP 数据核字(2021)第 109051 号

责任编辑:潘斯斯　张丽花 / 责任校对:王　瑞
责任印制:霍　兵 / 封面设计:迷底书装

科 学 出 版 社 出版
北京东黄城根北街 16 号
邮政编码:100717
http://www.sciencep.com
石家庄继文印刷有限公司印刷
科学出版社发行　各地新华书店经销
*
2009 年 8 月第 一 版　开本:787×1092　1/16
2018 年 8 月第 二 版　印张:23 1/2
2021 年 8 月第 三 版　字数:557 000
2024 年 9 月第三十三次印刷

定价:59.00 元
(如有印装质量问题,我社负责调换)

前　言

2009 年 8 月，教材编者根据教育部高等学校大学计算机课程教学指导委员会（以下简称"教指委"）2006 年发布的《关于进一步加强高等学校计算机基础教学的意见暨计算机基础课程教学基本要求》，充分吸收全国多所高校在计算机基础教育方面的教学改革成果，并融入一线教师的宝贵教学经验，编写并出版了《大学计算机基础》一书。随着云计算、大数据、物联网等新概念和新技术的出现，以及全国计算机等级考试的新要求，教材编者对该教材进行过多次修订。由于该教材特色鲜明，反映了人才培养模式和教学改革的需求，自出版以来受到全国各高校师生的普遍好评，2012 年被评为"十二五"普通高等教育本科国家级规划教材；2020 年获得河南省"十四五"普通高等教育规划教材重点立项；2021 年 1 月被评为首届河南省教材建设奖优秀教材特等奖。

当前，信息技术已经融入社会生活的方方面面，深刻改变着人类的思维、生产、生活、学习方式，展示了人类社会发展的前景，因此大学生计算机基础教学工作应与社会接轨，与时代同行，真正做到"指导学生树立计算思维，实现计算机赋能教育"。党的二十大报告指出："全面贯彻党的教育方针，落实立德树人根本任务，培养德智体美劳全面发展的社会主义建设者和接班人。"本书第三版紧紧围绕立德树人根本任务，根据教育部大学计算机课程教指委制定的《大学计算机基础课程教学基本要求》，吸收有关计算思维理论、体系以及方法论的研究成果，结合当前大量教育教学改革实践与课程实施方案修订而成。同时，在教材中凸显课程思政，注重立德树人，增强民族自信，体现社会主义核心价值观，使其更适合新时期的计算机基础教学。

本书主要内容包括：计算思维与计算机概论、操作系统概述及 Windows 7 基础、Office 2016 办公软件、计算机网络与安全、多媒体技术、软件技术基础等。本书注重基础引导、应用能力的培养、操作技能的提高，涵盖了全国计算机等级考试一、二级 MS Office（Windows 环境）的相关内容。

本书既与中学"信息技术"教学内容紧密衔接，又体现大学计算机课程特点。本书内容紧跟世界计算机技术的发展，更系统、深入地介绍计算机科学与技术的基本概念和基本原理，并配合相应的实验课程，着重强化学生动手能力的培养，体现了本书以基础理论为主体，构建学生终身学习的基础。

本书的编写人员都是多年从事高校大学计算机基础教学的一线教师，具有丰富的理论知识和教学经验，书中不少内容就是对实践经验的总结。参加本书编写的有王岁花、孙全党、岳冬利、王川、邹健、钟毓田，全书由徐久成修改、统编、定稿。本书的编写参考了大量近年来出版的相关技术资料，吸取了许多专家和同仁的宝贵经验，在此向他们表示衷心的感谢！

由于作者水平有限，编写时间仓促，书中难免存在疏漏，不当之处敬请专家和读者批评指正。

编　者

2023 年 8 月

目　录

第1章　计算思维与计算机概论

20世纪人类最重大的成就之一就是计算机的发明和计算技术的应用及发展。自1946年美国的莫奇利和埃克特发明第一台电子管计算机以来，仅仅经历了70多年的时间，以计算机技术为代表的信息技术都得到飞速的发展。大数据、云计算、互联网、移动互联网、物联网这些名词已经越来越频繁地进入人们的日常生活，并对整个人类社会结构和运行秩序产生了深刻的影响，同时也对人们分析问题、解决问题的科学思维模式产生了深刻的影响。计算思维成为并列于实证思维和逻辑思维的第三种科学思维模式。本章主要介绍计算思维与计算机基础。

1.1　计 算 思 维

1.1.1　什么是计算思维

"用望远镜观测太空已经过时"，这句话虽然过于绝对，但也不无道理——对于信息时代的大多数天文研究者来说，现在研究的第一步不是"看到"，而是"计算"。如今，天文学家已经更多利用网络来调度观测，远程控制位于沙漠或偏远地区的望远镜，下载相关的观察结果，然后利用计算机进行分析。

随着信息技术的快速发展，我们进入了大数据时代，获取数据、处理数据的能力有了极大的提高，我们就可以脱离大家认为最严谨的逻辑思维和实证思维方法，而采用观察的方法来研究问题，获取知识。特别是在人文科学和社会科学等无法采用实验方法研究的领域，通过观察设备（如传感器、摄像头等）作用于各种自然现象、社会活动和人类行为，产生了大量的数据，分析和处理这些数据，并且进行归纳和提炼。与古代仅仅依靠人的感官来观察现象相比，现在依靠传感器来观察现象，数据的密度、广度、准确性和一致性已经不能同日而语了。美国总统信息技术咨询委员会（PITAC）提出："虽然计算本身也是一门学科，但是其具有促进其他学科发展的作用。21世纪科学上最重要、经济上最有前途的研究前沿都有可能通过熟练掌握先进的计算技术和运用计算科技而得到解决"。

计算思维，在许多专家学者眼中，是人类应具有的第三种思维。相比于实证思维（观察与归纳）、逻辑思维（推理和演绎），计算思维（设计与构造）关注的是人类思维中有关可行性、可构造性和可评价性的部分。

美国卡内基梅隆大学周以真（Jeannette M. Wing）教授2006年在美国ACM通信期刊上首次提出了计算思维的定义。根据周以真教授对计算思维的定义，计算思维是运用计算机科学的基础概念进行问题求解、系统设计以及人类行为理解等涵盖了计算机科学之广度的一系列思维活动。计算思维最根本的内容即其本质是抽象（Abstraction）和自动化（Automation）。计算思维中的抽象超越物理的时空观并完全用符号表示，其中数字抽象只是一类特例。

计算思维建立在计算过程的能力和限制之上，由人通过机器执行，其计算方法和模型使人们敢于去处理那些原本无法由个人独立完成的问题求解和系统设计。周以真教授对计算思维定义的详细表述体现在以下几个方面。

(1)计算思维是通过约简、嵌入、转化和仿真等方法，把一个看来困难的问题重新阐释成一个我们知道问题怎样解决的思维方法。

(2)计算思维是一种递归思维，是一种并行处理方法，可以把代码翻译成数据，又能把数据翻译成代码，是一种多维分析推广的类型检查方法。

(3)计算思维是一种采用抽象和分解来控制庞杂的任务或进行巨大复杂系统设计的方法，是一种基于关注点分离(Separation of Concerns)的方法，简称 SOC 方法。

(4)计算思维是一种选择合适的方式去陈述一个问题，或对一个问题的相关方面建模，使其易于处理的思维方法。

(5)计算思维是按照预防、保护及通过冗余、容错、纠错的方式，并从最坏情况进行系统恢复的一种思维方法。

(6)计算思维是利用启发式推理寻求解答，即在不确定情况下的规划、学习和调度的思维方法。

(7)计算思维是利用海量数据来加快计算，在实践和空间之间，在处理能力和存储容量之间进行折中的思维方法。

周以真教授指出计算思维具有以下几个方面的特征。

(1)计算思维是概念化，不是程序化。计算机科学并不仅仅是设计程序，还要求能够在抽象的多个层次上思维。

(2)计算思维是根本的，不是刻板的技能。根本技能是每一个人为了在现代社会中发挥职能所必须掌握的。刻板技能意味着机械的重复。具有讽刺意味的是，当计算机像人类一样思考之后，思维可就真的变成机械的了。

(3)计算思维是人的，不是计算机的思维方式。计算思维是人类求解问题的一条途径，但绝非要使人类像计算机那样地思考。计算机枯燥且沉闷，人类聪颖且富有想象力。人类赋予计算机激情，配置了计算设备，我们就能用自己的智慧去解决那些在计算时代之前不敢尝试的问题，实现"只有想不到，没有做不到"的境界。

(4)计算思维是数学和工程思维的互补与融合。和所有学科的形式化基础都是建筑在数学之上一样，计算机科学在本质上也来源于数学思维。由于人类建造的计算机系统是一个能够与实际世界互动的系统，计算机科学在本质上来源于工程思维。由于基本的计算机系统受到的限制，迫使计算机科学家必须进行计算性思考，不能只是单纯地进行数学思考，而要开拓视野，用构建虚拟世界的自由来使人类能够设计出超物理世界的各种系统。

(5)计算思维是思想，不是人造物。计算思维不是以物理形式到处呈现并时时刻刻触及人们生活的软硬件等人造物，而是设计制造软硬件中包含的思想，是计算这一概念用于求解问题、管理日常生活以及与他人交流互动的思想。

(6)计算思维面向所有的人、所有的地方。周以真教授指出：当计算思维真正融入人类活动的整体以致不再表现为一种显式之哲学的时候，它将成为一种现实。

2009 年 7 月，李国杰院士对周以真教授提出的"计算思维"定义进行了进一步的阐述：计算思维是科学运用计算科学的基础概念和基本理论去设计系统、解决问题以及理解人类行为，通过合适的方式去表述一个问题，对这个问题的相关方面进行建模，寻求并运用最有效的方法去解决问题。

事实上，计算思维已渗透到每个人的生活之中，成为每个人日常语言的一部分。例如：当你早晨准备去教室上课时，需要把当天课程相关的东西放进背包，这就是预置和缓存；当你丢失物品时，一般需要你回忆上次使用它的时间和地点，这就是回推；当你在"双十一"淘宝购物节购物时，要怎样不超过预算又能拿到最低折扣，这就是在线算法；当你在地铁站购票时，应当去排哪个队，这就是多服务器系统的性能模型；当停电时，为什么你的电话仍然可用，这就是失败的无关性和设计的冗余性等。在当今的知识信息社会中，计算思维代表着一种普遍的认识和一类普适的技能，是"信息环境下的人"最基础、最普遍、最实用和最不可或缺的基础思维方式。沃尔夫勒姆(Wolfram)在《一种新科学》一书中指出：自然界的本质是计算。可以这样说，计算思维作为一种用来解决所有可计算问题的力量，可以帮助"信息环境下的人"对各类问题进行抽象和自动化，从而求解问题。

1.1.2　计算思维与计算机

计算思维以抽象和自动化为手段，着眼于问题求解和系统实现，是人类改造世界的最基本的思维模式。计算机的出现强化了计算思维的意义和作用：理论与实践的过程变成了实际可以操作实现的过程；实现了从想法到产品整个过程的自动化、精确化和可控化；实现了自然现象与人类社会行为的模拟；实现了海量信息的处理分析、复杂装置与系统的设计、大型工程组织等，大大拓展了人类认知世界和求解问题的能力和范围。

计算思维源于数学思维和工程思维的融合，它涉及的最基本问题是"什么是可计算的"。而计算机学科是研究计算机的设计、制造和应用(包括利用计算机进行信息获取、表示、存储、处理、控制)的理论、方法和技术的学科，其研究核心是描述(抽象)和变化信息的算法过程，包括其理论、分析、设计、效率分析、实现和应用系统。计算机科学是计算的学问——什么是可计算的，怎样去计算。计算机科学在本质上源自数学思维，因为像所有的科学一样，它的形式化解析基础筑于数学之上。计算机科学又从本质上源自工程思维，因为我们建造的是能够与实际世界互动的系统。从计算思维和计算机学科的概念、特点来看，两者之间存在着高度的契合性。

计算思维与计算机之间存在相辅相成、相互促进的关系。

首先，计算机促进计算思维的研究与发展，计算机对信息的处理速度快、记忆力强的特点，使得原本只能理论上实现的过程，变成实际可行的实现过程。

其次，计算思维研究推动计算机的发展，在对计算思维的广泛、深入研究过程中，逐步揭示出一些属于计算思维的特点，计算思维与理论思维、验证思维的差异越来越明晰。计算思维的内容得到不断地丰富与发展。从思维的角度来说，计算科学主要研究计算思维的概念、方法和内容，并发展成为解决问题的一种思维方式，极大地推动了计算思维的发展。

李国杰院士认为："20世纪后半叶是以技术创新和信息技术发明为标志的时代，预计21世纪的上半叶将会兴起一场以高性能计算和仿真、智能科学、网络科学、计算思维为特征的信息科技革命，信息科学的突破很可能会使21世纪下半叶出现一场新的信息技术革命"。

1.1.3　应用计算思维求解问题的一般过程

国际教育技术协会(International Society for Technology in Education，ISTE)和计算机科学

教师协会(Computer Science Teachers Association,CSTA)指出计算思维是一个用来解决问题的过程，该过程包括以下六个步骤。

(1)制定问题，能够使用外界工具(如计算机和其他工具等)来解决这个问题。

(2)组织和分析数据，要符合逻辑。

(3)通过抽象(如模型、仿真等)重现数据。

(4)通过一系列有序的步骤也就是算法思想，支持自动化的解决方案。

(5)识别、分析和实施可能的解决方案，找到最有效的方案，并且有效结合这些步骤和资源。

(6)将该问题的求解过程进行推广并移植到更广泛的问题中。

这里以大家比较熟悉的测谎问题为例，说明计算思维在解决问题中的应用。

【例1-1】 到底谁说真话？谁说谎话？

郭靖说：萧峰在说谎；萧峰说：张无忌在说谎；张无忌说：郭靖和萧峰都在说谎。

已知三人中只有一人说真话。根据以上的陈述，现在要问到底谁说真话？

这是一个非常典型的逻辑推理题，初看上去与计算没有关系。事实上可以利用穷举法求解，即把逻辑推理的叙述性命题数学化，再用计算机程序的自动化，把每一种可能情况中，满足条件的情况输出，就可求得命题的解，解题步骤详述如下。

(1)可以考虑每个人是否说真话，用一个表达式来表示。

设 A、B、C 分别代表郭靖、萧峰和张无忌，各自取值为 0(或 False)时表示说的是假话，取值为 1(或 True)时表示说的是真话。

再用 S 代表说真话计数器，每当有说真话时，S 就加 1。

如果 A、B、C 三人中只有一人说真话(A+B+C=1)并且 S 的值为 1，说明满足命题给定的前提条件。

此时可得出结论，即输出 A、B、C 各自的值。其中值为 1(或 True)的就是说真话的人。

(2)应用上一步的抽象规则数字化方法描述事实。

①第一句话，郭靖说："萧峰在说谎"。

用数学式子表示为 B==0(或 B==False)；

同时也表达了如果郭靖说的是真话，则 B==0(或 B==False)表达式成立。

②第二句话，萧峰说："张无忌在说谎"中的"张无忌在说谎"。

用数学式子表示为 C==0(或 C==False)；

同时也表达了如果萧峰说的是真话，则 C==0(或 C==False)表达式成立。

③第三句话，张无忌说："郭靖和萧峰都在说谎"。

"郭靖和萧峰都在说谎"用数学式子表示为 A==0 And B==0 (或 A==False And B==False)；

同时也表达了如果张无忌说的是真话，则 A==0 And B==0 (或 A==False And B==False)表达式成立。

④第四句话，已知三人中只有一人说真话。

即 A、B、C 中只有一个变量的值是 1(或 True)。

如果用 1 和 0 表示真假，则表达式 A+B+C=1 恰好可以表示三人中只有一人说真话。

(3)从计算思维的角度来考虑、分析，可把原来的推理命题转化为计算机求解的算法，如图 1-1 所示。

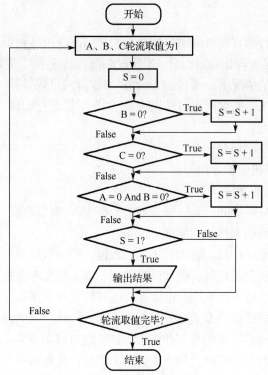

图 1-1　测谎推理问题的流程图

在应用计算思维解决问题的过程中，我们要注意以下问题。

(1) 计算思维建立在计算过程的能力和限制之上。

(2) 最根本的问题是：什么是可计算的？

(3) 解决这个问题有多么困难？什么是最佳的解决方法？

(4) 一个近似解是否就够了吗？是否允许漏报和误报？

(5) 计算思维是通过简化、转换和仿真等方法，把一个看起来困难的问题，重新阐释成一个我们知道怎样解决的问题。

(6) 计算思维是选择合适的方式对问题进行建模，使它易于处理。

综上所述，计算思维是每个人应当具备的基本技能，也是创新人才的基本要求和专业素质，每个人都应当学习和应用计算思维。正如印刷出版促进了阅读、写作和算术的传播一样，计算和计算机也促进着计算思维的传播。迄今为止，计算思维不仅渗透到每个人的生活，而且对生物信息学、生物计算、专家系统、经济学等学科领域产生了重大影响，在科技创新与教育教学中起着非常重要的作用。

1.2　计算机概述

电子计算机是 20 世纪人类最伟大的发明之一。21 世纪是计算机技术发展与普及的黄金时期，尤其是微型计算机技术、多媒体技术和网络技术的快速发展与普及，使微型计算机已经进入了千家万户，计算机逐渐成为人们生活和工作不可缺少的工具，计算机的使用也成为信息社会中人们不可或缺的技能。

1.2.1 什么是计算机

人是通过自己的各种感官将外界的事物及其变化情况通过某种形式传递给人脑，然后存储在大脑中，如果需要某一段信息(记忆)，则经过刺激大脑皮层可以自动重现所需要的信息。计算机必须在接通电源的情况下，通过输入设备(如键盘或鼠标)将所需要的信息输入计算机中并经过处理后存放起来，需要时通过输出设备(如显示器或打印机)展示出来。计算机与人脑的区别主要有以下几点。

(1)计算机的信息存储时间长。

(2)信息处理时计算机受程序的控制。

(3)计算机需要电源的支持。

由此可知，计算机(Computer)是一种能够按照事先存储的程序，自动、高速地进行大量数值计算和各种信息处理的现代化智能电子设备。

计算机本质上是信息处理机，输入数字化的数据，按照程序规定的步骤进行处理，输出指定的动作和时序，从而完成控制任务和信息处理。那么信息和数据是什么关系呢？

数据(Data)是指能够输入计算机并由计算机处理的符号。例如，数值、文本、声音、图形、图像等。它是信息的载体，是信息的具体表示形式。从广义的角度来说，它是对客观事物的符号表示，是通过观察得来的事实和概念，是人们对现实世界中事物的概念描述。

信息是经过加工处理并对客观世界产生影响的数据，是对数据所表达含义的解释。信息既是对各种事物的变化和特征的反映，又是事物之间相互作用和联系的表征。人们通过信息认识各种事物，借助信息进行交流、相互协作，从而推动社会的进步。信息、材料、能源是组成社会物质文明的三大要素。

1.2.2 计算机的发展

1946 年 2 月 14 日，世界第一台全自动电子管计算机"埃尼阿克"(Electronic Numerical Integrator and Computer，ENIAC)在美国宾夕法尼亚大学研制成功，如图 1-2 所示。它是美国奥伯丁武器试验场为了满足计算弹道的需要而研制的，其主要发明人是电气工程师普雷斯波·埃克特(J. Prespen Eckert)和物理学家约翰·莫奇利(John W. Mauchly)。这台计算机采用电子管作为计算机的基本元件,每秒可进行 5000 次加法运算。它使用了 18000 只电子管,10000

只电容，7000 只电阻，体积为 3000ft^3(1ft^3=2.83 × 10^{-2}m^3)，占地面积约 170m^2，重约 30t，耗电量约为 140～150kW，是一个名副其实的"庞然大物"。

ENIAC 的问世具有划时代的意义，它奠定了现代计算机的发展基础，标志着现代计算机时代的到来。所谓现代计算机是指采用先进的电子技术来代替陈旧落后的机械或继电器技术。有人将其称为人类第三次产业革命开始的标志。在之后的 70 多年里，计算机技

图 1-2 世界上第一台计算机 ENIAC

术发展异常迅速，在人类科技史上还没有一种学科可以与电子计算机的发展速度相提并论。

现代计算机的发展阶段主要是依据计算机所采用的电子器件的不同来划分的，也就是人们通常所说的电子管、晶体管、集成电路、大规模、超大规模集成电路等。

1. 第一代：电子管计算机(1946~1957 年)

以 ENIAC 为代表的第一代计算机使用真空电子管和磁鼓储存数据，主要通过不同部分之间的重新接线编程，还拥有并行计算能力。第一代计算机的特点是操作指令是为特定任务而编制的，每种机器有各自不同的机器语言，功能受到限制，速度也慢。

2. 第二代：晶体管计算机(1957~1964 年)

1948 年，晶体管的发明代替了体积庞大的电子管，电子设备的体积不断减小。1956 年，晶体管在计算机中得以使用，晶体管和磁芯存储器推动了第二代计算机的产生。第二代计算机体积小、速度快、功耗低、性能更稳定。1960 年出现了一些成功应用在商业领域、大学和政府部门的第二代计算机，该类计算机用晶体管代替电子管，还具有现代计算机的一些部件，如打印机、磁带、磁盘、内存、操作系统等。计算机中存储的程序使得计算机有很强的适应性，可以更有效地用于商业用途。在这一时期出现了更高级的 COBOL 和 FORTRAN 等语言，使计算机编程更容易。新的职业(程序员、分析员和计算机系统专家)和整个软件产业由此诞生。

3. 第三代：集成电路计算机(1964~1970 年)

1958 年德州仪器(Texas Instruments)的工程师 Jack Kilby 发明了集成电路，可以将更多的元件集成到单一的半导体芯片上，使计算机变得更小，功耗更低，速度更快。这一时期的发展还包括使用了操作系统，使得计算机在中心程序的控制协调下可以同时运行多个不同的程序。

4. 第四代：大规模、超大规模集成电路计算机(1971 年至现在)

大规模集成电路可以在一个芯片上容纳几百个元件。到了 20 世纪 80 年代，超大规模集成电路(Very Large Scale Integrated Circuit，VLSI)在芯片上容纳了几十万个元件，后来的特大规模集成电路(Ultra Large-Scale Integration，ULSI)将这一数字扩充到百万级。硬币大小的芯片上容纳如此数量的元件使得计算机的体积和价格不断下降，而功能性和可靠性不断增强。70 年代中期，计算机制造商开始将计算机推广至普通消费者，这时的小型机带有界面友好的软件包，该软件包中拥有供非专业人员使用的程序和最受欢迎的文字处理与电子表格程序。

1981 年 IBM 推出了个人计算机(Personal Computer，PC)，用于家庭、办公室和学校。20 世纪 80 年代个人计算机的竞争使得价格不断下降，微型计算机的拥有量不断增加，计算机体积继续缩小。与 IBM PC 竞争的 Apple Macintosh 系列于 1984 年推出，Macintosh 提供了友好的图形界面，用户可以用鼠标方便地进行操作。

5. 计算机的发展趋势

计算机科学是有史以来发展最快的学科，为了迎合社会对计算机不同层次的应用需求，计算机正朝着巨型化、微型化、网络化和智能化方向发展。

(1)巨型化：是指发展高速、大存储容量和强功能的巨型计算机，这主要是为了满足诸如原子、天文、核技术等尖端科学以及探索新兴领域的需要。

(2)微型化：是指在保证功能的同时体积更小，更适合移动的环境和便携式终端。先进材料是发展高技术产业的物质基础，随着 21 世纪材料科技的发展，信息功能材料、纳米材料、生物材料等将得到进一步的开发和广泛的应用。计算机将迅速向微型化、嵌入式的方向发展。

(3)网络化：计算机网络是计算机技术发展的又一重要分支，是现代通信技术与计算机技术相结合的产物。网络化就是利用现代通信技术和计算机技术，将分布在不同地点的计算机连接起来，按照网络协议互相通信，共享软件、硬件和数据资源。

(4)智能化：第五代计算机要实现的目标是"智能"计算机，让计算机来模拟人的感觉、行为、思维过程，使计算机具有视觉、听觉、语言、推理、思维、学习等能力，成为智能型计算机。

1.2.3　计算机的分类

可以采用不同的方式对计算机进行分类，例如：按照用途不同可以分为专用计算机和通用计算机；按处理对象与数据表示方式的不同，可以将计算机分为数字计算机、模拟计算机和混合计算机；比较传统的是按照计算机的运算速度、字长、存储容量等综合性能指标，可分为巨型机、大型机、小型机、工作站、微型计算机(简称微机)五大类。

1. 巨型机(Supercomputers)

巨型机(也称超级计算机)是指运算速度快、存储容量大、功能最强和价格最高的高性能计算机，它采用了大规模并行处理的体系结构，中央处理器(Central Processing Unit，CPU)由数以千计、万计的处理器组成，有极强的运算处理能力，但价格也最为高昂。巨型机主要用于国家高科技领域和国防尖端技术的研究。巨型机的研制水平是一个国家计算机技术水平的重要标志。这类计算机运算速度可达 4000MIPS(40 亿条指令/s)以上，超级计算机是国家科研的重要基础工具。TOP500 是对全球已安装超级计算机"排座位"的最知名排行榜，从1993 年起，由国际 TOP500 组织以实测计算速度为基准每年发布两次。

2016 年 6 月 20 日，在德国法兰克福召开的国际高性能计算大会上，全球超级计算机榜单出炉，中国的超级计算机"神威·太湖之光"(图 1-3)与"天河二号"(图 1-4)占据榜单前两位。2017 年 11 月 13 日发布的最新榜单，中国的两台超级计算机"神威·太湖之光"和"天河二号"持续蝉联冠亚军。瑞士的超级计算机"代恩特峰"(Piz Daint)、日本的"晓光"(Gyoukou)和美国的"泰坦"(Titan)分列第三、四、五位。

图 1-3 "神威·太湖之光"超级计算机　　　　图 1-4 "天河二号"超级计算机

"神威·太湖之光"超级计算机所在的国家超级计算无锡中心，包括实习生在内共有 100 多名员工，研发人员平均年龄只有 25 岁，在 1000m² 的房间内，由 48 个大机柜组成。每个运算机柜比家用的双门冰箱还要大，一台机柜就有 1024 块处理器，整台"神威·太湖之光"共有 40960 块处理器，每一块处理器相当于 20 多台常用笔记本电脑的计算能力，4 万多块再组装到一起，速度之快可想而知。"神威·太湖之光"超级计算机拥有每秒 12.5 亿亿次的峰值计算能力以及每秒 9.3 亿亿次的持续计算能力。如果把 200 多万台最新款的普通计算机加起来，计算能力只能跟它打个平手；其 1 分钟的计算能力，相当于全球 70 多亿人同时用计算器不间断地计算 32 年。"神威·太湖之光"超级计算机的应用领域涉及天气气候、航空航天、先进制造、新材料等 19 个方面，支持国家重大科技应用、先进制造等领域解算任务几百项，2017 年来共计完成 200 多万项作业任务，平均每天完成近 7000 项。

2. 大型机(Mainframe)

大型机的运算速度一般介于 100 万次/s 至几千万次/s，存储容量比巨型机小，可容纳上百个用户同时工作。它有比较完善的指令系统、丰富的外部设备和功能齐全的软件系统。其特点是具有通用性和极强的综合处理能力。如今大型主机在运算速度上 MIPS(每秒百万指令数)已经与微型计算机相比不占多大优势，但是它的 I/O 能力、非数值计算能力、稳定性、安全性却是微型计算机所望尘莫及的。大型机一般用于大型企业、大专院校和科研机构，其主要生产厂商为 IBM 公司。

3. 小型机(Minicomputers)

当今国内习惯上说的小型机主要指 UNIX 服务器，在服务器市场中处于中高端位置。使用小型机的用户一般是看中 UNIX 操作系统和专用服务器的安全性、可靠性、纵向扩展性以及高并发访问下的出色处理能力。随着微型计算机的性能的快速提高，小型机逐步被微型计算机取代。

4. 工作站(Workstations)

工作站是一种介于微型计算机和小型机之间的一种高档机。它是为了单用户使用并提供比微型计算机更强大的性能，尤其是在图形处理能力，任务并行方面的能力。通常配有高分辨率的大屏、多屏显示器及容量很大的内存储器和外部存储器，并且具有极强的信息和高性能的图形、图像处理功能的计算机。主要用于特殊的专业领域，如图像处理、计算机辅助设计等。另外，人们也将计算机网络中连接到服务器的终端机也称为工作站，与这里所说的工作站没有直接关系。

5. 微机(Microcomputers)

微机是以微处理器为核心，通过系统总线将存储器、外围控制电路、输入/输出接口连接起来的系统。微机具有以下特点。

(1)集成度高，体积小，质量小，价格低廉。

(2)部件标准化，易于组装及维修。

(3)可靠性及适应性高。

微机是当前使用最为广泛的计算机，现在微机的运算速度已经赶上某些大、中、小型机了。

1.2.4 计算机的应用

计算机应用范围非常广泛，并且还在不断向各行各业渗透扩展。从计算机所处理数据类型的这个角度来看，计算机的应用原则上可分为数值计算和非数值计算两大类。而后者的应用范围远远超过前者，概括起来主要有以下几个方面。

1. 科学计算

科学计算即纯数值计算，主要用于解决与完成科学研究领域和工程技术中所提出的一些复杂的数学问题，计算量大而且精度要求高，它是计算机最早的应用领域。这类计算往往公式复杂、难度很大，用一般计算工具难以完成。例如，气象预报需要求解描述大气运动规律的微分方程；发射导弹和人造卫星，需要计算弹道曲线和轨道方程；水利、土木工程中有大量力学问题需要计算。虽然有些科技问题的计算方法并不复杂，但计算工作量太大，人工根本无法完成。例如，证明画地图时只需要四种颜色即可做到使相邻两区域不出现同一颜色的"四色定理"，在数学上长期不能得到证明，成为一大难题。因为用人工证明需要昼夜不停地计算十几万年。1976 年 6 月，美国数学家阿佩尔和哈肯利用高速计算机工作 1200h 才完成。

2. 数据处理

数据处理又称为信息加工，是现代化管理的基础。信息处理是目前计算机应用最广泛的领域之一。信息处理是指用计算机对各种形式的信息（如文字、图像、声音等）进行收集、存储、加工、合并和分类统计、分析与传送的过程。当今社会，计算机在信息处理领域的应用，对办公自动化、管理自动化乃至社会信息化都起着积极的促进作用。

3. 计算机仿真

计算机仿真技术是当前应用最广泛的实用技术之一，是通过虚拟试验的方法来分析和解决问题的一门综合性技术。计算机仿真技术是以数学理论、相似原理、信息技术、系统技术及其应用领域有关的专业技术为基础，以计算机和各种物理效应设备为工具，利用系统模型对实际的或设想的系统进行试验研究的一门综合性技术。它集成了计算机技术、网络技术、图形图像技术与生成技术、面向对象技术、多媒体技术、信息合成技术、显示技术、软件工程、信息处理、自动控制等多个高新技术领域的知识。

计算机仿真的用途非常广泛，已经渗透到社会的各个领域。例如，在核领域，未来的核试验不用实弹而是用计算机仿真模拟来进行。

4. 过程控制

过程控制又称为实时控制，其工作过程是选用传感器实时检测受控对象的数据，求出它们与设定数据的偏差，接着由计算机按控制模型进行计算，然后产生相应的控制信号，驱动伺服装置对受控对象进行控制或调节。从 20 世纪 60 年代起，实时控制就开始应用于冶金、机械、电力、石油化工等领域。例如，高炉炼铁，计算机用于控制投料、出铁、出渣以及对原料和生铁成分的管理与控制，通过对数据的采集和处理，实现对各个工作操作的指导。实时控制是实现工业生产过程自动化的一个重要手段。

5. 计算机辅助系统

(1) 计算机辅助设计与制造 (Computer Aided Design/Computer Aided Manufacture，CAD/CAM) 是利用计算机的快速计算、逻辑判断等功能和人的经验与判断能力相结合，形成一个专业系统，用来帮助进行产品或各项工程的设计制造，使设计和制造过程实现半自动化或自动化。这不仅可以缩短设计周期，节省人力、物力、降低成本，而且可以提高产品质量。计算机辅助设计已广泛应用于飞机、船舶、汽车、建筑、服装等行业，这类牵涉外观形状设计的称为计算机辅助几何设计 (Computer Aided Geometric Design，CAGD)；另一类是应用于集成电路中的布线，称为计算机辅助逻辑设计。

(2) 计算机集成制造系统 (Computer Integrated Manufacture System，CIMS) 是集设计、制造、管理三大功能于一体的现代化工厂生产系统。CIMS 是从 20 世纪 80 年代初期迅速发展起来的一种新型的生产模式，具有生产效率高、生产周期短等优点。

(3) 计算机辅助教育 (Computer-Based Education，CBE) 是指以计算机为主要媒介所进行的教育活动。它包括计算机辅助教学 (Computer Aided Instruction，CAI) 和计算机管理教学 (Computer-Managed Instruction，CMI)。在计算机辅助教学中，CAI 系统所使用的教学软件相当于传统教学中的教材，并能实现远程教学、个别教学，且有自我检测、自动评分等功能。计算机辅助教育可以模拟实验过程，并且通过画面直观展示给学生，它是现代化教育强有力的手段。

6. 人工智能

人工智能 (Artificial Intelligence，AI) 是研究、开发用于模拟、延伸和扩展人的智能的理论、方法、技术及应用系统的一门新的技术科学。它企图了解智能的实质，并生产出一种新的能以人类智能相似的方式作出反应的智能机器，人的智能活动是一项高度复杂的脑功能，如联想记忆、模式识别、决策对弈、文艺创作、创造发明等，都是一些复杂的生理和心理活动过程。近 20 年来，围绕 AI 的应用主要表现在以下几个方面。

(1)机器人，可分为工业机器人和智能机器人。工业机器人由事先编好的程序控制，通常用于完成重复性的规定操作；智能机器人具有感知和识别能力，能说话和回答问题。

工业机器人主要有装配机器人、搬运机器人、弧焊机器人、喷漆机器人。这些机器人在汽车、电子、电器以及核工业中发挥了远超过人类的作用。智能机器人已经在工业、空间、海洋、军事、医疗等众多领域得到了实际应用，并已经取得了巨大的效益。

(2)专家系统，它是用于模拟专家智能的一类软件。需要时用户输入要查询的问题和有关数据，专家系统通过推理判断向用户作出解答。

专家系统是一种基于知识的系统，它主要面向各种非结构化问题，尤其能处理定性的、启发式或不确定的知识信息，经过各种推理过程达到系统的任务目标。这种控制技术能够适用于模型不充分、不精确甚至不存在的复杂过程。

(3)模式识别，它的实质是抽取被识别对象的特征，即所谓模式，与事先存在于计算机中的已知对象的特征进行比较与判别，主要通过识别函数和模式校对来实现。文字识别、声音识别、邮件自动分拣、指纹识别、机器人景物分析等都是模式识别应用的实例。

(4)智能检索，除存储经典数据库中代表已知的"事实"外，智能数据库和知识库中还存储供推理和联想使用的"规则"，因而智能检索具有一定的推理能力。智能检索利用人工智能的方法，解决难以用数学方法精确描述的、复杂的、随机的、模糊的、柔性的控制问题，具有自学习、自适应、自组织的能力。

1.3 计算机系统的运算基础

1.3.1 进位计数制

数制是进位计数制的简称。在我们的日常生活中，使用最多的是十进制数，但计算机中广泛使用的是二进制数、八进制数和十六进制数等，它们的特点很相似，都是按进位的方式进行计数，不同位上的数码表示不同的值(即使数码相同)。对于任何一个数制必须弄清楚三个问题，即基数 r、r 个不同的数码和位权值 r^i。表 1-1 列出了计算机中常用的各种进制数的表示。

表 1-1 计算机中常用的各种进制数的表示

进制	数码	基数	权	进位规则	形式表示
十六进制	0、1、2、3、4、5、6、7、8、9、A、B、C、D、E、F	$r=16$	16^i	逢十六进一	H(Hexadecimal)
十进制	0、1、2、3、4、5、6、7、8、9	$r=10$	10^i	逢十进一	D(Decimal)
八进制	0、1、2、3、4、5、6、7	$r=8$	8^i	逢八进一	O(Octal)
二进制	0、1	$r=2$	2^i	逢二进一	B(Binary)

1. 十进制数

十进制数，其基数为 10，有 0、1、2、3、4、5、6、7、8、9 十个数码，位权值为 10^i。

例如：$72568.345=7\times10^4+2\times10^3+5\times10^2+6\times10^1+8\times10^0+3\times10^{-1}+4\times10^{-2}+5\times10^{-3}$。

对任何一种进位计数制表示的数都可以写成按其权展开的多项式之和，即任意一个有 n 位整数 m 位小数的 r 进制数 N 可表示为

$$N = a_{n-1}\times r^{n-1}+a_{n-2}\times r^{n-2}+\cdots+a_1\times r^1+a_0\times r^0+\cdots+a_{-1}r^{-1}+\cdots+a_{-m}r^{-m}=\sum_{i=-m}^{n-1}a_i r^i$$

即

$$N = \sum_{i=-m}^{n-1}a_i r^i \tag{1-1}$$

式中，a_i 是数码；r 是基数；r^i 是权。不同的基数表示不同的进制数。

2. 二进制数

二进制数的主要特点如下。

(1)有两个数码 0 和 1。

(2)进位方式为逢二进一，基数是 2，位权值是 2^i。

二进制数中位数的"权"以 2 为基数，也就是说任意一个二进制数 N 可表示为

$$(N)_2=a_{n-1}\times2^{n-1}+a_{n-2}\times2^{n-2}+\cdots+a_1\times2^1+a_0\times2^0$$

例如：$(1101)_2=1\times2^3+1\times2^2+0\times2^1+1\times2^0$。

1.3.2 常用计数制之间的转换

计算机领域中常用的数制有十进制、二进制、八进制和十六进制四种。

1. r 进制数与十进制数间的相互转换

1)r 进制数转十进制数

"位权展开"法，即公式法(式(1-1))。

【例 1-2】 分别将 $(10110)_2$、$(17.2)_8$、$(3AC)_{16}$ 各进制数转换为十进制数。

$$(10110)_2=1\times2^4+0\times2^3+1\times2^2+1\times2^1+0\times2^0=16+0+4+2+0=22$$

$$(17.2)_8=1\times8^1+7\times8^0+2\times8^{-1}=15.25$$

$$(3AC)_{16}=3\times16^2+A\times16^1+C\times16^0=3\times16^2+10\times16^1+12\times16^0=940$$

2)十进制数转 r 进制数

"基数乘除"法，具体规则如下。

(1)整数部分："除 r 取余，逆序排列"。

(2)小数部分："乘 r 取整，顺序排列"。

【例 1-3】 将十进制数 25.625 转换为二进制数。

用"除 2 取余"法计算与整数 25 对应的二进制整数部分如下：

		余数		整数
2 ⌐25				
2 ⌐12	$K_0=1$		$0.625\times2=1.25$	$K_{-1}=1$
2 ⌐6	$K_1=0$		$0.25\times2=0.5$	$K_{-2}=0$
2 ⌐3	$K_2=0$		$0.5\times2=1.0$	$K_{-3}=1$
2 ⌐1	$K_3=1$			
0	$K_4=1$			

将先得到的余数排在低位，后得到的余数排在高位，即得到 25 转换成的二进制整数为 $(11001)_2$。

用"乘 2 取整"法计算与小数 0.625 对应的二进制小数部分：

将先得到的整数排在高位，后得到的整数排在低位，即得到 0.625 转换成的二进制小数为 $(0.101)_2$。

所以，$(25.625)_{10}=(11001.101)_2$。

注意： 将十进制数转换为 r 进制时，其小数部分可能永远不会得 0，此时计算达到要求精度为止。

【例1-4】 将十进制数 645.12 转换为八进制数。

整数部分："除 8 取余，逆序排列"。

小数部分："乘 8 取整，顺序排列"。

```
8 │ 645      余数                              整数
8 │ 80      K₀=5       0.12×8=0.96          K₋₁=0
8 │ 10      K₁=0       0.96×8=7.68          K₋₂=7
8 │ 1       K₂=2       0.68×8=5.44          K₋₃=5
    0       K₃=1       0.44×8=3.52          K₋₄=4   （四舍五入）
```

所以，$(645.12)_{10}=(1205.0754)_8$。

2. 八进制数(十六进制数)与二进制数间的相互转换

"分组转换"法，由于 $2^3=8(2^4=16)$，即 1 位八进制数(十六进制数)相当于 3 位(4 位)二进制数，如表 1-2 所示。

表 1-2　四种常用数制之间的关系

十进制	二进制	十六进制	八进制	十进制	二进制	十六进制	八进制
0	000	0	0	8	1000	8	10
1	001	1	1	9	1001	9	11
2	010	2	2	10	1010	A	12
3	011	3	3	11	1011	B	13
4	100	4	4	12	1100	C	14
5	101	5	5	13	1101	D	15
6	110	6	6	14	1110	E	16
7	111	7	7	15	1111	F	17

(1)二进制数转换成八进制数(十六进制数)的规则：从小数点开始，整数部分向左、小数部分向右，每 3 位(4 位)为一组用一位八进制数(十六进制数)的数字表示，不足 3 位(4 位)的要用"0"补足，就得到一个八进制数(十六进制数)。

$$(111010.1101)_2=\underline{111}\,\underline{010}.\underline{110}\,\underline{100}=(72.64)_8$$
$$7\quad2.\;6\quad4$$

$$(111010.1101)_2=\underline{0011}\,\underline{1010}.\underline{1101}=(3A.D)_{16}$$
$$3\quad A.\;D$$

(2)八进制数(十六进制数)转换成二进制数：把每一位八进制数(十六进制数)转换成对应的 3 位(4 位)二进制数码，就得到一个二进制数。

$$(9A1.17)_{16}=(100110100001.00010111)_2$$
$$(17541.31)_8=(1111101100001.011001)_2$$

3．八进制数与十六进制数之间的相互转换

通常，八进制数与十六进制数之间的转换不需要直接进行，可以用二进制数作为中间量进行相互转换。例如，要将一个八进制数转换为相应的十六进制数，可以先将八进制数转换为二进制数，然后直接根据二进制数写出对应的十六进制数，反之亦然。

常用几种数制之间的转换也可以使用 Windows 7 附带的计算器来完成。选择"开始"｜"所有程序"｜"附件"｜"计算器"菜单命令打开它。这个计算器有 4 种工作模式，可以从"计算器"窗口的"查看"菜单中选择"程序员"模式，在该模式下可以完成简单的数制转换。只要选择相应的进制按钮，输入数据，然后选择需要转换的进制，就可以完成相应的转换。

1.3.3 二进制数的运算规则

1．二进制数的算术运算规则

(1)加运算：0+0=0，0+1=1，1+0=1，1+1=10　　　　（向高位进位）

(2)减运算：1−1=0，1−0=1，0−0=0，0−1=1　　　　（向高位借位）

(3)乘运算：0×0=0，0×1=0，1×0=0，1×1=1　　　　（同时为"1"时结果为"1"）

(4)除运算：0÷1=0，1÷1=1

2．二进制数的逻辑运算

所有的逻辑运算都是按位操作的，不存在算术运算中的进位或借位。我们把命题逻辑的"真"作为逻辑代数中的"1"，"假"作为"0"，这样就把逻辑命题的对应关系反映到代数方法中，这就是逻辑代数。

(1)逻辑与。只有决定"结果"的条件全部满足，结果才成立，这种因果关系叫做逻辑与（AND），逻辑与的运算符表示为"∧"，即

$$0\wedge0=0，0\wedge1=0，1\wedge0=0，1\wedge1=1$$

(2)逻辑或。决定结果的条件中只要任何一个满足，结果就成立。这种因果关系叫做逻辑或(OR)。逻辑或的运算符号为"∨"，即

$$0\vee0=0，0\vee1=1，1\vee0=1，1\vee1=1$$

(3)逻辑非。第三种基本逻辑关系为"非(NOT)"关系。最简单的描述就是结果对条件的否定。逻辑非的运算符号为" ‾ "，即

$$\overline{1}=0，\overline{0}=1$$

(4)逻辑异或。"异或"是一种复合逻辑关系。因为它所表现的特殊性，也可以把"异或"关系当做基本逻辑关系处理。当两个命题存在"两者不可兼得"关系时，称为异或。"异或"关系也可以描述为，相同为假，相异为真。逻辑异或的运算符号为"⊕"，即

$$0\oplus0=0，1\oplus0=1，0\oplus1=1，1\oplus1=0$$

【例1-5】 已知 $X=00FFH$，$Y=5555H$，若 $Z_1=X\wedge Y$，$Z_2=X\vee Y$，$Z_3=\overline{X}$，$Z_4=X\oplus Y$，求 Z_1、Z_2、Z_3、Z_4 的值。

$$X=0000\ 0000\ 1111\ 1111$$
$$Y=0101\ 0101\ 0101\ 0101$$

$$Z_1 = 0000\ 0000\ 0101\ 0101 = 0055\text{H}$$
$$Z_2 = 0101\ 0101\ 1111\ 1111 = 55\text{FFH}$$
$$Z_3 = 1111\ 1111\ 0000\ 0000 = \text{FF00H}$$
$$Z_4 = 0101\ 0101\ 1010\ 1010 = 55\text{AAH}$$

1.3.4　信息在计算机中的表示

计算机系统所处理的数据可以分为两大类：数值数据和非数值数据。前者表示数量的多少，后者表示字符、汉字、图形、图像、声音等，又称为符号数据。在计算机内，无论哪一种数据，都以二进制形式表示。

1. 计算机内部信息用二进制数表示的原因

(1)二进制数中只有 0 和 1 两个数字符号，可以方便地采用具有两种不同的稳定物理状态的元件来表示。例如，电容的充电和放电，电位的高和低，指示灯的开和关，晶体管的截止和导通，脉冲电位的低和高等，都可以用二进制数中的 0 和 1 表示(具有上述两个状态的这些元件制造容易，可靠性高)。

(2)二进制数运算规则简单，使计算机中的运算部件结构简单。

(3)二进制数中的 0 和 1 与逻辑代数的逻辑变量一样，可以采用二进制数进行逻辑运算，并运用逻辑代数作为工具来分析和设计计算机中的逻辑电路，使得逻辑代数成为设计计算机的数学基础。

2. 数值型数据在计算机中的表示方式

数值型数据指数学中的代数值，具有量的含义，且有正负、整数和小数之分。由于计算机采用二进制，所以输入到计算机中的任何数值型和非数值型数据都必须转换为二进制。

1)机器数与真值

任何一个非二进制整数输入到计算机中都必须以二进制格式存放在计算机的存储器中，且用最高位作为数值的符号位，并规定二进制数 0 表示正数，二进制数 1 表示负数，每个数据占用一个或多个字节。这种连同数字与符号组合在一起的二进制数称为机器数，由机器数所表示的实际值称为真值，如

$$+(77)_{10} \rightarrow +1001101 \rightarrow \underline{01001101}$$
$$\qquad\qquad\text{真值}\qquad\quad\text{机器数}$$

2)机器数的表示方法

在计算机中，机器数也有不同的表示方法，通常用原码、反码和补码三种方式表示，其主要目的是解决减法运算。任何正数的原码、反码和补码的形式完全相同，负数则各自有不同的表示形式。

(1)原码：正数的符号位用 0 表示，负数的符号位用 1 表示，数值部分用二进制形式表示，这种表示法称为原码。

(2)反码：正数的反码和原码相同，负数的反码是对该数的原码除符号位外每位取反。

(3)补码：正数的补码和原码相同，负数的补码是其反码加 1。

所以，求负数补码的方法如下。

第一步：写出与该负数相对应的正数的补码。

第二步：按位求反。

第三步：末位加 1。

【例 1-6】　假设机器字长为 8 位，求–46 的补码。

+46 的补码表示：　　　　　　　　00101110

按位求反：　　　　　　　　　　11010001

末位加 1：　　　　　　　　　　11010010

所以，–46 补码为 11010010。

补码的加法规则：$[X+Y]_补=[X]_补+[Y]_补$

补码的减法规则：$[X-Y]_补=[X]_补+[-Y]_补$

【例 1-7】　假设机器字长为 8 位，计算 25+(–32)。

25 的补码是 00011001，–32 的补码是 11100000。

$$
\begin{array}{r}
00011001 \\
+11100000 \\
\hline
11111001
\end{array}
$$

结果恰好是–7 的补码，可以看出该运算结果是正确的。

3) 定点数与浮点数

常见的数值型数据除了有正数和负数之外，还有带小数部分的数据。必须考虑小数点在计算机内部的表示问题。在计算机系统中没有采用某个二进制位来保存小数点，而是隐含规定小数点位置的方法来表示。小数在计算机中的表示方法可以分为两种：一种是规定小数点位置固定不变，称为定点数；另一种是小数点的位置不固定，可以浮动，称为浮点数。通常是用定点数来表示整数和纯小数；对于既有整数部分又有小数部分的数，一般用浮点数表示。

(1) 定点数。首先是定点整数，当小数点的位置固定在数值位最低位的右边时，就表示一个整数。这里的小数点并不单独占 1 个二进制位，而是默认在最低位的右边。当小数点的位置固定在最高数值位左边时，就表示一个纯小数。

(2) 浮点数。定点数固定的小数点位置决定了固定位数的整数部分和小数部分，不利于同时表达特别大的数或者特别小的数，大多数情况下计算机系统采用浮点数方式表示数值型数据。一种简单的浮点数表示方法可以把一个二进制数 N 通过移动小数点位置表示成阶码 E 和纯小数尾数 M 两部分：

$$N=M*2^E$$

阶码用二进制定点整数表示，尾数用二进制定点小数表示，阶码的长度决定数的范围，尾数的长度决定数的精度。为保证不损失有效数字，通常还对尾数进行规格化处理，即保证尾数的最高位为 1，实际数值通过阶码进行调整。实际的计算机系统中浮点数的格式多种多样，例如，用 32 位(4 字节)表示浮点数，阶码部分用 8 位定点整数，尾数部分为 24 位补码定点小数。其中 Es 和 Ms 分别为阶码部分和尾数部分的符号位，如图 1-5 所示。

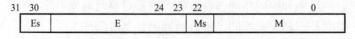

图 1-5　一种浮点数的表示方法

【例1-8】 把十进制数 1234.6875 按以上规则用浮点数表示。

(1)将十进制数 1234.6875 转换为二进制数：$(1234.6875)_{10}=(10011010010.1011)_2$。

(2)规格化为科学计数法形式：$(10011010010.1011)_2=(0.100110100101011)_2×2^{11}$。

则有 Es=0，E=$(11)_{10}=(0001011)_2$，Ms=0，M=$(10011010010101100000000)_2$。

(3)可以转换成如图 1-6 所示的浮点数表示形式。

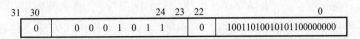

31	30								24	23	22			0
0		0	0	0	1	0	1	1		0		10011010010101100000000		

图 1-6　十进制 1234.6875 的浮点数表示

3. 非数值数据在计算机中的表示

字符是计算机处理的主要对象。字符编码就是规定用怎样的二进制码来表示字母、数字及各种符号，以便使计算机能够识别、存储和处理它们。计算机在不同系统或程序之间进行数据交换的基本要求就是交换的双方必须使用相同的数据格式，即需要统一的编码。编码的目的之一是为了便于标记特定的对象，在设计编码时需要按照一定的规则，这些规则就叫做"码制(Code System)"。这里介绍最常用的几种计算机编码。

1) ASCII 码

目前在小型机和微型机系统内国际上最广泛使用的字符编码是美国信息交换标准码，简称为 ASCII (American Standard Code for Information Interchange) 码。ASCII 码采用 7 位二进制编码，可以表示 128 个字符，每个字符对应一个 7 位的二进制数，这个二进制数的值称为 ASCII 码值。码值可采用十进制或十六进制数来表示。

在计算机的存储过程中，一个 ASCII 码值是使用 8 个二进制位(1 字节)，其最高位(bit7)用作奇偶校验位。标准 ASCII 编码见表 1-3。

表 1-3　七位 ASCII 码及其对应的字符

$d_3d_2d_1d_0$	$d_6d_5d_4$							
	000	001	010	011	100	101	110	111
0000	NUL	DC0	SP	0	@	P	`	p
0001	SOH	DC1	!	1	A	Q	a	q
0010	STX	DC2	"	2	B	R	b	r
0011	EXT	DC3	#	3	C	S	c	s
0100	EOT	DC4	$	4	D	T	d	t
0101	ENQ	NAK	%	5	E	U	e	u
0110	ACK	SYN	&	6	F	V	f	v
0111	BEL	ETB	'	7	G	W	g	w
1000	BS	CAN	(	8	H	X	h	x
1001	HT	EM	)	9	I	Y	i	y
1010	LF	SUB	*	:	J	Z	j	z
1011	VT	ESC	+	;	K	[	k	{
1100	FF	FS	,	<	L	\	l	|
1101	CR	GS	-	=	M	]	m	}
1110	SO	RS	.	>	N	^	n	~
1111	SI	US	/	?	O		o	DEL

2)汉字编码

具有悠久历史的汉字是中华民族文化的象征。在计算机中汉字的应用占有十分重要的地位。因此，必须解决汉字的输入、存储、处理和输出等一系列技术问题。由于汉字不仅比西文字符数量多，而且字形复杂，所以用计算机处理汉字要比处理西文字符困难得多。

汉字处理技术的关键是汉字编码问题。汉字编码有两大困难：选字难和排序难。"选字难"是因为汉字量大(包括简体字、繁体字、日本汉字、韩国汉字)，而字符集空间有限。"排序难"是因为汉字有多种排序方法(拼音、部首、笔画等)，而每一种排序方法还存在争议，如一些汉字还没有一致认可的笔画数。根据汉字处理过程中不同的要求，汉字编码可分为国标码、机内码、输入码和字形码等几大类。

(1)国标码。1981 年发布的国家标准《信息交换用汉字编码字符集　基本集》(GB 2312—1980)(国标码也称为汉字交换码)，共收录汉字、字母、图形符号 7445 个。其中，汉字 6763 个，按其出现的频度分为一级汉字 3755 个，二级汉字 3008 个。另外，该字符集标准中还包括 682 个非汉字图形字符代码。但在国标中许多汉字并没有包括在内，为此有了 GBK 编码(扩展汉字编码，1995 年 12 月发布)，它是国标的扩展，共收录了 21003 个汉字，支持国际标准 ISO 10646 中的全部中、日、韩汉字，也包含了 BIG5(台、港、澳)编码中的所有汉字。目前 Windows 中文版都支持 GBK 编码，只要计算机安装了多语言支持功能，就可以在不同的汉字系统之间自由变换。

2006 年我国发布了 GB 18030—2005 编码标准，它是 GBK 的升级，GB 18030—2005 编码空间约为 160 万码位，目前已经纳入编码的汉字约为 2.6 万个。

为了编码，将汉字分成若干个区，每个区内有 94 个汉字。由区号和位号(区中的位置)构成了区位码。为了与 ASCII 码兼容，区号和位号各加 32 就构成了国标码。

(2)机内码。汉字机内码是计算机系统内部处理和储存汉字时所用的代码，将国标码的每字节的最高位由"0"变为"1"，变换后的国标码称为汉字机内码，简称为内码。

(3)输入码。以字母、数字等按键的组合对汉字进行的编码称为汉字输入码，或称为汉字的外码。其中，常见的输入码可以分为以下几种。

①数码：是由数字组成的编码，代码和汉字一一对应，无重码，但其编码规则较难记忆。例如，区位码、电报码等。

②音码：是用汉字拼音字母组成的编码。音码一般容易学，但重码多，输入速度不高。例如，拼音码等。拼音方案中还有全拼、简拼和双拼等方案。

③形码：是把组成汉字的基本构件(如偏旁、部首和字根等)分类，与不同的键相对应，组成编码。例如，五笔字型码、表形码、首尾码等。

④音形码：是根据汉字的读音并兼顾汉字的字形而设计的编码。音形码充分利用了汉字具有的"同音不同形，形似不同音"的特点，对同音字以形体加以区别，从而克服了音码重码较多的不足。例如，自然码、声韵部形码、快速输入码等。

(4)字形码。汉字字形码用在输出时产生汉字的字形，采用点阵或者矢量形式产生。汉字的字形按一定规则排列成汉字字形库，也称为汉字库。当需要打印出不同字体的汉字时，必须备有多种字体、不同规格的汉字库。

4. 各类数据在计算机中的转换

所有计算机处理的信息都必须进行数字化编码，信息编码的目的就是把用户要求计算机处理的各种形式的信息，如字符、图形、图像、语音、光线、电流、电压等转换为计算机所能接受、识别的二进制形式存入到计算机内进行处理，然后把计算机的处理结果以用户需要的形式输出，如图 1-7 所示。

图 1-7　各类数据在计算机中的转换过程

1.3.5　信息在计算机中的存储

1. 位

位(bit)是计算机处理信息的最小单位。位音译为"比特"，简写为"b"。二进制数系统中，每个 0 或 1 就是一个位，位是存储信息的最小单位。

2. 字节

字节(Byte)是计算机处理数据的基本单位，即以字节为单位解释信息。音译为"拜特"，简写为"B"。8 个二进制位编为一组称为 1 字节，即 1Byte=8bit。归结几比特作为 1 字节要根据上下文的连贯性而定，由 n 比特构成的字节被称为"n 比特字节"(n-bit Byte)。因为当前 8 比特字节最为普及，所以如果没有什么注释的话，一般 1 字节就被认为是 8 比特。

3. 字

计算机一次存取、处理和传输的数据长度称为字(Word)，即一组二进制数码作为一个整体来参加运算或处理的单位。一个字通常由一个或多个字节构成，用来存放一条指令或一个数据。

4. 存储容量

某个存储设备所能容纳的二进制信息量的总和称为存储设备的存储容量。存储容量用字节数来表示，如 4MB、2GB 等。

其关系为

$$1KB=1024B, \qquad 1MB=1024KB$$
$$1GB=1024MB, \qquad 1TB=1024GB$$

其一个数量级为 $2^{10}=1024$，即千字节(KB)、兆字节(MB)、吉字节(GB)、太字节(TB)。

5. 编址与地址

(1)编址：对计算机存储单元编号的过程称为"编址"，是以字节为单位进行的。

(2)地址：存储单元的编号称为地址。

地址号与存储单元是一一对应的，CPU 通过单元地址访问存储单元中的信息，地址所对应的存储单元中的信息是 CPU 操作的对象，即数据或指令本身。地址也用二进制编码表示，为便于识别通常采用十六进制表示地址。

1.4 计算机系统的构成

计算机系统包括硬件及软件两大部分。硬件是指构成计算机的所有实体部件的集合，而软件则是各种程序和文档的总和。

计算机只有硬件还不能使用，必须运行相关的程序才能正常工作。输入设备将程序和初始数据输入，送到内存储器存储起来。执行时由控制器把程序的指令一条一条地读出，加以分析、译码，并发出相应的控制信号给有关部件去执行。计算机不停地取指令、分析指令、执行指令，直到获得最后结果，这就是计算机程序控制工作方式。

1.4.1 冯·诺依曼体系计算机的结构特点

科学家冯·诺依曼在 1945 年发表的第一台存储程序式电子数字计算机(Electronic Discrete Variable Automatic Computer，EDVAC)的设计方案中大胆地提出，抛弃十进制，采用二进制作为数字计算机的数制基础。同时，他还提出预先编制计算程序，然后由计算机来按照人们事先制定的计算顺序来执行数值计算工作，人们把这个理论称为冯·诺依曼体系。从 EDVAC 到当前最先进的计算机采用的都是冯·诺依曼体系结构。所以冯·诺依曼是当之无愧的数字计算机之父。为了完成上述功能，计算机必须具备以下五大基本组成部件。

(1)输入数据和程序的输入设备。

(2)记忆程序和数据的存储器。

(3)完成数据加工处理的运算器。

(4)控制程序执行的控制器。

(5)输出处理结果的输出设备。

1.4.2 计算机的硬件系统

基本的计算机硬件系统由运算器、控制器、存储器、输入和输出设备五大部分组成。其中，运算器主要对数据进行处理加工，完成算术和逻辑运算；控制器主要负责从存储器中取出指令并进行分析，控制计算机各个部件有条不紊地完成指令的功能；存储器是计算机系统的记忆设备。计算机硬件的各个部分主要是采用总线结构连接起来。略去接口电路和其他细节，它们之间的相互联系如图 1-8 所示。

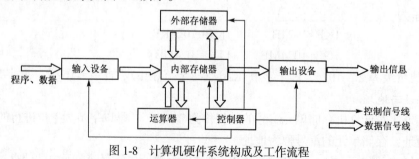

图 1-8 计算机硬件系统构成及工作流程

1.4.3 计算机的软件系统

为了控制、管理、维护和开发计算机系统资源而编制的各种程序及其相关资料的集合称为软件。硬件若是计算机系统的躯体,软件则是计算机系统的灵魂。可靠的计算机硬件如同一个人的强壮体魄,有效的软件如同一个人的聪颖思维。计算机的软件系统可分为系统软件和应用软件两部分。系统软件负责对整个计算机系统资源的管理、调度、监视和服务,应用软件是指各个不同领域的用户为各自的需要而开发的各种应用程序。系统软件支持应用软件的运行,为用户开发应用系统及使用应用软件提供一个平台,用户可以使用它,但一般不能随意修改它。

1. 计算机系统软件

(1)操作系统:系统软件的核心,它负责对计算机系统内各种软、硬件资源的管理、控制和监视。

(2)数据库管理系统:负责对计算机系统内全部文件、资料和数据的管理与共享。

(3)编译系统:负责把用户用高级语言所编写的源程序编译成机器所能理解和执行的机器语言。

(4)网络系统:负责对计算机系统的网络资源进行组织和管理,使得在多台独立的计算机间能进行相互的资源共享和通信。

(5)标准程序库:按标准格式所编写的一些程序的集合,这些标准程序包括求解初等函数、线性方程组、常微分方程、数值积分等计算程序。

(6)服务性程序:也称为实用程序。为增强计算机系统的服务功能而提供的各种程序,包括对用户程序的装置、连接、编辑、查错、纠错、诊断等功能。

2. 计算机应用软件

应用软件是为满足用户不同领域、不同问题的应用需求而提供的软件,即用户可以使用的各种程序设计语言,以及用各种程序设计语言编制的应用程序的集合,分为应用软件包和用户程序。应用软件包是利用计算机解决某类问题而设计的程序的集合,供所有用户使用。在使用应用软件时一定要注意系统环境,也就是说,运行应用软件需要系统软件的支持。在不同的系统软件下开发的应用程序要在不同的系统软件下运行。应用软件可以拓宽计算机系统的应用领域,放大硬件的功能。随着计算机应用的领域日益广泛且深入,计算机软件的开发与应用已经越来越显示出它的重要性。近些年来,为辅助各行各业的应用而开发的软件如雨后春笋般层出不穷。例如,多媒体制作软件、财务管理软件、大型工程设计、网络服务工具以及各种各样的管理信息系统等。

1.4.4　计算机程序及其运行原理

1. 指令及指令系统

指令是指计算机完成某个基本操作的命令。指令能被计算机的硬件理解并执行,一条指令就是计算机机器语言的一个语句,是程序设计的最小语言单位。

一台计算机所能执行的全部指令的集合,称为这台计算机的指令系统。指令系统是计算机硬件和软件之间的桥梁,是计算机工作的基础。指令系统充分反映了计算机对数据进行处理的能力。不同种类的计算机,指令系统所包含的指令数目与格式也不同。指令系统是根据计算机使用要求设计的,指令系统越丰富完备,编制程序就越方便灵活。

CPU访问存储器需要一定的时间,为了提高运算速度,有时也将参与运算的数据或中间结果存放在CPU寄存器中或者直接存放在指令中。

一条指令用一串二进制代码表示，通常包括操作码和地址码两部分信息。

(1)操作码用来表示该指令的操作特性和功能，即指出进行什么操作。

(2)地址码用来指出参与操作的数据在存储器中的什么地方，即地址。

2. 指令的执行过程

通常，一条指令的执行分为取指令、指令分析及取数和执行三个过程。

(1)取指令。取指令阶段完成将现行指令从内存中取出来并送到指令寄存器中，具体操作为：第一，将指令地址计数器中的内容通过地址总线送至内存地址寄存器；第二，向内存发出读命令；第三，从内存中取出的指令经数据寄存器、数据总线送到指令寄存器中；第四，将指令地址计数器的内容递增，为取下一条指令做好准备。

(2)指令分析及取数。取出指令后，机器立即进入分析及取数阶段，指令译码器可识别和区分不同的指令类型及各种获取操作数的方法。由于各条指令功能不同，寻址方式也不同，所以指令分析与取数阶段的操作是不同的。

(3)执行。执行阶段完成指令规定的各种操作，产生运算结果，并将结果存储起来。

总之，计算机的基本工作过程可以概括为取指令、分析及取数、执行等，然后再读取下一条指令，如此周而复始，直到遇到停机指令或外来事件的干预为止，如图1-9所示。

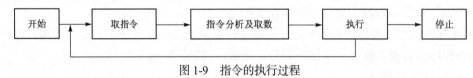

图1-9　指令的执行过程

3. 程序

程序是指一组指示计算机每一步动作的指令，通常用某种程序设计语言编写，运行于某种目标体系结构上。通常，这些程序要经过系统的编译程序或解释程序翻译成机器语言，然后运行。有时，程序也可以用汇编语言编写，汇编语言实质上就是表示机器语言的一组记号，在这种情况下，用于翻译的程序叫做汇编程序。

4. 程序的运行

在一台基于冯·诺依曼体系结构的计算机上，程序从某种外部设备(通常是硬盘)被加载到计算机的内存里。指令序列顺序执行，直到一条跳转或转移指令被执行，或者一个中断出现，所有这些指令都会改变指令寄存器的内容。

5. 数据

程序已经被定义了，如何定义数据呢？数据可以被定义为被程序处理的信息。

当我们考虑整个计算机系统时，有时程序和数据的区别就不是那么明显了。中央处理器有时用一组微指令控制硬件，此时数据可以是一个有待执行的程序；程序本身有时也可以编写、生成其他的程序。

1.4.5　计算机的性能指标

一台计算机的功能或性能涉及体系结构、硬件组成、软件配置等多方面的因素，不是由某一项指标来决定的。一般说来，表示计算机性能的主要指标有以下几个。

1. 字长

字长是指计算机内部一次能同时处理的二进制数据的位数。它反映了计算机内部寄存器、算术逻辑单元(Arithmetic and Logic Unit，ALU)和数据总线的位数，直接影响着计算机的硬件规模和造价。

字长是衡量计算机性能的一个重要标志。字长越长，一次处理的数字位数越大，速度也就越快。计算机的字长通常为 8 位、16 位、32 位和 64 位，也就是通常所说的 8 位机、16 位机、32 位机或 64 位机。64 位字长的高性能微型计算机已逐渐成为目前市场的主流产品。

2. 主频

频率是描述周期性循环信号(包括脉冲信号)在单位时间内所出现的脉冲数量多少的计量名称。主频就是 CPU 的时钟频率，计算机中的系统时钟是一个典型的频率相当精确和稳定的脉冲信号发生器，简单地说就是 CPU 运算时的工作频率(1s 内发生的同步脉冲数)的简称。频率的标准计量单位是 Hz(赫兹)，它决定计算机的运行速度。随着计算机的发展，主频的数量级由过去的兆赫兹(MHz)发展到了现在的吉赫兹(GHz)。

通常来讲，在同系列处理器中，主频越高就代表计算机的速度越快，但对于不同类型的处理器，它就只能作为一个参数来做参考。主频仅仅是 CPU 性能表现的一个方面，并不代表 CPU 的整体性能。

3. 主存容量

主存容量是指主存储器(内存)所能存储二进制信息的总量。计算机的主存容量一般以字节数来表示，每 8 位二进制为 1 字节，每 1024 字节称为 1KB(1024B=1KB)，即千字节；每 1024KB 为 1MB(1024×1024B=1MB)，即兆字节；每 1024MB 为 1GB，即千兆字节。

4. MIPS

MIPS 是英文 Million Instructions Per Second 的缩写，意思是每秒百万条指令，即"百万条指令/s"。它是指 CPU 每秒处理的百万级的机器语言指令数，它是处理器运行速度的测量方法，是衡量计算机运行速度的一个主要指标。

1.5　微型计算机硬件组成

1.5.1　中央处理器

中央处理器(CPU)是指计算机内部对数据进行处理并对处理过程进行控制的部件，伴随着大规模集成电路技术的迅速发展，芯片集成密度越来越高，CPU 可以集成在一个半导体芯片上，这种具有 CPU 功能的大规模集成电路器件，被统称为微处理器(Micro Processor Unit，MPU)。实际上大量的超级计算机系统也采用微机所用的 CPU，如超级计算机使用了数以百计、千计甚至万计的 CPU 构成其处理器阵列。

1. CPU 的组成

CPU 是微型计算机的核心器件，它主要由算术逻辑单元、寄存器组和控制单元三个基本部分以及内部总线构成。

(1)算术逻辑单元。算术逻辑单元(Arithmetic Logical Unit，ALU)即运算器。运算器主要完成各种算数(加、减、乘、除)和逻辑运算(与、或、非运算)。

(2)寄存器组。寄存器(Register)用来临时存放参与 ALU 运算的各种数据，它是 CPU 中具有存储特性的内部高速单元。CPU 主要包括数据寄存器、指令寄存器和指令计数器等。

(3)控制单元。控制单元(Control Unit，CU)即控制器。它负责读取指令寄存器中的指令并对指令进行分析和逻辑译码，产生并发出各种相应的控制信号，完成一系列的内、外部操作。例如，控制器根据指令发出控制信号控制 ALU 进行算术或逻辑运算，发出信号从内存中读取一个数，或将 ALU 的运算结果存放到存储器中。可以把控制器理解为 CPU 执行指令的主要部件。

2. 摩尔定律

目前主流的 CPU 主要由美国的 Intel 公司开发生产。1965 年，作为 Intel 公司创始人的戈登·摩尔(Gordon Moore)应邀撰写了一篇名为《让集成电路填满更多元件》(*Cramming More Components onto Integrated Circuits*)的文章。摩尔对未来半导体元件工业的发展趋势作出了预测，文章指出，单块硅芯片上所集成的晶体管数目大约每年(1975 年，摩尔将周期修正为"每两年")增加一倍。这一预言后来成为广为人知的"摩尔定律"，被誉为"定义个人计算机和互联网科技发展轨迹的金律"。

"摩尔定律"预测了微处理器技术进步的速度。经过 40 多年的发展，计算机从神秘不可近的庞然大物变成多数人都不可或缺的工具，信息技术由实验室进入无数个普通家庭，因特网将全世界联系起来，多媒体视听设备丰富着每个人的生活。

3. 常见的 CPU 简介

当前微机上使用的 CPU 基本上被美国的两巨头 Intel 公司和 AMD 公司垄断，其中 Intel 公司的酷睿 CPU 和 AMD 公司的锐龙 CPU 是市面上主流的 64 位处理器，如图 1-10 所示。

　(a)酷睿 i7 正面　　　　(b)酷睿 i7 反面　　　　(c)锐龙 7 正面　　　　(d)锐龙 7 反面

图 1-10　Intel 酷睿 i7 与 AMD 锐龙 7 CPU

1)Intel 公司的酷睿 Core 系列 CPU

自 2006 年推出酷睿 CPU 品牌之后，Intel 公司先后推出了上百个型号的 CPU，目前已经进化到酷睿第八代智能 CPU，第三代到第八代的 i 系列 CPU 都可以在市面上买到。每一代酷睿 i 系列 CPU 从高端到低端大致可以分为 i7、i5、i3 等多个档次。每一代 Core 的桌面和移动型号分为桌面高性能、桌面主流、移动高性能、移动主流、移动超便携几个大类，除了桌面高性能大类只有 i7 的型号其他几个大类都有 i7/i5/i3 三个子系列。

例如,2015 年 8 月 6 日,Intel 公司发布的采用 14 纳米制作工艺的第六代 Core i3/i5/i7-6xxx 系列处理器，命名编码中-6xxx 的第一个数字 6 代表其为第 6 代 Core Skylake 架构。

表 1-4 针对酷睿第六代处理器其 i3/i5/i7 三个系列分别选择一款台式机 CPU 进行对比，他们都为 14 纳米制作工艺。

除了酷睿品牌 CPU 之外，Intel 公司同时还保留有面向低端应用的奔腾(Pentium)和赛扬(Celeron)系列处理器，面向服务器和工作站应用的至强(Intel Xeon)系列 CPU。

表 1-4　酷睿第六代三款处理器对比

产品名称	酷睿 i7 6700K	酷睿 i5 6500	酷睿 i3 6100
CPU 主频	4GHz	3.2GHz	3.7GHz
核心数量	四核	四核	双核
线程数	8	4	4
三级缓存	8MB	6MB	3MB
功耗	91W	65W	51W
睿频加速技术	支持, 2.0	支持, 2.0	不支持
超线程技术	支持	不支持	支持

2) AMD 公司的 CPU

作为目前世界上唯一可以与 Intel 公司抗衡的计算机处理器制造商，AMD 公司先后为用户推出了许多高性价比的处理器。当前市面上最受用户欢迎的 AMD 公司的处理器有锐龙（Ryzen）与 APU 系列。

（1）锐龙 CPU。旧金山当地时间 2017 年 2 月 21 日，AMD 正式公布了 Ryzen 7 处理器型号、性能表现、价格以及发售时间。Ryzen 7 处理器中国区正式命名为锐龙 AMD Ryzen 7，共有 1700、1700X 和 1800X 三款型号，全部采用 14 纳米制程工艺，八核 16 线程设计，L2/L3 总缓存 20MB。随后又陆续发布了低端型号 R5 与 R3 系列。从 AMD 官方的介绍来看，Ryzen 7 就是冲着 Intel 公司的酷睿 i7 系列来的，其中 1700 对标 i7 7700K，1700X 对标 i7 6800K，1800X 矛头直指 i7 6900K。在多核心效能上， Ryzen 7 大幅领先同价位段的酷睿 i7 处理器。

（2）APU 系列处理器。APU 是 AMD 公司 2011 年开始推出的新型处理器，将中央处理器和独显核心做在一个晶片上，它同时具有高性能处理器和最新独立显卡的处理性能。所谓 APU 其实就是"加速处理器"（Accelerated Processing Unit）的英文缩写，是整合了 x86/x64 CPU 处理核心和 GPU 处理核心的新型"融聚"（Fusion）处理器。目前主流的 AMD 的 APU 为 A 系列主流级 APU，A 系列 APU 分 A4/A6/A8/A10 四大系列，就是我们一般讲的"Llano APU 处理器"（拉诺 APU 处理器）。

表 1-5 列出了五款 AMD 处理器对比情况。

表 1-5　五款 AMD 处理器对比

型号	A10-7860K	A6-3670K	Ryzen 7 1700X	Ryzen 5 1600X	Ryzen 3 1300X
产品定位	中端主流	台式机	高端发烧	高端发烧	低端入门
核心数量	四核	四核	八核	六核	四核
生产工艺	28 纳米	32 纳米	14 纳米	14 纳米	14 纳米
接口类型	Socket FM2+	Socket FM1	Socket AM4	Socket AM4	Socket AM4
线程数	4	4	16	12	4
主频	3.6GHz	2.7GHz	3.4GHz	3.6GHz	3.4GHz
动态加速	4.0GHz		3.8GHz	4.0GHz	3.7GHz
缓存	二级 4MB	二级 4MB	三级 20MB	三级 16MB	三级 10MB
功耗	65W	100W	95W	95W	65W

1.5.2　主板

微机在正常运行时对系统内存、存储设备和其他 I/O 设备的操控都必须通过主板

（Mainboard）来完成，因此微机的整体运行速度和稳定性在相当程度上取决于主板的性能。因此，它对 PC 的重要程度丝毫不亚于 CPU，甚至还要强于 CPU。

主板的主要功能有三个：一是支撑计算机的微处理器芯片并让其他所有部件与其连接，提供安装 CPU、内存和各种功能卡的插座，部分主板甚至将一些功能卡的功能直接制作在主板上；二是为各种常用的外部设备，如打印机、扫描仪、调制解调器、外部存储器等提供通用接口；三是通过主板，计算机的所有部件可以得到电源并相互通信。图 1-11 为微机中 ATX 结构的主板实物图，图 1-12 为其逻辑结构图。

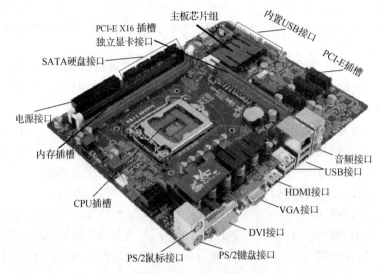

图 1-11　一款支持四代酷睿 i7 的 Micro ATX 主板

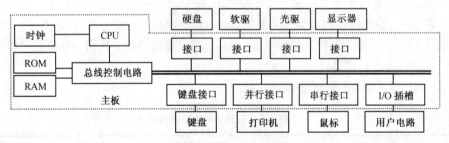

图 1-12　主板的逻辑结构

主板主要由 CPU 插槽、芯片组、基本输入/输出系统和 CMOS、内存插槽、扩展插槽、SATA 硬盘接口、电源插槽、电池等部件组成。每种型号的主板必须与特定的 CPU 配套使用，不能够随便搭配。

1. CPU 插槽

CPU 插槽用于固定连接 CPU 芯片，它决定了主板所支持的 CPU 类型。随着集成化程度和制造工艺的不断提高，越来越多的功能被集成到 CPU 上。为了使 CPU 安装更加方便，现在 CPU 插槽基本上采用零插拔力插槽式设计。注意，如果另配 CPU，则必须和主板 CPU 插槽相匹配。

2. 芯片组

芯片组包括两个基本部分——北桥芯片和南桥芯片。计算机的所有不同部件都通过芯片组与 CPU 通信。它是主板逻辑系统的一部分，由一组超大规模集成电路芯片构成。芯片组控制和协调整个计算机系统的正常运转和各个部件的选型。芯片组是主板上集成的一部分，它被固定在母板上，不能像 CPU、内存等进行简单的升级换代。芯片组的作用是在 BIOS 和操作系统的控制下，按照统一规定的技术标准和规范为计算机中的 CPU、内存、显卡等部件建立可靠的安装、运行环境，为各种接口的外部设备提供可靠的连接。

北桥芯片是主板芯片组中起主导作用的最重要的组成部分，担负 CPU、内存、显卡之间的数据和指令的交换、控制以及传输任务；南桥芯片是主板芯片组的重要组成部分，为外存储器（硬盘、光驱等）以及其他硬件资源（USB、PCI、ISA、LAN、ATA 等设备）提供可靠的连接。

3. 基本输入/输出系统和 CMOS

基本输入/输出系统（Basic Input Output System，BIOS）是一组存储在可擦写只读存储器（EPROM）中的程序，其主要作用是负责对基本 I/O 系统进行控制和管理及用户对某些系统参数的设定，它控制计算机最基本的功能并在每次开机时执行自检。

CMOS（Complementary Metal Oxide Semiconductor，互补金属氧化物半导体）是微机主板上的一块可读写的 RAM 芯片。CMOS RAM 本身只是一块存储器，只有数据保存功能，而对 CMOS 中各项参数的设定要通过专门的程序（如 BIOS 程序）。互补金属氧化物半导体存储器中记录着主板的硬件信息、日期、时间及启动信息等。在计算机关机时由 CMOS 电池供电，以保证硬件设备设置信息不丢失。

4. 主板上的插槽与接口

除了前面提到的部件之外，主板上还有许多接口（插槽），主要有以下几种。

（1）内存插槽。主板的内存插槽对所支持的内存种类和内存数量有直接的影响。目前台式机系统主要有 SIMM、DIMM 和 RIMM 三种类型的内存插槽。

（2）PCI 插槽。PCI 是英文 Peripheral Component Interconnect 的缩写，其本意是指外围组件互连，主板上的白色插槽大都是 PCI 插槽。PCI 插槽现在多用来接声卡、网卡、电视卡及硬盘保护卡之类的 PCI 设备，目前桌面级主板均采用这种 32 位插槽。现在已有 64 位的 PCI 插槽，但其长度比 32 位的 PCI 插槽要长。

（3）AGP 插槽。AGP 是英文 Accelerate Graphical Port 的缩写，中文意思是加速图形接口。它是一种显示卡专用的插槽。

除此之外，主板上还有其他外设接口，如 USB 接口、IEEE1394 接口、并行接口、串行接口、PS/2 接口等。

1.5.3　存储器

1. 多级存储体系结构

不同的存储器各有不同的特点，相应地也有不同的用途，如表 1-6 所示。按照与 CPU 的接近程度，存储器的层次结构分为内部存储器与外部存储器，简称为内存与外存。内部存储器又常称为主存储器（简称为主存），属于主机的组成部分；由于内存的优点是存取速度比较快，所以用来存放正在运行的程序和相关数据，CPU 可以直接访问内存提高程序运行速度。除了内存外，计算机还需要外部存储器简称"外存"。外存用来存储大量的暂时不参加运算或处理的数据和程序，因而允许较慢的处理速度。在需要时，它可以成批地与内存交换信息。它是主存储器的后备和补充，因此称它为"辅助存储器"。外存的特点是存储容量大、可靠性高、价格低，在脱机情况下可以永久地保存信息。目前微机常用上使用外部存储器主要有硬盘、光盘和 U 盘。

表 1-6　多级存储器体系结构

名称	简称	用途	特点
高速缓冲存储器	Cache	高速存取指令和数据	速度快，成本高，存储容量小
内部存储器	内存	存放计算机运行期间的大量程序和数据	存取速度较快，存储容量不大
外部存储器	外存	存放系统程序和大型数据文件及数据库	存储容量大，单位成本低

　　CPU 不能像访问内存那样直接访问外存，外存与 CPU 或 I/O 设备进行数据传输时必须通过内存进行。由于内存的速度与 CPU 的速度之间存在一定的差距，为了减小 CPU 的等待时间，大多数 CPU 中都配置了高速缓冲存储器（Cache）。主存储器、辅助存储器和高速缓冲存储器协同工作，解决了存储器要求容量大、速度快、成本低三者之间的矛盾。

　　2. 内部存储器

　　内部存储器是计算机其他部件与 CPU 进行沟通的桥梁。计算机中所有程序的运行都是在内存中进行的，因此内存的性能对计算机的影响非常大。根据存取方式不同，内存可以分为 RAM 和 ROM 两种。

　　（1）RAM。RAM（Random Access Memory，随机存取存储器）主要用来存放正在运行的程序及其相关数据。如果存储器中任何存储单元的内容都能被随机存取，且存取时间与存储单元的物理位置无关，则这种存储器称为随机存取存储器。

　　RAM 的优点是存取速度快、读写方便，缺点是数据不能长久保持、断电后自行消失。按其工作方式不同，RAM 可分为静态和动态两类。静态随机存取存储器（Static RAM，SRAM）速度快，使用方便；动态随机存取存储器（Dynamic RAM，DRAM）存储单元器件数量少，集成度高、应用广泛。

　　微机中的 RAM 存储器芯片通常成组焊接在一定规格的印刷电路板（PCB）上，就是人们常说的内存条。主板的内存插槽对所支持的内存种类和内存数量有直接的影响。正如其他部件一样，内存也是通过一系列针脚插接到插槽内。不同类型的内存传输类型各有差异，在传输率、工作频率、工作方式、工作电压等方面都有不同。内存模块必须具有正确数量的针脚才能插入到主板上的插槽中。

　　（2）ROM。ROM（Read Only Memory，只读存储器）是一种对其内容只能读不能写入的存储器，即预先一次写入的存储器。ROM 通常用来存放固定不变的信息，如计算机主板上的 BIOS 程序。

　　目前已有可重写的只读存储器，常见的有掩模 ROM（MROM）、可擦编程 ROM（EPROM）、电可擦编程 ROM（EEPROM）。ROM 的电路比 RAM 的简单、集成度高、成本低，且是一种非易失性存储器，在计算机系统中常把一些管理程序、监控程序、成熟的用户程序放在 ROM 中。

　　3. 硬盘

　　硬盘是计算机最主要的外部存储器，它是利用磁记录技术在涂有磁记录介质的旋转圆盘上进行数据存储的辅助存储器，由一个（或者多个）铝制（或者玻璃制，三星曾出过为数极少的陶瓷盘）的盘片组成。绝大多数硬盘都是固定硬盘，被永久性地密封固定在硬盘驱动器中。具有存储容量大、数据传输率高、存储数据可长期保存等特点。常用于存放操作系统、各种应用程序和数据，是内部存储器的扩充。

1)传统硬盘的物理结构

传统的硬盘属于机械式硬盘，主要构件有盘片、磁头、盘片主轴、控制电机、磁头控制器、数据转换器、接口、缓存等。所有的盘片(一般硬盘里有多个盘片，盘片之间平行)都固定在一个主轴上。在每个盘片的两个存储面上都有一个磁头(Head)，磁头与盘片之间的距离很小(所以剧烈震动容易损坏)，磁头连在一个磁头控制器上，统一控制各个磁头的运动。磁头沿盘片的半径方向动作，而盘片则按照指定方向高速旋转，这样磁头就可以到达盘片上的任意位置了，如图 1-13(a)所示。

(a)机械硬盘的内部结构　　　　　　　　(b)机械硬盘的外观

图 1-13　机械硬盘及其结构

一个硬盘通常有多个盘片组成，每个盘片的两面沿着半径的方向被划分成了很多被称为磁道的同心圆，每条磁道又被等角度地划分为若干个扇形区域称为扇区(Sector)。扇区是硬盘读写信息的最小单位，扇区无论长短其存储容量通常都为 512B 或 4KB。所有盘片上的同半径磁道组成了柱面(Cylinder)。机械硬盘的外观如图 1-13(b)所示。

2)硬盘的容量与大小

知道了机械硬盘的结构之后，我们就可以通过下面的公式计算出硬盘的容量。

硬盘容量 = 柱面数×磁头数×扇区数×扇区容量

式中各参数的含义解释如下。

(1)柱面数：表示每面盘面上有几条磁道。

(2)磁头数：每个盘片有上下两面，各对应 1 个磁头，所以也代表盘片的面数。

(3)扇区数：表示每条磁道有几个扇区，一般总数是 64。

(4)扇区容量：硬盘存取的基本单元，大小一般为 512B/4KB。

当前市面上主流的机械式硬盘容量为 500GB～6TB 不等。

目前常见的硬盘是 3.5 英寸台式机硬盘和 2.5 英寸笔记本电脑硬盘。此外，市面上还可以见到小于 2 英寸的移动硬盘或便携数码设备上使用的迷你硬盘。

3)硬盘的接口

硬盘接口分为 IDE、SATA、SCSI、SAS 和光纤通道五种，IDE 接口硬盘在早期的微机中应用广泛，如今已经基本淘汰。SCSI 接口的硬盘则主要应用于服务器，而光纤通道只用于高端服务器上，价格昂贵。SATA 主要应用于家用计算机，有 SATA、SATAⅡ、SATAⅢ，是当前微机硬盘的主流接口。

4）固态硬盘

除传统的机械硬盘之外，目前市面比较流行的还有一种固态硬盘。固态硬盘（Solid State Disk，SSD）是由控制单元和存储单元（Flash 芯片）组成，简单的说就是用固态电子存储芯片阵列而制成的硬盘，固态硬盘的接口规范和定义、功能及使用方法上与普通硬盘完全相同。在产品外形和尺寸上也完全与普通硬盘一致，包括 3.5″、2.5″、1.8″多种类型。由于固态硬盘没有普通硬盘的旋转介质，因而抗震性极佳，同时工作温度范围很宽，扩展温度的电子硬盘可工作在−45～+85℃。当前市面上常见的固态硬盘容量在 64～640GB。

4. U 盘

U 盘，全称 USB 闪存盘。它是一种使用 USB 接口的无需物理驱动器的微型高容量移动存储产品，通过 USB 接口与计算机连接，实现即插即用。

U 盘的称呼最早来源于深圳朗科科技生产的一种新型存储设备——"优盘"，使用 USB接口进行连接。U 盘连接到计算机的 USB 接口后，U 盘的资料可与计算机交换。而之后生产的类似技术的设备由于朗科已进行专利注册，而不能再称之为"优盘"。相较于其他便携式存储设备，U 盘有许多优点：占空间小，通常操作速度较快（USB1.1、2.0、3.0、3.1 标准），能存储较多数据，并且性能较可靠（由于没有机械设备），在读写时断开而不会损坏硬件，最多可能丢失数据。现在的操作系统如 Linux、Mac OS X、UNIX 与 Windows 2000、Windows XP、Windows 7、Windows 8、Windows 8.1、Windows 10 中皆有内置支持；U 盘中无任何机械式装置，抗震性能极强。另外，U 盘还具有防潮防磁、耐高低温等特性，安全可靠性很好。

U 盘虽然个头很小，但相对来说却有很大的存储容量。目前 4GB 容量 U 盘已基本处于淘汰的边缘，主流 U 盘容量发展为 8～128GB，相当于 2～30 张 DVD 光盘的容量。最大容量则已达到 1TB，相当于 240 余张 DVD 光盘的容量。

5. 光盘驱动器

光盘驱动器简称光驱，它是一种常见的多媒体计算机部件。光驱在读取信息时，激光头会向光盘发出激光束，当激光束照射到光盘的凹面（为 1）或非凹面（为 0）时，反射光束的方向会发生变化，光驱就根据反射光束的变化，把光盘上的信息还原成为数字信息，即"0"或"1"，再通过相应的控制系统，把数据传给计算机。目前使用的光驱有 DVD-ROM 驱动器、COMBO驱动器、DVD 刻录机、蓝光光驱/刻录机等，CD-ROM 驱动器已经基本退出市场了。

1）DVD-ROM 驱动器

DVD-ROM 是数字视盘和数字万用盘的缩写，是一种容量更大、运行速度更快的光存储技术。DVD-ROM 驱动器是用来读取 DVD 盘上数据的设备，DVD 的容量为 8.5GB 以上。

2）COMBO 驱动器

COMBO 在英文里的意思是"结合物"，而康宝（COMBO）驱动器就是把 CD-RW 刻录机和 DVD 光驱结合在一起的"复合型一体化"驱动器。

3）DVD 刻录机

DVD 刻录机是指 DVD-R/RW。与 CD-R/CD-RW 类似，DVD-R 可记录一次数据，而DVD-RW 可重写数千次。DVD-R 介质像 CD-R 一样，采用有机染料聚合物技术，可与几乎所有的 DVD 光驱兼容。初期时的容量为 3.95GB，如今已经扩大到 4.7GB 甚至 8.5GB。

4）蓝光光驱/刻录机

Blu-Ray Disk 是蓝光盘，是新一代 DVD 的标准之一，主导者为索尼与东芝，以索尼、松下、飞利浦为核心，又得到先锋、日立、三星、LG 等巨头的鼎力支持。存储原理为沟槽记录方式，采用传统的沟槽进行记录，然而通过更加先进的抖颤寻址实现了对更大容量的存储与数据管理，最大容量已经达到惊世骇俗的 100GB。与传统的 CD 或是 DVD 存储形式相比，BD 光盘显然带来更好的反射率与存储密度，这是其实现容量突破的关键。目前常见的蓝光光盘容量为 25GB 和 50GB。

大多数蓝光光驱可以用来读取 CD、DVD 和蓝光光盘，同时还可以刻录 CD、DVD 光盘。蓝光刻录机除了具备蓝光光驱的功能之外，还可以刻录蓝光光盘。

传统的光盘驱动器是通过 IDE、SATA 等硬盘接口安装在主机里面的，属于内置式光驱。随着 U 盘的普及，光盘驱动器已经不是大多数微机的标准配置了，外置式光驱成为当前的主流，外置式光驱大都通过 USB 接口与计算机连接。

1.5.4　微机总线

现代计算机系统的复杂结构，使各部件之间需要有一个能够有效高速传输各种信息的通道，这就是总线。在微机中总线一般分为内部总线（局部总线）、系统总线（板总线）和外部总线（通信总线）。

（1）内部总线。内部总线就是微处理器级总线，也称为前端总线。它包括地址总线（Address Bus，AB）、数据总线（Data Bus，DB）和控制总线（Control Bus，CB），从 CPU 引脚上引出，用来实现 CPU 与外围控制芯片（包括主存、Cache 等）之间的连接。其中，地址总线用来产生访问内存的地址。不同的微处理器，其地址总线的位数（或称为总线宽度）不一样，地址总线宽度是指可以访问的最大内存空间，如 386 以上的微机系统 CPU 的地址总线宽度一般为 32 位，就可以最大访问 2^{32}（4GB）的内存储空间。数据总线用于实现数据的输入和输出，现在常用的 Pentium4 CPU 的数据总线宽度为 64 位，一次可同时传送 64 位二进制码，即该类机型的字长。控制总线用于传输各种控制信号。内部总线的性能参数与具体的微处理器有关，没有统一的标准。

（2）系统总线。系统级总线也称为 I/O 通道总线，是插件板一级的总线，用于 CPU 与接口卡的连接。为使各种接口卡能够在各种系统中实现"即插即用"，系统总线的设计要求与具体的 CPU 型号无关，因而有统一的标准，常见的总线标准有 ISA 总线、PCI 总线、AGP 总线等。

（3）外部总线。外部总线是互连设备一级的总线，用于在计算机和外设之间进行信息与数据交换，主要有 RS-232-C 总线、RS-485 总线、IEEE-488 总线、USB 总线等。

1.5.5　常用的输入输出设备

输入输出设备属于微机的外部设备（External Device），也称为外围设备（Peripheral Device）。在计算机硬件系统中，外部设备是相对于计算机主机而言的。凡在计算机主机处理数据前后，负责把数据输入计算机主机、对数据进行加工处理及输出处理结果的设备都称为外部设备，而不管它们是否受中央处理器的直接控制。一般说来，除计算机主机以外的设备原则上都叫外部设备。

1. 输入输出接口

不同的设备都有自己独特的系统结构、控制软件、总线、控制信号等。为使不同设备能连接在一起协调工作，必须对设备的连接有一定的约束或规定，这种约束就是接口协议。实现接口协议的硬件称为输入/输出接口，它们通过总线与 CPU 相连，简称 I/O 接口。

I/O 接口分为总线接口和通信接口两类。当需要外部设备或用户电路与 CPU 之间进行数据、信息交换以及控制操作时，应使用微机总线把外部设备和用户电路连接起来，这时就需要使用微机总线接口。目前微机上常见的接口主要有以下几种。

(1)PS/2 接口。PS/2 接口的功能比较单一，仅用于连接键盘和鼠标，鼠标的 PS/2 的接口是绿色，而键盘的 PS/2 接口是紫色，二者不能接反。PS/2 接口如图 1-14 所示。

(2)USB 接口。USB 接口如图 1-15 所示，USB 接口是现在最流行的接口，一个 USB 接口最多可以支持 127 个外设，并且可以独立供电，应用非常广泛。USB 接口由一条 4 芯电缆相连接，其中两条是正负电源，两条是数据传输线。USB 接口可以从主板上获得+5V、500mA 的电源，支持热拔插，真正做到了"即插即用"。一个 USB 接口可同时支持高速和低速 USB 外设的访问，现行的 USB 2.0 标准最高传输速率为 480Mbit/s，USB 3.0 的理论速度可达 5.0Gbit/s。

(3)Type C 接口。Type C 接口的全称为 USB Type C 接口，本质上属于 USB 接口。USB 接口有三种基本的外观，即 Type-A、Type-B、Type-C，微机上常见的方形 USB 接口属于 Type-A。

Type-C 拥有比 Type-A 及 Type-B 均小得多的体积，是最新的 USB 接口外形标准，如图 1-15 所示，其最直观的优势就是让用户彻底摆脱插线的烦恼，其先天出色的正反可插接口设计，不会再出现错插或者失误之后导致的部件受损情况。Type-C 接口有强大的兼容性，因此成为能够连接 PC、游戏主机、智能手机、存储设备和拓展均等一切电子设备的标准化接口，并实现数据传输和供电的统一。

Type-C 支持 USB 3.1 标准，能够提供更快的传输速度(最高 10Gbit/s)以及更强悍的电力传输(最高 100W)，用户能够迅速地通过 Type-C 传输数据和视频，或者更快地充电。该标准还可以让用户用手机为其他设备充电。对于显示器来讲，使用 Type-C 进行数据传输的时候无需再另外使用一条电源线给显示器供电，解决了桌面线材凌乱的问题。

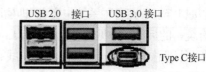

图 1-14　PS/2 接口　　　　图 1-15　经典 USB 接口与 Type C 接口

2. 输入设备

输入设备是人和计算机之间最重要的接口，它的功能是把原始数据和处理这些数据的程序、命令通过输入接口输入到计算机中。因此，凡是能把程序、数据和命令送入计算机进行处理的设备都是输入设备。输入设备包括字符输入设备(如键盘、条形码阅读器、磁卡机)、图形输入设备(如鼠标、图形数字化仪、操纵杆)、图像输入设备(如扫描仪、传真机、摄像机)、模拟量输入设备(如模/数转换器、话筒，模/数转换器也称为 A/D 转换器)。

3. 输出设备

输出设备同样是十分重要的人-机接口,它的功能是用来输出人们所需要的计算机的处理结果。输出的形式可以是数字、字母、表格、图形、图像等。最常用的输出设备是各种类型的显示器、打印机、音箱和绘图仪等。

1.5.6　键盘及其基本操作

一般情况下,我们都是通过各种输入设备向计算机传递信息的,其中键盘(Keyboard)是计算机最常用的也是最主要的输入设备之一,自从个人计算机诞生后,键盘就成了标准的输入设备。

1. 键盘

计算机的键盘上,每个键完成一种或几种功能,其功能表示在键上,如图 1-16 所示。根据不同键盘字符使用的频率和方便操作的原则,键盘划分为 4 个功能区。其中,键盘中间的主体部分为主键盘区(打字区),包括 0~9 数字键、A~Z 字母键及部分符号键和一些特殊功能键,主要用来输入各种文本字符。键盘顶端是功能键区,主要由 F1~F12 共 12 个功能键组成。键盘右端是小数字键盘区,主要用来输入批量的数值型数据。小数字键盘区的左侧是编辑控制键区,主要由 13 个控制键组成。

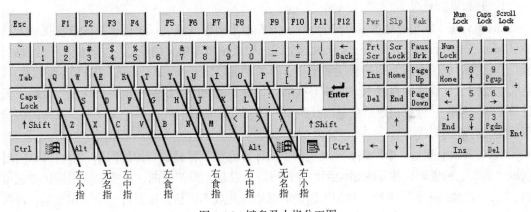

图 1-16　键盘及十指分工图

2. 基本指法

在键盘操作中应主动遵守"十指分工,包键到指"的原则,这对于保证键盘操作的准确率和速度至关重要。开始操作时,首先把左手的小指、无名指、中指和食指分别置于 A、S、D、F 键上,左拇指自然向掌心弯曲;将右手的食指、中指、无名指和小指分别置于 J、K、L、";"键上,右手拇指置于 Space 键(键盘下端最长的键,即空格键)上。各手指的分工如图 1-16 所示。为便于盲打时手指能准确定位,在 F 键和 J 键上各有一个小凸起,用来标识左、右手食指的位置,这两个键称为基准位。键盘上常用控制键的作用如表 1-7 所示。

3. 键盘打字的坐姿

初学打字者易忽略坐姿,过于放松。端正的坐姿是为了保持工作状态,有利于打字的准确率和速度。打字者应坐姿端正,两脚平放地上,肩部放松,上臂自然下垂,前臂与上臂间夹角略小于 90°,指端的第一关节与键盘呈 80°,右手拇指轻放在空格键上。打字时除了手指悬放在基本键上，身体的其他部位不能搁在放键盘的桌子上。显示器宜放在键盘的正后方，与眼睛相距不少于 50cm。

表 1-7　常用控制键的作用

按键	作用	按键	作用
Caps Lock	大小写转换	Backspace	退格键，用来删除光标左侧的字符
Shift	按下该键，可输入该键的上挡字符	Ctrl	与其他键组合使用，实现控制功能
Enter	换行或结束输入的命令	Delete (Del)	删除光标右侧的字符
Alt	与其他键组合使用，实现控制功能	Insert	切换插入/改写文本编辑状态
Home	控制光标移动到当前行的行首	End	控制光标移动到当前行的行尾
Page Up	向上翻页	Page Down	向下翻页
Num Lock	切换小数字键盘的状态	Esc	取消当前的操作或输入

1.6　计算机新技术

1.6.1　云计算

1. 什么是云计算

Google CEO 埃里克施密特于 2006 年 8 月在搜索引擎战略会议上的演讲中首次提到云计算 (Cloud Computing)。一年后，公众对这个词的搜索量呈爆炸式增长。经过短短几年的发展，云计算已经形成了雷霆万钧的势能和横扫千军的动能。Google、Amazon、IBM 与微软等 IT 巨头纷纷把云计算作为自己未来的核心战略，世界各国政府纷纷制推出"云优先"策略。云计算是继互联网、计算机之后信息时代的又一革新，是信息时代的一个大飞跃，未来的时代可能是云计算的时代。

"云"实质上就是一个网络，狭义上讲，云计算就是一种提供资源的网络，用户可以随时获取"云"上的资源，按需求量使用，并且可以看成是无限扩展的，只要按使用量付费就可以。"云"就像自来水厂一样，我们可以随时接水，并且不限量，按照自己家的用水量，付费给自来水厂就可以。从广义上说，云计算是与信息技术、软件、互联网相关的一种服务，这种计算资源共享池叫做"云"，云计算把许多计算资源集合起来，通过软件实现自动化管理，只需要很少的人参与，就能让资源被快速提供。也就是说，计算能力作为一种商品，可以在互联网上流通，就像水、电、煤气一样，可以方便地取用，且价格较为低廉。

总之，云计算是分布式计算的一种，是指通过网络"云"将巨大的数据计算处理程序分解成无数个小程序，然后通过多部服务器组成的系统进行处理和分析这些小程序得到结果并返回给用户。现阶段所说的云服务已经不仅仅是一种分布式计算，而是分布式计算、效用计算、负载均衡、并行计算、网络存储、热备份冗杂和虚拟化等计算机技术混合演进并跃升的结果。

2. 云计算的优势

云计算的可贵之处在于高灵活性、可扩展性和高性比等，与传统的网络应用模式相比，其具有如下优势与特点。

(1)虚拟化技术。虚拟化突破了时间、空间的界限，是云计算最为显著的特点，虚拟化技术包括应用虚拟和资源虚拟两种。众所周知，物理平台与应用部署的环境在空间上是没有任何联系的，正是通过虚拟平台对相应终端操作完成数据备份、迁移和扩展等。

(2)动态可扩展。云计算具有高效的运算能力，在原有服务器基础上增加云计算功能能够使计算速度迅速提高，最终实现动态扩展虚拟化的层次达到对应用进行扩展的目的。

(3)按需部署。传统计算机系统中包含了许多系统软件和应用软件，不同的软件对应的数据资源库不同，所以用户运行不同的软件需要较强的计算能力对资源进行部署，而云计算平台能够根据用户的需求快速配备计算能力及资源。

(4)灵活性高。目前市场上大多数 IT 资源对软、硬件都支持虚拟化，如存储网络、操作系统和开发软、硬件等。虚拟化要素统一放在云系统资源虚拟池中进行管理，可见云计算的兼容性非常强，不仅可以兼容低配置机器、不同厂商的硬件产品，还能够使外设获得更高的计算性能。

(5)可靠性高。倘若服务器出现故障也不影响计算与应用的正常运行。因为单点服务器出现故障可以通过虚拟化技术将分布在不同物理服务器上的应用进行恢复或利用动态扩展功能部署新的服务器进行计算。

(6)性价比高。将资源放在虚拟资源池中统一管理在一定程度上优化了物理资源，用户不再需要昂贵、存储空间大的主机，可以选择相对廉价的 PC 组成云，一方面减少费用，另一方面计算性能也不逊于大型主机。

(7)可扩展性。用户可以利用应用软件的快速部署条件来简单快捷地将自身所需的已有业务以及新业务进行扩展。例如，计算机云计算系统中出现设备的故障，对于用户来说，无论是在计算机层面上，或是在具体运用上均不会受到阻碍，可以利用云计算具有的动态扩展功能来对其他服务器开展有效扩展。这样就能够确保任务得以有序完成。在对虚拟化资源进行动态扩展的情况下，同时能够高效扩展应用，提高云计算的操作水平。

3. 云计算的服务类型

云计算的服务类型可分为三种，分别为基础设施即服务(Infrastructure as a Service，IaaS)、平台即服务(Platform as a Service，PaaS)和软件即服务(Software as a Service，SaaS)。这三种云计算服务有时称为云计算堆栈，因为它们互为基础构建堆栈。

(1)基础设施即服务。基础设施即服务向云计算提供商的个人或组织提供虚拟化计算资源，如虚拟机、存储、网络和操作系统。

(2)平台即服务。平台即服务为开发人员提供通过全球互联网构建应用程序和服务的平台。PaaS 为开发、测试和管理软件应用程序提供按需开发环境。

(3)软件即服务。软件即服务通过互联网提供按需软件付费应用程序，云计算提供商托管和管理软件应用程序，允许其用户连接到应用程序并通过全球互联网访问应用程序。

4. 常见的云应用

云计算技术已经融入现今的社会生活，目前云计算已被广泛应用于电子商务、教育、医疗、交通、政务、游戏、机场、生物科学、汽车、物流等行业。这里简单介绍几种常见的云应用。

(1)存储云，又称云存储，是在云计算技术上发展起来的一个新的存储技术。云存储是一个以数据存储和管理为核心的云计算系统。用户可以将本地的资源上传至云端上，可以在任何地方连入互联网来获取云上的资源。大家所熟知的谷歌、微软等大型网络公司均有云存储的服务。在国内，百度云、微云、华为云则是市场占有量最大的存储云。存储云向用户提供了存储容器服务、备份服务、归档服务和记录管理服务等，大大方便了用户对资源的管理。

（2）医疗云，是指在云计算、移动技术、多媒体、4G 通信、大数据、物联网等新技术基础上，结合医疗技术，使用"云计算"来创建医疗健康服务云平台，实现了医疗资源的共享和医疗范围的扩大。因为云计算技术的运用与结合，医疗云提高了医疗机构的效率，方便居民就医。现在医院的预约挂号、电子病历、医保等都是云计算与医疗领域结合的产物，医疗云还具有数据安全、信息共享、动态扩展、布局全国的优势。

（3）金融云，是指利用云计算的模型，将信息、金融和服务等功能分散到庞大分支机构构成的互联网"云"中，旨在为银行、保险和基金等金融机构提供互联网处理和运行服务，同时共享互联网资源，从而解决现有问题并且达到高效、低成本的目标。在 2013 年 11 月，阿里云整合阿里巴巴旗下资源并推出来阿里金融云服务。金融与云计算的结合，只需要在手机上简单操作，就可以完成银行存款、购买保险和基金买卖。现在，不仅仅是阿里巴巴推出了金融云服务，苏宁金融、腾讯等企业均推出了自己的金融云服务。

（4）教育云，是指教育信息化的一种发展。具体地说，教育云可以将所需要的任何教育硬件资源虚拟化，然后将其传入互联网中，向教育机构和学生老师提供一个方便快捷的平台。慕课就是教育云的一种应用。慕课（MOOC）是指大规模开放的在线课程。现阶段慕课的三大优秀平台为 Coursera、edX 及 Udacity，在国内也出现了多家有影响力的慕课平台，如网易与高等教育出版社共同打造的中国大学 MOOC、清华大学的学堂在线、超星公司的超星慕课等。

1.6.2　大数据

1. 什么是大数据

通俗地说，大数据（Big Data）就是巨量数据的集合。在 1980 年，著名未来学家阿尔文·托夫勒在《第三次浪潮》一书中，将大数据赞颂为"第三次浪潮的华彩乐章"。伴随着互联网、移动互联网及物联网的快速普及，托夫勒预言中的"大数据"已经走进我们的生活。从 2009 年开始，"大数据"成为信息技术行业的流行词汇。美国互联网数据中心指出，互联网上的数据每年增长 50%，每两年便翻一番，目前世界上 90%以上的数据是最近几年产生的。此外，数据又并非单纯指人们在互联网上发布的信息，全世界的工业设备、汽车、电表上有着无数的数码传感器，随时测量和传递着有关位置、运动、震动、温度、湿度乃至空气中化学物质的变化，也产生了海量的数据信息。

关于大数据的定义，全球最具权威的 IT 研究与顾问咨询公司 Gartner（高德纳）指出，大数据是指无法在一定时间范围内用常规软件工具进行捕捉、管理和处理的数据集合，大数据是需要新处理模式才能使他们具有更强的决策力、洞察发现力和流程优化能力的海量、高增长率和多样化的信息资产。

大数据的意义不仅仅在于掌握庞大的数据信息，而在于对这些含有意义的数据进行专业化处理之后产生的价值。换言之，如果把大数据比作一种产业，那么这种产业实现盈利的关键，在于提高对数据的"加工能力"，并且通过"加工"实现数据的"增值"。

数据是国家基础性战略资源，是 21 世纪的"钻石矿"。党中央、国务院高度重视大数据在经济社会发展中的作用，党的十八届五中全会提出实施国家大数据战略，国务院印发《促进大数据发展行动纲要》，全面推进大数据发展，加快建设数据强国。最近几年，全球新一代信息产业处于加速变革期，大数据技术和应用处于创新突破期，国内市场需求处于爆发期，我国大数据产业面临重要的发展机遇。抢抓机遇，推动大数据产业发展，对提升政府治理能力、优化民生公共服务、促进经济转型和创新发展有重大意义。

2. 大数据的特点

业界（最早由 IBM 提出）将大数据的特点归纳为 5 个 V，即 Volume、Variety、Velocity、Value、Veracity。

(1) Volume：数据体量巨大，大数据的起始计量单位至少是 PB（1024TB）、EB（1024PB）或 ZB（1024EB）。

(2) Variety：种类和来源多样化。包括结构化、半结构化和非结构化数据，具体表现为网络日志、音频、视频、图片、地理位置信息等，多类型的数据对数据的处理能力提出了更高的要求。

(3) Velocity：数据增长速度快，处理速度也快，时效性要求高。比如搜索引擎要求几分钟前的新闻能够被用户查询到，个性化推荐算法尽可能要求实时完成推荐，需要在秒级时间范围从各种类型的数据中获得高价值的信息，这是大数据区别于传统数据挖掘的显著特征。

(4) Value：数据价值密度相对较低，但商业价值高，只要合理利用数据并对其进行准确的分析，将会带来很高的价值回报；如何结合业务逻辑并通过强大的机器算法来挖掘数据价值，是大数据时代最需要解决的问题。

(5) Veracity：数据的真实性。大数据中的内容是与真实世界中的发生息息相关的，要保证数据的准确性和可信赖度。研究大数据就是从庞大的网络数据中提取能够解释和预测现实事件的过程。

3. 大数据的应用

大数据技术的应用已经渗透到我们生活的方方面面，下面只是大数据在部分行业领域的应用实例。

(1) 电商领域：大数据在电商领域的应用已经屡见不鲜了，如阿里巴巴、京东、拼多多等电商平台利用大数据技术，对用户信息进行分析，从而为用户推送用户感兴趣的产品，从而刺激消费。

(2) 线下零售企业：监控客户的店内走动以及与商品互动情况。它们将这些数据与交易记录相结合来展开分析，从而在销售哪些商品、如何摆放货品以及何时调整售价上给出意见，此类方法已经帮助某著名零售企业减少了 17% 的库存，同时在保持市场份额的前提下，增加了利润率。

(3) 政府领域："智慧城市"已经在多地尝试运营，通过大数据，政府部门得以感知社会的发展变化需求，从而更加科学化、精准化、合理化地为市民提供相应的公共服务和资源配置。

(4) 医疗领域：医疗行业通过临床数据对比、实时统计分析、远程病人数据分析、就诊行为分析等，辅助医生进行临床决策，规范诊疗路径，提高医护人员的工作效率。

(5) 安防领域：安防行业可实现视频图像模糊查询、快速检索、精准定位，并能够进一步挖掘海量视频监控数据背后的价值信息，反馈内涵知识辅助决策判断。

(6) 金融领域：在基于大数据对用户画像的基础上，银行可以根据用户的年龄、资产规模、理财偏好等，对用户群进行精准定位，分析出潜在的金融服务需求。

(7) 电信领域：电信行业拥有庞大的数据，大数据技术可以应用于网络管理、客户关系管理、企业运营管理等，并且使数据对外商业化，实现单独盈利。

（8）教育领域：通过大数据进行学习行为分析，能够为每位学生创设一个量身定做的个性化课程，为学生的多年学习提供一个富有挑战性而不倦怠的学习计划。

（9）交通领域：大数据技术可以预测未来交通情况，为改善交通状况提供优化方案，有助于交通部门提高对道路交通的把控能力，防止和缓解交通拥堵，提供更加人性化的服务。

（10）传媒领域：传媒相关企业通过收集各式各样的信息，进行分类筛选、清洗、深度加工，实现对读者和受众个性化需求的准确定位和把握，并追踪用户的浏览习惯，不断进行信息优化。

1.6.3　物联网

1. 什么是物联网

物联网（Internet of Things，IoT）概念最早出现于比尔盖茨 1995 年的著作《未来之路》一书，只是当时受限于无线网络、硬件及传感设备的发展，并未引起世人的重视。1998 年，美国麻省理工学院创造性地提出了称为 EPC 系统的"物联网"的构想。

1999 年，美国 Auto-ID 首先提出"物联网"的概念，主要是建立在物品编码、射频识别技术（RFID）和互联网的基础上。过去在中国，物联网被称为传感网。中国科学院在 1999 年启动了传感网的研究，并取得了一些科研成果，建立了一些适用的传感网。同年，在美国召开的移动计算和网络国际会议提出：传感网是 21 世纪人类面临的又一个发展机遇。

2003 年，美国《技术评论》提出传感网络技术将是未来改变人们生活的十大技术之首。2005 年 11 月，在突尼斯举行的信息社会世界峰会（World Summit on the Information Society，WSIS）上，国际电信联盟（International Telecommunication Union，ITU）发布了《ITU 互联网报告 2005：物联网》，正式提出了"物联网"的概念。报告指出，无所不在的"物联网"通信时代即将来临，世界上所有的物体从轮胎到牙刷、从房屋到纸巾都可以通过因特网主动进行交换。射频识别技术、传感器技术、纳米技术、智能嵌入技术将到更加广泛的应用。

2009 年 8 月，温家宝总理在无锡视察时指出，要在激烈的国际竞争中，迅速建立中国的传感信息中心或"感知中国"中心。自温家宝总理提出"感知中国"以来，物联网被正式列为国家五大新兴战略性产业之一，写入《政府工作报告》，物联网在中国受到了全社会极大的关注，其受关注程度是美国、欧盟以及其他各国不可比拟的。

物联网是一个基于互联网、传统电信网等的信息承载体，它让所有能够被独立寻址的普通物理对象形成互联互通的网络。通过信息传感器、射频识别技术、全球定位系统、红外感应器、激光扫描器等各种装置与技术，实时采集任何需要监控、连接、互动的物体或过程，采集其声、光、热、电、力学、化学、生物、位置等各种需要的信息，通过各类可能的网络接入，实现物与物、物与人的泛在连接，实现对物品和过程的智能化感知、识别和管理。它具有普通对象设备化、自治终端互联化和普适服务智能化三个重要特征。

2. 物联网的应用

物联网的应用领域很广，当前民用物联网主要集中在智能交通、智能物流、智能家居、公共安全、智能医疗、智能建筑、智能农业、智能能源、智能零售、智能安防、智能制造等领域。从服务范围、服务方式到服务质量等方面都明显地提高了人们的生活质量。下面是物联网在部分领域的应用实例。

（1）智能交通。物联网技术在道路交通方面的应用比较成熟。随着社会车辆越来越普及，交通拥堵甚至瘫痪已成为城市的一大问题。对道路交通状况实时监控并将信息及时传递给驾驶人，让驾驶人及时做出出行路线调整，有效缓解了交通压力；高速路口设置道路自动收费系统(ETC)，免去进出口取卡、还卡的时间，提升车辆的通行效率；公交车上安装定位系统，能及时了解公交车行驶路线及到站时间，乘客可以根据搭乘路线确定出行，免去不必要的时间浪费。社会车辆增多，除了会带来交通压力外，停车难也日益成为一个突出问题，不少城市推出了智慧路边停车管理系统，该系统基于云计算平台，结合物联网技术与移动支付技术，共享车位资源，提高车位利用率和用户的方便程度。该系统可以兼容手机模式和射频识别模式，通过手机端 APP 软件可以实现及时了解车位信息、车位位置，提前做好预定并实现交费等操作，很大程度上解决了"停车难、难停车"的问题。

(2)智能物流。亿博物流咨询公司曾举例介绍物联网在物流领域内的应用，例如一家物流公司应用了物联网系统的货车，当装载超重时，汽车会自动提醒司机超载了，并且超载了多少，若空间还有剩余，会提示轻重货怎样搭配。

(3)智能家居。智能家居就是物联网在家庭中的基础应用，随着宽带业务的普及，智能家居产品涉及方方面面。家中无人，可利用手机等客户端远程操作智能空调，调节室温，甚者还可以学习用户的使用习惯，从而实现全自动的温控操作，使人们在炎炎夏季回家就能享受到清爽带来的惬意；通过客户端实现智能灯泡的开关、调控灯泡的亮度和颜色等；插座内置 Wi-Fi，可实现遥控插座定时通断电流，监测设备用电情况，生成用电图表让用户对用电情况一目了然，安排资源使用及开支预算；智能体重秤可以监测运动效果；内置可以监测血压、脂肪量的先进传感器，内定程序根据身体状态提出健康建议；智能牙刷与客户端相连，提醒刷牙时间、刷牙位置，可根据刷牙的数据生成图表，提示口腔的健康状况；智能摄像头、窗户传感器、智能门铃、烟雾探测器、智能报警器等都是家庭不可缺少的安全监控设备，即使出门在外，也可以在任意时间、任何地方查看家中的实时状况。看似烦琐的家居生活因为物联网而变得更加轻松和美好。

(4)公共安全。近年来全球气候异常情况频发，灾害的突发性和危害性进一步加大，互联网可以实时监测环境的不安全性因素，提前预防、实时预警、及时采取应对措施，降低灾害对人类生命财产的威胁。2013 年，美国布法罗大学提出了研究深海互联网项目，用特殊处理的感应装置置于深海处，可以分析水下相关情况，海洋污染的防治、海底资源的探测，甚至对海啸也可以提供可靠的预警。该项目在当地湖水中进行试验，获得成功，为进一步扩大使用范围提供了基础。利用物联网技术可以智能感知大气、土壤、森林、水资源等方面的指标数据，对于改善人类生活环境发挥巨大作用。

习　题　一

一、简答题

1. 什么是计算思维？计算思维的本质是什么？
2. 简述计算思维与计算机的关系。
3. 简述应用计算思维求解问题的一般过程。
4. 计算机的发展经历了哪几个阶段？
5. 试述当代计算机主要有哪些应用领域？

习题一答案

6. 计算机内部的信息为什么要采用二进制编码表示?

7. 计算机中如何表示正负数?

8. 在计算机中字符是如何表示的? 汉字又是怎样表示的?

9. 请查出并记住 "A" "a" "0" 和空格的 ASCII 码。

10. 存储器的容量单位有哪些?

11. 简述冯·诺依曼体系计算机的组成部分。

12. 请分别说明系统软件和应用软件的功能。

13. 指令和程序有何区别? 试述计算机执行指令的过程。

14. 微型计算机的主板有什么功能?

15. 简述微型计算机系统存储器的层次结构。

16. 外部存储器上的数据能否被 CPU 直接处理,为什么?

17. 云计算的优势主要有哪些?

18. 简述大数据的特点。

19. 什么是物联网?

二、计算题

请完成下列数的数制转换。

(1) $(11110101)_2 = ($ $)_{10} = ($ $)_8 = ($ $)_{16}$。

(2) $(11111111000011.101101001)_2 = ($ $)_8 = ($ $)_{16}$。

(3) $(345.728)_{10} = ($ $)_2 = ($ $)_8 = ($ $)_{16}$。

(4) $(3E1)_{16} = ($ $)_{10} = ($ $)_2 = ($ $)_8$。

(5) $(526.063)_8 = ($ $)_{10} = ($ $)_2 = ($ $)_{16}$。

(6) 请写出十进制数-86 的原码、反码、补码。

第2章 操 作 系 统

操作系统(Operating System，OS)是现代计算机系统中不可缺少的系统软件。操作系统控制和管理整个计算机系统中多种硬件、软件资源，并为用户使用计算机提供一个方便灵活、安全可靠的工作环境。如果让用户使用一台没有配置操作系统的计算机，那是难以想象的。

本章首先概述操作系统的基础知识，然后着重介绍 Windows 7 的基本知识和操作。

2.1 操作系统概述

2.1.1 操作系统的基本概念

为了使计算机系统的软、硬件资源协调一致、有条不紊地工作，就必须有一个软件对计算机系统进行统一管理和调度，这个软件就是操作系统。操作系统是一组控制和管理计算机硬件和软件资源、合理地对各类作业进行调度，以及方便用户使用计算机的程序的集合。它是配置在计算机上的第一层软件，是对硬件功能的首次扩充。操作系统在整个计算机系统中具有极其重要的地位，是其他系统软件和应用软件运行的基础。

2.1.2 操作系统的功能

操作系统的宗旨是提高系统资源的利用率和方便用户操作计算机，它具有如下功能。

1. 处理机管理

处理机管理的主要任务是对处理机进行分配，并对其运行进行有效的控制和管理。在多道程序环境下，处理机的分配和运行都是以进程为基本单位。进程是一个具有一定独立功能的程序在一个数据集合上的一次动态执行过程。对处理机的管理可归结为对进程的管理，主要包括以下几个方面。

(1)进程控制：为作业创建进程、撤销进程，并控制进程在运行过程中的状态转换。

(2)进程同步：对进程的执行次序进行协调，使进程能有条不紊地运行。

(3)进程通信：实现进程间的信息交换，使进程能很好地相互合作。

(4)进程调度：按一定的算法进行处理机分配。

2. 存储器管理

存储器管理的主要任务是为多道程序的运行提供良好的环境，主要功能包括以下几个方面。

(1)内存分配：按一定的策略为每道程序分配内存。

(2)内存保护：保证各程序在自己的内存区运行而不相互干扰。

(3)地址映射：将程序中的逻辑地址转换成内存中的物理地址，以使程序正确执行。

(4)内存扩充：通过虚拟技术从逻辑上扩充内存。

3. 设备管理

设备管理的主要任务是完成用户的 I/O 请求，主要功能包括以下几个方面。

(1)缓冲管理：利用缓冲来缓和 CPU 和 I/O 设备速度不匹配的矛盾，提高 CPU 和 I/O 设备的利用率。

(2)设备分配：根据用户的 I/O 请求，为之分配其所需要的设备。

(3)设备处理：启动设备进行 I/O 操作，响应并处理设备控制器发来的中断请求。

(4)设备独立性和虚拟设备：设备独立性的基本含义是指应用程序独立于物理设备，以使用户编制的程序与实际使用的物理设备无关。虚拟设备功能是指把每次仅允许一个进程使用的物理设备，改造为能同时供多个进程共享的设备(虚拟设备)。

4. 文件管理

文件管理主要是使用户能方便、安全地使用各种信息资源，主要功能包括以下几个方面。

(1)文件存储空间的管理：为每个文件分配必要的外存空间，并尽量提高文件存储空间的利用率和文件访问的效能。

(2)目录管理：通过目录的方式来组织文件，以实现文件的按名存取，并提高文件的检索速度。

(3)文件的读/写管理和存取控制：实现文件的读/写操作，并提供有效的存取控制机制，保护文件的安全性。

5. 用户接口

为了方便用户使用计算机，操作系统又向用户提供了友好的用户接口。用户接口有两种类型。一种是程序级接口，即系统提供了一组"系统调用"供用户在编程时调用。通过这些系统调用，用户可以在程序中访问系统的一些资源，或要求操作系统完成一些特定的功能。另一种是作业级接口，也就是大家熟悉的操作系统用户界面，如 Windows 界面、DOS 命令、UNIX 系统的 Shell 命令等。

2.1.3 主要操作系统介绍

1. DOS 操作系统

磁盘操作系统(Disk Operating System，DOS)是一个单用户、单任务操作系统，是 1981 年微软公司为 IBM PC 及其兼容机开发的操作系统，是微机发展初期使用最广泛的操作系统之一。DOS 操作系统主要有微软公司开发的 MS-DOS 和 IBM 公司开发的 PC-DOS 两个品牌，它们的原理和基本结构是相同的。

DOS 操作系统是字符界面，采用命令行方式进行人-机对话。其问世至今，经历了七次大的版本升级，真正独立的最高版本是 6.22。当年的 DOS 一枝独秀，Windows 95 出现后 DOS 就结束了它的统治地位，但到目前为止，在 Windows 系列的各种版本中 DOS 仍以字符界面的方式存在着，一些命令还要通过 DOS 环境来执行。

2. Windows 操作系统

Windows 操作系统是由微软公司从 1985 年起开发的一系列窗口操作系统产品。它的第一个版本 Windows 1.0 本质为基于 MS-DOS 系统之上的图形用户界面的 16 位系统软件。Windows 1.x 和 Windows 2.x 市场反应并不太好，但从 Windows 3.x 起，Windows 操作系统逐渐成为使用最为广泛的桌面操作系统之一。从 Windows 3.0 开始，Windows 系统提供了对 32 位 API 的有限支持。1995 年 8 月发售的 Windows 95 则是一个混合的 16 位/32 位 Windows 系统，仍然基于 DOS 核心，但也引入了部分 32 位操作系统的特性，具有一定的 32 位的处理能力。但与此同时微软开发了 Windows NT 核心，并在 2000 年 2 月发布了基于 NT5.0 核心的

Windows 2000,正式取消了对 DOS 的支持,成为纯粹的 32 位系统。2001 年微软发布了 Windows XP,该操作系统使用 Windows 2000 内核代码,采用与 Windows Me 类似的界面,把以往 Windows 系列软件家庭版的易用性和商用版的稳定性集于一身,成为了最成功的操作系统之一。2006 年底微软发布了基于 NT6.0 核心的新一代操作系统 Windows Vista,提供了新的图形界面 Windows Aero,并提高了系统安全性,但其市场份额始终未超过 Windows XP。为了挽回市场形象,2009 年 10 月微软推出了 Windows Vista 的改进型 Windows 7,重新获得成功。

3. UNIX 操作系统

UNIX 是一个强大的多用户、多任务操作系统,支持多种处理器架构,由 Ken Thompson、Dennis Ritchie 和 Douglas Mcllroy 于 1969 年在 AT&T 的贝尔实验室开发。由于其最初的简洁、易于移植等特点很快得到关注、发展和普及,成为从微型机跨越到巨型机范围的唯一操作系统。除贝尔实验室的"正宗" UNIX 版本外,UNIX 还有大量的变种。例如,SUN 公司的 Solaris、IBM 公司的 AIX、HP 公司的 HP UX 等。不同变种间的功能、接口、内部结构与过程基本一致。

4. Linux 操作系统

Linux 是一个多用户操作系统。Linux 最初是由芬兰赫尔辛基大学计算机系学生 Linus Torvalds 于 1991 年开发的一个操作系统内核程序。它的最大特点在于其内核源代码可以免费自由传播,因此,吸引了越来越多的商业软件公司和爱好者加盟到 Linux 系统的开发行列中,使 Linux 不断快速地向高水平、高性能发展。常见的 Linux 系统有 Slackware、Red Hat、Debian、红旗 Linux 等。

5. Mac OS 操作系统

Mac OS 操作系统是美国苹果电脑公司为它的 Macintosh 计算机设计的操作系统,是首个在商用领域取得成功的图形用户界面操作系统。该系统于 1984 年推出,率先采用了一些至今仍为人称道的技术,如图形界面、多媒体和鼠标等。现行的 Mac OS X 基于 UNIX 的核心系统并且增强了系统的稳定性、性能以及响应能力。它通过对称多处理技术充分发挥双处理器的优势,提供无与伦比的 2D、3D 和多媒体图形性能以及广泛的字体支持和集成的 PDA 功能。

2.2 Windows 7 基本知识和基本操作

Windows 7 与 Windows XP、Vista 相比,Windows 7 操作系统运行更加快速、更加安全,窗口、工具栏和桌面等界面元素的处理提高了智能化和个性化,硬件兼容性进一步提高。

与之前版本的 Windows 操作系统一样,Windows 7 拥有多个版本,常见的六个版本是:Windows 7 Starter(初级版)、Windows 7 Home Basic(家庭普通版)、Windows 7 Home Premium(家庭高级版)、Windows 7 Professional(专业版)、Windows 7 Enterprise(企业版)、Windows 7 Ultimate(旗舰版)。这些版本的功能各有不同,可以满足不同用户群体的需要。本章以 Windows 7 Ultimate 为操作平台进行相关知识的介绍。

2.2.1 Windows 7 的启动与退出

1. 启动 Windows 7

在启动 Windows 7 系统前,首先应确保在通电情况下将主机和显示器接通电源,然后依次按下显示器和主机的电源开关。主机启动后,计算机开始自检并进入 Windows 操作系统,屏幕将显示如图 2-1 所示的画面。

　　Windows 7 正常启动后，会显示登录界面，如图 2-2 所示。登录界面中列出了系统中已经建立的所有用户账户，并且每个用户账户都配有一个图标。单击欲登录的账户图标，如果该账户设置有密码，则输入密码后按 Enter 键即可登录(若没有设置密码，单击账户图标可直接登录)。登录后，系统将显示一个欢迎画面，片刻后进入 Windows 7 的桌面。

图 2-1　正在启动 Windows 7　　　　　　　图 2-2　Windows 7 登录界面

　　2. 退出 Windows 7

　　当用户不再使用 Windows 7 时，应当及时关闭 Windows 7 操作系统，执行关机操作。在关闭计算机前，应当关闭所有应用程序，以免数据丢失。关闭计算机不能直接按主机电源按钮，更不能直接拔掉电源，这样对计算机的硬盘等部件损害很大。正确的方法是单击"开始"按钮，在弹出的"开始"菜单中选择"关机"命令，即可退出 Windows 7 操作系统并关闭计算机。如果计算机设置为接收自动更新，并且已经准备安装更新，则在单击"关机"按钮时，

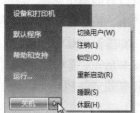

图 2-3　单击箭头查看更多选项

Windows 7 将首先安装更新文件，然后关闭计算机。

　　单击"关机"按钮右侧的箭头按钮，将弹出如图 2-3 所示的菜单。该菜单中有如下 6 个选项。

　　(1)切换用户：保留当前用户打开的所有程序和文件，切换到其他用户环境。

　　(2)注销：当前登录用户被注销，其正在使用的所有程序和文件都会关闭，回到登录界面。

　　(3)锁定：进入登录界面，如果有设置密码，必须输入密码才能进入锁定前的状态。

　　(4)重新启动：相当于关机后再开机工作，一般适用于用户在系统出现问题或做了新的设置以后，重新进入系统，以消除问题或使设置生效。

　　(5)睡眠：是操作系统的一种节能状态，此时计算机进入低功耗模式，它只需维持内存中的工作。若要唤醒计算机，只需移动一下鼠标或按键盘上的任意键，或快速按一下计算机的电源按钮即可。

　　(6)休眠：一种主要为便携式计算机设计的电源节能状态。睡眠状态通常会将工作和设置保存在内存中并消耗少量的电量，而休眠状态则将打开的文档和程序保存到硬盘中，然后关闭计算机，再次打开计算机时，系统会还原数据。

2.2.2　鼠标和键盘操作

　　1. 鼠标的基本操作

　　鼠标是控制屏幕上光标运动的手持式设备，是常用的输入设备。在 Windows 环境下，绝

大部分的操作都可以通过鼠标来实现。对鼠标的操作主要有以下几种。

(1)指向：将指针移到要操作的对象或区域内部。

(2)单击：按下并释放鼠标左键一次，用来选定对象或者执行菜单。

(3)双击：连续两次快速按下并释放鼠标左键，常用来打开对象。

(4)右击：按下并释放鼠标右键一次，此操作一般用于打开当前对象的快捷菜单。

(5)拖动：先指向对象，按下鼠标左键并移动指针到目标位置再释放鼠标左键。

在使用鼠标操作计算机的过程中，鼠标指针会随着用户操作的不同或系统工作状态的不同呈现出不同的形状，而不同的形状又有不同的含义和功能。表 2-1 所示为几种常见的鼠标指针形状及其表示的状态。

表 2-1　常见的鼠标指针形状及其表示的状态

指针形状	表示的状态	指针形状	表示的状态	指针形状	表示的状态
	正常选择		文本选择		沿对角线调整 1
	帮助选择		手写		沿对角线调整 2
	后台操作		不可用		移动
	忙		垂直调整		候选
	精度选择		水平调整		链接选择

2. 键盘常用的组合键

在 Windows 环境下，键盘设置了许多组合键，使用它们可以简化操作步骤或者实现某种特殊的功能。表 2-2 列出了一些常用的组合键及其功能。

表 2-2 中提到的 Windows 键与 Alt 键相邻，该键上印有Windows 标志🪟。在使用这些组合键时应注意按键的顺序，例如要使用 Ctrl+Esc 组合键打开"开始"菜单，应先按住 Ctrl 键不放再按 Esc 键，如果顺序按错将无法正常使用这些组合键的功能。

表 2-2　常用的组合键及其功能

组合键	功能说明	组合键	功能说明
Ctrl+Esc	打开"开始"菜单	Shift+Delete	永久删除选定的对象
Ctrl+Shift+Esc	在 Windows 7 中打开"Windows 任务管理器"	Alt+Tab	在打开的窗口之间切换
Ctrl+A	选定当前窗口中的所有项目	Windows 键+Tab	在打开的窗口之间以 3D 效果切换
Ctrl+C	复制被选择的项目到剪贴板	Alt+Space	打开窗口的控制菜单
Ctrl+V	粘贴剪贴板的内容到当前位置	Alt+F4	关闭当前窗口
Ctrl+X	剪切被选择的项目到剪贴板	Windows 键+E	打开"资源管理器"窗口
Ctrl+Z	撤销上一步的操作	Windows 键+M	最小化所有被打开的窗口
Alt+PrintScreen	复制当前活动窗口到剪贴板	Windows 键+R	打开"运行"对话框

2.2.3　Windows 7 的桌面

用户启动计算机，登录到 Windows 7 系统后看到的整个屏幕界面称为"桌面"，如图 2-4 所示。桌面是组织和管理资源的一种有效方式。正如日常的办公桌面常常搁置一些常用办公用品一样，Windows 7 也利用桌面来承载各类系统资源。桌面上主要有桌面背景、桌面图标和任务栏 3 部分内容。桌面背景是屏幕上的主体部分显示的图像，其作用是美化屏幕，可通过"个性化"窗口设置，详见 2.4.2 节。

图 2-4　Windows 7 的桌面

1. 桌面图标及其操作

"图标"是系统中应用程序、文件、文件夹和一些其他计算机信息的图形表示。双击图标可以启动对应的程序或窗口。

1) 桌面图标的组成

桌面图标有系统图标、单独的文件和文件夹，也有一些程序的快捷方式图标。常见的系统图标主要有以下几种。

(1) 计算机：用于管理磁盘、文件和文件夹等。双击该图标可打开"计算机"窗口，在窗口中可以查看计算机中的磁盘分区，以及文件和文件夹等。

(2) 网络：用于查看网络中的其他计算机，访问网络中的共享资源，进行网络设置等。

(3) 回收站：用于暂时存放用户已经删除的文件或文件夹等信息。如果用户误删除某些重要文件，可以双击桌面上的"回收站"图标，打开"回收站"窗口，选择需要还原的文件或文件夹，单击工具栏上的"还原选定的项目"按钮，可将其还原到原来的位置。回收站中的文件还占用着计算机的磁盘空间，因此需要定期对回收站进行清空，以释放磁盘空间，单击"回收站"窗口工具栏上的"清空回收站"按钮，在弹出的确认删除对话框中单击"是"按钮可彻底删除其中的文件。

2) 桌面图标的操作

(1) 添加系统图标。首次启动 Windows 7 时，桌面上将至少显示一个"回收站"图标。用户可以根据需要选择添加其他系统图标。具体方法如下：右击桌面空白处，在弹出的快捷菜单中选择"个性化"命令，打开"个性化"窗口，单击窗口左侧的"更改桌面图标"超链接，在打开"桌面图标设置"对话框的"桌面图标"选项区中选中需要在桌面上显示的系统图标复选框，单击"确定"按钮即可，如图 2-5 所示。

(2) 排列桌面图标。用户可以将桌面的图标按照自己的喜好和使用习惯进行排列，排列图标的方法有自动排列和手动排列两种。自动排列图标是指右击桌面空白处，在弹出的快捷菜单中选择"排序方式"选项，在弹出的子菜单中选择某一项，可按照一定规律将桌面图标自动排列，如图 2-6 所示；手动排列是指选中某个图标，或拖动鼠标选中多个图标后，将鼠标指针放到选中的图标上面，按住鼠标左键不放，拖动鼠标指针到目标位置后释放，图标便被移动到了新的位置。注意，手动排列时若图标无法移动，可右击桌面空白处，在弹出的快捷菜单中选择"查看"选项，在弹出的子菜单中取消选择"自动排列图标"选项。

 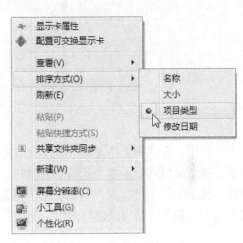

图 2-5 "桌面图标设置"对话框　　　　图 2-6 自动排列桌面图标的方式

2. 任务栏及其操作

任务栏是位于桌面底部的水平长条，它显示了系统正在运行的程序、打开的窗口和当前时间等内容。用户通过任务栏可以完成许多操作。

1）任务栏的组成

任务栏主要包括"开始"按钮、任务区、语言栏、通知区域和"显示桌面"按钮等几部分，如图 2-7 所示。

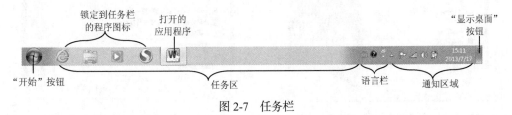

图 2-7 任务栏

（1）"开始"按钮：单击此按钮（按 Ctrl+Esc 键或 Windows 键），可以打开"开始"菜单，如图 2-8 所示，用户要求的功能几乎都可以由"开始"菜单提供。

在旧版本的 Windows 操作系统中，随着计算机中安装程序的增多，"开始"菜单也会变得非常庞大。而在 Windows 7 中，"所有程序"菜单将以树形结构呈现，图 2-9 所示为"所有程序"中的"附件"菜单。"所有程序"菜单中无论有多少快捷方式，都不会超过当前"开始"菜单所占的面积，使用户查找程序更加方便。

在"开始"菜单上的搜索文本框是 Windows 7 新增的功能，可以用它来查找存储在计算

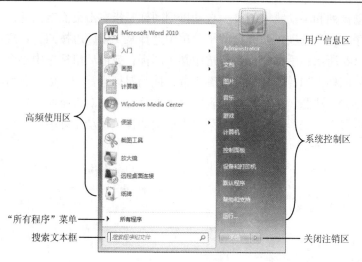

图 2-8 "开始"菜单

机上的程序、文件和文件夹。用户只要在文本框中输入关键字，单击右侧的 🔍 按钮即可进行搜索，搜索结果将显示在"开始"菜单的上方区域中，单击即可打开程序、文件或文件夹，如图 2-10 所示。注意，从"开始"菜单搜索时，搜索结果中仅显示已建立索引的文件。计算机上的大多数文件会自动建立索引。例如，包含在库中的所有内容都会自动建立索引。

图 2-9 "所有程序"中的"附件"菜单

图 2-10 关键字"计算机"搜索结果

(2) 任务区：用于显示已打开的程序或文件，并可以在它们之间进行快速切换。Windows 7 去除了快速启动栏，还可将程序直接锁定到任务栏，以便用户快速方便地打开该程序(图 2-7)，也就等于是自定义了快速启动项。单击这些被锁定到任务栏的程序图标即可打开对应的程序，此时图标也将转化为按钮的外观，如图 2-11 所示。另外，微软在 Windows 7 的任务栏中还添加了一系列的新机制，其中包括缩略图预览、跳跃菜单和任务进度监视(如用户在复制某个文件时，在任务栏的按钮中同样显示复制的进度)。

(3) 语言栏：用来显示系统中当前正在使用的输入法和语言。进行文本服务时，它会自动出现。用户可以将语言栏移动到屏幕的任何位置，也可以将其最小化到任务栏。

图 2-11 比较"图标"与按钮的区别

(4) 通知区域：该区域包括一组图标和系统时钟。这些图标表示计算机上某程序的状态，或提供访问特定设置的途径。Windows 7 默认情况下只显示最基本的系统图标，分别为操作中心、网络连接、音量图标和电源选项(只针对笔记本电脑)。其他被隐藏的图标，需要单击向上的箭头才可以看到，如图 2-12 所示。用户可以直接将通知区域的图标拖动到隐藏框中，或者将隐藏框中的图标拖出来。

将指针移向特定图标时，会看到该图标的名称或某个设置的状态。例如，指向音量图标将显示计算机的当前音量级别，指向网络图标将显示有关是否连接到网络、连接速度以及信号强度的信息。单击通知区域中的图标通常会打开与其相关的程序或设置，例如，单击"音量"图标会打开音量控件，单击"网络"图标会打开"网络和共享中心"，单击"系统时钟"图标会弹出如图 2-13 所示的对话框。单击"更改日期和时间设置"文字链接，打开"日期和时间"对话框，在该对话框中，用户可以更改时间和日期，还可以设置表盘上显示多个附加时钟(最多 3 个)，为了确保时间准确无误，还可以设置与 Internet 同步。

图 2-12　单击向上箭头

图 2-13　系统时钟

(5) "显示桌面"按钮：将鼠标指针移至该按钮上，系统中所有打开的窗口都将被隐藏，只在桌面显示之前未被最大化或最小化的窗口边框；移开鼠标指针后恢复原来的窗口。单击该按钮，所有打开的窗口均会被最小化，不会显示窗口边框，只会显示完整桌面。再次单击该按钮，原先打开的窗口会被恢复显示。

2) 任务栏的操作

(1) 调整任务栏大小和位置。根据需要可以对任务栏的大小进行调整，其具体操作如下：在任务栏的空白处右击，在弹出的快捷菜单中取消选中"锁定任务栏"选项，这时任务栏处于可操作状态，将鼠标指针移至任务栏边上，当鼠标指针变为↕形状时，按住鼠标左键不放，上下拖动到适合大小后释放鼠标。

在默认情况下，Windows 7 系统的任务栏处于屏幕的底部，如果用户想将其调整到屏幕的顶部、左侧或右侧，可首先取消任务栏的锁定状态，然后将鼠标指针放到任务栏空白处，按住鼠标左键不放，拖动任务栏到其他位置后释放鼠标即可。

(2) 设置任务栏显示效果。右击任务栏空白处，在弹出的快捷菜单中选择"属性"命令，打开"任务栏和「开始」菜单属性"对话框，在该对话框中可设置具体的任务栏显示效果，如图 2-14 所示。

图 2-14 "任务栏和「开始」菜单属性"对话框

2.2.4 窗口及其基本操作

每当打开程序、文件或文件夹时，它都会在屏幕上称为窗口的框或框架中显示。微软公司之所以将其操作系统称为 Windows，就是因为它采用了窗口界面的缘故。

1. 窗口的组成

对于不同的程序和文件，虽然每个窗口的内容各不相同，但所有窗口都具有相同的基本部分。下面以"计算机"窗口为例，对窗口的组成进行说明，如图 2-15 所示。

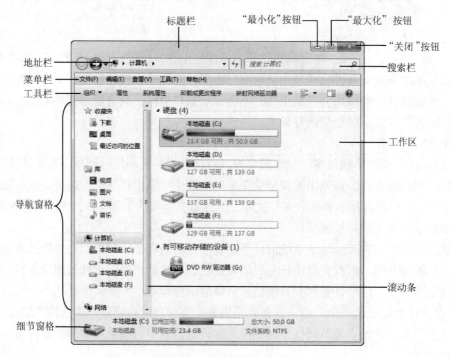

图 2-15 "计算机"窗口

（1）标题栏：位于窗口顶部，包括控制菜单按钮、"最小化"按钮、"最大化"（还原）按钮和关闭按钮。其中，控制菜单按钮是隐藏的，当用户在窗口的左上角单击时，可打开该按钮的菜单，如图 2-16 所示。双击控制菜单区域，可快速关闭当前窗口。

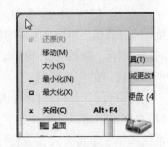

图 2-16　打开隐藏的控制菜单

（2）地址栏：用于显示和输入当前浏览位置的详细路径信息。Windows 7 的窗口地址栏用级联按钮的形式取代了传统的纯文本方式，用户通过单击级联按钮即可轻松实现目录跳转。

（3）搜索栏：在搜索框中输入关键字，并单击🔍按钮，系统将自动在该目录下搜索所有匹配的对象，并在窗口工作区中显示搜索结果。搜索时，地址栏中会显示搜索进度情况。

（4）菜单栏：列出了窗口可用的菜单，每个菜单包含一系列可操作的命令。在 Windows 7 中，用户需要单击工具栏上的 组织 ▼ 按钮，在弹出的下拉菜单中选中"布局"｜"菜单栏"选项，才能显示窗口的菜单栏。

（5）工具栏：使用工具栏可以执行一些常见任务，如更改文件和文件夹的显示方式、将文件刻录到光盘或启动数字图片的幻灯片放映。工具栏的按钮会根据窗口中显示或选择的对象同步进行变化。例如，单击图片文件与单击音乐文件工具栏显示的按钮就有所不同。

（6）导航窗格：提供了树形结构文件夹列表，从而方便用户迅速地定位所需的目标。窗格从上到下分为"收藏夹"、"库"、"计算机"和"网络" 4 类，单击每个类别前的箭头▷或◁，可以展开或者合并。单击各类别中相应的选项，将在右侧的工作区快速显示相关内容。"收藏夹"中预置了几个常用的目录链接，如"下载"、"桌面"和"最近访问的位置"，当需要添加自定义文件夹收藏时，只需要将文件夹拖拽到"收藏夹"图标上或下方的空白区域即可。

（7）工作区：窗口的内部区域，应用程序将在这里显示各种信息，用户可在这个区域内进行当前应用程序支持的操作。

（8）滚动条：当窗口的内容太多而不能全部显示时，将自动出现滚动条。滚动条由滚动箭头和滚动块组成，可以通过单击滚动箭头或拖动滚动块来查看所有内容。滚动条包括水平滚动条和垂直滚动条。

（9）细节窗格：用于显示当前操作的状态以及提示信息，或选定对象的详细信息，还可以在细节窗格中添加或更改文件属性，如标题、作者姓名和标记等。

2.　窗口的操作

1）移动窗口

将鼠标指针移至窗口的标题栏，按下左键，然后拖动鼠标将窗口移至目标位置释放鼠标即可。如果在释放鼠标前需要取消移动操作，可按 Esc 键。

2）改变窗口大小

将鼠标指针指向窗口的边框或窗口角上，鼠标指针自动变成双向箭头，按下左键沿箭头方向拖动，可改变窗口大小。

3）最小化、最大化和还原窗口

单击"最小化"按钮可使窗口最小化显示，即窗口收缩为任务栏上一个按钮；单击"最大化"按钮，窗口会放大到占满整个屏幕，并且"最大化"按钮将变成"还原"按钮，此时若单击"还原"按钮，窗口则恢复到上次显示效果。双击标题栏，也可以最大化或还原窗口。

另外,在 Windows 7 中,用户可通过对窗口的拖动来实现窗口的最大化和还原功能。例如,拖动"计算机"窗口至屏幕的最上方,当鼠标指针碰到屏幕的边缘时,会出现放大的"气泡",此时释放鼠标,"计算机"窗口即可全屏显示。若要还原窗口,只需将最大化的窗口向下拖动即可。

4) 窗口的切换预览

用户可以同时打开多个窗口,在同一时刻只有一个窗口是活动的。活动窗口(也称当前窗口)总在其他窗口之上,处于最前端,允许接受用户当前输入的数据或命令。Windows 7 操作系统提供了多种方式,方便用户快捷地切换预览多个窗口,具体如下。

(1)利用任务栏中的按钮切换:将鼠标指针移至任务栏中的某个程序的按钮上,在该按钮上方会显示与该程序相关的所有打开窗口的预览缩略图,单击其中的某一个缩略图,即可切换至该窗口。

(2)按 Alt+Tab 组合键切换:按 Alt+Tab 组合键后,屏幕上将出现任务切换面板,系统当前打开的窗口都以缩略图的形式在切换面板中排列出来。此时按住 Alt 键不放,再反复按 Tab 键,有个蓝色方框将在所有图标之间轮流切换,当方框移动到需要的窗口图标上后释放 Alt 键,即可切换到该窗口。

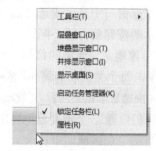

图 2-17　任务栏右键快捷菜单

(3)按 Windows 键+Tab 键切换:按住 Windows 键不放,再反复按 Tab 键可利用立体 3D 切换效果切换打开的窗口。

5) 窗口的排列

Windows 7 系统提供了 3 种窗口排列方式:层叠、堆叠和并排。若要排列打开的窗口,右击任务栏空白处,在弹出快捷菜单中选择相应的命令,以设置窗口的排列方式,如图 2-17 所示。

2.2.5　对话框与菜单

1. 对话框及其操作

顾名思义,对话框是用户与计算机系统对话、交互的窗口。对话框通常用作获取用户输入信息、配置系统、简短的信息显示和程序运行警告等。对话框一般不能改变大小。Windows 的对话框多种多样,一般来说,对话框中的可操作元素主要包括选项卡、单选按钮、复选框、文本框、数值框和下拉列表框等,如图 2-18 所示,但并不是所有的对话框都包含以上所有元素。

(1)选项卡:有些对话框是由多个选项卡组成的,每个选项卡对应着一组功能,其中各选项卡相互重叠,减少了对话框所占用的空间。每个选项卡都有一个标签。单击选项卡的标签可以在多个选项卡之间切换。

(2)单选按钮:在一组选项中必须且只能选择一个。

(3)复选框:复选框列出可以选择的任选项,可以根据需要选择一个或多个任选项。

(4)文本框:用于输入文本信息的一种矩形区域。

(5)数值框:用于输入数值信息。用户可以单击数值框右侧的向上或向下的微调箭头来改变数值大小,也可以直接输入一个数值。

(6)列表框:是一个显示多个选项的小窗口,用户可以从中选择一项或几项。如果选择框尺寸容纳不下里面的内容,选择框旁会有滚动条帮助用户快速查看。

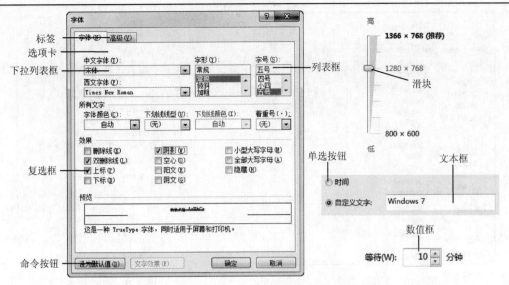

图 2-18 对话框常见元素

(7)下拉列表框:与列表框的不同点在于它的初始状态是一个只包含当前选项(隐含选项)的选择框。单击选择框右侧的三角箭头按钮时,一个可供选择的列表框便会弹出。

(8)滑块:拖动滑块可以立即改变数值大小,一般用于调整参数。

(9)命令按钮:选择命令按钮可以立即执行一个命令。对话框中常见的命令按钮有"确定""取消"等。如果命令按钮呈暗灰色,表示该按钮是不可选择的;如果一个命令按钮后跟有省略号"…",表示将打开一个对话框。

2. 菜单及其操作

菜单是一张命令列表,用来完成已经定义好的命令操作。Windows 7 中有 3 种菜单形式,即桌面"开始"菜单(图 2-8)、下拉式菜单、快捷菜单(右键菜单)。

1)下拉式菜单

位于应用程序窗口标题栏下方的菜单栏,均采用下拉式菜单方式,如图 2-19 所示。不同的窗口,菜单栏中的菜单不同。不同的窗口,相同的菜单,其下拉菜单中菜单命令不同,但它们的操作方法相同。

用鼠标选择菜单时,先用左键单击菜单栏上的菜单名,然后移动鼠标指针到要选择的菜单命令上,再次单击鼠标即可;使用键盘时,先按一下 Alt 键,然后用左、右方向键选择菜单(或直接用 Alt+菜单名中带下划线的字母,也可打开相应菜单),再用上、下方向键选择要选的菜单命令,最后按 Enter 键即可。当然也可以使用菜单命令的快捷键实现相应操作。

2)快捷菜单(右键菜单)

这是一种随时随地为用户服务的"上下文相关菜单"。移动鼠标指针指向某个对象或屏幕的某个位置,右击即可弹出一个快捷菜单,如图 2-20 所示。该菜单列出了与用户正在执行的操作直接相关的命令,这些命令是上下文相关的,即根据单击鼠标时箭头所指的对象和位置的不同,弹出的菜单命令内容也不同。在菜单中选择菜单命令的操作和下拉菜单相同。

3)菜单的约定

Windows 7 在菜单中有一些约定的属性,这些约定在任一菜单中都有效,具体内容如下。

图 2-19　下拉式菜单　　　　　　　　　　图 2-20　快捷菜单

（1）可用命令与暂时不可用的命令：菜单中可使用的命令以黑色字符显示，不可使用的命令以灰色字符显示。

（2）含有快捷键的命令：有些命令的右边有快捷键，用户通过使用这些快捷键，可以直接执行相应的菜单命令。

（3）带有字母的命令：在菜单命令中，许多命令的后面都有一个括号，括号中有一个字母。当菜单处于激活状态时，在键盘上输入该字母，即可执行该命令。

（4）级联菜单：如果命令的右边有一个"▶"，则鼠标指针指向此命令后，会弹出一个级联菜单。级联菜单通常给出某一类选项或命令，有时是一组应用程序。

（5）设置命令：如果命令的后面有省略号"…"，表示选择此命令后，将打开一个对话框或者一个设置向导，需要用户进一步输入信息进行设置。

（6）复选命令：当选择某个命令后，该命令的左边出现一个复选标记"√"，表示此命令正在发挥作用；再次选择该命令，命令左边的标记"√"消失，表示该命令不起作用。

（7）单选命令：有些菜单命令中，有一组命令，每次只能有一个命令被选中，当前选中的命令左边会出现一个单选标记"·"。

2.2.6　Windows 帮助和支持

Windows 帮助和支持是 Windows 的内置帮助系统。利用它可以快速获取常见问题的答案、疑难解答提示以及操作执行说明。选择"开始"菜单中的"帮助与支持"命令或按 F1 键，可打开"Windows 帮助和支持"窗口，如图 2-21 所示。

如果计算机已连接到 Internet，为确保用户查看到的是现有帮助主题的最新版本，可将 Windows 帮助和支持设置为"联机帮助"。设置方法如下：在窗口的工具栏上，单击"选项"，然后单击"设置"，打开"帮助设置"对话框，如图 2-22 所示。选中"使用联机帮助改进搜索结果(推荐)"复选框，单击"确定"按钮即可。当连接到网络时，"Windows 帮助和支持"窗口的右下角将显示"联机帮助"一词。

获得帮助的最快方法是在搜索框中输入一个或两个词。例如，若要获得有关任务栏的信

图 2-21 "Windows 帮助和支持"窗口　　　　图 2-22 "帮助设置"对话框

息，输入"任务栏"，然后按 Enter 键，将出现结果列表，其中最有用的结果显示在顶部，可单击其中一个结果以阅读主题。

　　用户也可以按主题浏览帮助。单击"浏览帮助"按钮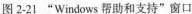，打开帮助主题目录，单击其中的链接，便可以查看该主题下的帮助信息。

2.3　Windows 7 文件和文件夹管理

2.3.1　基本概念

　　计算机系统中的数据都是以文件的形式存放于外部存储介质上的，它是 Windows 中最基本的存储单位。而文件夹顾名思义，就是放置文件的容器，通过文件夹可以将文件分门别类进行放置，方便管理。

　　1. 磁盘驱动器和盘符

　　磁盘驱动器是读取、写入信息的硬件设备。硬盘及其驱动器被做成一个不可随意拆卸的整体，软盘和光盘可以从其驱动器中取出。

　　系统为每个磁盘驱动器分配一个字母标识名，称为盘符或驱动器号。如果将一块硬盘分成多个分区，则每个分区都分配一个盘符。一般来说，盘符 A、B 分配给软盘驱动器，盘符 C 分配给主分区，依次排列。当有新的驱动器加入系统时（如光驱、移动硬盘或 U 盘），系统一般会自动识别并为其分配新的盘符。

　　2. 文件

　　文件是具有文件名的一组相关信息的集合。在文件中可以存放文字、数字、图像和声音等各种信息。图 2-23 所示的是在 Windows 7 系统中平铺显示方式下文件的显示外观，主要由文件名（包括文

图 2-23　文件

件主名、分隔点和文件扩展名)、文件图标以及文件描述信息等部分组成。各组成部分的作用如下。

(1)文件名:用来标识当前文件,用户可以根据需求自行定义文件的名称。

(2)文件扩展名:标识当前文件的系统格式。为了方便管理和控制文件,根据文件包含内容和格式的不同,常将系统中的文件分为若干类型,每种类型有不同的扩展名与之对应,如表 2-3 所示。

表 2-3　常用文件类型及其扩展名

文件类型	扩展名	文件类型	扩展名
可执行文件	EXE、COM	批处理文件	BAT
源程序文件	C、CPP、JAVA、ASM	系统配置文件	SYS
目标文件	OBJ	帮助文件	HLP
图像文件	PNG、BMP、JPG、GIF	备份文件	BAK
视频文件	WMV、RM、ASF	文本文件	TXT
音频文件	WAV、MP3、MID	网页文件	HTM、ASP
压缩文件	ZIP、RAR	Microsoft Office 文档文件	DOCX、XLSX、PPTX

(3)分隔点:用来分隔文件主名和文件扩展名,便于用户快速识别当前文件的类型。

(4)文件图标:与文件扩展名功能类似,用于表示当前文件的类型,是由系统中相应的应用程序关联建立的。

(5)文件描述信息:用来显示当前文件的大小和类型等系统信息。

3. 文件夹

计算机中的文件各式各样,为了更好地区分和管理它们,在 Windows 系统中引入了文件夹的概念。形象地说,文件夹就是用来存放文件的夹子。文件夹的外观由文件夹图标和文件夹名组成,如图 2-24 所示。

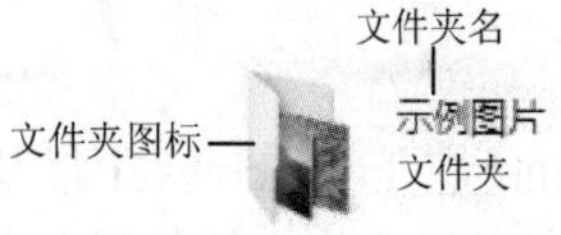

文件夹图标——　
文件夹名
示例图片
文件夹

图 2-24　文件夹

在 Windows 7 中,文件或文件夹的名称最多可以包含 255 个字符,可以是字母(不区分大小写)、数字、下划线、空格以及一些特殊字符,如 "@" "#" "$" "%" "^" "!" "{}" 等,但不能包含 "\" "/" ":" "*" "?" """ "<" ">" "|" 等字符。

实际上,文件夹不但可以存放文件,也可以包含子文件夹,子文件夹内又可以包含文件和子文件夹,以此类推。每一个磁盘分区中所有的文件和文件夹就构成了以该磁盘分区为根的一棵倒置的树,如图 2-25 所示。

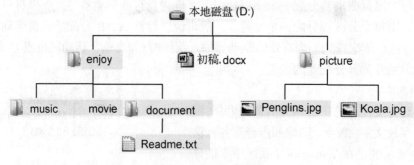

图 2-25　树型文件系统

文件夹中也可以不包含任何文件和文件夹，这样的文件夹称为空文件夹。系统规定在同一个文件夹内不能有相同的文件名或文件夹名，而在不同的文件夹中则可以重名。

4．路径

路径指的是文件或文件夹在计算机中存储的位置。路径的结构一般包括：盘符、从根到指定文件(夹)所经过的各级文件夹名、文件(夹)名，它们之间用"\"隔开。例如，图 2-25 中文件"Readme.txt"的路径为"D:\enjoy\document\Readme.txt"，文件夹"picture"的路径为"D:\picture"。

2.3.2 资源管理器和库

资源管理器是 Windows 系统提供的资源管理工具，用户可以使用它查看计算机中的所有资源，特别是它提供的树型文件系统结构，能够让使用者更方便对文件进行浏览、查看、移动以及复制等各种操作。与 Windows XP 相比，Windows 7 的资源管理器在界面和功能上都有了很大的改进，2.2.4 节介绍的"计算机"窗口就是选择了"计算机"选项的"资源管理器"。

在 Windows 7 中，资源管理器默认显示的是"库"窗口，用户可以单击"开始"按钮，选择"所有程序"｜"附件"｜"Windows 资源管理器"命令，或者直接单击任务栏中"Windows 资源管理器"图标，打开"库"窗口，如图 2-26 所示。

图 2-26 "库"窗口

所谓"库"，就是专用的虚拟视图，用户可以把计算机上不同位置的文件夹添加到库中，并在库这个统一的视图中浏览并操作。注意，并不是将文件夹真正复制到了"库"中，而是在"库"中"登记"了那些文件夹的位置(类似于快捷方式)。一个库中可以包含多个文件夹，而同时，同一个文件夹也可以被包含在多个不同的库中。

1)创建新库

Windows 7 有 4 个默认库：文档、音乐、图片和视频，用户还可以根据需要创建新库。单击"库"窗口工具栏上的"新建库"按钮 新建库，此时窗口出现一个"新建库"图标，直接输入新库名称即可。

2)添加文件夹到库中

右击需要添加的目标文件夹，在弹出的快捷菜单中选择"包含到库中"命令，并在其子菜单中选择某个库(如"图片")即可。

3)从库中删除文件夹

在"资源管理器"左侧的导航窗格中，展开"库"类别，定位到要删除的文件夹，右击在弹出的快捷菜单中选择"从库中删除位置"命令即可，如图 2-27 所示。从库中删除文件夹时，不会从原始位置中删除该文件夹及其内容。

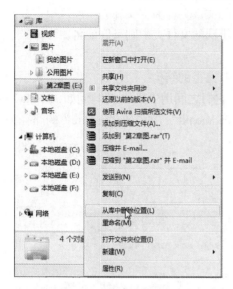

图 2-27　从库中删除文件夹

2.3.3　文件与文件夹的基本操作

1.　打开、关闭文件或文件夹

打开文件或文件夹的常用方法如下。

(1)双击需要打开的文件或文件夹。

(2)右击需要打开的文件或文件夹，在弹出的快捷菜单中选择"打开"命令。

关闭文件或文件夹的常用方法如下。

(1)在打开的文件或文件夹窗口中单击"文件"菜单，选择"退出"或"关闭"命令。

(2)单击窗口中标题栏上的"关闭"按钮或双击控制菜单区域。

(3)使用 Alt+F4 组合键。

2.　新建文件或文件夹

新建文件或文件夹的具体步骤如下。

(1)在资源管理器中，选择需要新建文件或文件夹的位置。

(2)单击窗口的"文件"菜单，选择"新建"级联菜单｜"文件夹"命令或需要创建的文件类型命令，如图 2-28 所示；或右击工作区的空白处，利用快捷菜单也可完成，如图 2-29 所示。

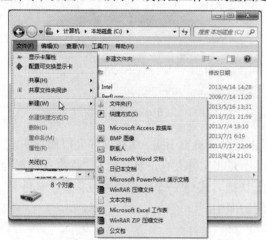

图 2-28　"文件"菜单新建文件(夹)

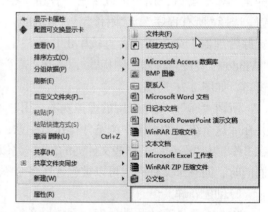

图 2-29　快捷菜单新建文件(夹)

(3)此时在窗口中就会显示一个新的文件夹或文件，直接输入名称即可。

从图 2-28 和图 2-29 可以看出，使用该方法创建的文件类型非常有限，并且新建的文件中没有任何数据。因此文件通常是由应用程序来创建的。例如，若新建一个文本文件，首先要启动"记事本"应用程序，它会自动创建一个新文件，用户可加入一些数据，也可不加，最后只需选择"文件"｜"保存"命令把该文件存放在磁盘上即可。

3.　选定文件或文件夹

用户在管理文件资源的过程中，为了完成文件或文件夹的创建、更名、复制、移动和删除操作，必须首先通过选定操作明确要操作的文件或文件夹。

找到文件或文件夹后，直接单击该对象即可选中。如果希望同时选定多个文件或文件夹，可采用以下方法实现。

1) 选定多个连续对象

(1) 按下鼠标左键拖动鼠标即出现一深色矩形框，释放鼠标将选定矩形框中的所有对象。

(2) 单击要选定的第一个文件或文件夹，然后按住 Shift 键的同时单击需要选取的最后一个文件或文件夹。

(3) 单击要选定的第一个文件或文件夹，按住 Shift 键的同时利用方向键移动深色亮条到需要选取的最后一个文件或文件夹。

2) 选定多个不连续对象

按住 Ctrl 键，然后依次单击要选定的文件或文件夹即可。

3) 全部选定和反向选定

在"编辑"菜单中，系统提供了两个用于选定对象的命令："全部选定"和"反向选定"命令。前者用于选定当前文件夹中的所有对象，后者用于选定那些在当前没有被选中的对象。选择"全部选定"命令的快捷键为 Ctrl+A。

4. 重命名文件或文件夹

文件或文件夹的名称是可以随时改变的，以便更好地描述其内容。重命名的方法有以下几种。

(1) 菜单方式：选定文件或文件夹后，从菜单栏中选择"文件"｜"重命名"命令。

(2) 右键方式：选定文件或文件夹后，右击选定的对象，在弹出的快捷菜单中选择"重命名"命令。

(3) 二次选择方式：选定文件或文件夹后，再在文件或文件夹名字位置处单击(注意不要快速单击两次，以免变成双击操作)。

采用上述 3 种方式执行操作后，文件或文件夹名字的位置即可输入文字。输入新的名字后，按 Enter 键即可。注意重命名文件时，不要轻易修改文件的扩展名，以便使用正确的应用程序来打开。

5. 删除文件或文件夹

删除文件或文件夹可采用如下几种方法。

(1) 选定要删除的对象，然后按 Delete 键。

(2) 选定要删除的对象，然后选择"文件"｜"删除"命令。

(3) 选定要删除的对象并右击，然后选择快捷菜单中的"删除"命令。

(4) 选定要删除的对象，用鼠标拖放到"回收站"中。

在以上的操作中，若同时按下 Shift 键，删除的文件将不进入"回收站"而直接从硬盘上删除。否则，该对象没有真正从硬盘清除，而只是暂时放到"回收站"中，必要时还可以从回收站中恢复。但如果删除的文件或文件夹存储在移动设备上，如软盘、U 盘，则不会经过回收站，直接被删除并不能恢复。

6. 复制、移动文件或文件夹

1) 使用鼠标"拖放"

直接用鼠标把选定的文件或文件夹图标拖放到目标位置。至于鼠标"拖放"操作到底是执行复制还是移动，取决于源文件夹和目标文件夹的位置关系。

（1）同一磁盘内：在同一磁盘内拖放文件或文件夹执行移动命令。若拖放对象时按 Ctrl 键则执行复制操作。

（2）不同磁盘间：在不同磁盘之间拖放文件或文件夹执行复制命令。若拖放文件时按下 Shift 键则执行移动操作。

也可用鼠标右键把对象拖放到目标位置。当释放右键时，将弹出一个快捷菜单，从中可选择移动或复制该对象。

2）利用剪贴板

剪贴板是 Windows 7 在内存中开辟的一个临时存储区，用于在数据交换过程中保留交换的数据信息。利用剪贴板完成复制、移动文件或文件夹的步骤如下。

（1）将对象复制到剪贴板。首先选定要复制的文件或文件夹，然后选择"编辑"菜单中的"剪切"或"复制"命令。"剪切"是将选定的对象复制到剪贴板上，进行粘贴操作后在原位置删除被选定的内容；"复制"是将选定的对象复制到剪贴板中，而被选定的内容在原位置上保持不变。

（2）从剪贴板中粘贴文件或文件夹。将对象复制到剪贴板后，就可以将剪贴板中的对象粘贴到目标位置了。首先切换到要粘贴对象的目标位置，然后选择"编辑"｜"粘贴"命令，或右击鼠标，选择快捷菜单中的"粘贴"命令即可。

"复制"、"剪切"和"粘贴"命令都有对应的快捷键，分别为 Ctrl+C 键、Ctrl+X 键和 Ctrl+V 键。

7. 创建文件或文件夹的快捷方式

在 Windows 中，快捷方式是一种特殊的文件类型，仅包含链接对象的位置信息，并不包含对象本身的信息，所以只占几字节的磁盘空间。当双击快捷方式图标时，Windows 首先检查该快捷方式文件的内容，找到它所指向的对象，然后打开这个对象。删除快捷方式并不等于删除对象本身。快捷方式图标与普通图标不同，它的左下角有一个小箭头。创建快捷方式的常用方法如下。

（1）右击要创建快捷方式的对象，在弹出的快捷菜单中若选择"创建快捷方式"命令，则在当前位置创建了该对象的快捷方式，若选择"发送到桌面快捷方式"命令，则在桌面创建了该对象的快捷方式。

（2）使用"创建快捷方式"向导。在目标位置右击，在弹出的"新建"级联菜单中选择"快捷方式"命令，打开"创建快捷方式"对话框；在该对话框中，单击"浏览"按钮，选定将创建快捷方式的对象，单击"下一步"按钮；输入快捷方式名称，然后单击"完成"按钮。

8. 搜索文件或文件夹

Windows 7 将搜索栏集成到了资源管理器的各种视图(窗口右上角)中，不但方便随时查找文件，更可以在指定位置进行搜索。如果需要在所有磁盘中查找，则打开"计算机"窗口，如果需要在某个磁盘分区或文件夹中查找，则打开该磁盘分区或文件夹窗口，然后在窗口地址栏后面的搜索框中输入关键字。搜索完成后，系统会在窗口工作区以高亮形式显示与关键字匹配的记录，让用户更容易锁定所需的结果。

1）搜索筛选器

如果要按文件属性(如按大小或按修改日期)搜索文件或文件夹，则可以使用搜索筛选器。单击搜索框，可以看到一个下拉列表，这里会列出之前的搜索历史和搜索筛选器。

图 2-30 所示的是"计算机"窗口的搜索筛选器，只包括"修改日期"和"大小"两个条件。对于库中的"视频"、"图片"、"文档"和"音乐"窗口，筛选的条件会丰富很多，图 2-31 所示的是"文档"库的搜索筛选器。

图 2-30　"计算机"窗口的搜索筛选器

图 2-31　"文档"库的搜索筛选器

搜索筛选器的使用方法非常简单，具体步骤如下。

（1）打开要搜索的文件夹、库或驱动器。

（2）单击搜索框，然后单击蓝色的筛选文字（如"图片"库中的"拍摄日期："）。

（3）单击其中一个可用选项（如果单击了"拍摄日期："，请选择一个日期或日期范围，如图 2-32 所示）。

（4）重复执行步骤（2）和（3），可建立基于多个属性的复杂搜索。

在步骤（3）中，如果用户觉得系统给出的选项不符合需要，还可以在冒号后手动输入条件。例如，用户想搜索大于 600MB 的文件，添加搜索筛选器"大小"后，系统自动地给出的选项是"空""微小""中""大""特大""巨大"，此时用户可直接在"大小："后输入">600M"，系统会搜索大于 600MB 的文件。

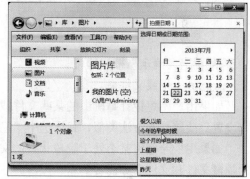

图 2-32　"拍摄日期"搜索筛选器

用户还可以将搜索筛选器与常规搜索词一起混合使用，以进一步细化搜索。

2）保存搜索

如果用户需要经常进行某一个指定条件的搜索，可以在搜索完成之后单击窗口工具栏"保存搜索"按钮，系统会将这个搜索条件保留起来，可以在资源管理器左侧导航窗格的"收藏夹"下面看到这个条件，单击它即可打开上次的搜索结果。

9. 设置文件或文件夹属性

右击文件或文件夹，在弹出的快捷菜单中选择"属性"命令，打开"属性"对话框。注意文件和文件夹的"属性"对话框略有不同，如图 2-33 和图 2-34 所示。利用文件或文件夹的"属性"对话框，用户不但可以查看其具体属性信息，如大小、创建时间、是否只读、是否隐藏等，而且还可以根据需要对其属性进行新的设置。

1）更改文件或文件夹只读属性

设置为只读属性的文件只能查看或删除，不能修改。设置方法如下。

（1）打开要设置为只读属性的文件或文件夹的"属性"对话框。

（2）在"常规"选项卡的"属性"选项区中选中"只读"复选框（取消该复选框即取消其只读属性）。

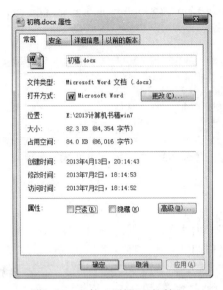 

图 2-33　文件"属性"对话框　　　　图 2-34　文件夹"属性"对话框

(3) 单击"确定"按钮即可。

2) 隐藏文件或文件夹

如果用户不想让计算机中的某些文件或文件夹被他人查看，可将其隐藏起来。操作方法和设置只读属性的方法类似，只要选中"隐藏"复选框即可。

如果用户希望将某个处于隐藏状态的文件或文件夹显示出来，则需要显示计算机中所有的隐藏文件和文件夹才能看到它，操作方法如下。

(1) 打开任意一个文件夹窗口，单击工具栏上的 组织 ▼ 按钮，在弹出的下拉菜单中选择"文件夹和搜索选项"命令，打开"文件夹选项"对话框。

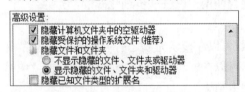

图 2-35　设置"文件夹选项"对话框

(2) 选择"查看"选项卡，在"高级设置"列表框中选中"显示隐藏的文件、文件夹和驱动器"单选按钮，如图 2-35 所示。

(3) 单击"确定"按钮，此时可看到隐藏的文件和文件夹呈浅色显示。

3) 加密文件或文件夹

当用户对自己的一些文件和文件夹加密后，其他任何未授权的用户，甚至是系统管理员，都无法访问其加密的数据。下面以加密文件夹为例，说明加密的具体步骤。

(1) 打开要加密的文件夹的"属性"对话框。

(2) 在"常规"选项卡上，单击 高级(D)... 按钮，打开"高级属性"对话框，如图 2-36 所示。

(3) 选中"加密内容以便保护数据"复选框，单击"确定"按钮返回"属性"对话框。

(4) 在返回的"属性"对话框中单击"确定"按钮，将弹出如图 2-37 所示的"确认属性更改"对话框。

(5) 选中"将更改应用于此文件夹、子文件夹和文件"单选按钮。

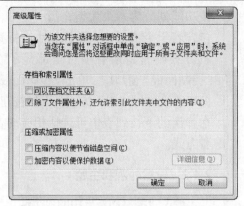

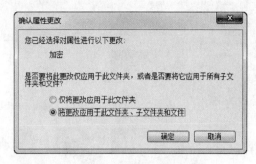

图 2-36　"高级属性"对话框　　　　　　　图 2-37　"确认属性更改"对话框

（6）单击"确定"按钮，系统将对其中的所有文件和文件夹进行加密。

完成加密设置后，该文件夹将呈绿色显示，其中的所有文件和文件夹也都呈绿色。当他人用其他账号登录该计算机时，将无法打开该文件夹中的文件。

2.4　Windows 7 个性化设置

2.4.1　控制面板

"控制面板"是 Windows 的控制中心，它集 Windows 外观设置、硬件设置、用户账户设置以及程序管理等功能于一体，是用户对计算机系统进行配置的重要工具。

在 Windows 7 的桌面上，可以设置显示"控制面板"图标，如果在桌面显示了该图标，双击即可打开；若未显示该图标，可选择"开始"菜单中的"控制面板"命令或打开"计算机"窗口，单击工具栏上的"打开控制面板"按钮，即可打开"控制面板"窗口，如图 2-38 所示。

(a)类别查看方式　　　　　　　　　(b)大图标查看方式

图 2-38　"控制面板"窗口

"控制面板"有类别、大图标和小图标三种查看方式。其中，类别查看方式是将所有项目

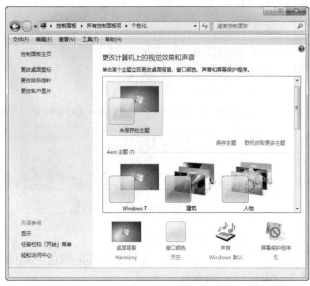

图 2-39 "个性化"窗口

按功能划分为八个大类，每一类中再包含若干个项目；大图标和小图标查看方式则是将所有项目全部显示在"控制面板"窗口中。单击"控制面板"窗口右上方的"查看方式"下拉按钮，在弹出的下拉列表中可选择相应的查看方式。

2.4.2　设置外观和主题

　　单击"控制面板"中的"个性化"链接，或右击桌面空白处，在弹出的快捷菜单中选择"个性化"命令，打开"个性化"窗口，如图 2-39 所示。用户可以通过"个性化"窗口对 Windows 7 系统的外观进行设置，如更换主题、修改桌面背景、设置窗口的颜色、选择屏幕保护程序等。

　　1．设置桌面背景

　　在"个性化"窗口中，用户可以单击窗口下方的"桌面背景"链接，打开"桌面背景"窗口，如图 2-40 所示。

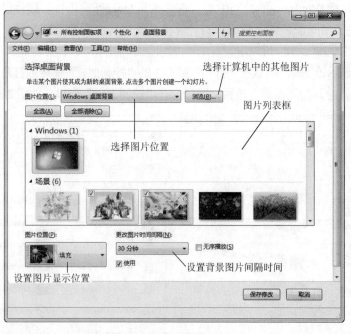

图 2-40　"桌面背景"窗口

　　在"桌面背景"窗口的图片列表框中，用户可以单击图片上的复选框选择一幅图片或多幅图片作为桌面背景(将鼠标指针放到图片上，其左上角会出现复选框)。如需设置计算机中的其他图片作为桌面背景，可单击 [浏览(B)...] 按钮来选择计算机中存放图片的文件夹，此时将会在图片列表框中看到该文件夹中所有图片的缩略图，并且在默认状态下，这些图片均处于选中状态。

选择图片后，在"图片位置"下拉列表框中可设置图片在屏幕上的显示位置。如果选择了多幅图片，在"更改图片时间间隔"下拉列表框中可设置更换显示背景图片的时间间隔，可设置 10 秒～1 天不等。所有设置完成后单击"保存修改"按钮即可。

2. 设置界面外观

在"个性化"窗口中，用户可以单击窗口下方的"窗口颜色"链接，打开"窗口颜色和外观"窗口，在此可更改窗口边框、任务栏和"开始"菜单的颜色。单击该窗口下方的"高级外观设置"链接，打开"窗口颜色和外观"对话框，如图 2-41 所示。用户可以在此对各个项目(如桌面、标题按钮、菜单、超链接和滚动条等)的外观进行详细的设置。

3. 设置屏幕保护程序

屏幕保护是为了保护显示器而设计的一种专门的程序。当时设计的初衷是为了防止计算机因无人操作而使显示器长时间显示同一个画面，导致显示器老化而缩短寿命。如今的显示器几乎不再有人担心老化的问题，屏幕保护程序更多地被赋予了娱乐功能。当系统空闲时间超过指定的时间长度时，屏幕保护程序将自动启动，在屏幕上展示移动的画面或动画。

在"个性化"窗口中，用户可以单击窗口下方的"屏幕保护程序"链接，打开"屏幕保护程序设置"对话框，用户可以在此设置屏幕保护程序，还可以在该对话框中指定等待时间、是否在恢复时显示登录屏幕等，如图 2-42 所示。当计算机的闲置时间达到指定值时，屏幕保护程序将自动启动。要清除屏幕保护画面，只需移动鼠标或按任意键即可。

图 2-41 "窗口颜色和外观"对话框

图 2-42 "屏幕保护程序设置"对话框

4. 设置系统声音

系统声音是在系统操作过程中产生的声音，如 Windows 登录和注销的声音、关闭程序的声音、操作错误系统提示音等。声音方案是应用于 Windows 和程序事件中的一组声音。

在"个性化"窗口中，用户可以单击窗口下方的"声音"链接，打开"声音"对话框，在该对话框的"声音"选项卡上，用户可以选择使用系统提供的某种声音方案，也可根据需要对方案中某些声音进行修改，用计算机中的其他声音替代。

5. 设置主题

主题是图片、颜色和声音的组合。在 Windows 7 中，用户可以通过使用主题立即更改计算机的桌面背景、窗口边框颜色、屏幕保护程序和声音。Windows 7 系统为用户提供了多种风格主题，主要分为"Aero 主题"和"基本和高对比度主题"两大类。用户还可以到网上下载更多的主题。

例如，要在系统中使用"Aero 主题"中的"中国"风格主题，用户可以打开"个性化"窗口，然后在"Aero 主题"选项区域中单击"中国"选项，即可应用该主题。此时右击桌面空白处，在弹出的快捷菜单中选择"下一个桌面背景"命令，即可更换该主题系统中的桌面背景。

6. 设置屏幕分辨率和刷新频率

屏幕分辨率是指屏幕上的水平和垂直方向最多能显示的像素点，它以水平显示的像素数乘以垂直扫描线数表示。例如，1024×768 表示每帧图像由水平 1024 像素、垂直 768 条扫描线组成。分辨率越高，屏幕中的像素点越多，可显示的内容就越多，所显示的对象就越小，图像就越清晰。在桌面的空白处右击，在弹出的快捷菜单中选择"屏幕分辨率"命令，打开"屏幕分辨率"窗口；在"分辨率"下拉列表框中拖动滑块选择合适的分辨率；单击"确定"按钮即可完成屏幕分辨率的设置。

屏幕刷新频率是指屏幕每秒的刷新次数。如果刷新频率设置过低，画面就有闪烁和抖动现象，容易使人眼疲劳。在"屏幕分辨率"窗口中，单击"高级设置"链接，弹出"通用即插即用监视器"对话框；选择"监视器"选项卡，在"屏幕刷新频率"下拉列表框中选择合适的刷新频率；单击"确定"按钮即可完成屏幕刷新频率的设置。

2.4.3 设置键盘和鼠标

1. 设置键盘

单击"控制面板"中的"键盘"链接，打开"键盘属性"对话框。在"字符重复"选项区中通过拖动滑块，可以分别设置字符的"重复延迟"和"重复速度"。字符的"重复延迟"时间越长，则从按键到出现字符的时间间隔也就越长；"重复速度"越快，则按住键盘上的某个按键时，该键重复出现的时间间隔也就越短。另外，在"光标闪烁速度"选项区中拖动滑块，可以改变在文本编辑中文本插入点光标的闪烁速度。

2. 设置鼠标

单击"控制面板"中的"鼠标"链接，或单击"个性化"窗口左侧的"更改鼠标指针"链接，打开"鼠标属性"对话框。

1)"按钮"选项卡

如果用户左手使用鼠标，则要在"鼠标键配置"选项区中选中"习惯左手"单选按钮，这样，鼠标左、右键的功能将被交换；在"双击速度"选项区中，拖动滑块可以设置鼠标双击速度的快慢，双击右侧测试区的图标可以测试双击速度，"速度"越快，双击时两次按键之间的时间间隔也就越短；选中"单击锁定"选项区中的"启用单击锁定"复选框后，不用一直按着鼠标按钮就可以突出显示或拖动。

2)"指针"选项卡

在"方案"下拉列表框中，可以选择系统设置好的指针方案；也可以利用"浏览"按钮选择其他的鼠标指针形状，并且单击"另存为"按钮，把自己设计的方案保存下来。

2.4.4 设置输入法

输入法即输入文字的方法。在 Windows 中默认为英文输入方式，要输入汉字，则需要中文输入法来进行输入。中文输入法最常见的有拼音输入法和五笔输入法，拼音输入法是按照汉语拼音规则来进行汉字的输入，五笔输入法则是按照汉字的笔画、部首来进行输入。中文 Windows 7 系统默认安装了一些中文输入法，如全拼、微软拼音等。如果要使用其他汉字输入法，用户要安装相应的应用程序。

1. 添加/删除输入法

添加输入法的具体操作步骤如下。

(1) 单击"控制面板"中的"区域和语言"链接，打开"区域和语言"对话框。

(2) 在"键盘和语言"选项卡的"键盘和其他输入语言"选项区中，单击"更改键盘"按钮，进入"文本服务和输入语言"对话框，如图 2-43 所示。

(3) 单击"添加"按钮，打开"添加输入语言"对话框，在此双击要添加的语言，双击"键盘"选项，选择要添加的某种输入法，如图 2-44 所示。

图 2-43 "文字服务和输入语言"对话框

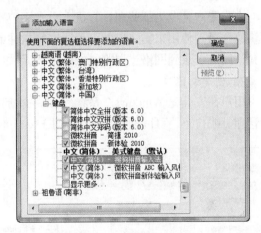

图 2-44 "添加输入语言"对话框

(4) 单击"确定"按钮，返回"文本服务和输入语言"对话框，可看到添加的新输入法已出现在"已安装的服务"列表框中。

(5) 再次单击"确定"按钮，就完成了该输入法的添加操作。

删除输入法只需在"文本服务和输入语言"对话框的"已安装的服务"列表框中，选择要删除的输入法，然后单击"删除"按钮即可。

2. 输入法的切换

单击语言栏上的"输入法"按钮，然后单击要使用的输入法即可完成输入法的切换，如图 2-45 所示。另外，用户可以使用 Ctrl+Space 键启动或关闭中文输入法，使用 Ctrl+Shift 键在各种输入法之间进行切换。

图 2-45 切换输入法

2.4.5 设置用户账户

Windows 7 是一个多用户操作系统，它允许每个使用计算机的用户建立自己的专用工作环境。每个用户都可以建立个人账户，并设置密码登录，保护自己的信息安全。

1. 账户类型

Windows 7 中有三种类型的账户，每种类型为用户提供不同的计算机控制级别。

1）管理员账户

管理员账户拥有对本机资源的最高管理权限。它可以更改安全设置、安装软件和硬件、访问计算机上的所有文件，可以创建和删除计算机上的用户账户，可以更改其他用户的账户名称、图片、密码和账户类型等。

计算机至少要有一个管理员账户。在只有一个管理员账户的情况下，该账户不能将自己修改为标准账户。

2）标准账户

标准账户是权力受到一定限制的账户，此类用户可以访问已经安装在计算机上的程序，可以设置自己账户的图片、密码等，但是不能执行影响该计算机其他用户的操作，例如安装软件、更改安全设置和访问其他用户的文件。

3）来宾账户

来宾账户是专为那些在计算机上没有用户账户的人设置的，仅有最低权限，没有密码，可快速登录。使用来宾账户的人无法安装软件或硬件，更改设置或者创建密码。由于来宾账户允许用户登录到网络、浏览 Internet 以及关闭计算机，因此应该在不使用时将其禁用。

2. 创建新账户

用户在安装完 Windows 7 系统后，第一次启动时系统自动建立的用户账户是管理员账户，在管理员账户下，可以创建新的用户账户，具体步骤如下。

图 2-46 "用户帐户"窗口

(1)单击"控制面板"中的"用户帐户①"链接，打开"用户帐户"窗口，如图 2-46 所示。

(2)单击"管理其他帐户"链接，打开"管理帐户"窗口。

(3)单击"创建一个新帐户"链接，打开"创建新帐户"窗口。

(4)在"新帐户名"文本框内输入新账户名称，并通过下面的单选按钮指定新账户的类型为标准账户，还是管理员账户。

(5)单击"确定"按钮即可完成一个新账户的创建。

3. 管理账户

计算机中创建了多个账户，自然需要对其管理，如更改账户权限、删除无人使用的账户等。但是要管理账户，需要当前使用的账户必须具有管理员权限。

在"用户帐户"窗口中单击"管理其他帐户"链接，打开"管理帐户"窗口，在窗口中单击某个账号的图标，在打开的"更改帐户"窗口中即可更改该账户的名称、密码、图片、

---

① "帐"旧同"账"，现在应为"账户"。

类型，甚至可以删除该账户。注意不能删除当前登录的用户账户，对于来宾账户只能修改其图片或设置其是否启用。

2.4.6　设置桌面小工具

Windows 7 提供了时钟、天气、日历等一些桌面小工具。右击桌面空白处，在弹出的快捷菜单中选择"小工具"命令，打开"小工具"窗口，如图 2-47 所示。双击将要使用的小工具即可在桌面的右上角显示，也可直接将其拖动到桌面。

用户可以轻松设置小工具的属性。以时钟小工具为例，当鼠标指针指向时钟小工具时，"关闭"和"选项"按钮❷将出现在小工具的右上角附近，如图 2-48 所示。单击"选项"按钮❷，打开"时钟"属性设置对话框，在此用户可以选择时钟的外观、是否显示秒针等。用户也可以在桌面上添加多个时钟小工具，显示不同国家的时间。

图 2-47　"小工具"窗口

图 2-48　时钟小工具

2.5　Windows 7 软硬件管理

一个完整的计算机系统是由软件和硬件组成的，用户在使用计算机的过程中经常会遇到安装和卸载软件以及为计算机添加新的硬件设备等操作。只有管理好软件和硬件，计算机才能正常运行工作，发挥出应有的作用。本节将介绍 Windows 7 中常用的软硬件管理方法。

2.5.1　软件的管理

1．软件的安装与卸载

操作系统和应用程序都属于软件。虽然 Windows 7 提供了一些用于文字处理、编辑图片、多媒体播放等应用程序组件，但这些程序还是无法满足实际应用的需求，所以在安装操作系统软件之后，用户会经常安装其他的应用软件或删除不适合的软件。

1）安装软件

当用户在安装新软件前，必须确定该软件与自己的计算机系统是兼容的，而且计算机硬件配置应满足或超出该软件的系统需求。兼容是指软件必须是针对所用计算机类型和安装在计算机上的操作系统而设计的。在安装过程中，软件中的程序和数据复制到计算机系统的硬盘上，其中一些特殊的文件复制到操作系统的文件夹中，并在操作系统中登记注册。

应用程序一般都自带安装程序，绝大多数安装程序的可执行文件扩展名为.exe，也有极少数为.bat。用户只要双击该文件，根据安装提示向导顺序进行就可成功安装。下面以安装"腾讯QQ2013"软件为例，介绍安装软件的方法。

(1) 双击"腾讯QQ2013"安装文件，启动安装程序向导，首先程序要检查系统的安装环境是否能够安装该软件，如图 2-49 所示。检查完毕后自动打开"QQ 软件许可及服务协议"窗口。

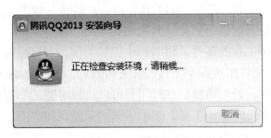

图 2-49　检查安装环境

(2) 选中"我已阅读并同意软件许可协议和青少年上网安全指引"复选框，如图 2-50 所示。

(3) 单击"下一步"按钮，打开"自定义安装选项和快捷方式选项"窗口，根据需要选择各个选项，设置选项如图 2-51 所示。

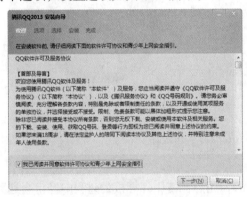
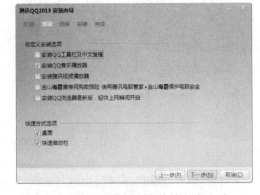

图 2-50　许可及服务协议　　　　　　　图 2-51　自定义安装选项和快捷方式选项

(4) 单击"下一步"按钮，打开"选择程序安装目录和个人文件夹位置"窗口，如图 2-52 所示。用户可单击"浏览"按钮更改程序安装的目录，这里保持默认不变。

(5) 单击"安装"按钮，程序开始安装，用户能够看到安装进度，如图 2-53 所示。

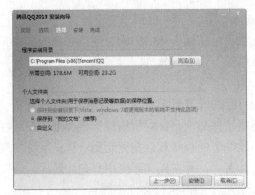

图 2-52　选择程序安装目录和个人文件夹位置　　　　图 2-53　正在安装

（6）等待"安装完成"窗口出现，表示程序已经安装完毕，如图 2-54 所示。单击"完成"按钮即可。

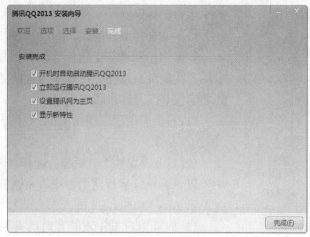

图 2-54　安装完成

2）卸载软件

大部分软件都提供了内置的卸载功能，例如卸载刚刚安装的"腾讯 QQ2013"，只需单击"开始"按钮，选择"所有程序"｜"腾讯软件"｜"QQ2013"｜"卸载腾讯 QQ"命令，启动卸载程序，用户只需按照卸载提示一步步做下去，腾讯 QQ2013 软件就会从计算机中被删除。

如果软件没有自带卸载功能或不想使用自带的卸载程序，则可使用系统提供的卸载程序。具体方法如下：在"控制面板"中，单击"程序和功能"链接，打开"程序和功能"窗口，在"当前安装的程序"列表中右击要删除的软件，弹出"卸载"命令，如图 2-55 所示。选择该命令即可删除这个程序。

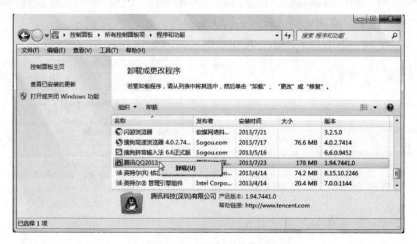

图 2-55　"程序和功能"窗口

2. 运行不兼容软件

Windows 7 的系统代码是建立在 Vista 基础上的，某些在旧版本 Windows 中能运行的应用程序，在 Windows 7 系统中可能无法安装运行，或者运行过程中发生错误问题，这就被称

图 2-56 "属性"对话框

为软件不兼容。为了使用户可以在 Windows 7 里使用针对早期 Windows 版本开发的应用程序，用户可以使用兼容模式来运行该程序。

1）手动选择兼容模式

如果用户知道某个软件是针对哪个旧版本操作系统开发的，为避免直接使用出现不兼容问题，用户可以手动选择兼容模式。具体步骤如下。

（1）右击应用程序快捷图标，在弹出的快捷菜单中选择"属性"命令。

（2）打开"属性"对话框，选择"兼容性"选项卡，选中"以兼容模式运行这个程序"复选框，在其下拉列表选择 Windows XP（Service Pack 3）兼容模式，如图 2-56 所示。

（3）如果用户想让该设置对所有用户都有效，可单击"更改所有用户的设置"按钮，打开"所有用户的兼容性"对话框。

（4）在该对话框中，选中"以兼容模式运行这个程序"复选框，在其下拉列表选择 Windows XP（Service Pack 3）兼容模式，然后单击"确定"按钮返回"属性"对话框。

（5）单击"确定"按钮即可完成设置。

2）系统自动选择兼容模式

如果用户对目标应用程序不甚了解，则可以让 Windows 7 自动选择合适的兼容模式来运行程序。具体步骤如下。

（1）右击应用程序快捷图标，在弹出的快捷菜单中选择"兼容性疑难解答"命令。

（2）此时系统开始自动检测程序兼容性问题，打开"程序兼容性"对话框，单击"尝试建议的设置"选项。

（3）系统会测试程序的兼容性，这里提供了 Windows XP（Service Pack 2）兼容模式，用户可以单击"启动程序"按钮来测试程序是否正常运行，如图 2-57 所示。

（4）完成测试后，单击"下一步"按钮，进入如图 2-58 所示的对话框。

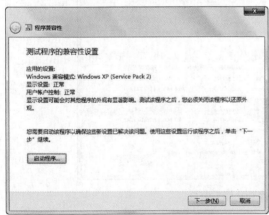
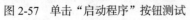
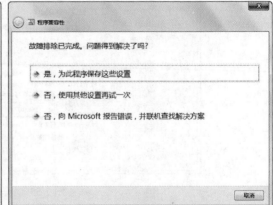

图 2-57 单击"启动程序"按钮测试　　　　图 2-58 完成测试后对话框

（5）如果测试成功，可单击"是，为此程序保存这些设置"选项，打开如图 2-59 所示的对话框，单击"关闭"按钮完成设置。

（6）如果测试后应用程序仍然没有正常运行，单击"否，使用其他设置再试一次"选项，随后会转到如图 2-60 所示的对话框。用户应根据实际遇到的问题选择适用的选项，若要尝试增加权限以便程序正常运行，则可以选中"该程序需要附加权限"复选框。

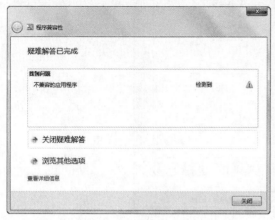

图 2-59 单击"关闭"按钮

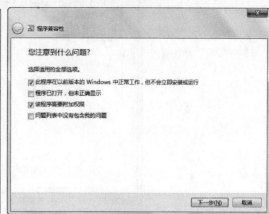

图 2-60 选择适用选项

（7）单击"下一步"按钮，打开如图 2-61 所示的对话框，为程序选择一个兼容的 Windows 版本。

（8）单击"下一步"按钮，打开如图 2-62 所示的对话框。单击"启动程序"按钮继续测试程序能否正常运行，然后根据所遇到的问题再重新进行设置，其步骤与步骤（4）～步骤（7）类似。

图 2-61 选择 Windows 版本

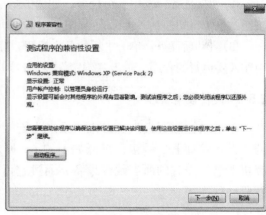

图 2-62 重新测试

3. 任务管理器

Windows 7 中的任务管理器显示了计算机上正在运行的应用程序、进程和服务等详细信息，并为用户提供了有关计算机性能的信息，如 CPU 和内存使用情况、联网状态等。这里只介绍应用程序的管理功能，如结束一个程序或启动一个程序等功能。

按 Ctrl+Shift+Esc 组合键，或右击任务栏空白处，在弹出的快捷菜单中选择"启动任务管理器"命令，就打开了"Windows 任务管理器"窗口，如图 2-63 所示。

图 2-63　"Windows 任务管理器"窗口

　　在"任务管理器"窗口中,单击"应用程序"选项卡,用户可看到系统中已启动的应用程序及当前状态。在该窗口中,用户可以关闭正在运行的应用程序、切换到其他应用程序或启动新的应用程序。

　　(1)结束任务:选中一个任务后单击"结束任务"按钮,可关闭一个应用程序。此操作通常用于安全关闭一个没有响应的程序。

　　(2)切换任务:选中一个任务,如选中图 2-63 中的"无标题-画图",再单击"切换至"按钮,系统将切换到"无标题-画图"窗口。

　　(3)启动新任务:单击"新任务"按钮,打开"创建新任务"对话框,在"打开"文本框中输入要运行的程序,单击"确定"按钮,即可启动该程序。

2.5.2　硬件设备管理

　　单击"控制面板"窗口中"系统"链接,打开"系统"窗口,然后单击该窗口左侧的"设备管理器"链接,打开如图 2-64 所示的"设备管理器"窗口。该窗口列出了计算机上已经安装的所有硬件设备,通过它可以查看硬件设备信息、启用或停用设备、更新驱动程序等。

　　1.　查看设备属性

　　在"设备管理器"窗口中,单击每一种设备类型前的"▷"即可展开属于该类型的所有具体设备。双击要查看的设备,或右击该设备,在弹出的快捷菜单中选择"属性"命令,打开"设备属性"对话框,用户可以在其中查看设备的运行状态、占用资源、驱动程序等信息。图 2-65 所示为键盘的设备属性对话框,该对话框显示了键盘的当前工作状态为正常。通过"资源"选项卡可以查询键盘占用的资源情况,通过"驱动程序"选项卡可以查询键盘驱动程序的基本情况,并可以进行卸载和更新等操作。

图 2-64 "设备管理器"窗口 　　　　　图 2-65 键盘的设备属性对话框

2. 启用或禁用设备

用户近期不想使用某一设备时，可以将其停用。当需要时，可以将停用的设备重新启用。对于今后不使用的设备，可以将其卸载。具体操作方法如下：在"设备管理器"窗口中，右击要操作的设备，在弹出的快捷菜单中选择"禁用"或"启用"命令，即可停用或重新启用该设备；选择"卸载"命令即可卸载此设备。

3. 更新设备驱动程序

由于技术的更新，硬件设备的驱动程序也在逐步升级，新的驱动程序能够更好地支持硬件设备，提高计算机系统的整体性能。若有新的硬件驱动程序，用户可以随时进行更新。具体的操作方法如下：在"设备管理器"窗口中，右击要更新驱动程序的设备，在弹出的快捷菜单中单击"更新驱动程序软件"命令，将显示"更新驱动程序软件"向导，根据该向导提示可以很容易地完成设备驱动程序的更新操作。

2.5.3 注册表

1. 注册表的概念

Windows 操作系统的注册表实质上是一个巨大的数据库，它保存着系统硬件和软件设置信息，直接控制着系统的启动、硬件驱动程序的装载以及一些应用程序的运行，从而在整个系统中起着核心的作用。如果注册表受到破坏，轻则使系统启动过程出现异常，重则导致整个系统瘫痪。因此，正确地认识和使用注册表、备份注册表，在有问题时及时恢复注册表，是非常重要的。

注册表的内部组织结构是一个类似于文件夹管理的树形分层结构，由根键、键、子键和键值项组成，如图 2-66 所示。注册表主要有以下 5 个根键。

(1) HKEY_CLASSES_ROOT：应用程序启动配置信息。

(2) HKEY_CURRENT_USER：当前登录用户配置信息。

(3) HKEY_LOCAL_MACHINE：硬件及其驱动程序配置信息。

(4) HKEY_USERS：所有用户配置信息。

(5) HKEY_CURRENT_CONFIG：系统启动时所需的硬件配置信息。

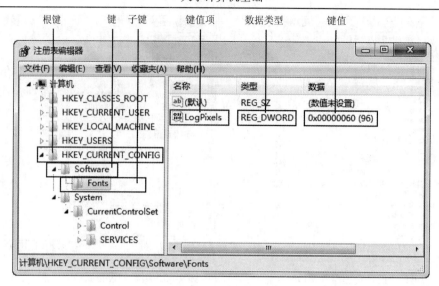

图 2-66　"注册表编辑器"窗口

2. 注册表编辑器的使用

注册表编辑器(regedit.exe)是用来查看和更改系统注册表设置的高级工具。按 Windows+R 组合键，在"运行"对话框中输入"regedit"，然后单击"确定"按钮即可打开"注册表编辑器"窗口，如图 2-66 所示。

"注册表编辑器"窗口包括两个窗格，左窗格显示注册表树，右窗格显示当前所选键的值，这些值从默认值开始，按字母顺序排列，当前所选键名称显示在状态栏上，双击键值项时，将打开编辑对话框。在对注册表中的值进行编辑时要注意，系统对用户的修改立刻生效，而不会给任何提示。

为安全起见，修改注册表之前可以进行备份，如果修改注册表后产生了问题，则可以恢复备份，该操作通常被称为注册表的导出和导入。

(1)导出注册表：在"注册表编辑器"窗口中，选择菜单栏中的"文件"|"导出"命令，打开"导出注册表文件"对话框，输入注册表备份的文件名并选择保存位置，然后单击"保存"按钮即可。

(2)导入注册表：在"注册表编辑器"窗口中，选择菜单栏中的"文件"|"导入"命令，打开"导入注册表文件"对话框，选择以前导出的注册表备份文件，单击"打开"按钮即可。

2.6　Windows 7 常用附件

Windows 7 系统为计算机用户提供了许多简单、实用的应用程序，如记事本、写字板、画图、计算器等，它们被集中在"开始"菜单上"所有程序"|"附件"的级联菜单中。

2.6.1　写字板与记事本

1. 写字板

"写字板"程序是一个用来创建和编辑文档的文本编辑程序。与记事本不同，写字板文档可以包括复杂的格式和图形，并且可以在写字板内链接或嵌入对象(如图片或其他文档)。写字板用

来打开和保存文本文档(.txt)、多格式文本文件(.rtf)、Word文档(.docx)和OpenDocument Text (.odt)文档。其他格式的文档会作为纯文本文档打开,但可能无法按预期显示。由于大多数 Windows 用户都安装有功能更强大的 Word 字处理软件,故使用写字板的机会比较少。单击"开始"按钮,选择"所有程序"|"附件"|"写字板"命令,即可启动"写字板"程序。

2. 记事本

"记事本"程序是一个纯文本编辑器,默认情况下,文件存盘后的扩展名为.txt。记事本仅支持很基本的格式,无法完成特殊格式编辑,因此与写字板相比,其处理能力是很有限的。但一般情况下,源程序代码文件、某些系统配置文件(ini 文件)都是用纯文本的方式存储的,所以在编辑系统配置文件时,常使用"记事本"程序。同时"记事本"程序还具有运行速度快、占用空间小的优点。单击"开始"按钮,选择"所有程序"|"附件"|"记事本"命令,即可启动"记事本"程序。

2.6.2 画图

"画图"程序是一个位图编辑器。用户可以自己绘制图画,也可以对已有的图片进行编辑修改,在编辑完成后,可以用 PNG、BMP、JPG 和 GIF 等格式存档。单击"开始"按钮,选择"所有程序"|"附件"|"画图"命令,即可打开"画图"程序,其界面如图 2-67 所示。

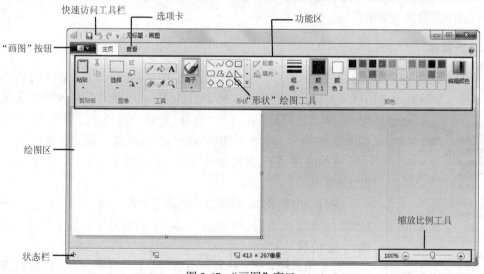

图 2-67 "画图"窗口

1. "画图"窗口的组成部分

(1)"画图"按钮:位于窗口左上角,它取代了以往版本的"文件"菜单。

(2)快速访问工具栏:包含常用操作的快捷按钮,如保存、撤销、重做等,用户也可自定义其中显示的按钮。

(3)选项卡和功能区:"画图"程序中包含"主页"和"查看"两个选项卡,通过这两个选项卡的功能区可完成"画图"程序的大部分操作。

(4)绘图区:是用户绘制图形和编辑图像的区域,又称为画布。用户可以根据需要拖动位于绘图区右下角、底部和右侧的三个实心调整柄快速调整其大小。

(5)状态栏：显示当前操作图形的相关信息，如鼠标指针的像素位置、绘图区的宽度像素和高度像素等。

(6)缩放比例工具：拖动滑块可按一定比例放大或缩小绘图区中的内容。

2. 图像处理及技巧

(1)Shift 键特殊功能：按下 Shift 键用"主页"选项卡中"形状"绘图工具(图 2-67)可以绘制水平线、垂直线、45 度斜线、圆形、正方形、正多边形等。

(2)更改图片的文件类型：图片具有多种文件格式，有时用户需要将某一图片转换为其他类型的图片文件，可用"画图"程序打开该文件，利用"画图"按钮 |"另存为"命令实现以其他格式保存图片，此时不会替换原始图片，而是会创建并保存新的图片文件。

(3)调整图片的大小：在"主页"选项卡中的"图像"组中，单击"重新调整大小"按钮，弹出"调整大小和扭曲"对话框，用户可以利用该对话框按一定百分比或具体像素值调整图片的大小。图片的分辨率或清晰度取决于图片所具有的像素数量，像素多可以提高图片的分辨率，使用户能够在不降低视觉质量的情况下打印出更大的图片。但是图片的像素越多，其文件就越大。图片在计算机中所占的空间量及以电子邮件附件形式发送图片所需的时间取决于图片文件的大小。

(4)桌面背景：单击"画图"按钮，在打开的下拉菜单中选择"设置为桌面背景"命令可以将当前图片设置为桌面背景。

2.6.3 计算器

单击"开始"按钮，选择"所有程序"|"附件"|"计算器"命令，即可启动"计算器"程序。Windows 7 的计算器提供了标准型、科学型、程序员和统计信息 4 种计算模式，

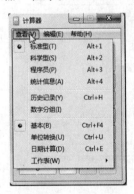

图 2-68 "查看"菜单

用户可从"计算器"窗口的"查看"菜单中选择自己需要的计算模式，如图 2-68 所示。也可以使用 Alt+1～Alt+4 组合键来快速切换。

在标准模式下，计算器可以完成基本的加减乘除以及平方根等运算工作。

在科学型模式下，计算器采用运算符优先级，可以进行三角函数、阶乘、平方、平方根、多次方和多次方根等复杂的数学计算，可以精确到 32 位数。

在程序员模式下，计算器也采用运算符优先级，可以进行逻辑运算。增加了数的进制选项，当用户改变运算数制时，数字区将发生相应的改变。程序员模式只是整数模式，小数部分将被舍弃，计算器最多可精确到 64 位数。

在统计模式下，通过单击 Add 按钮输入要进行统计的数据，然后可以进行平均值、总和、标准方差等统计计算。输入数据时，数据将显示在历史记录区域中，所输入数据的值将显示在计算区域中。

另外，Windows 7 的计算器还具备单位转换、日期计算及工作表(抵押、汽车租赁、油耗)等实用功能，直接在"查看"菜单上选择所用功能，即可在"计算器"窗口的右边扩展打开。通过单位换算功能，用户可以将面积、角度、功率、重量、体积等的不同度量单位进行相互转换；使用日期计算功能可以计算两个日期之差，或计算从一个日期开始增加或

减少指定天数后的最终日期；使用抵押、汽车租赁以及油耗工作表可以计算贷款月供额、租金或燃料经济性。

2.6.4　便笺

便笺是 Windows 7 系统新添加的一个小工具。顾名思义，它的作用相当于日常生活中使用的小便条，可以帮助用户记录一些事务或起到一个提醒和留言的作用。

单击"开始"按钮，选择"所有程序"｜"附件"｜"便笺"命令，此时在桌面的右上角将出现一个黄色的便笺纸，将光标定位在便笺纸中，直接输入要提示的内容即可，如图 2-69 所示。单击 ➕ 按钮可新建多个便笺。

将鼠标指针指向便笺的边框，鼠标指针自动变成双向箭头，按下左键沿箭头方向拖动，可改变便笺大小。便笺的颜色也是可以更改的，在其文字编辑区右击，在弹出的快捷菜单中选择一种颜色即可。

便笺不能保存为单独的文件，但是只要没有删除便笺，即使关闭了计算机，下次开机时便笺依然在桌面上显示，当不需要时单击 ✕ 按钮即可删除便笺。

图 2-69　便笺

2.6.5　录音机

单击"开始"按钮，选择"所有程序"｜"附件"｜"录音机"命令，即可打开"录音机"程序。使用"录音机"程序，可以将各种声音录制成音频文件保存在计算机中。

"录音机"窗口的界面比较简洁，单击 ● 开始录制(S) 按钮，即可开始声音的录制，录制开始后，● 开始录制(S) 将变为 ■ 停止录制(S) 按钮，单击它可结束录制，并打开"另存为"对话框，在对话框中选择保存的路径并输入名字可将录制的声音保存为音频文件。

习　题　二

一、简答题

1. 什么是操作系统？它有哪些功能？
2. 在 Windows 7 中，窗口有哪些元素组成？
3. 什么是文件？什么是文件夹？
4. 简述用户账户的类型及区别。
5. 更新设备的驱动程序有什么好处？如何进行更新？
6. 什么是注册表？如何使用注册表编辑器备份当前系统的注册表信息？

习题二答案

二、操作题

1. 将任务栏设置为自动隐藏，并调整其到屏幕的顶部。
2. 将系统时间调整为"2020 年 1 月 1 日 0 点 0 分 0 秒"，然后添加夏威夷和开罗的附加时钟。
3. 在 C 盘的根目录下建立一个名为 Exam 文件夹并在桌面建立其快捷方式，再在该文件夹(Exam)下建立一个以自己学号为名称的子文件夹；在 E 盘根目录先建立 USER 文件夹，再在该文件夹(USER)文件夹下建立 ME 子文件夹；在 C:\Windows 文件夹中搜索小于 10KB 的文件并任选一个，将它们分别复制到 C:\Exam 和 E:\USER 文件夹中(要求用鼠标拖动完成，注意，同盘和不同盘复制时 Ctrl 键的作用也不同）；查看 E 盘 USER 文件夹的属性，并将其属性修改为"隐藏"；删除 E 盘所有文件；从回收站还原除 USER 外的所有文件。

4. 在系统中使用"Aero 主题"中的"自然"主题。

5. 创建一个用户名为"张三"的管理员账户；将"张三"的账户类型从管理员账户改为标准账户，修改其头像图片并设置密码；删除"张三"账户。

第 2 章　操作系统
操作题-6

6. 利用 Windows 提供的计算器程序，进行下列运算。

(1) $(361+35 \times 367) \div (15 \times 10-26)$

(2) $(2D9F)_{16}-(7342)_{8}-(1001001)_{2}-(123)_{10}$

(3) 2013 年 7 月 25 日到 2015 年 9 月 2 日之间相差几天。

第 3 章　Word 2016 文字处理

作为 Microsoft Office 办公软件的核心组件之一，Word 2016 具有良好的图形操作界面，使用起来极为方便。它将文字处理和图表处理功能结合起来，能编排出图文并茂的文档，使文档的表达更加清晰明了和规范。Word 2016 在以往版本的基础上，进一步增加了许多贴近用户实际使用的特性，提供了广泛的新途径来优化文档，是目前被广泛使用的文字处理软件。

3.1　Word 2016 的窗口组成及视图模式

1. Word 2016 的窗口组成

Word 2016 工作窗口由快速访问工具栏、标题栏、功能区显示选项按钮、功能区、文档编辑区、标尺、导航窗格、滚动条、状态栏等组成，如图 3-1 所示。

图 3-1　Word 2016 工作窗口

1）快速访问工具栏

快速访问工具栏位于 Word 2016 窗口左上角，使用它可以快速执行需频繁使用的命令。默认状态下它只包含保存、撤销、恢复三个基本命令，用户也可根据需要把一些常用命令添加到其中，以方便使用，具体操作步骤如下。

（1）单击快速访问工具栏右侧的"自定义快速访问工具栏"按钮，在弹出的快捷菜单中包含了一些常用命令，如图 3-2 所示。

（2）如果需要添加的命令恰好位于其中，直接选中相应选项即可；否则选择"其他命令"选项，将打开"Word 选项"对话框并自动定位在"快速访问工具栏"选项卡。

(3) 如图 3-3 所示，在"从下列位置选择命令"下拉列表框中选择需要添加的命令所在的位置，在其下的列表框中选择该命令按钮，例如选择"不在功能区中的命令"位置下的"发送到 Microsoft PowerPoint"命令，然后单击"添加"按钮，将其添加到右侧的"快速访问工具栏"列表框中，最后单击"确定"按钮，此时在 Word 的快速访问工具栏中将显示该命令按钮。

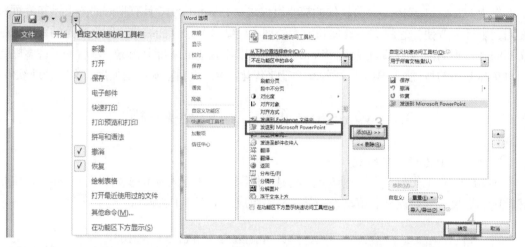

图 3-2　自定义快速访问工具栏　　　　图 3-3　将其他命令添加到快速访问工具栏中

2) 功能区

功能区已经替代了传统的菜单和工具栏，它以选项卡的方式对命令进行分组和显示。为了帮助用户快速找到完成某一任务所需的命令，每个选项卡都与一种类型的活动（如编写页面或布局页面）相关。同时每个选项卡又细分为若干个组，如图 3-1 所示"开始"选项卡就由"剪贴板"、"字体"、"段落"、"样式"和"编辑"等不同的组组成，每个组都包含多种命令按钮，有些组的右下角会有一个功能扩展按钮 ，单击该按钮可打开相关的对话框或任务窗格进行更详细的设置。

当用户希望拥有更多的工作空间时，可以通过双击活动选项卡临时隐藏功能区，此时组消失，从而为用户提供更多空间。如果需要再次显示，则双击任意选项卡，组就会重新出现。用户也可利用位于标题栏右侧的"功能区显示选项按钮"，确定功能区的显示、隐藏及显示方式。

（1）"文件"选项卡。"文件"选项卡是一个位于 Microsoft Office 2016 程序左上角的蓝色选项卡，它取代了"Office 按钮"以及早期版本的 Microsoft Office 中使用的"文件"菜单。单击"文件"选项卡后，会看到 Microsoft Office 后台视图。用户可以在后台视图中管理文件及其相关数据：打开、保存、新建、打印、检查隐藏的元数据或个人信息以及设置选项等。简而言之，可通过该视图对文件执行多项无法在文件内部完成的操作。

（2）上下文选项卡。为了使屏幕更为整洁，有些选项卡只有在编辑、处理某些特定对象时才能在功能区显示出来。例如，在 Word 2016 中，用于处理表格的表格工具"设计"选项卡和"布局"选项卡只有在用户编辑表格时才会显示出来，这就是所谓的上下文选项卡。

（3）自定义功能区。用户可以根据需要对功能区进行个性化设置。右击功能区任意空白处，从弹出的快捷菜单中选择"自定义功能区"命令，将打开"Word 选项"对话框并自动定位在

"自定义功能区"选项卡，利用该对话框用户即可完成自定义功能区，包括更改选项卡或组的顺序、重命名选项卡或组、添加自定义选项卡和自定义组、向自定义组中添加命令、删除自定义选项卡、删除自定义选项卡或默认选项卡中的组、从自定义组中删除命令等操作。但要注意，用户可以重命名 Microsoft Office 2016 中内置的默认选项卡和组，但是不能重命名默认命令、更改与这些命令关联的图标或更改这些命令的顺序。只能将命令添加到自定义选项卡或默认选项卡下的自定义组，而不能将命令添加到默认组。对于默认选项卡只能隐藏不能删除。

(4)智能搜索框。智能搜索框是 Word 2016 软件新增的一项功能。单击该搜索框，在下拉列表中显示最近使用过的操作以及针对当前对象推荐的有可能使用的命令。在搜索框中输入某个命令，按 Enter 键即可立即执行。该搜索框还可以进行模糊查询，并兼有帮助功能。可以在其中输入某个操作关键字，下拉列表就会显示相关命令，最下方也会提供相关帮助信息。

3)文档编辑区

工作窗口中间的大块区域为文档编辑区，它是用户在操作 Word 时最主要的工作区域，用于显示和编辑文本、表格、图表等。文档编辑区中闪烁的光标"｜"标记称为插入点，表示文档编辑的当前工作点。

4)导航窗格

导航窗格位于文档编辑区左侧，其功能非常强大。用 Word 编辑文档时会遇到长达几十页，甚至几百页的超长文档，利用导航窗格，用户可以在文档中轻松定位。Word 2016 中提供了 3 种导航方式，即标题导航、页面导航和结果导航。默认情况下，Word 2016 工作界面并不显示导航窗格，可通过选中"视图"选项卡｜"显示"组中的"导航窗格"复选框或按 Ctrl+F 组合键打开导航窗格。

5)标尺

Word 2016 提供了水平和垂直标尺。用户可以利用鼠标对文档边界进行调整。垂直标尺只有在使用页面视图显示文档时，才会出现在 Word 工作区的最左侧。通过选中/取消"视图"选项卡｜"显示"组中的"标尺"复选框或单击垂直滚动条上方的"标尺"按钮即可打开或关闭标尺。

6)状态栏

状态栏位于 Word 窗口的底部，用于查看页面信息、显示文档字数、校对文档出错内容、设置语言、设置改写状态、切换视图模式和调整文档显示比例等操作。状态栏的内容可根据用户实际需要自定义，右击状态栏即可进行具体设置。

2.　Word 2016 的视图模式

为了方便用户对文档的编辑、阅读和管理，Word 2016 提供了多种视图方式，包括页面视图、阅读版式视图、Web 版式视图、大纲视图和草稿。在"视图"选项卡的"视图"组中，单击要显示的视图类型按钮即可切换至相应的视图模式，也可直接在状态栏中选择相关的视图按钮进行切换。

1)页面视图

页面视图是 Word 2016 默认的视图模式，也是制作文档时最常使用的一种视图方式。在页面视图中，文档直接按照用户设置的页面大小进行显示，显示效果与打印效果基本一致。用户可从中看到各种对象(包括页眉、页脚、水印和图形等)在页面中的实际打印效果和位置，这对于编辑页眉和页脚，调整页边距，以及处理边框、图形对象、分栏等都是很有用的。页面视图真正做到了"所见即所得"。

2）阅读版式视图

阅读版式视图是为方便用户在 Word 中进行文档的阅览而设计的。在该视图模式中，文档的内容根据屏幕的大小，以适合阅读的方式进行显示。功能区、标尺等窗口元素被隐藏起来，不显示文档的页眉页脚，可对文字进行勾画和批注。直接按 Esc 键，可返回页面视图。

3）Web 版式视图

Web 版式视图用于显示文档在 Web 浏览器中的外观。在此视图模式中可以浏览、编辑 Web 网页。

4）大纲视图

通常在建立一个较长的文档时，许多人习惯于先建立它的大纲或标题，然后再在每个标题下插入详细内容。大纲视图恰恰提供了这样一种建立文档的方式，它便于查看、组织文档的结构。在此视图模式中，用户可以设定文档的显示级别、展开/折叠大纲项目、提升/降低大纲项目的级别，也可以直接指定文本段落的大纲级别。单击"大纲"选项卡｜"关闭"组中的"关闭大纲视图"按钮，即可返回页面视图。

5）草稿

草稿模式中文档的显示是经过简化的，对于基本格式化的效果（如字符、段落的修饰）是可以显示的，而对于比较复杂的格式内容（如页边距、背景、图形图像、页眉和页脚等）元素都不能显示。因此草稿模式仅适用于编辑内容和格式都比较简单的文档。

3.2　文档的基本操作

本节主要介绍 Word 2016 文档的基本操作，包括创建和保存文档、打开和关闭文档、在文档中输入文本并编辑等操作。

3.2.1　创建文档

在 Word 中，新建文档主要有新建空白文档和使用模板新建文档两种方式，下面分别进行介绍。

1. 新建空白文档

在 Word 2016 启动界面中，单击"空白文档"，Word 将自动创建一个基于 Normal 模板的空白文档。如果先前已经启动了 Word 程序，用户在编辑文档的过程中，还需要创建一个新的空白文档，可使用以下几种方法。

（1）选择"文件"选项卡｜"新建"命令，在窗口的右侧选择"空白文档"选项，如图 3-4 所示。

（2）按 Ctrl+N 组合键。

（3）首先将"新建"命令添加到快速访问工具栏 中，然后单击"新建"按钮。

2. 使用模板新建文档

模板决定了文档的基本结构和文档设置，其中包括字体、宏、页面设置、特殊格式和样式等内容的设置。当用户基于模板创建新文档时，新建的文档将保留该模板中的所有设置内容,这样就能省去许多重复性的设置工作,为制作大量同类的格式文档带来很大的便利。Word 2016 提供了多种模板以满足不同的需求,包括简历、求职信、商务计划、名片和 APA 样式的论文等。使用模板新建文档的具体操作步骤如下。

(1)选择"文件"选项卡｜"新建"命令。

(2)如图 3-4 所示,在窗口的右侧单击需要的模板选项,如选择"快照日历"选项。

(3)在打开的提示对话框中单击"创建"按钮,此时,Word 将自动从网络中下载所选的模板,稍后将根据所选模板创建一个新的 Word 文档,该文档包含了已设置好的内容和样式。

图 3-4　创建空白文档

3.2.2　保存文档

在文档中输入内容后,要将其进行保存,便于以后查看文档或再次对文档进行编辑、打印。

1. 手动保存文档

1)直接保存文档

对一个文档进行保存,主要有三种方式:选择"文件"选项卡｜"保存"命令;单击快速访问工具栏中的"保存"按钮 ；按 Ctrl+S 组合键。

如果是第一次对新建的文档进行保存,执行以上任意操作后,将打开 Microsoft Office 后台视图,如图 3-5 所示。在"另存为"选项区中提供了"OneDrive"、"这台电脑"、"添加位置"和"浏览"等多种保存方式,如选择"浏览"选项,打开"另存为"对话框,要求用户选择保存路径、设置文件名和保存类型(常用保存类型及其功能说明如表 3-1 所示),设置完成后单击"保存"按钮完成保存。如果在原有文档的基础上保存,则不会打开任何提示对话框。

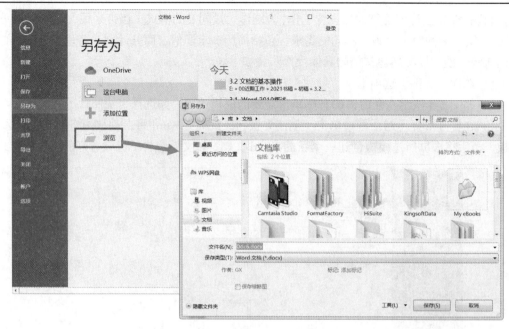

图 3-5 "另存为"对话框

表 3-1　常用保存类型及其功能

保存类型	功能说明
Word 文档 (*.docx)	Word 2016 默认的保存类型
启用宏的 Word 文档 (*.docm)	保存为启用宏的 Word 文档
Word 97-2003 文档 (*.doc)	保存为以前的 Word 版本，为了让文档能够在低版本的 Word 应用程序中正确使用
Word 模板 (*.dotx)	保存为 Word 模板
PDF (*.pdf)	保存为 PDF 格式文档
网页 (*.htm;*.html)	保存为网页，方便 Word 文档在 Internet 上发布
纯文本 (*.txt)	保存为文本文件

2）另存为其他文档

当用户想改变某个文档的文件类型或修改其内容，但又需要保留原文档作为副本时，可选择"文件"选项卡 | "另存为"命令，在"另存为"选项区中选择合适的保存方式，最后打开"另存为"对话框，在该对话框中可对新文档进行文件类型等保存设置。这样将不改变原来的文档而另外保存了一个新文档。

2. 设置定时自动保存

为防止因断电、死机等意外事件而导致文档内容丢失，Word 2016 可以自动保存正在编辑的文档。设置文档自动保存的具体步骤如下：选择"文件"选项卡 | "选项"命令，打开"Word 选项"对话框的"保存"选项卡，选中"保存自动恢复信息时间间隔"复选框，并在右侧数值框中设置时间间隔值，单击"确定"按钮即可。

3.2.3　打开和关闭文档

要对已有的文档进行编辑，需要先将其打开，编辑完成后，还要将其关闭。下面分别介绍打开与关闭文档的操作方法。

1. 打开文档

打开文档主要有三种方式：选择"文件"选项卡│"打开"命令；按 Ctrl+O 组合键；打开文档所在文件夹，双击 Word 文档图标。如果使用前两种方法，将会打开 Microsoft Office 后台视图（图 3-6），在右侧窗格中将列出用户最近使用过的文档，单击某一文档名即可打开该文档。用户若想更改系统列出的最近使用过文档的数目，可单击"文件"选项卡│"选项"命令，打开"Word 选项"对话框，切换到"高级"选项卡，在"显示"组下的"显示此数目的'最近使用的文档'"数值框中设置。

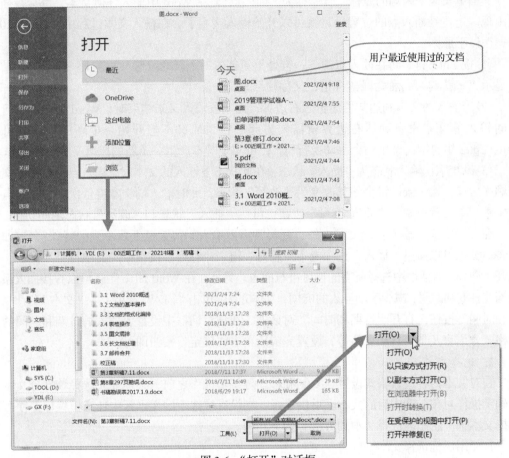

图 3-6 "打开"对话框

若在"打开"选项区中选择"浏览"命令，将会打开"打开"对话框。如果只打开一个文档，可直接选中该文档；如果要一次打开多个连续的文档，可按住 Shift 键进行选择；如果一次打开多个不连续的文档，可按住 Ctrl 键进行选择，选择好文档后，单击"打开"按钮即可。在"打开"对话框中，还可以选择文档的打开方式，如图 3-6 所示，单击"打开"按钮右侧的小三角按钮，在弹出的菜单中可以选择文档的具体打开方式。

2. 关闭文档

关闭 Word 文档主要有以下几种方法。

（1）单击 Word 应用窗口右上方的"关闭"按钮 。

（2）选择"文件"选项卡│"关闭"命令。

(3)双击快速访问工具栏最左侧。

Word 2016 允许同时打开多个 Word 文档进行编辑操作，上述方法仅关闭当前文档。

3.2.4 输入并编辑文本

在 Word 2016 中建立文档后，就可以在文档中输入文本并对文本进行编辑操作，从而达到制作需要。

1. 输入文本

文档编辑区中闪烁的光标"｜"称为"插入点"，在 Word 中输入任何文本，都会在插入点出现。定位好插入点的位置后，就可以开始输入文本了。在输入文本过程中，Word 2016 将遵循以下原则。

(1)按 Enter 键，将在插入点的下一行处重新创建一个新的段落，并在上一个段落的结束处显示"↵"符号，称为段落标记，又称硬回车符。

(2)当输入的文本到达文档编辑区右边界，而本段输入又未结束时，Word 会自动换行。有时输入的文本没有到达右边界就需要另起一行，而又不想开始一个新的段落，可按 Shift+Enter 组合键，产生一个手动换行符↓，可实现既不产生一个新的段落又换行的操作。

(3)系统默认输入状态为"插入"状态，在此状态下输入的文本时，插入点后原来的文本将顺序后移；按 Insert 键会使其改变为"改写"状态，此时输入的文本将依次覆盖插入点后的文本。单击状态栏的"插入/改写"按钮也可在"插入"状态和"改写"状态之间切换。

在文档中除了输入普通文字之外，还经常需要输入一些键盘上找不到的特殊符号(如★ ⊠ ▦®)，可以通过"插入"选项卡｜"符号"组｜"符号"按钮｜"其他符号"命令，在打开"符号"对话框中选择所需的符号进行插入。另外，在 Word 2016 中还可以直接插入系统的当前日期和时间，减少手动输入的麻烦，具体方法：单击"插入"选项卡｜"文本"组｜"日期和时间"按钮，打开"日期和时间"对话框，在该对话框中设置要插入的日期和时间的显示格式、语言及是否自动更新等，设置完成后单击"确定"按钮即可。

2. 选择文本

在对文本内容进行格式设置、复制和移动等编辑操作之前，必须要先选择该部分文本，即确定操作对象。选中后的文本呈反白显示，在没有被选中的文本区中任意位置单击便可以去掉文本选中状态。选择文本的方法有如下几种。

1)使用鼠标选择文本

文档的左边空白边为选定栏，专用于通过鼠标选择文本，当鼠标指针移入该栏内时会变为向右上角指向的箭头⤢。同时移动鼠标可以轻松地改变插入点的位置，因此使用鼠标选择文本最为灵活方便，具体方法如下。

(1)拖动选择：在选定栏中拖动鼠标可选中连续的若干行；将鼠标指针移动到所要选择的文本起始位置，然后按住鼠标拖动至所要选定文本的结尾处，松开鼠标即可。

(2)单击选择：在选定栏中单击可选中鼠标箭头所指的一整行。

(3)双击选择：在选定栏中双击可选中鼠标所在的文本段；在文本中某处双击，可选中光标所在位置的单字或词。

(4)三击选择：在选定栏中三击可选中整篇文档；在文本任意位置快速三击可选中光标所在位置的整个段落。

2) 使用键盘选择文本

使用键盘选择文本时，首先应将插入点定位到要选定的文本起始位置，然后再使用相应的组合键进行操作。各组合键及其功能如表 3-2 所示。

表 3-2　选择文本的组合键及其功能

组合键	功能说明	组合键	功能说明
Shift+↑	选择插入点至上一行相同位置之间的文本	Ctrl+Shift+↑	选择插入点至所在段落开始处之间的文本
Shift+↓	选择插入点至下一行相同位置之间的文本	Ctrl+Shift+↓	选择插入点至所在结尾处之间的文本
Shift+←	选择插入点左边的一个字符	Ctrl+Shift+Home	选择插入点至文档的开始处之间的文本
Shift+→	选择插入点右边的一个字符	Ctrl+Shift+End	选择插入点至文档的结尾处之间的文本
Shift+Home	选择插入点至所在行的行首之间的文本	Shift+PageUp	选择插入点至上一屏之间的文本
Shift+End	选择插入点至所在行的行尾之间的文本	Shift+PageDown	选择插入点至下一屏之间的文本
Ctrl+A	选择整篇文档		

3) 鼠标键盘结合选择文本

(1) 选择一个句子：按住 Ctrl 键并单击该句中的任何位置。

(2) 选择连续的较长文本：在要选择文本的起始位置单击（即将插入点移至该位置），然后按住 Shift 键，同时在要结束选择的位置单击。

(3) 选择不连续文本：先选中一个文本区域，按住 Ctrl 键，再选择另外一处或多处文本。

(4) 选择整篇文档：按住 Ctrl 键在选定栏中单击。

(5) 选择矩形文本：按住 Alt 键，将鼠标指针移动到所要选择的文本起始位置，然后按住鼠标拖动至所要选定文本的结尾处，松开鼠标和 Alt 键。

3. 移动和复制文本

移动和复制文本是 Word 中非常重要的操作，熟练掌握可在很大程度上提高文档编辑效率。移动和复制文本主要有以下方法。

(1) 利用鼠标拖动。选择要移动或复制的文本，按住鼠标左键拖动其到目标位置即可执行移动操作，若拖动时按住 Ctrl 键则执行复制操作；或者选择要移动或复制的文本，按住鼠标右键拖动到目标位置，松开鼠标会弹出一个快捷菜单，从中选择"移动到此位置"或"复制到此位置"命令。

(2) 利用剪贴板。"剪贴板"组位于"开始"选项卡，"剪贴板"组中各按钮名称及功能如表 3-3 所示。

表 3-3　"剪贴板"组中各按钮名称及功能

按钮	名称	组合键	功能说明
✂	剪切	Ctrl+X	剪切所选内容，并将其放入剪贴板
📋	复制	Ctrl+C	复制所选内容，并将其放入剪贴板
📋	粘贴	Ctrl+V	粘贴剪贴板上的内容。单击 ᵖᵃˢᵗᵉ 按钮可使用其他选项，如仅粘贴值或格式
🖌	格式刷	Ctrl+Shift+C	复制一个位置的格式，然后将其应用到另一个位置。双击此按钮可将相同格式应用到文档中的多个位置
⌐	对话框启动器		打开/关闭"剪贴板"任务窗格。"剪贴板"任务窗格最多可存储 24 个对象，在执行粘贴操作时，可从中选择不同的对象，如图 3-7 所示

利用剪贴板移动和复制文本的具体步骤如下。

①选择要移动或复制的文本。

②若要移动文本，则单击"开始"选项卡│"剪切板"组中的"剪切"按钮；若要复制文本，则单击"开始"选项卡│"剪切板"组中的"复制"按钮。

③将光标插入点定位到新的目标位置。

④单击"剪切板"组中的"粘贴"按钮，即可在光标所在位置粘贴所移动或复制的文本，同时在光标位置会出现一个"粘贴选项"图标，如图 3-8 所示，单击该图标会弹出"粘贴选项"列表(粘贴选项会根据粘贴对象的不同而改变)，可以在弹出的列表框中选择需要的粘贴方式。如果经常使用某一个粘贴选项，可以将该粘贴选项设置为默认粘贴。这样，就避免了每次粘贴文本时都要执行粘贴选项的麻烦。在弹出的列表框中选择"设置默认粘贴"命令，打开"Word 选项"对话框的"高级"选项卡，如图 3-9 所示，在"剪切、复制和粘贴"组中进行设置即可。

图 3-7 "剪贴板"任务窗格

图 3-8 粘贴选项

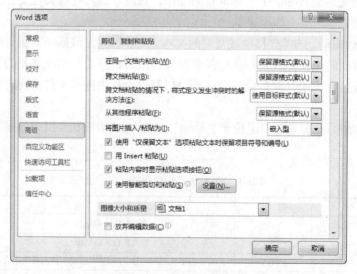

图 3-9 设置默认粘贴

⑤用户也可以单击"剪切板"组中的"粘贴"下拉按钮，在弹出的列表中执行"选择性粘贴"命令，打开"选择性粘贴"对话框，在该对话框中选择粘贴对象的方式，如图 3-10 所示，最后单击"确定"按钮即可。

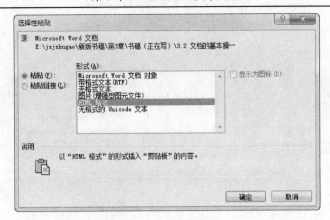

图 3-10　选择性粘贴

4. 删除文本

每按一下 Backspace 键可删除光标前面的一个字符；每按一下 Delete 键可删除光标后面的一个字符；若要删除大量文本，直接选中后按 Backspace 键或 Delete 键即可。

5. 查找和替换文本

1）直接查找文本

单击"开始"选项卡｜"编辑"组｜"查找"按钮，将打开导航窗格。用户可以在导航窗格的"搜索文档"文本框中输入要查找的关键词，单击"结果"后，即可在导航窗格中列出查找到包含该关键词的搜索结果导航块，并显示相匹配内容的数量，在文档中将以黄色突出显示关键词，如图 3-11 所示，单击某一搜索结果导航块可在文档中快速定位该导航块包含的关键词。如果搜索的匹配结果太多，导航窗格将不再显示搜索结果导航块，如图 3-12 所示，用户可单击"▲"或"▼"箭头按钮查看上一处结果或下一处结果。

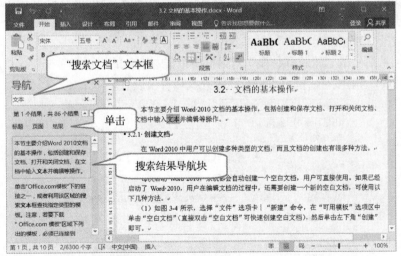

图 3-11　在导航窗格中查找文本

在 Word 2016 中，利用导航窗格还可以对图形、表格、公式或批注等特定对象进行搜索导航。单击搜索文本框右侧放大镜或箭头按钮，如图 3-13 所示，从弹出的快捷菜单中选择"查找"组中的命令，就可以快速查找文档中的特定对象内容。

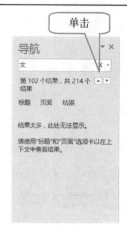

图 3-12　匹配结果太多

图 3-13　查找对象

2)简单替换文本

简单替换文本的操作步骤如下。

图 3-14　"查找和替换"对话框

(1)单击"开始"选项卡 | "编辑"组 | "替换"按钮,打开"查找和替换"对话框。

(2)如图 3-14 所示,在"替换"选项卡中的"查找内容"文本框中输入要查找的内容,在"替换为"文本框中输入替换后的内容。

(3)若单击"全部替换"按钮,则 Word 会将整个文档中满足条件的内容全部替换;若单击"替换"按钮,则只替换当前一个,同时查找下一处需要替换的内容;若单击"查找下一处"按钮,则 Word 将不替换当前找到的内容,而是继续查找下一处。

3)高级查找和替换

在图 3-14 所示的"查找和替换"对话框中单击左下角的"更多"按钮,打开如图 3-15 所示的对话框,利用该对话框可以进行高级查找和替换设置。

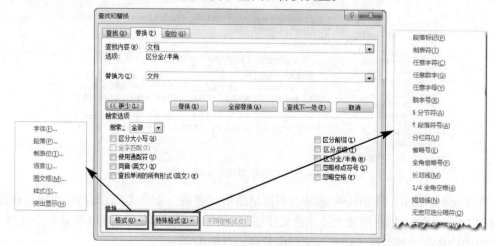

图 3-15　高级查找和替换设置

如果查找或替换的文字中包含格式信息(如楷体、红色、斜体),可单击"格式"按钮在打开的"格式"列表中进行设置,所选择的格式将出现在"查找内容"文本框和"替换为"文本框的下面(图 3-16)。Word 还可以单独对格式进行查找或替换处理,这时只需将"查找内容"和"替换为"文本框的内容设置为空即可(图 3-17)。如果查找或替换一些特殊符号,如手动换行符、段落标记等不可打印字符,不能直接输入,可通过"特殊格式"按钮打开"特殊格式"列表进行选择。另外,在搜索选项区,用户可以选择搜索的范围,设置是否区分大小写、使用通配符等。

高级查找和替换功能实用性强,可有效提高文本的编辑效率。例如,通过"特殊格式"列表在"查找内容"文本框输入两个段落标记(^p^p),"替换为"文本框中输入一个段落标记(^p),单击"全部替换"按钮可将文中所有空行删除。

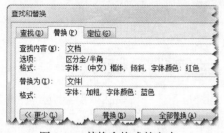

图 3-16 替换含格式的文本

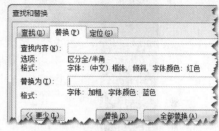

图 3-17 单独替换格式

6. 撤销、恢复或重复操作

(1)撤销操作。在文档的编辑过程时,如果出现误操作而需要撤销该操作时,可以单击快速访问工具栏中的"撤销" 按钮或者按 Ctrl+Z 组合键撤销用户最后一步操作。如果需要撤销多步操作,可以重复单击"撤销"按钮或按 Ctrl+Z 组合键,直到文档恢复到原来的状态。用户还可以直接单击"撤销"按钮右侧的下拉 按钮,在弹出的列表中保存了可以撤销的多步操作,单击其中一项操作后,该项操作以及其后的所有操作都将被撤销。

(2)重复操作。Word 2016 提供了重复功能,可以单击快速访问工具栏中的"重复"按钮 或者按 Ctrl+Y 组合键重复执行用户最后一次操作。同样,如果需要将用户最后一次操作连续重复多次,可以重复单击"重复"按钮或按 Ctrl+Y 组合键。

(3)恢复操作。在执行撤销操作后,快速访问工具栏中的"重复"按钮 将变为"恢复"按钮 ,这时,用户可以使用恢复功能,恢复之前所撤销的操作。单击一次"恢复"按钮或按一次 Ctrl+Y 组合键则可恢复一次操作。同样,如果希望恢复多步操作,可重复单击"恢复"按钮或按 Ctrl+Y 组合键。

3.2.5 预览并打印文档

Word 2016 将打印预览功能和打印功能放到了一起,使用起来更加方便快捷。预览并打印文档的具体操作步骤如下。

(1)选择"文件"选项卡│"打印"命令,打开如图 3-18 的"打印"选项卡。

(2)在"打印"选项卡的右侧可以即时预览文档的打印效果,如果不满意返回到文档进行更改。"打印"选项卡的左侧是打印设置区域,用户可以设置打印份数、选择打印机及设置打印机属性、设置打印页面其他信息,如打印范围、单面还是双面打印、打印顺序、纸张方向及大小、页边距、每版打印页数等。

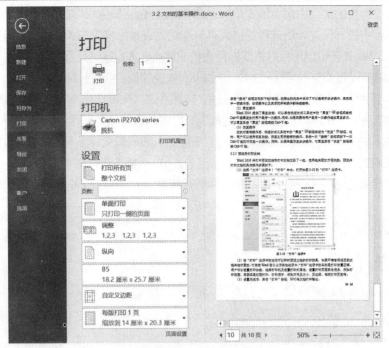

图 3-18 "打印"选项卡

(3)设置完成后，单击"打印"按钮，即可将文档打印输出。

3.3 文档的格式化编排

在 Word 2016 中，为了使文档更加美观、条理清晰，通常需要对文本格式、段落格式和页面属性等进行设置。

3.3.1 设置字符格式

字符格式即文字的外观效果，包括字体、字号、字形、颜色等。设置字符格式可以通过如下方法。

1. 使用功能区"字体"组设置

如图 3-19 所示，使用"开始"选项卡 | "字体"组可以设置字符格式。

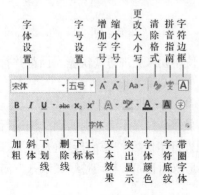

图 3-19 "字体"组

(1)设置字体和字号：Word 2016 默认字体为"宋体"，字号为"五号"。单击"字体"下拉按钮，在弹出的下拉列表框中可为选择的文本设置字体样式。设置字号与设置字体方法类似。

(2)设置字形：选中要设置字形的文本，在"字体"组中单击相应按钮，即可进行各种字形设置，包括加粗、倾斜、删除线、下划线、上标和下标等。其中单击"下划线"按钮 <u>U</u> 右侧的 按钮，在弹出的下拉菜单中可选择不同样式的下划线。如果要把设置了字形效果的文本变回正常文本，只需选择该文本，再次单击"字体"

组中的相应按钮即可。或者通过直接单击"清除格式"按钮 来还原文本格式。

(3) 设置字体颜色：单击"字体颜色"按钮 右侧的 按钮，在弹出的下拉菜单中可为选择的文本设置颜色。

(4) 设置文本效果：单击"文本效果"按钮 可对所选文本应用外观效果，如轮廓、阴影、发光和映像等。

另外，使用"字体"组还可以增大或缩小选中文本的字号，更改其大小写或为其添加边框、拼音和底纹等。

2. 使用浮动工具栏设置

浮动工具栏是一个方便用户快速设置文本格式的工具栏。在文档中选择要设置字体格式的文本后，即会弹出浮动工具栏，该栏若消失，可在选择的文本上右击让其重新显示。在浮动工具栏中可以设置文本的字体、字号、字形、颜色以及段落的对齐方式、缩进量等。

3. 使用"字体"对话框设置

在"字体"组中单击对话框启动器按钮 、按 Ctrl+D 组合键或者右击选中的文本内容，在弹出的快捷菜单中选择"字体"命令，均可打开如图 3-20 所示的"字体"对话框。该对话框中包含以下两个选项卡。

(1) "字体"选项卡：设置字体、字形、字号、字体颜色、下划线、着重号以及其他修饰效果。

(2) "高级"选项卡：设置字符缩放、字符间距及位置等属性。

图 3-20　"字体"对话框

3.3.2　设置段落格式

段落是由任意数量的文字、图形、对象(如公式、图表)等加一个段落标记 构成。为了使文档的结构更清晰、层次更分明，可对段落格式进行设置。段落格式包括段落对齐方式、缩进设置、行距和段间距、分页状况等。如果是对一个段落进行格式设置，只需将插入点置于该段落中，倘若是对多个段落进行格式设置，应首先选定这几个段落，再进行排版操作。

使用"开始"选项卡｜"段落"组可对各种段落格式进行快速设置，如图 3-21 所示。在"段落"组中单击对话框启动器按钮 打开"段落"对话框，在该对话框中，可以对段落格式进行详细和精确的设置，如图 3-22 所示。

1. 段落对齐方式

Word 2016 提供了 5 种段落对齐方式：左对齐、居中、右对齐、两端对齐和分散对齐。注意区别两端对齐与分散对齐的不同之处，主要体现在最后一行上，如图 3-23 所示。

用户可通过单击"段落"组中相应的对齐按钮，或者单击"段落"对话框中的"对齐方式"下拉列表框进行设置。

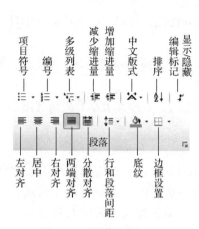

图 3-21 "段落"组

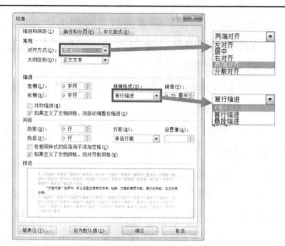

图 3-22 "段落"对话框

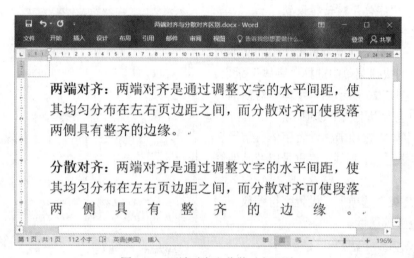

图 3-23 两端对齐和分散对齐区别

2. 段落缩进

段落缩进是指段落中的文本与页边距之间的距离。在 Word 2016 中提供了 4 种段落缩进的方式。

(1)首行缩进：段落中第一行文字的起始位置。

(2)悬挂缩进：段落中除首行以外的其他行的起始位置。

(3)左缩进：整个段落向右缩进一定距离。

(4)右缩进：整个段落向左缩进一定距离。

尽量避免通过空格键来控制段落首行和其他行的缩进，也不要利用 Enter 键来控制一行右边的结束位置，因为空格也被作为字符看待，回车意味着一个段落的结束，这样做会妨碍字处理软件对于段落格式的自动调整。用户可通过以下方法设置段落缩进。

(1)单击"开始"选项卡│"段落"组中的"减少缩进量"按钮▉和增加缩进量"按钮▉，可快速设置选中段落的左缩进量。

(2)在"布局"选项卡│"段落"组中的"缩进"区域可精确设置选中段落的左、右缩进量，如图 3-24 所示。

（3）在"段落"对话框的"缩进和间距"选项卡的"缩进"区域可对选中段落的缩进方式和缩进量进行详细、精确的设置。

（4）在水平标尺上拖动各缩进标记可设置选中段落的缩进方式和缩进量，如图 3-25 所示。按住 Alt 键拖动标记，水平标尺上将显示具体的值，可以根据该值精确设置缩进量。

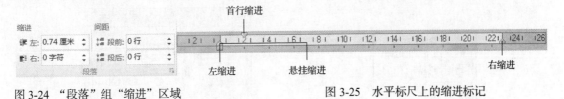

图 3-24　"段落"组"缩进"区域　　　　　　　图 3-25　水平标尺上的缩进标记

3. 段间距和行距

段间距是指某一段落与其上一段落和下一段落之间的距离；而行间距是指段落中各行之间的垂直距离。段间距和行距，均可通过"段落"对话框的"缩进和间距"选项卡的"间距"区域设置，或者通过"开始"选项卡｜"段落"组中的"行和段落间距"按钮 設置，如图 3-26 所示。另外，在"布局"选项卡｜"段落"组中的"间距"区域也可设置段间距，如图 3-24 所示。

4. 段落与分页

Word 会根据一页中能够容纳的行数对文档自动分页。但有的文章为了保证阅读效果对格式要求较高，例如严格禁止在段落中间分页、某几个段落必须出现在同一页等，为此 Word 提供了有关分页输出时如何处理段落的几种选择，可通过"段落"对话框的"换行和分页"选项卡进行设置，如图 3-27 所示。

（1）孤行控制：防止在一页的开始处留有段落的最后一行、或在一页的结束处开始输出段落的第一行文字。

（2）与下段同页：用来确保当前段落与它后面的一段处于同一页。常用于保证表注和表、图注和图不分离。

（3）段中不分页：强制一个段落的内容必须放在同一页上。

（4）段前分页：从新的一页开始输出这个段落。

图 3-26　"行距和段落间距"下拉菜单　　　　图 3-27　"换行和分页"选项卡

3.3.3　首字下沉

为了美观和突出显示，有时会把段落的首字设置成下沉效果。为段落设置首字下沉的具体步骤如下。

（1）将光标置于要设置首字下沉的段落。

（2）选择"插入"选项卡｜"文本"组｜"首字下沉"按钮，弹出如图3-28所示下拉菜单。

（3）在弹出的下拉菜单中选择默认的首字下沉样式。若选择"首字下沉选项"命令，将打开"首字下沉"对话框，在该对话框中可设置下沉位置、首字字体、下沉行数以及距正文的距离等，如图3-29所示，设置完毕后，单击"确定"按钮。

图 3-28　精确设置缩进量

图 3-29　"首字下沉"对话框

如果要取消首字下沉效果，只需在"首字下沉"下拉菜单中选择"无"或者在"首字下沉"对话框中选择"位置"为"无"。

3.3.4　添加边框和底纹

为起到强调或美化文档的作用，在 Word 中可以为指定的文字和段落添加边框和底纹。根据需要，还可以对页面进行边框设置。

1．添加边框

首先选择要添加边框的文字或段落，然后单击"开始"选项卡｜"段落"组｜"边框"按钮 右侧的 按钮，在弹出的下拉菜单中选择"边框和底纹"命令，打开"边框和底纹"对话框，选择"边框"选项卡。如图3-30所示，在"设置"区域可选择所需的样式；在"样式"列表框中可选择所需的线型；在"颜色"和"宽度"下拉列表框中可为边框设置所需的

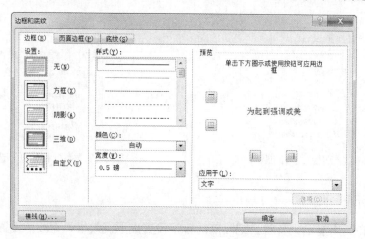

图 3-30　"边框和底纹"对话框

颜色和相应的宽度；在"应用于"下拉列表框中可以设定边框应用的对象是文字或段落。设置完成后，单击"确定"按钮。

要对页面进行边框设置，只需在"边框和底纹"对话框中选择"页面边框"选项卡，其设置基本上与"边框"选项卡相同，只是多了一个"艺术型"下拉列表框，通过该列表框可以定义页面边框。

2. 添加底纹

要为指定的文字或段落添加底纹，只需在"边框和底纹"对话框中选择"底纹"选项卡，在其中对填充的颜色和图案等进行设置。

使用"开始"选项卡 | "字体"组中的"字符底纹"按钮 A 和"以不同颜色突出显示文本"按钮 📝 -同样可以为文字添加底纹，从而突出文档重点内容。

3.3.5　使用制表位

制表位是指在水平标尺上的位置，指定文字缩进的距离或一栏文字开始的位置。制表位用来规范字符所处的位置。图 3-31 所示的文档就使用了制表位，其中的横向灰色箭头表示按一次 Tab 键。虽然没有表格，但是利用制表位可以把文本排列得像有表格一样规矩。当人们给出选择题的答案时；打印菜单时；编写文档目录时；编排公式时……都需要使用制表位。

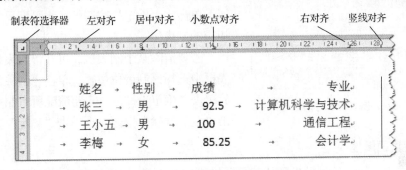

图 3-31　使用制表位

默认情况下，打开新的空白文档时，标尺上没有任何制表位。但是，系统会设置一个默认的制表位间距，一般为 2 个字符。制表符选择器是标尺最左侧的小框，如图 3-31 所示。可以依次单击制表符选择器，查看下文描述的 5 种制表符。

· 左对齐式制表符 L：使文本在制表位处左对齐。

· 居中对齐式制表符 ⊥：使文本的中间位置在制表位指定的直线上对齐。

· 小数点对齐式制表符 ⊥：用于数字输入，使数字的小数点在制表位指定的直线上对齐。

· 右对齐式制表符 ⌐：使文本在制表位处右对齐。

· 竖线对齐式制表符 ｜：不定位文本，而是在制表位位置处插入一条竖线，常用作参考线。

1. 使用标尺设置或清除制表位

若要快速设置制表位，可首先将光标移到需设置制表位的段落中，然后在标尺最左侧，单击制表符选择器，直到出现所需的制表符，最后在标尺上单击要设置制表位的位置即可。在一个段落中，可设置多个制表位。在段落中设置了制表位后，按一下 Tab 键就可以快速地把光标移动到下一个制表位处，在制表位处输入各种数据的方法与常规段落完全相同。

注意：制表位是属于段落的属性，因此它是对整个段落起作用的。在未选择段落时设置制表位，它将对光标所在的那一整段起作用。如果要多个段落有同样的制表位设置，请在设置制表位前，选中多个段落。在一个设置有制表位的段落中按 Enter 键产生出下一个段落，新段落也会与上一段落具有同样的制表位设置。

　　若要移动已设置的制表位，可用鼠标将其拖动到标尺上的新位置。若要确定所设置制表位的准确位置，请双击该制表位。将打开"制表位"对话框，如图 3-32 所示，并在"制表位位置"列表框中显示准确位置。

　　若要清除某个制表位，可单击该制表位并将其拖离水平标尺。

　　2. 使用"制表位"对话框设置或清除制表位

　　单击"开始"选项卡｜"段落"组的对话框启动器按钮 ，打开的"段落"对话框，然后单击"段落"对话框左下角的"制表位"按钮，打开"制表位"对话框，如图 3-32 所示。

图 3-32　"制表位"对话框

在该对话框中可设置"制表位位置""对齐方式""前导符"等。所谓"前导符"就是制表位前插入的特定字符。

　　如果需要对一个以上的制表位进行设置，每设置完一个制表位后，只需单击"设置"按钮即可。当所有制表位都"设置"完毕后才单击"确定"按钮。单击完"确定"按钮，在水平标尺上就会出现相应的制表位了。

　　若要清除某个制表位，可在"制表位位置"列表框中选择该制表位位置，单击"清除"按钮，然后单击"确定"按钮。若要清除所有制表位，可单击"全部清除"按钮，再单击"确定"按钮。

3.3.6　设置页面属性

　　新建文档时，使用的是模板默认的页面格式，用户可以根据需求对文档的页面重新布局，主要包括页边距、纸张大小和方向、文档网格和页面背景等。

　　1. 页面设置

　　1)设置页边距

　　纸张的页边距是指页面的正文区域与纸张边缘之间的空白距离。页眉、页脚和页码需要设置在页边距的范围中，设置页边距具体方法如下。

　　(1)单击"布局"选项卡｜"页面设置"组｜"页边距"按钮，弹出如图 3-33 所示的下拉菜单，其中包括预定义的几种页边距，直接选择合适的页边距即可。注意，此时如果文档包含多个节，新的页边距类型将只应用到当前节。如果文档包含多个节并且你已选中多个节，新的页边距类型将应用到所有选中的节。

　　(2)如果预定义的页边距类型都不满足需求，可以在下拉菜单的底部单击"自定义边距"命令，将打开"页面设置"对话框的"页边距"选项卡，如图 3-34 所示。其中，在"页边距"选项区可以设置"上""下""左""右"4 个页边距的大小，以及装订线的位置和边距；在"应用于"下拉列表中可指定页边距设置的应用范围。设置完毕后，单击"确定"按钮即可完成自定义页边距的设置。

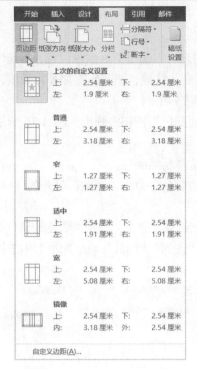

图 3-33　"页边距"下拉菜单

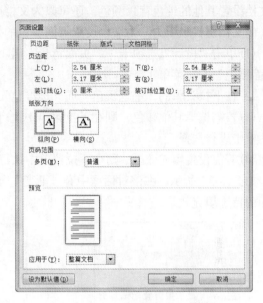

图 3-34　"页面设置"对话框

2）设置纸张大小和方向

设置纸张大小的方法与页边距设置方法类似，单击"布局"选项卡｜"页面设置"组｜"纸张大小"按钮，从弹出的下拉菜单中选择合适的预定义纸张大小，如"B5""16 开""DL信封"等。也可在下拉菜单的底部单击"其他纸张大小"命令，打开"页面设置"对话框的"纸张"选项卡，在其中可以选择不同型号的纸张大小，也可以选择"自定义大小"纸型并精确指定其宽度和高度，在该选项卡中还可以设置该纸张大小的应用范围。

设置纸张的方向，可以单击"布局"选项卡｜"页面设置"组｜"纸张方向"按钮，在弹出的下拉菜单中选择"纵向"或"横向"。或者在"页边距"选项卡的"纸张方向"选项区，设置纸张的方向。

3）设置文档网格

有些文档会要求每页有固定的行数，这就需要进行文档网格的设置。具体操作方法如下：单击"布局"选项卡｜"页面设置"组的对话框启动器按钮 ，打开"页面设置"对话框；单击"文档网格"选项卡，如图 3-35 所示；在该选项卡中可以指定网格类型，设置每行字符数、每页行数、应用范围等内容；设置完毕后，单击"确定"按钮即可。

图 3-35　"文档网格"选项卡

2. 设置页面背景

1) 设置页面颜色

默认情况下，Word 文档的背景都是单调的白色。用户可以通过页面颜色设置，不仅可以为文档设置其他的纯色背景颜色，还可以为文档应用渐变、纹理、图案或图片等背景填充效果，使文档更具吸引力。为文档设置页面颜色的操作方法如下。

(1) 单击"设计"选项卡｜"页面背景"组｜"页面颜色"按钮，弹出如图 3-36 所示的"页面颜色"下拉菜单。

(2) 在下拉菜单的"主题颜色"或"标准色"区域选择所需颜色。

(3) 若需选择其他颜色，则在下拉菜单中执行"其他颜色"命令，在随后打开的"颜色"对话框中进行选择。

(4) 若需设置填充效果，则在下拉菜单中执行"填充效果"命令，打开"填充效果"对话框，如图 3-37 所示。在该对话框中有"渐变""纹理""图案""图片"4 个选项卡用于设置页面的特殊填充效果。

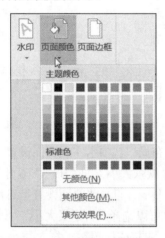

图 3-36　"页面颜色"下拉菜单

图 3-37　"填充效果"对话框

(5) 设置完毕后，单击"确定"按钮。此时，文档的所有页面就应用了新的背景颜色。要将文档恢复为系统默认的页面颜色，可在"页面颜色"下拉菜单中执行"无颜色"命令。默认情况下打印文档时，文档中添加的背景颜色或填充效果不能打印出来，可单击"文件"选项卡｜"选项"按钮，在弹出的"Word 选项"对话框中选择"显示"选项卡，并在"打印选项"栏中，选中"打印背景色和图像"复选框。

2) 设置水印

在文档中可以对文档的背景设置一些隐约的文字或图案，称为水印。为文档设置水印效果的操作方法如下。

(1) 单击"设计"选项卡｜"页面背景"组｜"水印"按钮，弹出如图 3-38 所示"水印"下拉菜单。

(2) 在下拉菜单中选择一种预定义水印的效果。

(3) 若需自定义水印，则在下拉菜单中执行"自定义水印"命令，打开图 3-39 所示的"水印"对话框。在该对话框中可指定图片或文字作为文档水印。设置完毕后，单击"确定"按钮。

图 3-38　"水印"下拉菜单　　　　　　图 3-39　"水印"对话框

要删除在文档中添加的水印效果,只需在"水印"下拉菜单中执行"删除水印"命令,或者在"水印"对话框中选择"无水印"单选按钮即可。

3.4　表 格 制 作

Word 2016 提供了强大的表格功能,用户可以根据需要创建和编辑不同的表格,对其进行计算和排序,而且也能够实现文本信息与表格之间的转换。

3.4.1　创建表格

表格由若干行和列组成,行与列交叉形成的方框称为单元格。Word 2016 提供了多种创建表格的方法,最基本的有以下 4 种方法。

1. 快速插入基本表格

如果要创建一个 10 列 8 行以内的简单表格,可按如下步骤进行。

(1)将光标定位在文档中要插入表格的位置。

(2)单击"插入"选项卡 |"表格"组 |"表格"按钮,弹出"表格"下拉菜单。

(3)如图 3-40 所示,在该菜单的"虚拟表格"区域,移动鼠标指针(可以在文档中实时预览到表格的大小变化)直到突出显示所需的列数和行数(虚拟表格上部会提示),单击即可将表格插入到文档中。

2. 使用对话框插入表格

如果插入的表格较大或要自定义表格,可以使用"插入表格"对话框,操作步骤如下。

(1)将光标定位在文档中要插入表格的位置。

(2)单击"插入"选项卡 |"表格"组 |"表格"按钮,弹出"表格"下拉菜单。

(3)在下拉菜单中选择"插入表格"命令,打开如图 3-41 所示的"插入表格"对话框。

图 3-40　"表格"下拉菜单　　　　　　　图 3-41　"插入表格"对话框

(4)在"表格尺寸"选项区中分别指定表格的"行数"和"列数"。在"'自动调整'操作"选项区中选中"固定列宽"单选按钮,在其后的文本框中指定表格的列宽;选中"根据内容调整表格"或"根据窗口调整表格"单选按钮,表格的列宽和行高就会根据单元格的内容或窗口的大小自动调整。如果选中"为新表格记忆此尺寸"复选框,那么下次打开"插入表格"对话框时,就会默认保持此次的表格设置。

(5)设置完毕后,单击"确定"按钮即可将表格插入到文档中。

3. 手工绘制表格

对一些不规则的复杂表格可以采用手工绘制,具体操作步骤如下。

(1)单击"插入"选项卡 | "表格"组 | "表格"按钮,弹出"表格"下拉菜单。

(2)在下拉菜单中选择"绘制表格"命令,此时鼠标指针会变为铅笔形状。

(3)在需要绘制表格的地方单击并拖动鼠标,画出一个矩形区域后释放鼠标,即可形成整个表格的外边界;拖动鼠标在表格中画出从左到右或从上到下的虚线后释放鼠标,表格中间的行和列就形成了;还可以绘制单元格中连接两个对角的斜线,如图 3-42 所示。

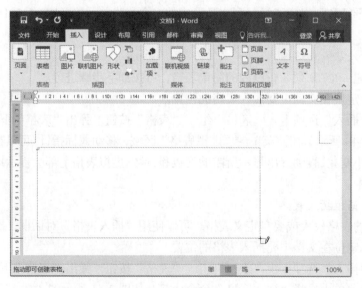

(a)

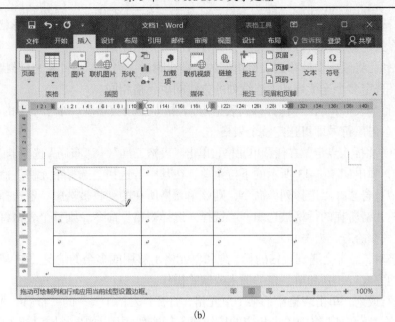

(b)

图 3-42　绘制表格

　　(4)绘制过程中，用户可以在"表格工具"｜"设计"选项卡｜"边框"组中的"笔样式"下拉列表中选择绘制边框应用的不同线型；在"笔划粗细"下拉列表中选择为绘制边框应用不同的线条宽度；在"笔颜色"下拉列表中更改绘制边框的颜色；如果要擦除某条线，可以单击"表格工具"｜"布局"选项卡｜"绘图"组｜"橡皮擦"按钮，此时鼠标指针会变为橡皮擦形状，单击需要擦除的线条即可将其擦除，再次单击"橡皮擦"按钮或者按 Esc 键可退出表格绘制状态。

　　4. 使用快速表格插入表格

　　Word 2016 提供了一个"快速表格库"，其中包含一组预先设计好格式的表格。利用"快速表格"功能插入表格的具体操作步骤如下。

　　(1)将光标定位在文档中要插入表格的位置。

　　(2)单击"插入"选项卡｜"表格"组｜"表格"按钮，弹出"表格"下拉菜单。

　　(3)在下拉菜单中选择"快速表格"命令，打开系统内置的"快速表格库"。

　　(4)选择其中一个样式，所选的表格就被插入到文档中，修改该表格中不适合的内容或样式。

3.4.2　编辑表格

　　创建好表格以后，要在表格中输入内容，这与在文档中输入的方法一样，只需将光标定位在要输入内容的单元格中，然后输入文本、插入图形图片或其他信息即可。若想将光标移动到相邻的右边单元格按 Tab 键，移动光标到相邻的左边单元格按 Shift+Tab 组合键。

　　1. 选定表格

　　(1)选定单元格：在表格中，移动鼠标指针到单元格的左端线上，当鼠标指针变为 形状时，单击即可选定该单元格；在需要选定的第 1 个单元格内按下鼠标左键不放，拖动鼠标到最后一个单元格，即可选定多个连续单元格；选定第 1 个单元格后，按住 Ctrl 键不放，再分别选定其他单元格，即可同时选取多个不连续的单元格。

(2)选定行：将鼠标指针移到表格边框的左端线附近，当鼠标指针变为 ⏶ 形状时，单击即可选定该行。选定多个连续行和不连续行的方法同单元格相同。

(3)选定列：将鼠标指针移到表格边框的上端线附近，当鼠标指针变为 ↓ 形状时，单击即可选定该列。选定多个连续列和不连续列的方法同单元格相同。

(4)选定整个表格：将鼠标指针移到表格内，表格左上角会出现一个十字形的小方框 ⊞（移动控制点），单击该符号即可选定整个表格。

在表格中，将插入点定位在任意单元格，单击"表格工具"｜"布局"选项卡｜"表"组｜"选择"按钮，弹出如图 3-43 所示的下拉菜单，在其中若选择"选择单元格"命令，则该单元格将被选中；若选择"选择列"命令，则该单元格所在的列将被选中；若选择"选择行"命令，则该单元格所在的行将被选中；若选择"选择表格"命令，则整个表格将被选中。

2. 插入或删除行、列与单元格

编辑表格时，经常会遇到表格的行、列和单元格不够用或多余的情况。在 Word 2016 中，可以很方便地完成行、列和单元格的插入或删除操作。

(1)插入行或列：单击表格中的某个单元格，打开"表格工具"的"布局"选项卡，在如图 3-44 所示的"行和列"组中单击相应的按钮插入行或列；用户如果想同时插入多行或多列，可在表格中先选定多行或多列，要增加几行或几列就选定几行或几列，然后在"行和列"组单击相应的按钮，即可插入多行或多列；用户要在表格的最后增加新行，应将光标置于表格最后一行最后一列单元格中，然后按 Tab 键；要在表格内部增加新行，应将光标置于新行将出现位置的上面一行最后一列单元格的外侧，然后按 Enter 键。

图 3-43 "选择"下拉菜单

图 3-44 "行和列"组

(2)插入单元格：单击表格中的某个单元格，打开"表格工具"的"布局"选项卡，在"行和列"组中单击对话框启动器按钮 ⊡，打开如图 3-45 所示的"插入单元格"对话框，在其中选择一种插入方式，单击"确定"按钮即可。

(3)删除行、列与单元格：首先在表格中选定要删除的行、列或单元格，然后单击"表格工具"｜"布局"选项卡｜"行和列"组｜"删除"按钮，从弹出的菜单中选择对应的命令即可，如图 3-46 所示。

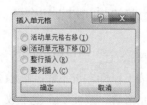

图 3-45 "插入单元格"对话框

图 3-46 "删除"下拉菜单

3．拆分与合并单元格

拆分单元格就是把一个单元格或多个相邻的单元格拆分为两个或者两个以上的单元格。合并单元格就是把相邻的多个单元格合并成一个单元格。

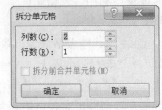

（1）拆分单元格：首先选定要拆分的单元格，然后单击"表格工具"｜"布局"选项卡｜"合并"组｜"拆分单元格"按钮，打开"拆分单元格"对话框，在"列数"和"行数"文本框中输入要拆分的列数和行数，如图 3-47 所示。注意，若选中"拆分前合并单元格"复选框，表示在拆分前将选定的多个单元格合并成一个单元格，然后将这个单元格拆分为指定的单元格数。

图 3-47　"拆分单元格"对话框

（2）合并单元格：首先选定要进行合并的多个单元格，然后单击"表格工具"｜"布局"选项卡｜"合并"组｜"合并单元格"按钮或右击选定的单元格，在弹出的快捷菜单中选择"合并单元格"命令。

4．拆分与合并表格

（1）拆分表格：拆分表格是指将一个表格一分为二拆分成两个独立的子表格。首先将光标置于要拆离部分的第一行（任何单元格都可以），然后单击"表格工具"｜"布局"选项卡｜"合并"组｜"拆分表格"按钮或者按 Ctrl+Shift+Enter 组合键即可拆分表格。

（2）合并表格：合并两个表格只需将两表格之间的空行删除即可。

5．调整表格的行高与列宽

（1）拖动标尺：将插入点定位在表格内，将鼠标指针移动到需要改变行高（列宽）的垂直（水平）标尺处的行列标志上，此时，鼠标指针变为一个垂直（水平）双向箭头，拖动垂直（水平）行列标志到所需要的行高（列宽）即可，如图 3-48 所示。

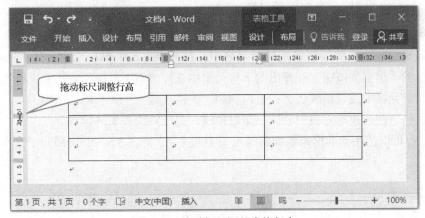

图 3-48　拖动标尺调整表格行高

（2）拖动表格线：将插入点定位在表格内，将鼠标指针移动到需要调整的边框线上，待鼠标指针变成双向箭头 ÷ 或 ╫ 时，按下鼠标左键拖动即可调整行高或列宽，拖动时如果按下 Alt 键，将在标尺位置显示行高和列宽的数值。

（3）使用"表格属性"对话框：选定表格中要改变列宽（行高）的列（行），然后单击"表格工具"｜"布局"选项卡｜"表"组｜"属性"按钮，或者右击鼠标，在弹出的快捷菜单中选择"表格属性"命令，打开如图 3-49 所示的"表格属性"对话框，在"行""列"选项卡上分别进行行高和列宽的设置，完成后单击"确定"按钮。

注意：利用"表格属性"对话框的"表格"选项卡，可以设置表格的大小、对齐方式和环绕方式等。

(4)使用其他表格命令：除了上述方法进行列高和行高的调整外，用户还可以使用"表格工具"｜"布局"选项卡｜"单元格大小"组上的命令进行表格调整，如图 3-50 所示。例如，单击"自动调整"按钮，执行"根据内容自动调整表格"、"根据窗口自动调整表格"或"固定列宽"等命令可对表格进行相应调整；使用"表格行高度" 和"表格列高度" 文本框，可精确调整单元格所在行的行高和所在列的列宽；单击"分布行"按钮（"分布列"按钮），可以平均选定行(列)的行高(列宽)。

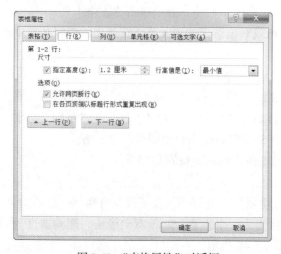

图 3-49　"表格属性"对话框

图 3-50　"单元格大小"组

6. 设置斜线表头

将插入点定位在准备绘制斜线的单元格中，打开"表格工具"｜"设计"选项卡，单击"边框"组的"边框"按钮，在弹出的下拉菜单中选择"斜下框线"或"斜上框线"命令即可在选中的单元格中设置斜线表头；也可利用"表格工具"｜"布局"选项卡｜"绘图"组的"绘制表格"按钮在单元格中绘制一条对角线，完成斜线表头的绘制。

另外，也可以使用文本框来添加斜线表头中的文字，将在 3.5.5 节详细介绍文本框的使用方法。

3.4.3　格式化表格

1. 设置表格中的文本格式

在表格的每个单元格中，可以进行字符格式化、段落格式化和添加项目符号等操作，其方法与在 Word 文档中设置普通文本的方法基本相同。这里仅介绍如何设置单元格中文本对齐方式和文字方向。

(1)设置文本对齐方式：选定要设置的单元格(可以是一个或多个)，打开"表格工具"｜"布局"选项卡，如图 3-51 所示，在"对齐方式"组上选择一种对齐方式。

(2)设置文字方向：选定要设置的单元格，在"表格工具"｜"布局"选项卡｜"对齐方式"组中单击"文字方向"按钮，即可调整文字的横式或竖式方向；或者右击选定的单元格，在弹出的快捷菜单中选择"文字方向"命令，即可打开"文字方向-表格单元格"对话框，如图 3-52 所示，在"方向"选项区中，单击所需的文字方向，然后单击"确定"按钮即可。

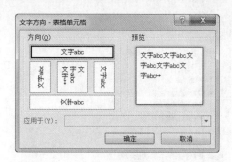

图 3-51　"对齐方式"组　　　　　图 3-52　"文字方向-表格单元格"对话框

2. 设置标题行跨页重复

对于内容较多的表格，难免会跨越多页。如果希望后续每个页面的上方依然显示表格的标题，具体操作是：首先选定需要跨页重复显示的标题行，可以不止一行但必须连续且包括表格的第一行，然后单击"表格工具"｜"布局"选项卡｜"数据"组｜"重复标题行"按钮即可。

注意：执行"标题行重复"命令的表必须是连续的表，即一页放不下自动转到下一页，且表格中间不能有空行。

3. 将文本转换成表格

若要将文本转换成表格或将表格转换成文本，则单击"开始"选项卡｜"段落"组上的"显示/隐藏编辑标记"按钮，以便查看文档中的文本分隔方式。

（1）在文本中插入分隔符（如逗号或制表符），以指示需要在何处将文本拆分为表格列。如果文本中有逗号，建议使用制表符充当分隔符。

（2）使用段落标记指示要开始新表格行的位置。如图 3-53（a）所示，利用制表符和段落标记将生成一个 3 列 4 行的表格。

（3）选定想要转换为表格的文本，单击"插入"选项卡｜"表格"组｜"文本转换成表格"按钮。

（4）打开如图 3-54 所示的"将文字转换成表格"对话框，在"表格尺寸"选项组中，确保数字与所需列数和行数匹配；在"'自动调整'操作"选项组中，选择所需的表格外观；在"文本分隔符"选项组中，选择第（1）步在文本中使用的分隔符。

（5）单击"确定"按钮。转换后的表格如图 3-53（b）所示。

（a）转换前　　　　　（b）转换后

图 3-53　将文本转换成表格

4. 将表格转换成文本

（1）选定欲转换成文本的行或表格。

(2)单击"表格工具"|"布局"选项卡|"数据"组|"转换为文本"按钮。

(3)打开如图 3-55 所示的"表格转换成文本"对话框,在"文字分隔符"选项区中,单击要用于取代列边界的分隔符。

图 3-54 "将文字转换成表格"对话框

图 3-55 "表格转换成文本"对话框

(4)单击"确认"按钮。转换后的文本用段落分隔各行,用所选的文本分隔符分隔每行各单元格内容。

5. 设置单元格边距和间距

在 Word 中,用户可以根据需要调整单元格的边距和间距,使表格变得更加美观。具体操作步骤如下。

(1)打开一个需要调整的表格,如图 3-56(a)所示,将光标定位到任意单元格中。

(2)单击"表格工具"|"布局"选项卡|"对齐方式"组|"单元格边距"按钮。

(3)打开的"表格选项"对话框,用户可以设置单元格边距和间距等参数,如图 3-57所示。

(4)单击"确定"按钮。调整单元格边距和间距后的表格如图 3-56(b)所示。

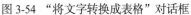

(a) 原始表格　　　　(b) 调整后

图 3-56 设置单元格边距和间距

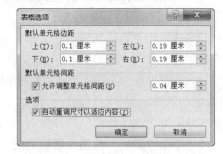

图 3-57 "表格选项"对话框

6. 设置表格的边框和底纹

表格的格式化,最常见的是为表格添加边框和底纹,方法与为段落添加边框和底纹类似,详见 3.3.4 节,只是在"应用于"下拉列表框中选择表格。

7. 为表格套用样式

为方便用户进行表格的格式化,系统提供了很多种预先定义好的表格格式,在这些自动套用格式中,包含有表格的边框、底纹、字体、颜色等格式化设置。如果全部或部分套用预设格式,可节省设计表格格式的时间。具体操作步骤如下。

（1）将插入点定位于要格式化的表格内。

（2）选择"表格工具"｜"设计"选项卡，在其中的"表格样式"组中单击"表格样式库"右侧的"其他"按钮。

（3）如图 3-58 所示，可从打开的"表格样式库"列表中选择一种表格样式，快速完成表格格式化。

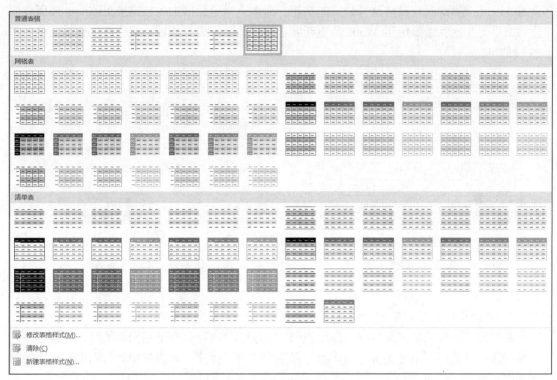

图 3-58　"表格样式库"列表

3.4.4　表格中的数据处理

在 Word 中，可以对表格中内容进行加、减、乘、除、求平均值、求最大值和求最小值等运算，并且还可以实现对单元格的内容按数值、笔画、拼音、日期等方式进行排序。但同 Excel 相比，Word 在此方面不占优势，本节只做简单介绍。

1. 表格中的数据计算

（1）将插入点定位到放置计算结果的单元格，如图 3-59（a）所示。

（2）单击"表格工具"｜"布局"选项卡｜"数据"组｜"公式"按钮，打开"公式"对话框，默认求和公式为"=SUM（LEFT）"，其中 SUM 为求和函数。用户可以根据需要在"公式"文本框中修改公式，通过"编号格式"下拉列表框对计算结果进行格式设置，在"粘贴函数"下拉列表框中选择所需的函数，如图 3-60 所示。

（3）单击"确定"按钮，即可得到计算后的数据。按照同样的方法可以计算出其他单元格中的数据，如图 3-59（b）所示。

注意：在"公式"文本框中等号（=）不能省略。在函数中出现的位置参数（LEFT、RIGHT、ABOVE、BELOW），可使用区域（与 Excel 区域概念类似）来代替。我们把表格中的每一列的列号依次用字母 A、B、C、…表示，行号依次用数字 1、2、3、…表示。用列、行坐标表示单元格的位置，如"姓名"单元格地址是 A1，"总分"单元格地址是 E1。用"左上角单元格地址：右下角单元格地址"来表示若干个相邻单元所组成的区域，如"A1:E4"表示由 A1、E4 为对角顶点的矩形区域。例如：计算"张三"的总分时，在"公式"文本框中键入的内容可以是"=SUM(C2:D2)"。在 Word 表格中，公式被以域的形式保存，而 Word 并不会自动更新域，因此 Word 没有自动重算公式的功能。那么，当单元格中的数据被更改后，如何改变公式结果呢？这就需要用到 Word 的更新域功能。选定需要更新域的表格或部分单元格，按F9 键即可。

姓名	性别	语文	数学	总分
张三	男	92.5	98	
王小五	男	100	100	
李梅	女	85.25	90	

(a) 计算前

姓名	性别	语文	数学	总分
张三	男	92.5	98	190.5
王小五	男	100	100	200
李梅	女	85.25	90	175.25

(b) 计算后

图 3-59　表格中的数据计算

图 3-60　"公式"对话框

2. 表格中的数据排序

在表格中，可选择多列排序，即当该列(主关键字)内容有多个相同的值时，可根据另一列(次关键字)排序，依此类推，最多可选择 3 个关键字排序。对表格中的数据进行排序的操作步骤如下。

(1)将插入点置于表格内(这时表格中不能有合并的单元格)。

(2)单击"表格工具"｜"布局"选项卡｜"数据"组｜"排序"按钮，打开"排序"对话框。

(3)如图 3-61 所示，在"排序"对话框中设置排序关键字的优先次序、类型及排序方式等。

(4)设置完毕，单击"确定"按钮关闭对话框。图 3-59(b)所示表格按照总分降序排序后的效果如图 3-62 所示。

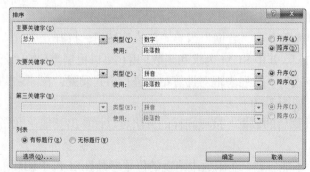

图 3-61　"排序"对话框

姓名	性别	语文	数学	总分
王小五	男	100	100	200
张三	男	92.5	98	190.5
李梅	女	85.25	90	175.25

图 3-62　排序结果

3.5　图 文 混 排

Word 之所以能够成为一个优秀的文字处理软件,其最大的优点是可以方便地在文档中加入插图,实现图文并茂、图文混排,使文档更加美观。这不仅节省了文字的描述量,而且增强了文章的可读性和感染力。

3.5.1　插入图片

1. 插入来自文件的图片

在 Word 文档中可以插入多种格式的图片文件,操作步骤如下。

(1)将插入点定位在要插入图片的位置。

(2)单击"插入"选项卡│"插图"组│"图片"按钮,打开"插入图片"对话框。

(3)在该对话框指定文件夹下,选择要插入的图片文件。

(4)单击"插入"按钮,选中的图片就插入到当前文档中。

2. 插入联机图片

需要插入的图片若本地没有,可以通过联机功能在网上搜索照片并插入,操作步骤如下。

(1)将插入点定位在要插入联机图片的位置。

(2)单击"插入"选项卡│"插图"组│"联机图片"按钮,打开"插入图片"对话框。

(3)在"必应图像搜索"文本框中输入要搜索的关键字。

(4)单击"搜索"按钮,即可搜出好多图片。

(5)如图 3-63 所示,在搜索结果中,选中所要插入的图片,单击"插入"按钮即可。

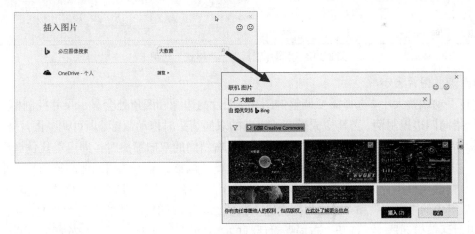

图 3-63　搜索并插入联机图片

提示:联机图片功能取代了 Office 剪贴图。如果用户登录了微软账户,还可直接在个人 OneDrive 云存储空间搜索和下载图片并插入到 Word 中。

3. 插入屏幕截图或屏幕剪辑

用户可以快速而轻松地将屏幕截图添加到 Office 文件中,以增强可读性或捕获信息,无需退出正在使用的程序。Word、Excel 和 PowerPoint 都提供此功能。在 Word 文档中插入屏幕截图的操作步骤如下。

图 3-64　"可用的视窗"库

(1)将插入点定位在要插入屏幕截图的位置。

(2)单击"插入"选项卡｜"插图"组｜"屏幕截图"按钮。

(3)如图 3-64 所示，出现"可用的视窗"库，显示当前已打开的所有窗口。执行下列操作之一：

①若要将整个窗口的屏幕截图插入到文档中，则单击该窗口的缩略图。

②若要添加"可用的视窗"库中显示的第一个窗口的选定部分，则单击"屏幕剪辑"；当屏幕变为白色且指针变成"十"字形时，长按鼠标左键并拖动以选定要捕获的屏幕部分。

提示：如果打开了多个窗口，首先需要单击要捕获的窗口，然后再开始屏幕截图过程。这会将该窗口移动到"可用的视窗"库中的第一个位置。

(4)选定的窗口或部分屏幕将自动添加到文档中。

3.5.2　设置图片格式

在文档中插入图片后，将自动出现"图片工具"｜"格式"选项卡，如图 3-65 所示。通过该选项卡，可以调整图片大小、设置亮度和对比度、设置图片的位置和环绕方式等。注意如果未显示该选项卡，请确保选中了图片。

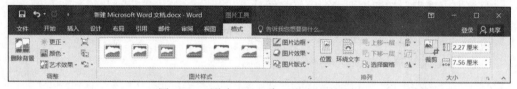

图 3-65　"图片工具"｜"格式"选项卡

1. 调整图片大小

(1)手动调整大小。选择需要调整的图片，图片的边缘和四角处会显示尺寸控制柄，将鼠标指针指向四边控制柄，当其变成横向或纵向的双向箭头时拖动鼠标，即可调整图片宽或高；当鼠标指针指向图片四角控制柄，变为左斜向或右斜向的双向箭头时，即可等比例调整图片大小。注意这种方法只能对图片大小进行一个大概的调整，并不能精确地调整图片大小。

(2)精确调整图片大小。单击需要调整的图片，选择"图片工具"｜"格式"选项卡，在"大小"组中的"高度"和"宽度"框内输入数值，可精确调整图片的高度和宽度；单击"大小"组对话框启动器 ，打开"布局"对话框的"大小"选项卡，如图 3-66 所示，在"缩放比例"选项区的"高度"和"宽度"框中输入想要缩放的百分比。若选中"锁定纵横比"复选框，可等比例精确调整图片大小。

2. 旋转图片

(1)旋转到任意角度。单击要旋转的图片，图片上方就会出现一个圆弧状箭头，称为旋转控制点。直接用鼠标拖动旋转控制点旋转到合适的角度即可。

(2)逐渐旋转到准确角度。选定要旋转的图片，单击"图片工具"｜"格式"选项卡｜"排列"组｜"旋转"按钮，在打开的下拉菜单中可选择旋转类型，如图 3-67 所示。若选择"其他旋转选项"命令,可以打开"布局"对话框的"大小"选项卡,如图 3-66 所示,在"旋转"
选项区可以精确设置旋转参数。

3. 裁剪图片

(1)裁剪图片边缘。选中要进行裁剪的图片,单击"图片工具"|"格式"选项卡|"大
小"组|"裁剪"按钮,图片的四周会显示黑色裁剪图柄,如图 3-68 所示;拖动裁剪图柄,
调整到适当的图片大小;调整完成后,按 Esc 键或单击文档内图片外的任意位置退出裁剪状
态。注意还可以"向外裁剪"或在图片周围添加边距,方法是向外拖动裁剪图柄。

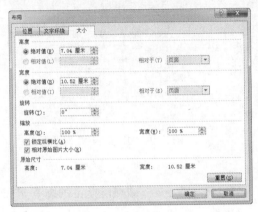

图 3-66　"布局"对话框的"大小"选项卡

图 3-67　"旋转"下拉菜单

(2)裁剪为特定形状。如果想将图片裁剪为特定形状,可选中要进行裁剪的图片,单击"图
片工具"|"格式"选项卡|"大小"组|"裁剪"按钮下方的箭头,如图 3-69 所示在弹出
的下拉菜单中选择"裁剪为形状",然后单击要裁剪成的形状,该形状会立刻应用于图像。
图 3-70 就是选择"基本形状"区域的"心形"后的裁剪效果。

图 3-68　裁剪图片边缘

图 3-69　"裁剪为形状"级联菜单

(3)删除图片的裁剪区域。剪切图片后,裁剪掉的区域仍将作为图片文件隐藏的一部分保

留，但无法看见。可删除图片文件中的裁剪区域来缩减文件大小或防止其他人查看已裁剪的图片部分。具体操作方法如下：选中要删除裁剪区域的图片，单击"图片工具"｜"格式"选项卡｜"调整"组｜"压缩图片"按钮，打开"压缩图片"对话框，如图 3-71 所示。在该对话框中，在"压缩选项"选项区中的选中"删除图片的剪裁区域"复选框，单击"确定"按钮即可。

图 3-70　裁剪为"心形"后效果　　　　　图 3-71　"压缩图片"对话框

4. 删除图片背景

在 Word 中可删除图片的背景，以强调或突出图片的主题，或删除杂乱的细节（图 3-72），具体操作步骤如下。

（1）单击要从中删除背景的图片。

（2）单击"图片工具"｜"格式"选项卡｜"调整"组｜"删除背景"按钮，此时要被保留的前景仍是自然着色，而要被删除的背景则呈现洋红色。同时自动打开"图片工具"｜"背景消除"选项卡。

（3）如果需要添加或删除图片的某些区域，可在图片上调整选择区域四周的控制柄，见图 3-72（b），或者利用"图片工具"｜"背景消除"选项卡上的工具。如果要保留的图片部分被删除，单击"标记要保留的区域"并使用形式自由的绘图铅笔✐标记图片中要保留的区域；如果要删除更多的图片部分，单击"标记要删除的区域"并使用绘图铅笔✐标记这些区域。

（4）调整完成后，单击"图片工具"｜"背景消除"选项卡｜"保留更改"按钮，指定图片的背景将被删除，如图 3-72（c）所示。

(a)原图　　　　　　　　(b)显示背景删除线的原图　　　　　(c)删除了背景的原图

图 3-72　删除图片背景

5. 调整图片样式

单击"图片工具"｜"格式"选项卡｜"图片样式"组｜"其他"按钮，在展开的"图片样式库"中，列出了许多图片样式，如图 3-73 所示。选择其中的某一类型，即可将相应样式快速应用到当前图片上。

如果内置样式不能满足需求，可分别单击"图片样式"组的"图片版式"按钮、"图片边框"按钮和"图片效果"按钮进行多方面的图片属性设置。另外，在"图片样式"组单击对话框启动器按钮 ，打开如图 3-74 所示的"设置图片格式"窗格，利用该窗格可以设置图片的效果、填充与线条、布局属性及颜色等。

6. 设置图片的位置

图片在文档中的位置排列方式，主要分嵌入文本行中和文字环绕两大类，其中文字环绕分为 9 种位置排列方式。设置图片位置的具体操作方法如下。

图 3-73　图片样式库　　　　　　　　　　图 3-74　"设置图片格式"窗格

(1) 选定需要设置位置的图片。

(2) 单击"图片工具"｜"格式"选项卡｜"排列"组｜"位置"按钮，在弹出的下拉菜单中选择某一种位置排列方式，如图 3-75 所示。

(3) 如果选择的是文字环绕 9 种位置排列方式之一，可再次单击"位置"按钮，在弹出的下拉菜单中选择"其他布局选项"命令，将打开"布局"对话框的"位置"选项卡，如图 3-76 所示。在该选项卡中可以根据需要进一步进行设置。

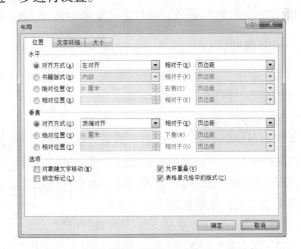

图 3-75　"位置"下拉菜单　　　　　　图 3-76　"布局"对话框的"位置"选项卡

另外，用户也可以直接拖动图片，使其处在页面的任意位置。

7. 设置图片的文字环绕方式

在 Word 文档中，用于设置图片的文字环绕方式，主要有两种基本形式：嵌入(在文字层中)和浮动(在图形层中)。浮动意味着可将图片拖动到文档的任何位置,而不像嵌入到文档文字层中的图片那样受到一些限制。默认情况下,Word 2016 插入的图片为嵌入型,可根据情况重新设置其文字环绕方式,具体操作步骤如下。

(1)选中要进行设置的图片,打开"图片工具"│"格式"选项卡。

(2)单击"排列"组"环绕文字"按钮,如图 3-77 所示,在弹出的下拉菜单中选择想要采用的环绕方式。执行不同的环绕方式命令,实现不同环绕效果,如图 3-78 所示。

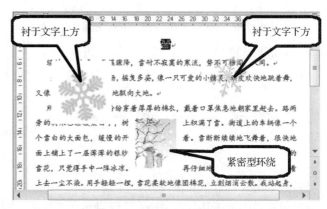

图 3-77　"环绕文字"下拉菜单　　　　　图 3-78　不同的文字环绕方式

(3)用户可以在"环绕文字"下拉菜单中选择"其他布局选项"命令,打开"布局"对话框的"文字环绕"选项卡,根据需要设置"环绕方式""环绕文字"方式以及距离正文文字的距离。

(4)用户可以在"环绕文字"下拉菜单中选择"编辑环绕顶点"命令来修改环绕顶点。

3.5.3　绘制图形

在 Word 中,用户可以直接选用相应工具在文档中绘制图形,并对其进行各种设置,包括图形的大小、样式、叠放次序等。

1. 使用绘图画布

绘图画布用来绘制和管理多个图形对象。使用绘图画布可以将多个图形对象作为一个整体,在文档中移动、调整位置或设置文字环绕方式等。也可以对其中的单个图形对象进行格式化操作。绘图画布内可以放置图形、文本框、图片、艺术字等多种不同的对象。在文档中插入绘图画布的操作步骤如下。

(1)将插入点定位在要插入绘图画布的位置。

(2)单击"插入"选项卡│"插图"组│"形状"按钮。

(3)在弹出的下拉菜单中执行"新建绘图画布"命令,即可在文档中插入绘图画布。

插入绘图画布后,系统自动打开"绘图工具"│"格式"选项卡,通过该选项卡可以对绘图画布进行格式设置。

2. 绘制图形

用户可以在文档中直接绘制图形，也可以在绘图画布中绘制图形。具体操作方法如下：单击"插入"选项卡｜"插图"组｜"形状"按钮，打开如图 3-79 所示的下拉菜单，从中选择需要的图形形状，在文档的绘图画布中或其他合适的位置拖动鼠标即可绘制出该图形。

Shift 键在绘图中的应用：在"形状"下拉菜单中选择"矩形"工具，按下 Shift 键，拖曳鼠标绘制出的图形为正方形；选择"椭圆"工具，按下 Shift 键，拖曳鼠标绘制出的图形为圆形；选中"直线"工具，按下 Shift 键，拖曳鼠标可分别绘制水平、垂直或 45°(135°)角的直线或斜线。

3. 编辑图形

绘制完图形后，系统自动打开"绘图工具"｜"格式"选项卡，如图 3-80 所示，使用该功能区中相应的命令可以对图形进行编辑操作。其中设置图形的大小、形状样式、旋转角度、位置和文字环绕方式等同图片的设置方式一样，在此不再细述。

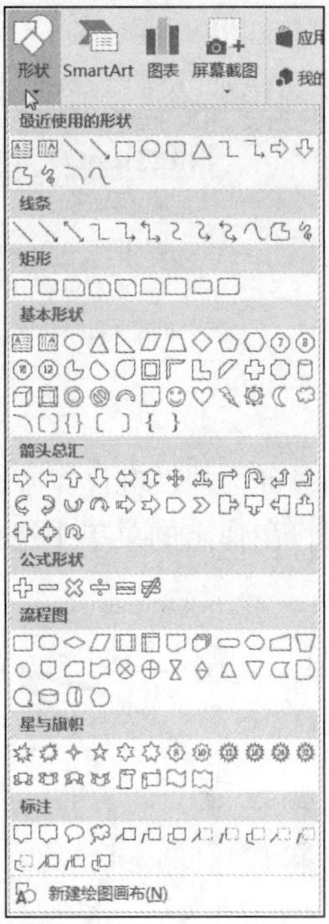

图 3-79　"形状"下拉菜单

1) 在图形中添加文字

在文档中绘制了图形后，有时需要在图形中添加文字。右击要添加文字的图形，选择快捷菜单中的"添加文字"命令，就可以在图形对象上显示的文本框中输入文字。需要注意的是，并不是所有的图形都可以添加文字，大部分"线条"图形是不能添加文字的，如果被选中的图形不支持添加文字，则在快捷菜单中不会出现"添加文字"命令。

图 3-80　"绘图工具"｜"格式"选项卡

在图形中添加的文字也可以利用前面介绍的字符格式化方法对其进行修饰。

2) 设置图形的叠放次序

当在文档中绘制多个图形时，按绘制的顺序有叠放的次序，最先插入的在最下面，最后插入的在最上面。要改变某个图形的叠放次序，可在该图形上右击，在打开的快捷菜单中，选择如图 3-81 所示的"置于顶层"或"置于底层"级联菜单中的相应命令。注意，默认情况下，在 Word 2016 中绘制的图形为浮动型，当设置其为嵌入型时，不能进行重叠。

若将文档中的图片设置为浮动型，同样方法也可以设置多个图片的叠放次序。

3) 组合多个图形

在文档中，经常需要将绘制的多个图形组合成一个图形，以固定它们之间的相对位置，便于图形的整体操作。

如果要组合多个图形，首先按下 Shift(或 Ctrl)键，依次单击要组合的多个图形，如图 3-82(a)所示；然后在要组合的多个图形中的某一个上右击；最后从弹出的快捷菜单中选

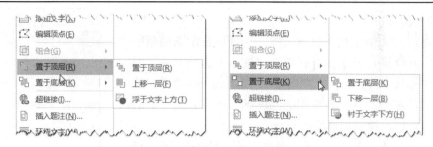

图 3-81　设置图形的叠放次序

择"组合"｜"组合"命令，或单击"绘图工具"｜"格式"选项卡｜"排列"组｜"组合"按钮，在弹出的菜单中选择"组合"命令，多个图形组合后的效果如图 3-82(b)所示。

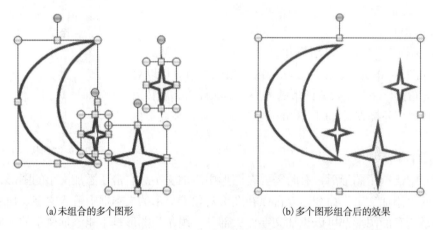

(a)未组合的多个图形　　　　　　　　　(b)多个图形组合后的效果

图 3-82　组合前与组合后的图形

如要取消图形组合，可右击组合后的图形，在弹出的快捷菜单中选择"组合"｜"取消组合"命令，或单击"绘图工具"｜"格式"选项卡｜"排列"组｜"组合"按钮，在弹出的下拉菜单中选择"取消组合"命令，组合好的图形就拆分成原来的小图形了。

3.5.4　使用 SmartArt 图形

使用 SmartArt 智能图形功能可以设计出精美的图形，还可以非常轻松地插入组织结构、业务流程等图示，从而制作出专业设计水准的图形。插入 SmartArt 图形的操作步骤如下。

(1)将插入点定位在要插入 SmartArt 图形的位置。

(2)单击"插入"选项卡｜"插图"组｜"SmartArt"按钮，打开"选择 SmartArt 图形"对话框，如图 3-83 所示。

(3)在该对话框中列出了所有 SmartArt 图形的分类，以及每个 SmartArt 图形的外观预览效果和详细的使用说明信息。根据需要在此选择合适的类型，如"层次结构"类别中的"组织结构图"。

(4)单击"确定"按钮将其插入到文档中。此时的 SmartArt 图形还没有具体的信息，只显示图形框架和其中的占位符文本(如"[文本]")，如图 3-84 所示。

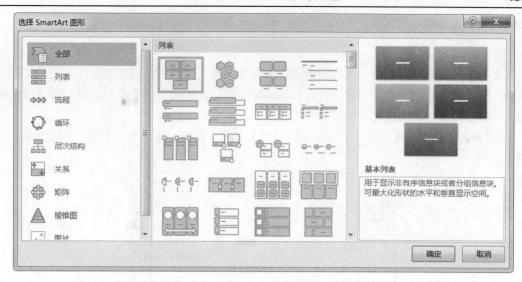

图 3-83　"选择 SmartArt 图形"对话框

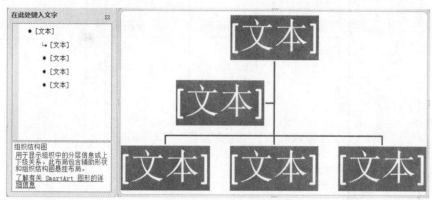

图 3-84　组织结构图

(5)用户可以在 SmartArt 图形中各形状上的文字编辑区域内直接输入所需信息替代占位符文本，也可以在左侧的"文本"窗格中输入所需信息。在"文本"窗格中添加和编辑内容时，SmartArt 图形会自动更新，即根据"文本"窗格中的内容自动添加或删除形状。

(6)如果对系统预设的效果不满意，如图 3-85 所示可以在"SmartArt 工具"的"设计"和"格式"选项卡中对其布局、颜色、样式、排列和大小等进行进一步设置。

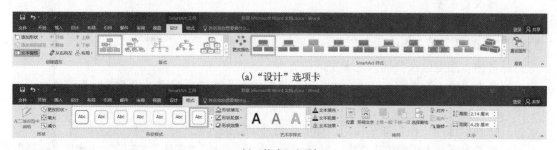

(a)"设计"选项卡

(b)"格式"选项卡

图 3-85　"SmartArt 工具"的"设计"和"格式"选项卡

3.5.5 插入文本框与艺术字

1. 插入文本框

文本框是将文字、表格、图形精确定位的有力工具。文档中的任何内容，无论是文字、表格、图形或者它们的组合，只要将它们放入文本框，就如同装进了一个容器，可以被移动到文档的任何位置。插入文本框的操作步骤如下。

(1)单击"插入"选项卡｜"文本"组｜"文本框"按钮，弹出"文本框"下拉菜单，如图 3-86 所示。

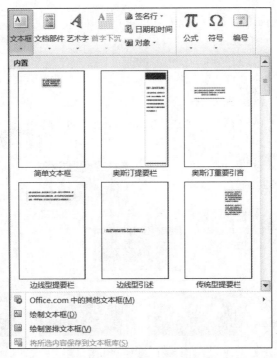

图 3-86　"文本框"下拉菜单

(2)从下拉菜单的"内置"文本框样式中选择合适的文本框类型，可在文档中插入该文本框。用户还可选择下拉菜单中的"绘制文本框"或"绘制竖排文本框"，然后在文档中的合适位置拖动鼠标绘制一个文本框。

(3)可直接在文本框中输入内容并编辑。

2. 插入艺术字

在 Word 中，可以把文档的标题以及需要特别突出的地方用艺术字显示出来，从而使文章更生动、醒目。在文档中插入艺术字的操作步骤如下。

(1)将插入点定位在要插入艺术字的位置。

(2)单击"插入"选项卡｜"文本"组｜"艺术字"按钮，弹出"艺术字"下拉菜单，如图 3-87 所示。

(3)在其中选择一种艺术字样式，即可在当前位置插入艺术字文本框。

(4)在艺术字文本框中输入文字，并可对输入的文字设置"字体""字号""加粗""倾斜"等修饰效果。

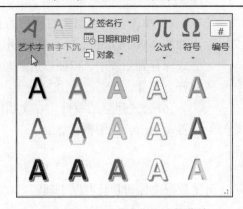

图 3-87　"艺术字"下拉菜单

文本框和艺术字都属于图形对象，其操作与图形操作相同。插入文本框或艺术字后，可通过"绘图工具"｜"格式"选项卡对其样式、颜色、大小和位置等进行设置。

3.5.6　插入公式

使用 Word 2016 提供的公式编辑功能，可以在文档中方便地插入各种数学公式。在文档中插入公式的具体步骤如下。

（1）将插入点定位在要插入公式的位置。

（2）单击"插入"选项卡｜"符号"组｜"公式"按钮下方的箭头，弹出"公式"下拉菜单，如图 3-88 所示。

（3）下拉菜单中有些内置公式，直接单击即可插入；如果没有找到所需要的公式，可以在下拉菜单选择"插入新公式"命令。

（4）如图 3-89 所示，系统会自动打开"公式工具"｜"设计"选项卡，用户可以通过"设计"选项卡中各组中的功能按钮来设计所需要的公式。单击"工具"组｜"公式"下拉按钮，选择内置公式，也可以设置公式显示为"专业型"还是"线性"。用户还可以设置在公式编辑框内使用非数字文本；单击"符号"组｜

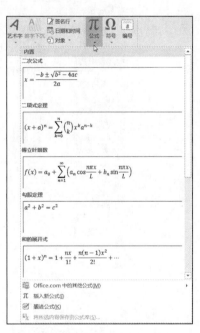

图 3-88　"公式"下拉菜单

"其他"按钮，在其下拉菜单中可以选择输入公式时所需的所有符号；在"结构"组中可以选择输入公式时所有运算结构，如单击"上下标"按钮，在弹出的下拉菜单中可以选择所需的上下标形式。

图 3-89　"公式工具"｜"设计"选项卡

$$x = \frac{-b \pm \sqrt{b^2 - 4ac}}{2a}$$

另存为新公式(S)...
专业型(P)
线性(L)
更改为"内嵌"(H)
两端对齐(J)

图 3-90　"公式选项"下拉菜单

（5）单击公式编辑框右侧的箭头"公式选项"按钮，弹出如图 3-90 所示的下拉菜单。利用该菜单用户可以把输入的公式保存到系统中，以便以后随时调用，还可以设置公式的对齐方式等。

（6）公式建立结束后，在文档中单击公式编辑框外任意位置，退出公式编辑状态。

3.5.7　插入图表

数据以图表的形式显示，可使数据更加清楚且有助于理解。在文档中插入图表的操作步骤如下。

（1）将插入点定位在要插入图表的位置。

（2）单击"插入"选项卡｜"插图"组｜"图表"按钮，打开"插入图表"对话框，如图 3-91 所示。

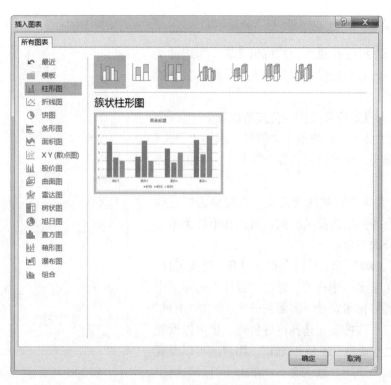

图 3-91　"插入图表"对话框

（3）选择一种图表类型，如"柱形图"类别中的"簇状柱形图"，单击"确定"按钮，插入该图表并自动进入 Excel 工作表窗口，如图 3-92 所示。

（4）在 Excel 工作表中，用户可以根据示例格式进行数据录入，在修改单元格内容的同时，Word 文档中的图表也会实时变化。数据录入完成后，图表也就被修改，如图 3-93 所示。

（5）直接退出 Excel，然后在 Word 文档中根据需要，通过以下两种方法对图表进行进一步修饰，使其更加美观，显示的信息更加直观丰富。

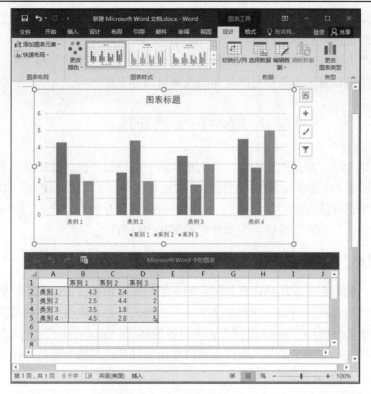

图 3-92　插入簇状柱形图

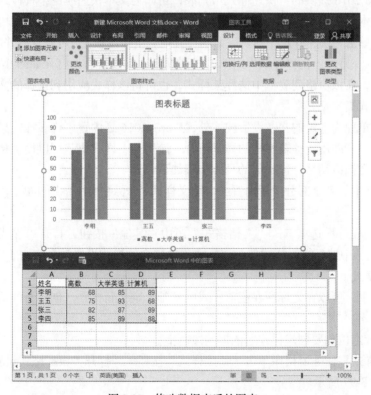

图 3-93　修改数据表后的图表

方法 1：单击图表，图表区右上角将会出现一组按钮，可快速对图表元素、图表的样式及颜色、图表的数据系列等进行设置。

方法 2：单击图表，功能区中将会显示“图表工具”｜“设计”和“格式”选项卡，利用这两个选项卡可以对图表进行更加全面细致的修饰和更改。

3.6 长文档处理

在日常使用 Word 办公的过程中，我们常常需要处理长文档，如毕业论文、图书、宣传手册、活动计划等。由于长文档的纲目结构通常比较复杂，文字量比较大，内容种类也较多，如果不注意使用正确的方法，那么整个工作过程可能会费时费力。Word 2016 提供了诸多简便功能，使长文档的编辑、排版、阅读和管理更加轻松自如。

3.6.1 使用样式

所谓样式，就是系统或用户定义并保存的一系列排版格式，可应用于文档中的字符、段落和表格等。使用样式可以统一管理整个文档中的格式，并迅速改变文档的外观，省去一些格式设置上的重复性操作。Word 提供了多种内置的样式，如标题样式、正文样式、引用样式等，如果这些样式不能满足需求，用户也可以在内置样式的基础上进行修改或创建新样式。

1. 应用样式及样式集

1) 应用样式

利用 Word 2016 提供的“快速样式”列表，可以为文本快速应用某种样式。首先选择要应用样式的文本，然后单击“开始”选项卡｜“样式”组中的某一样式，即可为选择的文本应用该样式。单击“快速样式”列表后面的“其他”下拉按钮▾，可以查看并应用更多样式，如图 3-94 所示。另外，在“样式”组单击对话框启动器按钮，打开如图 3-95 所示的“样式”任务窗格，在该窗格列表框中选择某样式，也可将该样式应用到选择的文本。

2) 应用样式集

除了可以单独为选定的文本设置样式外，Word 2016 还内置了许多样式集，而每个样式集都包含了一整套应用于整篇文档的样式组合。使用某一样式集，可以使文档具有统一的风格和格式。为文档应用某一样式集的具体步骤如下。

(1) 为文档中的各个部分应用内置或自定义样式，如标题应用标题样式，正文应用正文样式等。

(2) 单击“设计”选项卡｜“文档格式”组中“其他”按钮，打开“样式集”列表，如图 3-96 所示，从中选择某一样式集，该样式集中包含的样式设置就会应用于当前文档中。

2. 创建样式

在 Word 中，可以在光标所在段落样式的基础上定义新样式。创建新样式的具体操作步骤如下。

(1) 将光标定位到要创建样式所依据的段落上。

(2) 在“样式”任务窗格中单击“新建样式”按钮，打开“根据格式设置创建新样式”对话框，如图 3-97 所示。

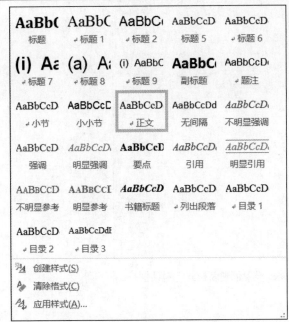

图 3-94　"快速样式"列表

图 3-95　"样式"任务窗格

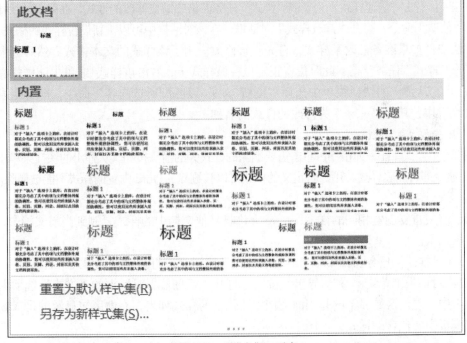

图 3-96　"样式集"列表

（3）在该对话框中，用户可以定义该样式名称、样式类型、样式基准和后续段落样式，也可以单击"格式"按钮，分别设置该样式的字体、段落、边框、编号、文字效果、快捷键等。

（4）设置完成后，单击"确定"按钮，创建的新样式就会出现在"快速样式"列表中以备调用。

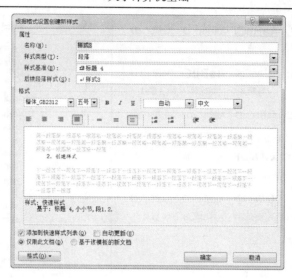

图 3-97　"根据格式设置创建新样式"对话框

3. 修改样式

如果对自己或别人设计的样式不满意，可以随时修改样式。对样式的修改将会反映在所有应用该样式的文本中。修改样式有以下两种方法。

方法 1：右击"快速样式"列表或"样式"任务窗格中需要修改的样式，在弹出的快捷菜单中选择"修改"命令，打开"修改样式"对话框，在该对话框中可以重新设置样式的格式。

方法 2：如果准备修改某样式，首先直接修改应用了该样式的文本格式，然后选中该文本，打开"样式"任务窗格，此时焦点正定位在该样式上，右击该样式(或单击该样式右侧的箭头按钮)，从弹出的快捷菜单中选择"更新 ×× 以匹配所选内容"命令，即可完成该样式的修改工作，其中"××"为修改的样式的名称。

4. 删除样式

在打开"样式"任务窗格中，单击需要删除的样式旁的箭头按钮，从弹出的快捷菜单中选择"删除"命令即可删除样式。用户自定义的样式可以被删除，Word 内置的样式不能被删除。

5. 复制样式

为了避免重复创建相同的样式，Word 允许将其他文档中的样式复制到当前文档中，具体操作步骤如下。

(1)在"样式"任务窗格中单击"管理样式"按钮，打开"管理样式"对话框。

(2)在对话框上单击"导入/导出"按钮，打开"管理器"对话框的"样式"选项卡。在该选项卡中，左侧区域显示的是当前文档中所包含的样式列表，右侧区域显示的是 Word 默认文档模板中所包含的样式，如图 3-98 所示。

(3)单击右侧区域的"关闭文件"按钮，此时该按钮变为"打开文件"按钮。

(4)单击"打开文件"按钮，打开"打开"对话框。

(5)在"文件类型"下拉列表中选择"所有 Word 文档"，找到包含需要复制到目标文档样式的源文档，单击"打开"按钮将其打开。

(6)在右侧区域选中所需要的样式，单击"复制"按钮，即可将选中的样式复制到左侧的当前文档中。

（7）单击"关闭"按钮完成操作。

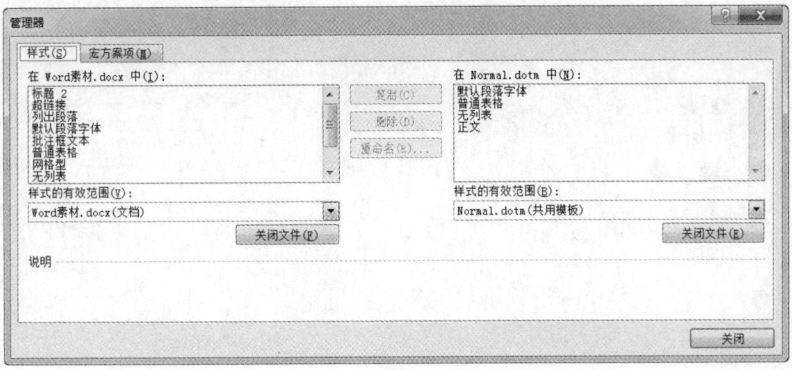

图 3-98　"管理器"对话框的"样式"选项卡

3.6.2　使用项目符号和编号

1. 应用项目符号或编号

为了使文档的内容条理更清晰，用户可以使用 Word 自动创建列表，或者将项目符号和编号添加到现有的文本段落中。

1）自动创建列表

使用 Word 自动创建列表的具体步骤如下：在文档中键入"＊"后面跟一个空格即可创建项目符号列表，或者键入一个数字"（1）"创建编号列表；输入文本后按 Enter 键，Word 会自动插入下一个项目符号或编号；若要结束列表，两次按 Enter 键或按 Backspace 键删除最后一个项目符号或编号即可。

如果系统不能自动创建项目符号或编号列表，用户需要打开自动列表识别功能，具体步骤如下：单击"文件"选项卡｜"选项"命令；在打开的"Word 选项"对话框上选择"校对"选项卡，单击"自动更正选项"按钮；在打开的"自动更正"对话框上选择"键入时自动套用格式"选项卡，在"键入时自动应用"选项区中选中"自动项目符号列表"复选框和"自动编号列表"复选框即可。

2）添加项目符号或编号

为现有文本添加项目符号或编号，只需选择文本，单击"开始"选项卡｜"段落"组｜"项目符号" ⋮≡ ▾ 或"编号"按钮 ⋮≡ ▾ 即可。用户也可以通过单击"项目符号"或"编号"按钮旁边的向下箭头，如图 3-99 和图 3-100 所示，在弹出下拉菜单中选择"项目符号库"或"编号库"中的符号或编号样式。

用户还可以自定义项目符号和编号。在"项目符号"下拉菜单中选择"定义新项目符号"命令，打开如图 3-101 所示的"定义新项目符号"对话框，在该对话框中可以选择新的符号或图片作为项目符号，还可对项目符号的字体、对齐方式进行修改。在"编号"下拉菜单中选择"定义新编号格式"命令，打开如图 3-102 所示的"定义新编号格式"对话框，在该对话框中可以选择新的编号样式、修改编号格式和对齐方式等。

2. 应用多级列表

应用多级列表可以清晰地表现复杂的文档层次，Word 中拥有 9 个层级。

图 3-99 "项目符号"下拉菜单

图 3-100 "编号"下拉菜单

图 3-101 "定义新项目符号"对话框

图 3-102 "定义新编号格式"对话框

1) 将单级列表转化为多级列表

通过更改列表中的项目的层次结构级别可以将现有的单级列表转为多级列表，具体操作步骤如下：单击或选中要移动到不同级别的任何项；在"开始"选项卡的"段落"组中，单击"项目符号"或"编号"按钮旁边的向下箭头；如图 3-103 所示，在弹出的下拉菜单中单击"更改列表级别"命令，选择所需的级别。

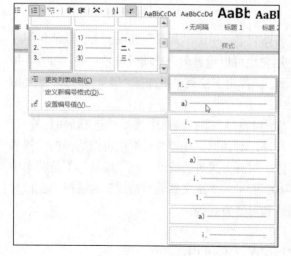

图 3-103 更改列表级别

2) 添加多级列表

为现有文本段落添加多级列表操作方法如下：首先选中要添加多级列表的文本，然后单击"开始"选项卡｜"段落"组｜"多级列表"按钮，在"列表库"中选择一种需要的列表样式。如果"列表库"中没有用户需要的列表，可以在"多级列表"下拉菜单中选择"定义新的多级列表"命令,打开"定义新多级列表"对话框,然后根据需要设置编号格式和位置。

另外,如果需要改变列表中某一项目的级别,可将光标定位在该文本段落前,使用以下两种方法实现级别的更改:在"多级列表"下拉菜单中单击"更改列表级别"命令,选择所需的级别;单击"开始"选项卡 | "段落"组 | "减少缩进量"按钮 和"增加缩进量"按钮 (或按 Tab 键)。

3) 多级列表与样式的链接

用户可以通过定义新的多级列表,将级别链接到内置标题样式,实现在文档中应用标题样式即可同时应用多级列表,具体操作步骤如下。

(1) 单击"开始"选项卡 | "段落"组 | "多级列表"按钮 。

(2) 从弹出的下拉菜单中选择"定义新的多级列表"命令,打开"定义新多级列表"对话框,单击对话框左下角的"更多"按钮,进一步展开对话框。

(3) 如图 3-104 所示,从左上方的级别列表中单击指定列表级别,在右侧的"将级别链接到样式"下拉列表中选择对应的内置标题样式。例如,级别 1 链接到标题 1,级别 2 链接到标题 2。在下方的"编号格式"选项组中可以修改编号的格式与样式,指定起始编号等。

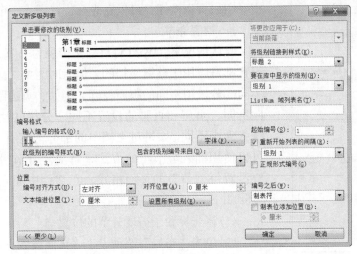

图 3-104　"定义新多级列表"对话框

(4) 设置完毕后,单击"确定"按钮。此时,文档中那些应用了与级别链接的内置标题样式的文本段落,将自动应用新定义的多级列表。新输入的需要编号的标题文本,直接将其应用为与级别链接的内置标题样式,如图 3-105 所示。

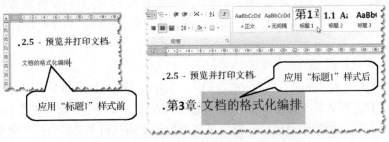

图 3-105　应用与级别链接的内置标题样式

这样，对于长文档的编排就变得非常方便。例如，一篇书稿采用该方法不仅可以快速生成分级别的章节编号，而且调整章节的顺序和级别时，章节号还可以自动更新。

3.6.3　设置分页、分节和分栏

通过分页、分节和分栏操作，使得文档的版面更加多样化，布局更加合理有效。

1. 设置分页

一般情况下，Word 文档是自动分页的，即文档内容到页尾时会自动排布到下一页。但有时在一页未写满时，希望重新开始新的一页，也就是说将文档中原来一页能放下的内容划分为两页，这时可在文档中插入分页符进行人工分页，操作方法如下。

(1)将光标置于需要分页的位置。

(2)单击"布局"选项卡｜"页面设置"组｜"分隔符"按钮。

(3)如图 3-106 所示，从弹出的下拉菜单中选择"分页符"命令，即可将光标后的内容布局到下一个页面。

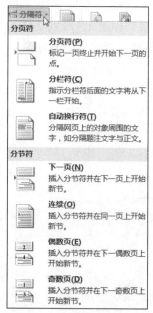

图 3-106　"分隔符"下拉菜单

另外，单击"插入"选项卡｜"页面"组｜"分页"按钮，也可将光标后面的文字分隔到下一页。单击"页面"组｜"空白页"按钮，可以在光标位置插入一个空白页。

2. 设置分节

默认情况下，Word 将整篇文档视为一节，所有对文档的设置都是应用于整篇文档的。但有时需要对同一个文档中的不同部分采用不同的版面设置。例如，页边距不同、纸张方向不同、页眉和页脚的设置不同、分栏的栏数不同，甚至纸张大小不同。如果对文档中的部分内容有上述特殊要求，可以使用插入分节符的方法来解决。分节后，可以根据需要设置每"节"的页面格式。在文档中插入分节符的操作步骤如下。

(1)将光标置于需要分节的位置。

(2)单击"布局"选项卡｜"页面设置"组｜"分隔符"按钮，弹出"分隔符"下拉菜单。

(3)分节符的类型共有 4 种：下一页、连续、偶数页和奇数页，在下拉菜单中选择其中一种分节符，即可在当前光标后插入一个分节符。

3. 设置分栏

在编辑报纸、杂志时，经常需要对文章做各种复杂的分栏排版，使得版面更生动、更具可读性。如图 3-18 所示，该文档正文的第二段就设置了分栏效果。为文档设置分栏的操作步骤如下。

(1)在文档中选择需要分栏的文本内容。

(2)单击"布局"选项卡｜"页面设置"组｜"分栏"按钮，弹出如图 3-107 所示下拉菜单。

(3)若直接在下拉菜单中选择一种预定义的分栏方式，可快速实现分栏排版。

(4)若需对分栏进行更为具体的设置，可在下拉菜单中执行"更多分栏"命令，打开"分栏"对话框，如图 3-108 所示。其中，在"栏数"数值框中可以指定要分的栏数；在"宽度

和间距"选项区设置栏宽和栏间距;若选中"栏宽相等"复选框,可使各栏宽度相等;若选中"分隔线"复选框,可在各栏之间加入分隔线;如果在分栏前即第(1)步没有选中文本内容,则可在"应用于"下拉列表框中设置分栏效果作用的区域。

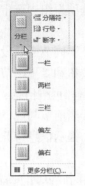

图 3-107　"分栏"下拉菜单

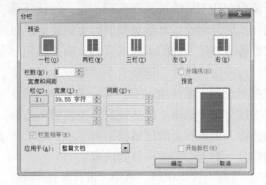

图 3-108　"分栏"对话框

(5)设置完毕后,单击"确定"按钮,即可完成分栏排版。

注意:上述方式的分栏位置是随机的。如果对于从文本的何处分栏有特殊要求,就需要在分栏处插入一个"分栏符"。方法是:将光标定位在需分栏处,单击"布局"选项卡 | "页面设置"组 | "分隔符"按钮,在弹出的"分隔符"下拉菜单中选择"分栏符"命令。插好分栏符后再选中需要分栏的文本进行分栏,Word 会在插入分栏符的位置进行分栏。

若要取消分栏,只需要选中已分栏的段落,在"分栏"下拉菜单中单击"一栏"选项即可。

3.6.4　设置页眉、页脚和页码

页眉和页脚是文档中每个页面的顶部、底部和两侧页边距中的区域。通常用来插入标题、页码、日期等文本,也可用来插入公司标志或符号等图形图片。

1. 设置页眉或页脚

页眉和页脚的创建方法类似,具体如下。

(1)单击"插入"选项卡 | "页眉和页脚"组 | "页眉"按钮,弹出如图 3-109 所示的下拉菜单。

(2)在弹出的下拉菜单中选择一种内置的页眉样式,如"边线型",然后在页眉中输入相关内容并进行格式化即可;如果对内置的页眉样式不满意,可以在下拉菜单中选择"编辑页眉"命令,然后在页眉位置对其外观进行自定义,如插入文本、图片等。

(3)在文档中插入页眉或页脚后,自动出现"页眉和页脚工具"中的"设计"选项卡,通过该选项卡可对页眉或页脚进行编辑和修改。例如,默认状态下,文档

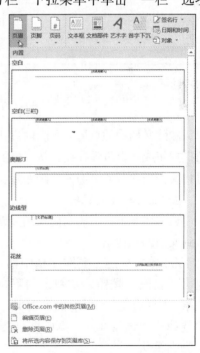

图 3-109　"页眉"下拉菜单

中所有页面使用的是同一个页眉或页脚,利用该选项卡可为文档的不同部分设置不同的页眉或页脚。

①为首页创建不同的页眉或页脚：在"设计"选项卡的"选项"组中选中"首页不同"复选框，此时文档首页中原先定义的页眉和页脚就被删除了，可以根据需要另行设置首页页眉或页脚。

②为奇偶页创建不同的页眉或页脚：在"设计"选项卡的"选项"组中选中"奇偶页不同"复选框，然后分别设置奇数页和偶数页的页眉或页脚即可。

③为文档各节创建不同的页眉或页脚：当文档包含多个节，且不同节需要设置不同的页眉或页脚时，可使用"设计"选项卡｜"导航"组的"上一节"按钮和"下一节"按钮切换到不同的节进行设置。默认情况下，下一节自动接收上一节的页眉和页脚信息，如图 3-110 所示。在"导航"组中单击"链接到前一条页眉"按钮，可以断开当前节与前一节中的页眉页脚之间的链接，页眉和页脚区域将不再显示"与上一节"相同的提示信息，此时设置本节页眉和页脚信息不会再影响前一节的内容。

（4）页眉和页脚设置完毕后，单击"设计"选项卡｜"关闭"组｜"关闭页眉和页脚"按钮，或在文档正文区域中双击即可退出页眉和页脚编辑状态。在页眉或页脚区域中双击，又可快速进入页眉和页脚编辑状态。

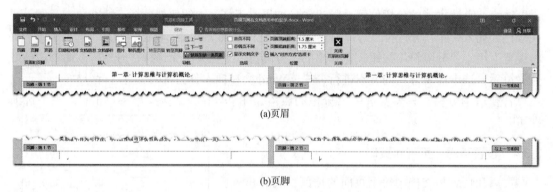

(a)页眉

(b)页脚

图 3-110　页眉页脚在文档各节中的显示

删除文档中的页眉或页脚的方法如下：单击"插入"选项卡｜"页眉和页脚"组｜"页眉"按钮或"页脚"按钮，从弹出的下拉菜单中选择"删除页眉"或"删除页脚"命令，即可将文档当前节的页眉或页脚删除。

2. 插入与设置页码

通常情况下，页码是插入到文档的页眉和页脚的位置。如果有特殊需求，页码也可以插入到文档的其他位置。

（1）插入页码。要在文档中插入页码，可以单击"插入"选项卡｜"页眉和页脚"组｜"页码"按钮，从弹出的下拉菜单中选择页码的插入位置，如"页面顶端""页面底端""页边距""当前位置"，如图 3-111 所示。这里选择"页边距"，然后在其子菜单中选择一种预设样式，页码即可按照指定格式插入到指定位置，并且将自动进入页眉和页脚编辑状态。

（2）设置页码格式。当用户在文档中插入页码后，还可以为页码设置格式。首先将光标定位到需要修改页码格式的节中，然后单击"插入"选项卡｜"页眉和页脚"组｜"页码"按钮，从弹出的下拉菜单中选择"设置页码格式"命令，打开"页码格式"对话框, 如图 3-112 所示, 在其中可以设置"编辑格式"和"页码编号"等选项。设置完毕后, 单击"确定"按钮。

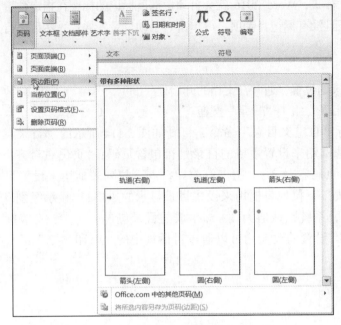

图 3-111　插入页码

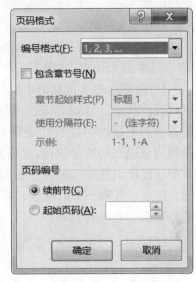

图 3-112　"页码格式"对话框

　　注意: 利用插入页码功能插入的实际是一个域而非单纯数字, 因此是可以自动变化和更新的。用户也可以执行"页码"│"删除页码"命令删除页码。

3.6.5　使用目录

　　当编写书籍、毕业论文等较长文档时, 一般都应有目录, 以便全貌反映文档的内容和层次结构, 便于阅读。Word 提供了根据文档中的标题自动生成目录的功能, 用户除了能够通过生成的目录了解文档的主题外, 在联机的文档中还可以通过目录快速定位。在 Word 2016 中使用标题导航可有效提高工作效率, 其使用也是建立在使用标题目录的基础之上。

　　1. 创建目录

　　1)标记目录项

　　要自动生成目录, 必须对文档的各级标题进行格式化。最简单的方法就是为文档的标题应用内置的标题样式。

　　如果希望目录包括没有应用内置的标题样式的文本, 可以使用以下步骤将其标记为目录项。

　　(1)选择要在目录中包括的文本。

　　(2)单击"引用"选项卡│"目录"组│"添加文字"按钮, 在弹出的下拉菜单中所选文本指定级别。

　　(3)重复前两步, 直到希望显示的所有文本都出现在目录中。

　　2)利用目录库样式创建目录

　　(1)将插入点定位在要插入目录的位置, 通常在文档的开始处。

(2)单击"引用"选项卡｜"目录"组｜"目录"按钮，打开如图 3-113 所示的下拉菜单。

(3)如果事先为文档的标题应用了内置的标题样式，或标记了目录项，可从下拉菜单内置目录库中选择某一种"自动目录"样式，Word 2016 就会自动根据所标记的标题在指定位置创建目录。如果未使用标题样式，且没有标记目录项，可单击"手动目录"样式，然后自行填写目录内容。

3)自定义目录

(1)将插入点定位在要插入目录的位置，通常在文档的开始处。

(2)单击"引用"选项卡｜"目录"组｜"目录"按钮。

(3)在弹出的下拉菜单中执行"自定义目录"命令，打开如图 3-114 所示的"目录"对话框。其中，"显示页码"复选框用来设置生成的目录是否包含页码；"页码右对齐"复选框用来设置生成的目录是否页码右对齐；"制表符前导符"下拉列表框用来设置目录项与页码之间的分割符；"格式"下拉列表框用来设置目录显示的风格；"显示级别"数值框可以设置生成的目录级别，系统默认值为 3，即生成的目录包含一、二、三级标题，即章、节和小节的标题。所有设置的改变均可以通过对话框中的"打印预览"区直观地预览到打印的效果。

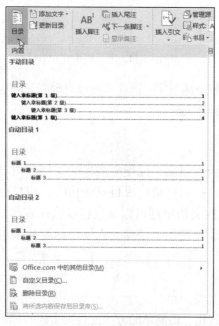

图 3-113 "目录"下拉菜单

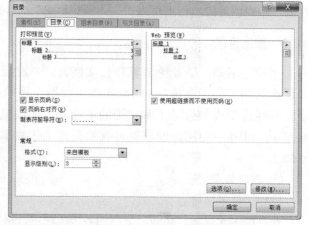

图 3-114 "目录"对话框

(4)在"目录"对话框中，单击"选项"按钮，在打开的"目录选项"对话框中可以设置将其他的文本样式加入到目录列表中；单击"修改"按钮，在打开的"样式"对话框中可以设置各级目录项的显示格式。

(5)设置完毕，单击"确定"按钮关闭"目录"对话框，即可在指定位置按设置的格式生成目录。

2. 更新和删除目录

目录创建完成后，很可能还会对文档进行修改，例如标题级别做了调整，文字内容做了改动，所在页数有所变动等，及时更新目录就显得很有必要。更新目录的操作比较简单，右击目录，在弹出的快捷菜单中选择"更新域"命令，然后在打开的如图 3-115 所示"更新目录"对话框中，选择"更新整个目录"，单击"确定"按钮，即可自动生成新的目录。这样，目录项内容及页码都进行了更新。

删除目录，只需用鼠标选定该目录，按 Delete 键即可。

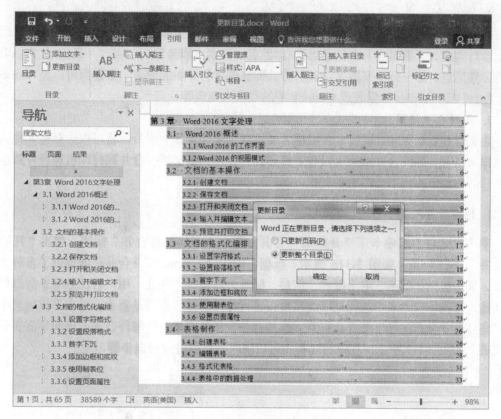

图 3-115　更新目录

3.7　邮 件 合 并

在日常办公中，经常需要批量制作信封、请柬、录取通知书、准考证、荣誉证书、成绩单、职工工资条等。这些文档的共同特点是形式和基本内容相同，只是某些项目下的具体数据有变化，如果一份一份去编辑制作，显然劳神费力，且容易出错。有什么办法既可以减少枯燥无味的重复性工作，又能使工作效率提高呢？Word 提供的邮件合并功能可轻松解决该问题。

3.7.1　什么是邮件合并

Word 的邮件合并可以将一个主文档与一个数据源结合起来，最终生成一系列合并结果。在此需要明确以下几个基本概念。

1. 主文档

主文档是创建输出文档的"蓝图"，内容包括两部分：一是所有输出文档的共有内容如请柬中的信头、主体以及落款等；另外一部分是合并域，用于插入在每个输出文档中都要发生变化的文本，如被邀请人的姓名和称谓等。其中前者在主文档中直接制作，后者则需要从数据源文档中合并进来。

2. 数据源

在合并过程中，提供数据的文件称为数据源。数据源实际上是一个数据列表，由字段列和记录行构成，一列对应一个信息类别（如姓名、性别、职务等），一行（一条记录）为一个对象的完整信息，第一行为字段名(标题行)，即在邮件合并中的域名。数据源可以是 Word 表格、Excel 表、Access 数据表或 Outlook 中的联系人列表等。

3. 邮件合并结果

主文档和数据源建立链接，并根据需要设置过邮件合并规则后，就可以选择完成并合并生成输出结果。邮件合并结果可以有多种形式：合并到新文档、合并到打印机和合并到电子邮件。后两种形式将不会产生新文档。

3.7.2　邮件合并的基本方法

单击"邮件"选项卡｜"开始邮件合并"组｜"开始邮件合并"按钮，弹出"开始邮件合并"下拉列表，如图 3-116 所示。根据不同用途，Word 邮件合并功能提供了多种文档类型，其中包括：信函、电子邮件、信封、标签、目录等。在此，用户若已熟练掌握邮件合并功能，可在下拉列表中选择某一类型直接进行邮件合并。但若是新手，可在下拉列表中选择"邮件合并分布向导"命令，打开"邮件合并"任务窗格进行邮件合并，该向导需要分六步完成，如图 3-117 所示，在执行过程中可以随时进行前进或后退步骤。

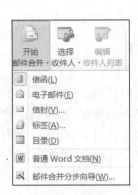

图 3-116　"开始邮件合并"下拉列表

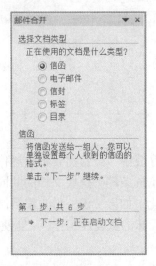

图 3-117　"邮件合并"任务窗格

直接进行邮件合并和利用向导进行邮件合并两种方法相比，前者更具灵活性且使用广泛，下面以制作请柬为例，介绍该方法的具体使用。

(1)新建一个空白 Word 文档，录入如图 3-118 所示的内容，并进行适当排版后保存为“请柬主文档.docx”。

(2)利用 Word 制作数据源，保存为“社区人员信息.docx”，如图 3-119 所示。注意该 Word 文档应该只包含一个表格。

在实际工作中，数据源通常是已存在的。例如，“社区人员信息”可能早已被社区的工作人员做成了 Excel 表格或者录入数据库，其中含有制作请柬需要的“姓名”“性别”“出生日期”等字段。在这种情况下，直接拿过来使用就可以了，而不必重新制作。

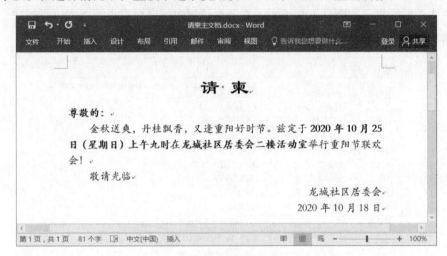

请 柬

尊敬的：

金秋送爽，丹桂飘香，又逢重阳好时节。兹定于 2020 年 10 月 25 日（星期日）上午九时在龙城社区居委会二楼活动室举行重阳节联欢会！

敬请光临。

龙城社区居委会

2020 年 10 月 18 日

图 3-118　请柬主文档

姓名	性别	出生日期
于丽丽	女	1955/2/2
陆云鹏	男	1970/4/15
武晓敏	女	1988/3/13
张建国	男	1949/11/23
胡明宇	男	1978/10/12
刘大飞	男	1945/5/13
龚美云	女	1942/12/8
郜喜平	男	1966/1/1
平阿芳	女	1952/3/9

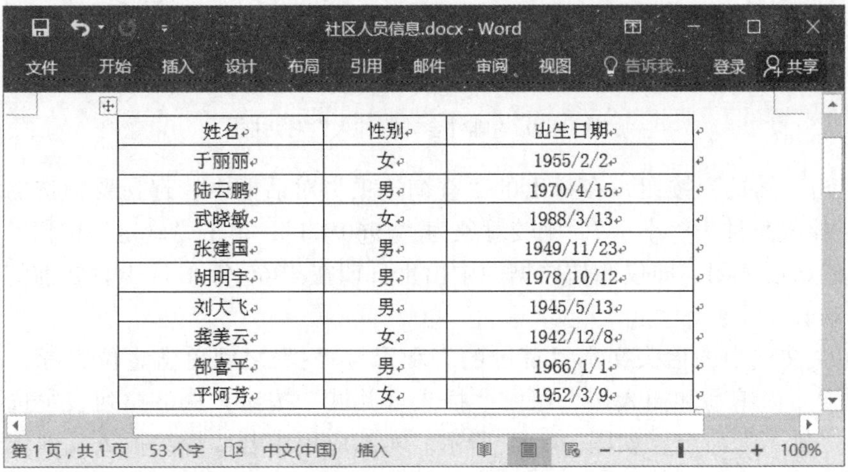

图 3-119　社区人员信息

(3)打开“请柬主文档.docx”，单击“邮件”选项卡 | “开始邮件合并”组 | “开始邮件合并”按钮，弹出下拉列表，从中选择“信函”命令。

注意：此处设置主文档类型是“信函”，将来数据源每条记录合并生成的内容都会从新页面开始。如果用户想节省版面，可选择主文档类型为“目录”，这样合并后的内容在页面上是连续的。

(4)单击"邮件"选项卡｜"开始邮件合并"组｜"选择收件人"按钮,在弹出的下拉列表中选择"使用现有列表"命令,然后在"选取数据源"对话框中选择前面建立的数据源文件"社区人员信息.docx"。

注意: 执行完该步骤后主文档和数据源将处于链接状态,此时数据源文件不能改名,不能删除。如果想断开主文档与数据源的链接,可单击"邮件"选项卡｜"开始邮件合并"组｜"开始邮件合并"按钮,在弹出的下拉列表中选择"普通 word 文档"命令。

(5)单击"邮件"选项卡｜"开始邮件合并"组｜"编辑收件人列表"按钮,打开"邮件合并收件人"对话框,如图 3-120 所示。在该对话框中可以对数据源列表进行排序、筛选等操作,还可使用复选框来添加或删除合并的收件人。

图 3-120 "邮件合并收件人"对话框

(6)单击"筛选"按钮,在弹出的"查询选项"对话框中,选择要筛选的域为"出生日期",比较条件为"小于",比较对象为"1960/1/1",单击"确定"按钮,回到之前对话框,确认后关闭,即仅邀请数据源中出生日期在 1960 年 1 月 1 日之前的人员参加重阳节联欢会。

(7)在主文档中的抬头文本"尊敬的"和冒号":"之间单击定位光标,单击"邮件"选项卡｜"编写和插入域"组｜"插入合并域"按钮,从下拉列表中选择需要插入的域名"姓名"命令,如图 3-121 所示。实际应用中若要继续插入其他域,重复此步操作即可。

(8)单击"邮件"选项卡｜"编写和插入域"组｜"规则"按钮,从下拉列表中选择"如果...那么...否则..."命令,打开"插入 Word 域:IF 对话框"。对话框设置条件如图 3-122 所示,单击"确定"按钮,这样就可以使被邀请人的称谓与性别建立关联。

(9)对插入到主文档中的域进行格式设置,设置方法同普通文本。

(10)生成合并结果之前可先预览,在"邮件"选项卡上的"预览结果"组中执行以下任一操作:单击"预览结果",即可看到邮件合并之后的数据;通过使用"预览结果"组中"下

"一记录"和"上一记录"按钮，可逐页预览合并文档；通过单击"查找收件人"可预览某个特定文档。

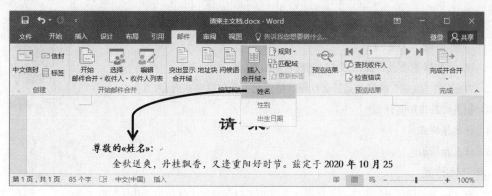

图 3-121　在主文档指定位置插入合并域"姓名"

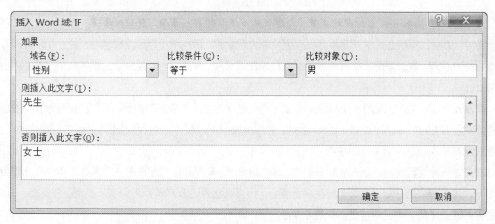

图 3-122　设置规则使被邀请人的称谓与性别建立关联

(11)单击"邮件"选项卡｜"完成"组｜"完成并合并"按钮，从下拉列表中选择"编辑单个文档"命令，在弹出的"合并到新文档"对话框中，选择"全部"单选按钮，最后单击"确定"按钮，Word 即会生成一个合并后的新文档，如图 3-123 所示，该文档共有五页，每页就是一张请柬，保存合并后的新文档为"请柬合并结果.docx"，同时应保存主文档"请柬主文档.docx"。

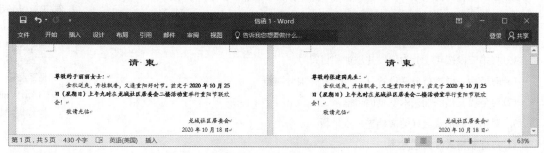

图 3-123　请柬合并结果

习 题 三

习题三答案

一、简答题

1. Word 2016 有哪几种视图方式？比较它们的不同？

2. Word 中"段落"的概念是什么？段落格式化主要包括哪些内容？

3. 制表位的作用是什么？

4. 什么是样式？

5. 什么是模板？

二、操作题

1. 输入以下斜体部分的文本，并保存在"我的文档"中，文件名为"软件的概念.docx"。

软件的概念

　　计算机软件(Software)是计算机系统中与硬件相互依存的另一部分，是包括程序、数据及相关文档的完整集合。其中，程序是软件开发人员根据用户需求开发的、用程序设计语言描述的、适合计算机执行的指令(语句)序列。数据是使程序能正常操纵信息的数据结构。文档是与程序开发、维护和使用有关的图文资料。

　　软件在开发、生产、维护和使用等方面与计算机硬件相比存在明显的差异。在制造硬件时，人的创造性的劳动过程(分析、设计、建造、测试)能够完全转换成物理的形式，但软件是逻辑的而不是物理的产品，因此软件具有和硬件完全不同的特点。

　　软件是一种逻辑实体，而不是物理实体，具有抽象性。软件的这个特点使它与其他工程对象有着明显的差异。人们可以把它记录在纸上或存储介质上，但却无法看到软件本身的形态，必须通过观察、分析、思考、判断，才能了解它的功能、性能等特性。

　　软件的生产与硬件不同，它没有明显的制作过程。一旦研制开发成功，可以大量复制同一内容的副本。软件的成本集中在开发过程上，而硬件生产的成本更多地表现在原材料消耗上。因此，软件项目开发过程不能完全像硬件制造过程那样来管理，对软件的质量控制，必须着重在软件开发方面下功夫。

---

2. 按以下要求对第 1 题所输入的文档进行格式化。

(1)标题用三号黑体，居中对齐。

(2)正文设置为仿宋字体，字号为小四号，段落首行缩进 2 字符，行间距为 1.5 倍行距。

第 3 章 Word
操作题-2

(3)为第一段设置首字下沉，下沉 2 行。

(4)在第二段中插入任意一幅图片，让其衬于文字下方。

(5)将第三段按句子分为三段并添加项目符号。

第 3 章 Word
操作题-3

(6)对最后一段进行分栏设置(栏数不限)并加分隔线。

(7)对整篇文档添加艺术型页面边框。

3. 对第 2 题格式化好的文档进一步排版。

(1)将标题格式改为艺术字。

(2)将第一段最后一句设置为竖排的文本框，文本框线型为双线，环绕文字方式为四周型。

(3)为第二段添加边框和底纹。

(4) 将最后一段改为繁体字，并去掉分栏中的分隔线。

(5) 删掉文档页面艺术型边框并为其添加页眉和页脚。

4. 制作如图 3-124 所示的"课程表"。

课程表					
星期 时间	一	二	三	四	五
上午	1 2	高数	英语	高数 (单)	体育	音乐
	3 4	制图	普化	制图 (双)	英语	政治
下午	5 6	普化 实验	实习	班会	听力	
	7 8				计算机	

图 3-124 "课程表"示例

第 3 章 Word
操作题-4

5. 综合应用本章所学，编辑制作班级小报，基本要求如下。

(1) 设置小报为 A3 大小，上、下、左、右边距各为 2 厘米。

(2) 根据小报内容使用文本框及分栏技术安排版面。

(3) 要求有报头、插图等元素。

(4) 预览并打印小报。

第 4 章　Excel 2016 电子表格

　　Excel 2016 是 Microsoft Office 2016 办公软件套装中的一员，使用该软件能够完成表格数据的输入和格式化。Excel 2016 内置了许多非常实用的数据处理函数，能有效地进行数据管理和数据分析，它还具有很强的图形、图表处理功能和工作簿共享功能。Excel 被广泛应用于财务、金融、经济、审计和统计等众多领域，是办公自动化的强有力工具。

4.1　Excel 2016 概述

4.1.1　Excel 2016 的工作窗口

　　启动 Excel 2016 后，打开如图 4-1 所示的 Excel 2016 的工作窗口。从图中可以看出，Excel 2016 的工作窗口与 Word 2016 的类似，主要由标题栏、快速访问工具栏、功能区、工作表编辑区、视图切换区等组成。

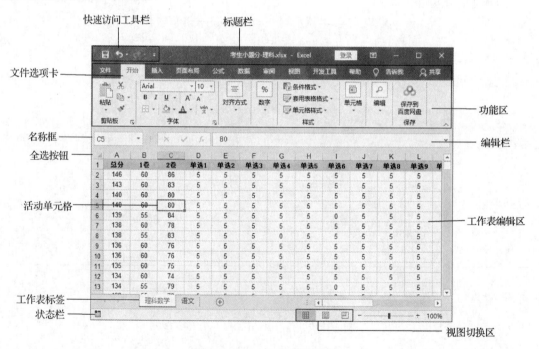

图 4-1　Excel 2016 窗口组成

4.1.2　Excel 2016 的基本概念

1．工作簿

　　在 Excel 中，用于保存数据信息的文件称为工作簿，一个工作簿是一个 Excel 文档，其扩展名为.xlsx。Excel 工作簿是计算和储存数据的文件,每一个工作簿都可以包含多张工作表,因此可在单个文件中管理各种类型的数据及相关信息。

2. 工作表

工作簿就好像是一个活页夹,工作表好像是其中一张张的活页纸。工作表是一个由行和列组成的二维表格,不同的行用数字(1~1048576)标识,不同的列以字母(A、B、C、…、XFD)标识。每张工作表都有一个工作表标签与之对应,用户可以对工作表标签进行命名和重命名。新建的空白工作簿默认情况下仅包含 Sheet1 一个工作表,用户可以根据需要添加或删除。

3. 单元格

单元格是 Excel 工作簿的最小组成单位。一个工作表由若干行、列排列的单元格组成,一个工作表最多可包含 16384 列、1048576 行。每一个单元格地址由交叉的行号、列号标识。如 A2 表示第一列第二行的单元格。

4. 单元格区域

单元格区域指的是单个的单元格、或者是由多个单元格组成的区域、或者是整行、整列等。最常用的单元格区域为连续的单元格组成的矩形区域,其标识为"左上角单元格地址:右下角单元格地址",如"A2:D5"表示以 A2、D5 为对角顶点的矩形区域。不连续的单元格组成的单元格区域可以表示为使用逗号隔开的若干单元格和单元格区域。

4.2　Excel 2016 的基本操作

Excel 2016 的部分操作与 Word 2016 类似,如新建 Excel 文档(工作簿)、打开、保存和关闭 Excel 文档(工作簿)等。本节主要介绍新建工作簿的操作和单元格数据的输入与编辑等操作。

4.2.1　新建工作簿

与 Word 2016 类似,当用户启动 Excel 2016 时,系统将通过图 4-2 所示的任务窗格提示用户新建空白工作簿(默认文件名为:工作簿 1.xlsx)。必要时,用户也可以选择"文件"选项卡|"新建"命令,打开"新建"任务窗格创建新的工作簿。在"新建"任务窗格中单击"更多模板"可以选择 Office 官网提供的在线模板创建新的工作簿,如图 4-3 所示。

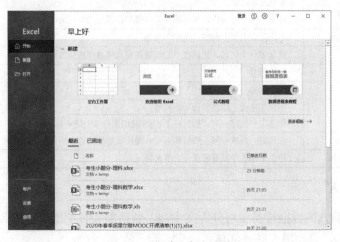

图 4-2　"新建"任务窗格

在"新建工作簿"任务窗格中单击"样本模板"选项，将打开如图 4-3 所示的"模板"任务窗格。用户可以选择合适的模板来创建所需格式的工作簿。

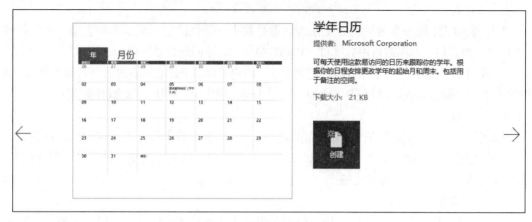

图 4-3　"模板"任务窗格

4.2.2　单元格、区域、行、列的选定

Excel 2016 的基本操作主要是对工作表单元格的操作，在进行单元格操作前必须先选定要操作的若干个单元格。当用户单击工作表中的一个单元格时，该单元格即成为活动单元格（当前单元格）。与其他单元格的显示外观不同，活动单元格的边框为黑实线，其行号、列号突出显示，活动单元格的地址在编辑栏的名称框中显示。

除了选定单个单元格之外，用户还可以选择单元格区域、若干行或列等，其操作方法如表 4-1 所示。

表 4-1　选定单元格、区域、行、列的操作

选定内容	操作
单个单元格	单击要选定的单元格
连续单元格区域	在工作表中用鼠标拖曳可选中一个矩形区域内的所有单元格； 单击选中一个单元格，然后按下 Shift 键单击另一个单元格即可选中这两个单元格为对角的矩形单元格区域
不连续单元格	选定第一个单元格，然后按下 Ctrl 键单击其他的单元格
工作表中所有单元格	单击工作表左上角的"全选"按钮
不连续的区域	选定第一个区域，然后按下 Ctrl 键拖曳鼠标继续选择其他的区域
整行	单击行号
整列	单击列号
连续的行或列	用鼠标拖曳工作表的行号或列号； 先选定一行或一列，然后按下 Shift 键用鼠标单击选中其他的行或列
不相邻的行或列	先选定一行或一列，然后按下 Ctrl 键用鼠标单击选中的其他的行或列
取消单元格选定区域	单击工作表中其他任意一个单元格

4.2.3　数据的输入

在单元格中输入的数据按类型可分为文本型、数值型和日期型。输入数据常见的方式有 3 种，即直接输入、自动填充和外部导入。

1. 直接输入数据

单击欲输入数据的单元格，切换到合适的输入法后通过键盘直接输入各种类型的数据。不同的数据类型，其输入的格式也不尽相同。

1）文本型数据的输入

文本型数据是不参与算术运算的字符数据，文本型数据可以由字母、数字、汉字或其他字符组成。一个单元格内最多可以输入 32000 个字符，其默认对齐方式为左对齐。当输入的文本长度超出单元格宽度时，若右侧相邻单元格无数据，则扩展到右侧单元格，否则输入的文本则部分显示。

当输入全部由数字组成的文本型数据时，应该在数据前面加一个半角单引号，将文本与数值区别。例如，邮政编码 411201，输入时应键入 "'411201"。

2）数值型数据的输入

默认情况下数值型数据在单元格中显示时一律右对齐。数值型数据除了数字(0~9)组成的字符串外，还包括+、–、E、e、$、/、%以及小数点(.)和千分位符号(,)等特殊字符。输入数值型数据时应注意以下几点。

(1) 负数的输入：在输入负数时可以直接用负号 "–"，也可以用小括号括起来，如输入数值–280 时，可以 "(280)" 或者 "–280" 形式输入。

(2) 分数的输入：输入分数时在整数和分数之间应有一个空格，如输入 "12 3/4" 可得 $12\frac{3}{4}$；当分数小于 1 时，先输入 "0" 和空格，再输入具体数值，如输入 "0 1/2" 可得 1/2，若没有前导 "0"，本输入将被系统识别为日期 1 月 2 日。

(3) 科学记数法：Excel 中输入的数值与数值显示的方式未必相同，如输入数据的长度超出单元格的宽度或超过 12 位时，Excel 自动以科学计数法表示。例如，输入 "123456789012"，Excel 默认显示为 1.23E+11。

(4) 自动四舍五入：单元格数值型数据在单元格中默认显示两位小数，若输入两位以上小数，则末位以四舍五入方式显示两位小数。

(5) 数据的精度：Excel 计算时将以输入的数值，而不是以显示的数值为准。但是有一种情况例外，因为 Excel 的数值精度为 15 位，当数字长度超过 15 位时，Excel 会将多余的数字转换为 0，如输入 "1234567890123456" 时，在计算中以 1234567890123450 参加计算。

(6) 字符 "￥" 和 "$" 放在数字前将被解释为货币单位，如￥976。

3）日期型数据的输入

Excel 内置了一些日期和时间的格式，当输入数据与这些格式相匹配时，Excel 将把它们识别为日期型数据。如 "mm/dd/yy" "dd-mm-yy" "hh:mm(AM/PM)"，其中表示时间时在 AM/PM 与分钟之间应有空格，比如 9:30 PM，缺少空格将被当做字符数据处理。不使用 AM/PM 时使用 24 小时制。另外按 Ctrl+; 组合键可以输入当天的日期，按 Ctrl+Shift+; 组合键可以输入当前的时间。

2. 自动输入数据

使用自动输入数据功能可以输入有一定规律的数据，如相同、等差、等比、系统预定义的数据填充序列以及用户自定义的新序列。这种输入数据的方式在 Excel 中被称为填充，填充可分为自动填充和序列填充两种方式。

1）自动填充

自动填充是根据初始值决定后续数值的填充。用鼠标指针指向初始值所在单元格右下角的黑点（此黑点称为填充句柄），当鼠标指针变为实心"十"字形状时，拖曳至填充的最后一个单元格，即可完成自动填充。当初始值为不包含数字的文本或纯数字时，填充相当于复制数据；当原始值为数字和其他字符的混合体时，填充时其中的数字部分递增，其他部分不变。如初始值为 book1，则随后的单元格依次填充为 book2，book3，book4，…。

除此之外，选中若干个单元格或单元格区域，在所选区域的任一单元格中输入数据，然后按 Ctrl+Enter 组合键，也可以将输入的数据填充到所有选中的单元格。

2）序列填充

序列填充主要针对 Excel 系统预定义的数据序列，首先在单个单元格中输入内容为 Excel 中预设序列中的一个元素，选中该单元格并拖曳该单元格的填充句柄将按预设序列填充。如初始值为"星期二"，后续单元格依次自动循环填充为"星期三""星期四"…。

如果有连续单元格存在等差关系，如 1，3，5，…，首先选中数据所在的连续单元格，然后拖曳最后数据所在单元格的填充句柄，则可在拖曳到的单元格中依序填充等差数列，拖曳的方向没有限制。

图 4-4　"序列"对话框

用户也可以利用选项卡命令在行、列方向上填充定制的数据序列。首先在首个单元格中输入初值，然后选中该单元格或要填充的区域；选择"开始"选项卡｜"编辑"｜"填充"｜"序列"命令，打开如图 4-4 所示的"序列"对话框。依次选择序列填充的方向（"行"或"列"）和序列产生的类型。如果选"日期"，还需选择"日期单位"，在"步长值"文本框中可设置等差、等比序列公差、公比的数值，在"终止值"文本框中可输入序列的终值（如果在产生序列前没有选定序列产生的区域，则必须指定终止值），设置完成，单击"确定"按钮关闭对话框即可实现自动填充。

3）自定义序列

Excel 系统预设了一些数据序列供用户进行填充时使用，同时，用户还可以根据需要，自己添加自定义序列。

选择"文件"选项卡｜"选项"｜"高级"｜"常规"｜"编辑自定义列表"按钮，弹出如图 4-5 所示的"自定义序列"对话框。

在"自定义序列"列表框中选中"自定义序列"选项，在"输入序列"文本框中依序输入自定义序列的数据项，每个数据项都以 Enter 键结束。输入完毕，单击"添加"按钮完成操作。

单击其中的"导入"按钮可以将工作表中的指定单元格区域的数据添加到自定义序列。

图 4-5　"自定义序列"对话框

3．从外部输入数据

选择"数据"选项卡 ｜ "获取外部数据"按钮，打开"选取数据源"对话框，可将其他数据库（如 Access、FoxPro、Lotus1-2-3 等软件产生的数据库文件）的数据导入，此外还可以导入文本文件中的数据。

4．数据有效性设置

Excel 提供了数据有效性审核功能，它允许用户对单元格区域内的数据设置有效性限定条件和提示信息，提高用户输入数据的准确性，设置数据有效性的具体操作步骤如下。

（1）选取要定义有效数据的单元格区域。

（2）选择"数据"选项卡 ｜ "数据工具"组 ｜ "数据验证" ｜ "数据验证"命令，打开"数据验证"对话框，选中"设置"标签，如图 4-6 所示。

（3）在"允许"下拉列表框中选择允许输入数据类型，如"整数""小数"等。

（4）在"数据"下拉列表框中选择所需操作符，如"介于""小于""不等于"等。然后在其下的数值栏中输入限定值。

（5）如果在有效数据单元格中允许出现空值，应选中"忽略空值"复选框。

（6）在"输入信息"选项卡中可以设置选中该单元格输入数据时的提示信息。

（7）在"出错警告"选项卡中可以设置当输入无效数据时显示的警告信息。

数据有效性设置完成后，系统将在用户输入单元格数据时进行有效性在线检测，一旦发现输入的数据不符合有效性条件，系统将显示出错警告信息并拒绝接受用户输入的数据。用户之前输入的数据也可以进行有效性审核。首先选择"数据"选项卡 ｜ "数据工具"组 ｜ "数据验证" ｜ "圈释无效数据"命令，系统即把不符合数据有效性条件的数据用红色的椭圆圈起来，如图 4-7 所示。

图 4-6　"数据验证"对话框

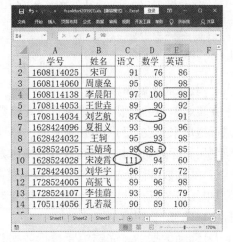

图 4-7　利用审核功能圈释无效数据

4.2.4　数据的编辑

工作表中的数据经常需要进行编辑操作，以更正其中发现的错误或更新变化的数据。编辑操作主要包括数据修改、删除、复制、移动、插入，以及单元格、行、列的设置等。

1. 数据的修改

在 Excel 2016 工作表编辑状态下，双击要修改数据的单元格，则进入单元格的数据编辑修改状态，此种方法适合修改单元格中数据(表达式)长度较小的情况。此外，也可以在编辑栏中进行单元格数据的修改操作，首先选中要修改的单元格，然后在编辑栏中修改单元格中的数据。数据修改完成，按 Enter 键或单击编辑栏中的"√"按钮结束；单击编辑栏中的"×"按钮或按 Esc 键则放弃本次数据修改，该操作方法主要针对单元格中数据(表达式)长度较小的单元格内容的修改。

2. 单元格数据清除

单元格数据清除主要用来清除选定单元格区域中的数据，单元格本身并不会被删除。首先选中要清除数据的单元格或单元格区域，然后选择"开始"选项卡｜"编辑"组｜"清除"按钮，在下拉命令列表中包含了"全部清除""清除格式""清除内容""清除批注""清除超链接"命令。选择"清除格式""清除内容""清除批注""清除超链接"命令可分别清除所选单元格的格式、内容、批注或超链接。若选择"全部清除"命令，则将单元格的格式、内容和批注、超链接等信息全部清除。

若只清除单元格中的内容，可在选定单元格或区域后按 Delete 键，也可以右击选中的单元格或单元格区域，在弹出的快捷菜单中选择"清除内容"命令。

图 4-8　"删除"对话框

3. 删除单元格

单元格删除操作针对的对象是单元格及其内容，该操作将把指定的单元格及其内容、格式等全部删除。

首先选中要操作的单元格或单元格区域，然后选择"开始"选项卡｜"单元格"组｜"删除"下拉按钮｜"删除单元格"命令，打开如图 4-8 所示的"删除"对话框。用户可选择"右侧单元格左移"或"下方单元格上移"来填充单元格(单元格区域)删除后留下的位置；选择"整行"或"整列"将删除选中的单元格(单元格区域)所在的行或列，其下方的相邻行或右侧的相邻列自动填充空缺。

4. 数据的复制和移动

在 Excel 中可以很方便地进行单元格数据的复制和移动操作，其操作可通过剪贴板或使用鼠标拖动来完成。利用剪贴板复制、移动数据与 Word 中的操作方法基本相同，在此主要介绍利用鼠标拖动复制、移动数据的操作方法。

(1)复制数据：首先选中要进行数据复制的单元格(单元格区域)，然后用鼠标指针指向单元格(单元格区域)的边界，当鼠标指针变为"十"字形四向箭头时，按下 Ctrl 键拖动鼠标到目标区域即可。

(2)移动数据：首先选中要进行数据移动的单元格(单元格区域)，然后用鼠标指针指向单元格(单元格区域)的边界，当鼠标指针变为"十"字形四向箭头时，拖动鼠标到目标区域即可。

此外，当单个单元格内的数据为纯字符或纯数值且不是自动填充序列的一员时，使用鼠标自动填充的方法也可以实现数据复制。此方法在同行或同列的相邻单元格内复制数据非常方便，且可多次复制。

5. 数据的选择性粘贴

一个单元格含有多种特性，如数值、格式、批注、公式有效性验证、格式列宽等。数据复制时往往只需复制它的部分特性。此外复制数据的同时还可以进行算术运算、行列转置等处理。这些都可以通过选择性粘贴来实现，选择性粘贴具体操作步骤如下。

(1)首先将数据复制到剪贴板，将光标定位到待粘贴目标区域中的开始位置，然后选择"开始"选项卡 | "剪贴板"组 | "粘贴"下拉按钮 | "选择性粘贴"命令，打开如图 4-9 所示的"选择性粘贴"对话框。

(2)在"粘贴"对话框中选择要粘贴的内容。在"运算"选项区选择一种运算，其中的加、减、乘、除是指将要粘贴的单元格数据分别与对应的目标单元格中的数据进行运算后再存入相应的目标单元格中。

(3)选中"跳过空单元"复选框可以避免粘贴操作的空白单元格取代目标区域中的数据。

(4)选中"转置"复选框可以将要源单元格区域的行、列互换后粘贴到目标区域。

(5)各有关选项设置完毕，单击"确定"按钮完成选择性粘贴。

6. 单元格、行和列的插入与删除

由于数据输入错误或数据更新的原因，经常需要进行增删行、列或单元格的操作。

图 4-9 "选择性粘贴"对话框

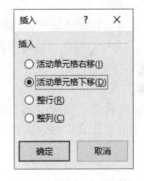

图 4-10 "插入"对话框

1)单元格的插入

选中要插入单元格的位置，选择"开始"选项卡 | "单元格"组 | "插入"下拉按钮 | "插入单元格"命令，打开如图 4-10 所示的"插入"对话框。选择单元格的插入方式（"活动单元格右移""活动单元格下移"），然后单击"确定"按钮即可。

2)行、列的插入

选中要插入行的位置，选择"开始"选项卡 | "单元格"组 | "插入"下拉按钮 | "插入工作表行"命令，将插入一新行。如果选择"插入工作表列"命令，将插入新列。

3)行、列的删除

选中要删除的行或列，选择"开始"选项卡 | "单元格"组 | "删除"下拉按钮 | "删除工作表行"或者"删除工作表列"命令即可。

4.3　工作表的编辑和格式化

工作表的编辑是指工作簿内工作表的插入、删除、复制、移动、重命名等操作。而通过对工作表的格式化，可以使工作表看起来更美观，更具可读性。

4.3.1　工作表的编辑

1. 选取工作表

工作簿通常由多个工作表组成，若要对工作表操作就必须先选取工作表。工作表的选取可通过单击工作表标签进行。

(1) 选取单个工作表：单击要操作的工作表标签，即可选中该工作表。选中的单个工作表的内容出现在 Excel 主窗口中，选中的工作表标签背景为白色。

(2) 选取多个工作表：选取多个连续工作表，可先单击第一个工作表标签，然后按 Shift 键单击最后一个工作表标签。选取多个非连续工作表则通过按 Ctrl 键单击选取。

多个选中的工作表组成一个工作表组，标题栏中出现"[组]"字样，选中工作组的好处是：在其中一个工作表的任意单元格中输入数据或设置格式，在工作组其他工作表的相同单元格中将出现相同数据或相同格式。显然，如果想在工作簿多个工作表中输入相同数据或设置相同格式，设置工作组将可节省不少时间。

要取消选中的工作组，单击本工作组外的任意一个工作表标签即可。

2. 插入工作表

选中要插入工作表的位置，选择"开始"选项卡｜"单元格"组｜"插入"下拉按钮｜"插入工作表"命令，可在当前选中的工作表标签之前插入一个空白工作表，新插入的工作表为活动工作表。

3. 删除工作表

若要删除工作表，则选中该工作表，选择"开始"选项卡｜"单元格"组｜"删除"下拉按钮｜"删除工作表"命令即可。工作表被删除后将不能通过"撤销"命令恢复。

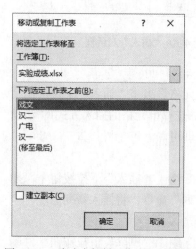

图 4-11　"移动或复制工作表"对话框

4. 重命名工作表

工作表初始名称为 Sheet1，Sheet2，…，这样的工作表名不能够说明工作表的内容和作用，在实际应用中通常都要对工作表进行重新命名。首先双击要命名的工作表标签，工作表名将突出显示，然后输入新的工作表名并按 Enter 键结束。

5. 工作表的复制或移动

实际应用中，为了更好地共享和组织数据，常常需要复制或移动工作表。复制和移动工作表可在工作簿之间或工作簿内部进行。

1) 使用快捷菜单命令复制或移动工作表

首先打开相关的工作簿，然后右击所要复制或移动的工作表标签，在弹出的菜单中选择"移动或复制"命令，打开如图 4-11 所示的"移动或复制工作表"对话框。最后在"工作簿"下拉列表框中选择要复制或移动到的工作簿，在"下列选定工作表之前"列表框中选择标签要移动或复制到的目标位置。如果是复制则选中"建立副本"复选框，否则为移动。

2）使用鼠标复制或移动工作表

若要在同一个工作簿内复制工作表，可以按住 Ctrl 键，用鼠标拖曳要复制的工作表标签到"工作表标签"栏的指定位置即可。如果移动工作表，则直接拖动工作表标签到新位置即可。

在两个工作簿之间复制或移动工作表的操作方法与在同一工作簿中的操作方法类似。首先打开相关的两个工作簿，在桌面上平铺显示两个工作簿窗口，然后将选定的工作表标签拖曳到目标工作簿窗口的"工作表标签"处，即可完成工作表的移动操作。若在拖曳前按下 Ctrl 键则进行复制操作。

4.3.2　工作表的格式化

1．设置单元格格式

工作表的格式化，可以选择"开始"选项卡｜"单元格"组｜"格式"｜"设置单元格格式"命令，打开如图 4-12 所示的"设置单元格格式"对话框。利用数字、对齐、字体、边框、填充和保护 6 个选项卡进行相应的格式设置，设计出格式丰富的表格。其中字体、边框、填充 3 个选项卡的设置与 Word 2016 类似。下面仅介绍数字、对齐和保护 3 个选项卡的应用。

图 4-12　"设置单元格格式"对话框

1）"数字"选项卡

"数字"选项卡提供了丰富的数据格式（图 4-12），主要包括数值、货币、会计专用、日期、时间、百分比、分数、科学计数、文本、特殊格式等。用户可以通过在"分类"列表框选择要设置的数据类别，在"类型"列表框中选择格式类型，在"类型"文本框中修改数据格式串。在默认情况下，Excel 使用的是"G/通用格式"，即数据向右对齐、文本向左对齐、表达式显示数值，当数据长度超出单元格长度时用科学记数法表示。

选中"分类"列表框中的"自定义"选项可以自己设置数据格式。其中数值格式包括整数、定点小数和逗号等显示格式。"0"表示以整数方式显示，"0.00"表示以两位小数方式显示，"#,##0.00"表示小数部分保留两位，整数部分每千位用逗号隔开，"[红色]"表示当数据值为负时，用红色显示。

2)"对齐"选项卡

默认情况下，Excel 根据输入的内容自动调节数据的对齐格式，如文本左对齐、数值右对齐等。也可利用"设置单元格格式"对话框的"对齐"选项卡设置单元格的对齐格式，如图 4-13 所示。其中包含以下选项(图 4-14 展示的为其中的部分对齐效果)。

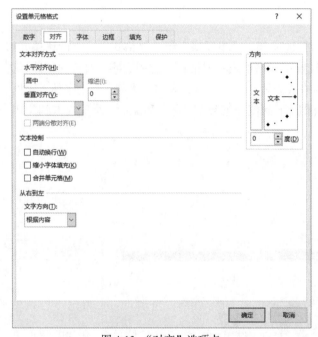

图 4-13　"对齐"选项卡

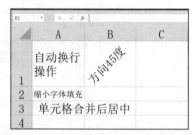

图 4-14　"对齐"格式示例

(1)"水平对齐"选项包括常规、左缩进、居中、靠左、填充、两端对齐、跨列居中、分散对齐等。

(2)"垂直对齐"选项包括靠上、居中、靠下、两端对齐、分散对齐等。

(3)在"文本控制"选项区可调整文本在单元格中的显示方式。选中"自动换行"复选框可对输入的文本根据单元格列宽自动换行；选中"缩小字体填充"复选框可减小字符的外观尺寸以适应列宽；选中"合并单元格"复选框可将当前选中的若干个单元格合并为一个单元格。

(4)在"文字方向"下拉列表框中可指定文本的读取顺序和对齐方式。默认设置为"根据内容"，也可以更改为"从左到右"或"从右到左"。

(5)在"方向"选项区可设置所选单元格中的文本旋转，文本旋转的角度为–90°～90°。

3)"保护"选项卡

"保护"选项卡有"锁定"和"隐藏"两个复选框。选中"锁定"复选框可以保护所选单元格以避免更改、移动、调整大小或删除。若选中"隐藏"复选框系统将在编辑栏中隐藏单元格中的公式。

注意：只有在工作表被保护时，锁定单元格或隐藏公式才有效。选择"审阅"选项卡 |"保护"组 |"保护工作表"命令，可对工作表进行保护。

2. 设置列宽和行高

工作表中的单元格具有一定的宽度和高度，当单元格中输入的数据超过单元格大小时，系统将无法保证数据显示的完整性。为解决类似问题，用户可以调整行高和列宽。

使用鼠标拖动操作可以很方便地调整单元格的列宽、行高。将鼠标指针移动到行号或列号的分界线上，当鼠标光标变为双向箭头形状时拖动分隔线至适当的位置即可。

要精确调整列宽、行高，可以分别选择"开始"选项卡 |"单元格"组 |"格式"下拉

图 4-15　"格式"菜单

按钮 |"列宽"或"行高"命令进行设置，如图 4-15 所示。

(1)选择图 4-15 中的"列宽"或"行高"命令可显示相应的对话框，用户可输入精确的单元格宽度或高度数值。其中行高的单位为"磅"（1mm=2.835 磅），列宽以"标准字体"（"0123456789"字符宽度的平均值)为单位。

(2)选择图 4-15 中的"自动调整列宽"或"自动调整行高"命令则以选定列(行)中的最宽(高)的数据项为该列(行)的新宽(高)度。

(3)选择图 4-15 中的"隐藏和取消隐藏"命令可以使选中单元格所在的行或列隐藏起来，或者使隐藏的行或列重新显示。

3. 条件格式

条件格式功能可以根据单元格内容有选择地自动应用格式，为用户带来很多方便。例如，在打印学生成绩单时，可以利用条件格式功能对各分数段的成绩以不同的格式显示。

首先选定要设置条件格式的区域，选择"开始" |"样式" |"条件格式"命令，打开如图 4-16 所示的"条件格式"下拉菜单。在"突出显示单元格规则"选项中设定条件格式的第一个条件，其中可以设置的格式包括字形、颜色、下划线、删除线、边框、填充图案等。图 4-17 所示的为条件格式的效果实例，不同分数段的成绩以不同的颜色显示。

图 4-16　"条件格式"下拉菜单

	A	B	C	D	E
1	学号	姓名	语文	数学	英语
2	1608114025	宋可	91	76	86
3	1608114060	周康垒	95	86	98
4	1608114138	李晨阳	97	100	98
5	1708114053	王世垚	89	90	92
6	1708114034	刘艺航	87	89	91
7	1628424096	夏祖义	66	90	96
8	1628424032	王轲	95	93	98
9	1628524025	王婧琦	98	88.5	77
10	1628524028	宋凌霄	44	94	60
11	1728424035	刘华宇	96	97	72
12	1728524005	高振飞	89	96	56
13	1728524107	李佳蔚	93	96	79
14	1705114056	孔若凝	90	89	100

图 4-17　"条件格式"设置效果

如图 4-16 所示，选择"条件格式"｜"清除规则"｜"清除所选单元格的规则"或者"清除整个工作表的规则"命令，可删除相应范围内的设置的条件格式。

4. 自动套用格式

为了使用户能够更加方便地对工作表单元格进行专业地格式化设置，Excel 的"自动套用格式"功能提供了多种专业的表格格式供用户选择套用。

首先选中要操作的单元格区域，然后选择"开始"选项卡｜"样式"组｜"套用表格格式"按钮，打开如图 4-18 所示的"自动套用格式"列表框。在"套用表格格式"列表框中选择一种合适的格式。在弹出的对话框中，单击"表数据的来源"按钮，可以有选择地部分应用当前选中的格式。选择完毕，单击"确定"按钮关闭对话框即可。

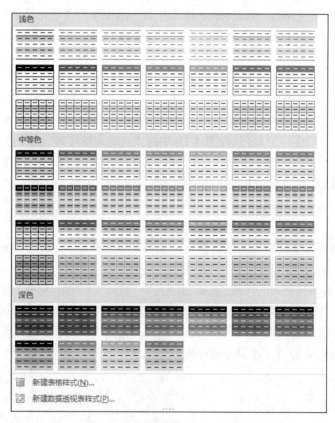

图 4-18　"自动套用格式"列表框

4.4　公式和函数

Excel 2016 具有强大的计算功能，系统提供了许多运算符、函数，可以对工作表中的数据进行总计、平均、汇总以及其他更为专业的统计运算，运算的结果将随着相关数据的修改而自动更新。

4.4.1　公式

Excel 2016 中的公式是指用运算符将各种数据、函数、区域、地址连接起来的，可以进行数据运算、文本连接和比较运算的表达式。在单元格中输入公式时应该以 "=" 开始，以便与普通的文本内容区分。

1. 运算符

Excel 公式中可使用的运算符包括算术运算符、比较运算符、文本运算符 3 种。

(1) 算术运算符：加号 (+)、减号 (−)、乘 (*)、除 (/)、百分号 (%) 和乘方 (^) 等。

(2) 比较运算符：=、>、<、>= (大于等于)、<= (小于等于)、<> (不等于)，比较运算符可以比较两个数值的关系返回比较结果 TRUE 或 FALSE。

(3) 文本运算符："&" 可以将两个文本连接为一个组合文本，如表达式:= "A" & "B" 的结果为 "AB"。

Excel 对运算符的优先级作了严格规定，算术运算符中从高到低分 3 个级别：百分号和乘方、乘除、加减；比较运算符优先级相同；表达式中有圆括号时，圆括号内的运算优先。三类运算符又以算术运算符优先级最高，文本运算符次之，比较运算符最低。优先级相同时，按从左到右的顺序计算。

2. 公式输入

公式输入一般可以直接输入，如要在 A3 中存放 A1 和 A2 的和，首先选中单元格 A3，输入 "=" 号 (表示输入的是公式)，然后输入 "A1+A2"，最后按 Enter 键或鼠标单击编辑栏中的 "√" 按钮，A3 单元格中将显示 A1 和 A2 单元格数值的和，同时编辑栏中以公式形式显示该单元格的内容。

3. 单元格的引用与公式的复制

公式的复制可以避免大量重复操作，复制公式时，若在公式中使用单元格地址和区域，应根据情况使用不同的单元格引用。单元格引用分为相对引用、绝对引用和混合引用。引用可以在同一张工作表上进行，也可以在同一个工作簿中不同的工作表之间进行，甚至在不同的工作簿中进行。

1) 相对引用

Excel 中默认的单元格引用为相对引用，相对引用是当公式在复制时会根据公式移动的位置自动调节公式中引用单元格的地址。如要计算 B2、C2 与 D2 单元格之和，在 E2 单元格输入计算公式 "=B2+C2+D2" 后，得到了相应的计算结果，如图 4-19 所示。如果将 E2 单元格中的公式复制到 E3 单元格，这时 E3 单元格中公式变为 "=B3+C3+D3"，如图 4-20 所示。究其原因就是相对地址在起作用，公式从 E2 复制到 E3，列号未变，行号加 1。所以公式中引用的单元格列号不变，行号加 1，由 2 变为 3。

	A	B	C	D	E
1	姓名	语文	数学	英语	总分
2	宋可	91	76	86	253
3	周康垒	95	86	98	
4	李晨阳	97	100	98	
5	王世垚	89	90	92	
6	刘艺航	87	89	91	
7	夏祖义	66	90	96	
8	王轲	95	93	98	
9	王婧琦	98	88.5	77	

图 4-19　B2、C2、D2 单元格的 "求和" 公式

	A	B	C	D	E
1	姓名	语文	数学	英语	总分
2	宋可	91	76	86	253
3	周康垒	95	86	98	279
4	李晨阳	97	100	98	
5	王世垚	89	90	92	
6	刘艺航	87	89	91	
7	夏祖义	66	90	96	
8	王轲	95	93	98	
9	王婧琦	98	88.5	77	

图 4-20　复制 "相对引用" 公式

2)绝对引用

在行号和列号前均加上"$"符号代表绝对引用。公式复制时，绝对引用单元格不会随着公式复制到的位置变化而改变。上例中如果 E2 中的公式为"=$B$2+$C$2+$D$2"，那么复制到 E3 单元格中公式仍为"=$B$2+ $C$2+$D$2"，所以结果不变。

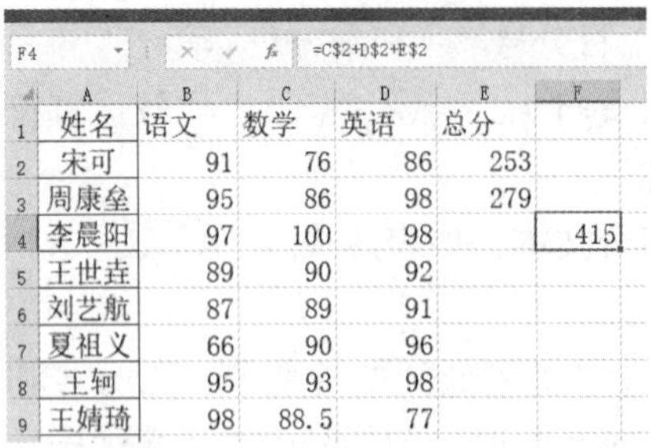

图 4-21 "混合引用"公式

3)混合引用

混合引用是指单元格地址的行号或列号前加上"$"符号，如$B2 或 B$2。公式复制时，公式的相对地址部分将随位置变化，而绝对地址部分仍保持不变。

例如，在 E2 单元格的公式为"=B$2+C$2+D$2"，如果将公式从 E3 复制到 F4 单元格，则如图 4-21 所示的 F4 单元格中的公式为"=C$2+D$2+E$2"。

以上 3 种引用地址输入时可以互相转换：选定公式中引用单元格的部分，依次按 F4 键即可。

4.4.2　函数

Excel 提供了许多函数，为用户对数据进行运算和分析带来极大的方便。

1. 函数的语法格式

函数的语法格式：函数名(参数 1,参数 2,…,参数 n)

其中参数可以是常量、单元格、单元格区域、区域名或其他函数。

2. 常用函数

Excel 提供了 9 类函数，包括财务、日期与时间、数学与三角函数、统计、数据库、文本、查找与引用、信息和逻辑等。以下是常用的部分函数。

1)求和函数 SUM

函数格式：SUM(number1, number2, …)

功能：计算其中所有数值的和。

2)求平均值函数 AVERAGE

函数格式：AVERAGE(number1, number2, …)

功能：返回所有参数的平均值。

3)求最大值函数 MAX

函数格式：MAX(number1, number2, …)

功能：返回一组数值中的最大值。

4)求最小值函数 MIN

函数格式：MIN(number1, number2, …)

功能：返回一组数值中的最小值。

5)取整函数 INT

函数格式：INT(number)

功能：取不大于数值 number 的最大整数。

6)绝对值函数 ABS

函数格式：ABS(number)

功能：取 number 的绝对值。

7）四舍五入函数 ROUND

函数格式：ROUND（number, num_digits）

功能：按指定的位数对数值项 number 进行四舍五入。

8）排序函数 RANK

函数格式：RANK（number, ref, order）

功能：返回指定的某个数值型数据在一组数值型数据中的大小排位。

9）统计函数 COUNT

函数格式：COUNT（value1, value2, …）

功能：求各参数中数值参数和包含数值的单元格个数。参数的类型不限。

10）条件函数 IF

函数格式：IF（Logical_test,value_if_true,value_if_false）

功能：判断一个条件是否满足，如果满足则返回一个值，否则返回另一个值。

11）条件计数函数 COUNTIF

函数格式：COUNTIF（range, criteria）

功能：计算某个区域中满足给定条件的单元格数目。

3. 应用函数

如果对需要应用的函数比较熟悉，可直接在编辑栏输入；否则可单击编辑栏中的"插入函数"按钮 f_x，选择合适的函数自动插入。下面以 IF 函数应用为例，介绍直接输入函数和插入函数的操作方法。

【例 4-1】　在图 4-22 所示的工作表中，使用函数对学生成绩（B 列）划分等级（C 列）。针对第一个学生的成绩，具体的操作规则详述如下。

当 B2 单元格的值小于 60 时，C2 单元格的值为"不及格"；当 B2 单元格的值大于等于 60 且小于 85 时，C2 单元格的值为"及格"；当 B2 单元格的值大于等于 85 时，C2 单元格的值为"优秀"。

1）直接输入函数

如果对函数比较熟悉，可直接在单元格或其编辑栏中，输入函数表达式。选中 C2 单元格，输入包含函数 IF 的运算公式：=IF（B2<60,"不及格",IF（B2<85,"及格","优秀"）），如图 4-22 所示。

2）插入函数

（1）选中要插入函数的单元格（如 C2），单击编辑栏中的"插入函数"按钮，打开如图 4-23 所示的"插入函数"对话框。

（2）在"或选择类别"下拉列表框中选择要插入的函数类型，这里选择"常用函数"选项；在"选择函数"列表框中选择要插入的函数，选中函数的注释将在列表框下方显示，这里选择 IF 函数。单击"确定"按钮，打开如图 4-24 所示的"函数参数"对话框。

（3）该函数有 3 个参数，用户可以分别在 3 个文本框中输入函数的 3 个参数，也可以单击文本框右侧的按钮，选择单元格（区域）引用作为函数的参数。参数设置如图 4-24 所示，设置完毕，单击"确定"按钮关闭对话框。

从本例可以看出，Excel 中的函数可以嵌套使用。第一个成绩等级计算完毕，可以选中该单元格，向下拖动单元格右下角的填充句柄，即可自动将其余的成绩等级计算出来。

图 4-22　IF 函数应用实例

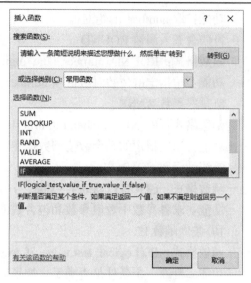

图 4-23　"插入函数"对话框

4. 自动计算

　　Excel 提供了自动计算功能，可以自动计算选定单元格区域内容的总和、均值、最大值、最小值等。

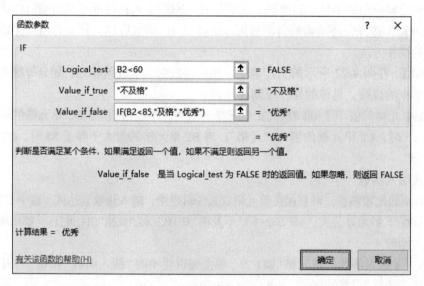

图 4-24　"函数参数"对话框

　　(1)选中若干单元格，单击"开始"选项卡 | "编辑"组 | "自动求和"按钮(Σ)，对所选项自动求和。也可单击该按钮右侧的下拉按钮，在打开的下拉列表中选择平均值、计数、最大值、最小值等不同的计算方式。

　　若选择的区域为列，则自动计算的结果将填入该列所选区域下端最近的空单元格；若选择区域是行，则将结果填入该行所选区域右侧最近的空单元格中。

　　(2)当选取了单元格区域后，右击状态栏，在弹出的快捷菜单中选择一种计算方式，计算结果就会在状态栏中显示出来。

5. 单元格区域命名

在公式和函数的使用中，当引用一个单元格区域时，可以用它的左上角和右下角的单元格地址来命名，如"B3:E3"。如果给单元格区域起一个贴切的名称，就会使人清晰理解区域数据的含义。例如，在图 4-25 中如把"B3:E3"区域起名为"李明成绩"，那么公式"=SUM(李明成绩)"显然比公式"=SUM(B3:E3)"更直观。可利用直接输入法和菜单定义法给单元格区域命名。

1）直接输入

选取如图 4-25 所示的数据区域 B3:E3，单击编辑栏左端的名称框，输入新名称"李明成绩"，按 Enter 键结束。此时，可看到 B3:E3 区域名称已经显示为"李明成绩"了。

2）菜单定义

首先选中单元格区域并右击，在弹出的快捷菜单中选择"定义名称"命令，打开如图 4-26 所示的"新建名称"对话框，在对话框顶端的文本框中输入新名称，按 Enter 键或单击"确定"按钮完成命名操作。

单元格区域命名后，可以从编辑栏的名称框中单击名称，快速选取单元格区域。

图 4-25　"区域命名"示例　　　　　图 4-26　"新建名称"对话框

4.5　数　据　管　理

Excel 不仅具有数据的计算处理能力，还具有数据管理功能，可以实现对数据的排序、筛选、分类汇总等操作。

4.5.1　数据清单

数据清单，又称数据列表，是由工作表中单元格构成的矩形区域，即一张二维表，它与前面介绍的工作表中数据有所不同，有以下几个特点。

(1) 与数据库相对应，二维表中的每列为一个字段，每行为一条记录，第一行为表头，由若干个字段名组成。

(2) 表中不允许有空行或空列(会影响 Excel 检测和选定数据列表)；每一列必须是性质相同、类型相同的数据，不能有完全相同的两行内容。

(3) 在一个工作表上避免建立多个数据清单。因为数据清单的某些处理功能，每次只能在一个数据清单中使用。

(4) 数据清单与无关的数据之间至少留出一个空白行和一个空白列。

数据清单既可像一般工作表一样直接建立和编辑，在 Excel 2016 中访问数据记录单的命令并不在功能区中。要使用数据记录单，必须将它添加到"快速访问工具栏"中。

(1)右击"快速访问工具栏"，单击"自定义快速访问工具栏"命令，弹出"Excel 选项"对话框，"自定义快速访问工具栏"面板出现。

(2)在"从下列位置选择命令"下拉列表框中选择"不在功能区中的命令"选项，在左边的列表框中选中"记录单"。

图 4-27　"记录编辑"对话框

(3)单击对话框中间的"添加"按钮，将已选中的"记录单"命令添加到快速访问工具栏中，单击"确定"按钮关闭"Excel 选项"对话框。

①单击"快速访问工具栏"中的"记录单"按钮，打开如图 4-27 所示的"记录编辑"对话框，在其中进行编辑。

②单击"上一条""下一条"按钮可查看各记录内容，显示的记录内容除公式外，其余可直接在文本框中修改。

③单击"新建"按钮，可添加一条记录；单击"删除"按钮，可删除一条记录。

如果需要查找符合给定条件的记录，可通过单击"条件"按钮，在打开对话框的文本框中分别输入相关的条件，单击"下一条""上一条"按钮查看符合该条件的记录。

4.5.2　数据排序

对数据清单可以按指定的若干数据列对数据清单进行排序。对英文字母，按字母次序(默认不区分大小写)排序，汉字可按拼音或笔画排序。

1. 简单排序

简单排序是指按单一字段(列)进行升序或降序排列，可以单击该数据列，然后单击"数据"选项卡｜"排序和筛选"组｜"升序"按钮 或"降序"按钮 进行简单排序。

2. 复杂数据排序

当排序的字段(主要关键字)有多个相同的值时，可根据另外一个字段(次要关键字)的内容再排序，依此类推可使用多个字段进行复杂排序。可以选择"数据"选项卡｜"排序和筛选"组｜"排序"按钮进行复杂数据排序。

【例 4-2】对图 4-28 所示的学生成绩清单以"性别"为主要关键字升序排序，"性别"相同的按"总分"降序排列，若"性别"与"总分"都相同的记录则按"英语"降序排序。

本例的复杂数据排序的具体操作如下。

首先选中要排序的数据清单所在的单元格区域，然后选择"开始"选项卡｜"编辑"组｜"排序和筛选"按钮，在下拉菜单中选择"自定义排序"命令，打开如图 4-29 所示的"排序"对话框，单击"添加条件"按钮增加更多排序条件

	A	B	C	D	E	F
1	姓名	性别	语文	数学	英语	总分
2	李明	男	77	98	83	258
3	李晨阳	女	97	100	98	295
4	王轲	男	95	93	98	286
5	周康垒	男	95	86	98	279
6	孔若凝	女	90	89	100	279
7	王世垚	男	89	90	92	271
8	李佳蔚	女	93	96	79	268
9	刘艺航	女	88	89	91	268
10	刘华宇	女	96	97	72	265
11	王婧琦	女	98	88.5	77	263.5

图 4-28　未排序的"数据列表"

行。在"主要关键字"下拉列表框中选择"性别",在右侧"次序"下拉列表中选择排序方式为"升序";在"次要关键字"下拉列表框中选择"总分",排序方式为"降序"。在"第三关键字"下拉列表框中选择"英语",排序方式为"降序"。设置完毕,单击"确定"按钮关闭该对话框,排序结果如图 4-30 所示。

图 4-29 "排序"对话框 图 4-30 排序后的数据列表

4.5.3 数据筛选

通过数据筛选功能可以显示数据清单中满足条件的数据行,不满足条件的数据行被暂时隐藏起来。当筛选条件被删除时,隐藏的数据将恢复显示。数据筛选有自动筛选和高级筛选两种方式。

1. 自动筛选

自动筛选可以针对每个字段设置筛选条件,该筛选具有操作简单、方便有效的特点。选中要进行自动筛选的数据清单中的任意单元格,然后选择"数据"选项卡│"排序和筛选"组│"筛选"按钮,所有列标题(字段名)旁都出现一个下拉按钮,如图 4-31 所示。单击所需筛选的字段名旁的下拉按钮,在下

姓名	性别	年级	语文	数学	英语	总分
王轲	男	大三	95	93	98	286
周康垒	男	大一	95	86	98	279
王世垚	男	大三	89	90	92	271
李明	男	大一	77	98	83	258
李晨阳	女	大一	97	100	98	295
孔若凝	女	大三	90	89	100	279
刘艺航	女	大二	88	89	91	268
李佳蔚	女	大二	93	96	79	268
刘华宇	女	大四	96	97	72	265
王婧琦	女	大二	98	88.5	77	263.5

图 4-31 使用"自动筛选"进行简单筛选

拉列表框中选择所要筛选的条件,如"前 10 个""全部""自定义"等即可。可以同时设置多个字段的筛选条件(范围)。

如果要取消自动筛选的条件,可再次选择"数据"选项卡│"筛选"按钮使全部数据恢复显示。

2. 高级筛选

利用自动筛选对各字段进行筛选是逻辑与(并且)的关系,即同时满足各个字段设置的筛选条件。若要实现逻辑或关系的筛选,则必须借助于高级筛选。

使用高级筛选可以在数据清单以外的位置建立条件区域,条件区域至少是两行,首行为数据清单相应字段精确匹配的字段名。同一行上的条件关系为逻辑与的关系,不同行之间为逻辑或的关系。筛选的结果可以在原数据清单位置显示,也可以在数据清单以外的位置显示。

【例 4-3】 要筛选出大三的学生或性别为"男"且数学成绩大于等于 88 的大一学生。

　　首先在数据清单以外的位置建立条件区域，如图 4-32 所示，按规定格式输入条件。然后单击"数据"选项卡｜"排序和筛选"组｜"高级"按钮；打开如图 4-32 所示的"高级筛选"对话框；在其对话框内进行数据区域和条件区域的选择；如图 4-32 所示，"列表区域"为数据列表所在的 A1:G11 区域，"条件区域"为条件表达式所在的 A13:C15 区域。如果想把筛选的结果复制到其他位置，则需要选中对话框中的"将筛选结果复制到其他位置"单选按钮，然后通过对话框中的"复制到"选项指定筛选结果显示的位置。设置完毕，单击"确定"按钮关闭对话框，筛选的结果如图 4-33 所示。若要取消高级筛选，可以单击"数据"选项卡｜"排序和筛选"组｜"清除"按钮。

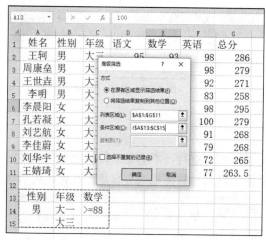

图 4-32　"高级筛选"对话框及筛选条件

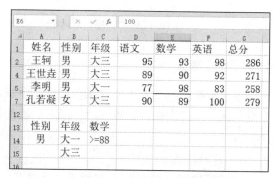

图 4-33　"高级筛选"的结果

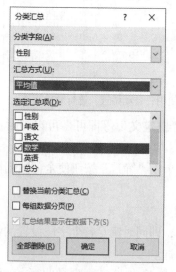

图 4-34　"分类汇总"对话框

4.5.4　分类汇总

　　分类汇总就是对数据清单按某字段进行分类，将字段值相同的连续记录作为一类，进行求和、平均、计数等汇总运算。针对同一个分类字段，可进行多种汇总。

　　注意：在分类汇总之前，必须通过排序的方法使分类的字段有序，否则分类汇总无效（无意义）。

　　1. 简单汇总

　　对数据清单的一个字段仅做一种方式的汇总，称为简单汇总。例如，求各年级学生的数学课程的平均成绩。根据分类汇总要求，实际是对年级分类，对各年级的数学课程进行汇总，汇总的方式是求平均值。首先年级字段进行排序，然后单击"数据"选项卡｜"分级显示"组｜"分类汇总"按钮，在如图 4-34 所示的"分类汇总"对话框中进行相应的选择，即可完成相关的分类汇总操作。

　　2. 嵌套汇总

　　多种汇总结果共存的汇总操作称为嵌套汇总。如上例在求各年级学生的数学平均成绩的基础上再统计年级的人数，则可分两次进行分类汇总。在上例求各系平均分的基础上，再统计各年级人数。在打开"分类汇总"对话框求各年级人数时，必须取消对话框(图 4-34)中的"替换当前分类汇总"复选框的选中状态。本例嵌套汇总的结果如图 4-35 所示。

若要取消已经创建的分类汇总，则打开"分类汇总"对话框，单击"全部删除"按钮即可。

1234	A	B	C	D	E	F	G
1	姓名	性别	年级	语文	数学	英语	总分
2	刘艺航	女	大二	88	89	91	268
3	李佳蕊	女	大二	93	96	79	268
4	王婧琦	女	大二	98	88.5	77	263.5
5		女 计数			3		
6			大二 平均值		91.167		
7	王轲	男	大三	95	93	98	286
8	王世尧	男	大三	89	90	92	271
9		男 计数			2		
10	孔若凝	女	大三	90	89	100	279
11		女 计数			1		
12			大三 平均值		90.667		
13	刘华宇	女	大四	96	97	72	265
14		女 计数			1		
15			大四 平均值		97		
16	周康垒	男	大一	95	86	98	279
17	李明	男	大一	77	98	83	258
18		男 计数			2		
19	李晨阳	女	大一	97	100	98	295
20		女 计数			1		
21			大一 平均值		94.667		
22		总计数			10		
23			总计平均值		92.65		

图 4-35 各年级数学"平均分"和人数"计数"的嵌套汇总

4.5.5 数据透视表

分类汇总只能按一个字段进行分类统计，如果用户想要按多个字段进行分类并汇总，则用分类汇总操作就不好实现了，此时可利用数据透视表来解决此类问题。

例如：要统计指定总分的各年级的男女生的人数，此时既要按年级分类，又要按性别分类，还要按总分筛选，这就需要通过数据透视表操作来完成。具体操作步骤如下。

(1)在有数据的区域内单击任一单元格，以确定要用哪些数据来创建数据透视表。然后选择"插入"选项卡│"表格"组│"数据透视表"命令，打开如图 4-36 所示的"创建数据透视表"对话框。

(2)在"选定区域"文本框中输入建立数据透视表的数据区域引用，或单击文本框右侧的"选择区域"按钮在工作表中选择数据源区域。

①确定要用哪些数据来创建数据透视表。本例为"期末成绩!$A$1:$G$11"，即"期末成绩"工作表中的 A1:G11 单元格区域。

②要选择放置数据透视表到的位置，考虑到本例的数据很少，可选择本工作表，这样，还可随时查看到源数据。本例直接将数据透视表放置在源数据列表的下方("期末成绩!$A$14")，即"期末成绩"工作表中自 A14 单元格开始的区域。

(3)设置完毕，单击"确定"按钮，关闭"创建数据透视表"对话框。将在 Excel 2016

工作区右侧出现如图 4-37 所示的"数据透视表字段"对话框。在该对话框中的"行""列""筛选"区域为分类的字段,"数值"区为汇总的字段和汇总方式。本例中将"总分"拖入到"筛选"区域中作为报表筛选字段,"年级"拖入到"行"区域,把"性别"拖入到"列"区域,再把"姓名"拖入到"数值"区域,作为统计"数值"项。

在默认情况下,数值区的汇总字段如果是数值型,则对其求和,否则对其进行计数。单击该字段,选择下拉菜单中的"值字段设置"命令打开同名的对话框,可以更改统计方式。

图 4-36 "创建数据透视表"对话框

图 4-37 数据透视表字段列表

(4)生成的数据透视表如图 4-38 所示。如果用户要分年级查看有关学生的人数,通过"行标签"右侧的下拉按钮来选择显示不同年级。如果还要按不同总分、不同性别查看,只需单击"总分"和"列标签"右侧的下拉按钮,在列表框中选择相应的选项即可,如图 4-39 所示。

总分	(全部)		
计数项:姓名	性别		
年级	男	女	总计
大二		3	3
大三	2	1	3
大四		1	1
大一	2	1	3
总计	4	6	10

图 4-38 透视表结果

图 4-39 显示或隐藏图表项

4.6　图　表　操　作

Excel 工作表中的数据以及各种统计结果可以用形象的统计图表显示，以便更加形象、直观地反映数据的变化规律和发展趋势。当工作表中的数据源发生变化时，图表中对应项的数据也会自动更新。Excel 中的图表类型有多种，如二维图表和三维图表，每一类又有若干子类型。

4.6.1　图表的创建

在 Excel 2016 中创建图表比较便捷，方式灵活。选择"插入"选项卡｜"图表"组，在"图表"组中有很多选项可以选择。具体操作步骤如下。

(1)在打开的工作表中，选定要创建图表的数据源区域，本例选择学生成绩数据列表中的部分数据为数据源，如图 4-40 所示。

(2)单击"插入"选项卡｜"图表"组｜"插入柱形图或条形图"｜"柱形图"按钮，打开如图 4-41 所示的"柱形图"下拉列表。

	A	B	C	D	E	F	G
1	姓名	性别	年级	语文	数学	英语	总分
2	李晨阳	女	大一	97	100	98	295
3	王轲	男	大三	95	93	98	286
4	孔若凝	女	大三	90	89	100	279
5	周康垒	男	大一	95	86	98	279
6	王世垚	男	大三	89	90	92	271
7	刘艺航	女	大二	88	89	91	268
8	李佳蔚	女	大二	93	96	79	268
9	刘华宇	女	大四	96	97	72	265
10	王婧琦	女	大二	98	88.5	77	263.5
11	李明	男	大一	77	98	83	258

图 4-40　选中的数据源区域

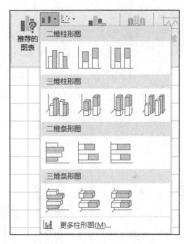

图 4-41　"柱形图"列表

"柱形图"下拉列表中包括"二维柱形图""三维柱形图""二维条形图""三维条形图"等选项，用于设置图表的形状。单击"图表"选项区右下角的"查看所有图表"按钮，打开如图 4-42 所示的"插入图表"对话框，有更多的图表形状选择。

(3)在"插入图表"对话框中选择"簇状柱形图"，即可生成如图 4-43 所示的"簇状柱形图"图表。

如果 Excel 创建的图表布局不符合用户的要求，可以选择"设计"选项卡｜"图表布局"组｜"添加图表元素"下的选项。如果所选择的布局包含了图表标题，单击标题框内部就可以编辑修改图表的标题。

4.6.2　图表的编辑及格式化

1. 图表的编辑

图表编辑是指对更改图表类型及对图表中各个对象的编辑，包括数据的增加、删除等。

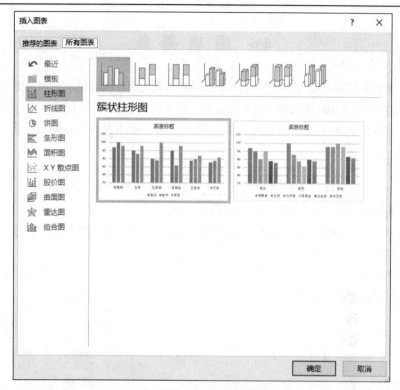

图 4-42　"插入图表"对话框

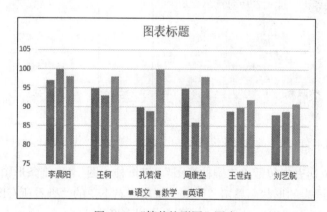

图 4-43　"簇状柱形图"图表

1) 图表对象的选择

一个图表由许多图表对象组成，图 4-44 列出了有关的图表对象。选中图表时，系统将自动显示"图表"功能区。在"图表"功能区中的"图表对象"下拉列表框中列出了当前图表中的所有图表对象供用户选择。选中图表对象后，编辑栏中的名称框可显示该图表对象的名称。

2) 图表数据的编辑

图表创建完成后，图表与创建图表的数据源之间就建立了联系，如果对应的数据源发生变化，则图表中的相关对象将自动更新。

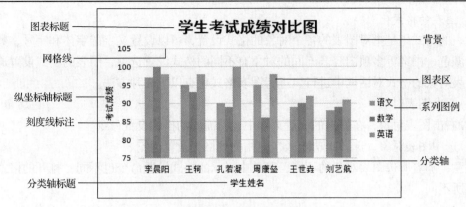

图 4-44　图表的结构

(1) 删除数据系列：选定所需删除的数据系列，按 Delete 键即可把整个数据系列从图表中删除，不影响工作表中的数据源。

(2) 添加数据系列：对嵌入式图表，只要选中要添加的数据区域，然后将数据拖动到图表区即可；如果是独立图表，可以选择"设计"选项卡｜"数据"组｜"选择数据"按钮，打开如图 4-45 所示"选择数据源"对话框，在"添加"选项中根据提示操作完成。

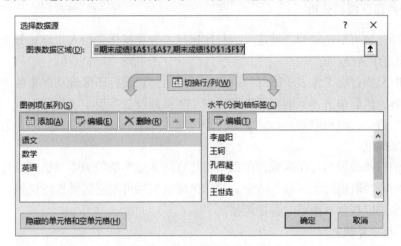

图 4-45　"选择数据源"对话框

(3) 切换行列：用户可以交换图表的类和系列上的数据，单击"设计"选项卡｜"数据"组｜"切换行/列"按钮即可完成切换。

3) 图表选项设置

图表选项设置包括标题、坐标轴、网格线、图例、数据标志、数据表等多种设置项。选择"设计"选项卡｜"图表布局"组｜"快速图表布局"下拉按钮，在下拉列表中选择不同的布局模式。

4) 图表的复制、移动和删除

当选中图表或图表对象时，其周围有 8 个控制句柄，拖动句柄可进行缩小或放大选中的对象。拖动选中的对象可以调整对象的位置；按下 Ctrl 键拖动选中的对象可以复制该对象；按 Delete 键删除选中的对象。

2. 图表的格式化

图表的格式化是指对图表的各个对象的格式设置，可以设置文字的字体和字号、数值的格式、颜色、图案等多项内容。不同的对象有不同的格式设置选项，图表的格式设置通常在相应图表对象的格式对话框中进行。进行图表格式化有以下 3 种方法。

(1)双击图表对象。

(2)右击图表对象，在弹出的快捷菜单中选择需要的格式设置命令。

(3)选中图表对象，选择"功能区"中相关的格式设置标签。

注意：随着所选图表对象的不同，菜单中显示的格式设置命令也不同，打开的格式对话框也有所不同。

4.7　页面设置和打印

为了提交或者留存查阅方便，常常需要将工作表中的指定内容以规范的格式打印出来。Excel 提供了方便的打印操作功能，通常在打印前进行页面设置和打印预览，便于生成符合要求的打印稿。

4.7.1　设置打印区域和分页

设置打印区域可将选定的区域定义为打印区域，分页操作是指人工设置分页符。

1. 设置打印区域

用户有时只想打印工作表中的部分内容，可以通过设置打印区域功能来解决。首先选择要打印的内容，然后单击"页面布局"选项卡｜"页面设置"组｜"打印区域"按钮｜"设置打印区域"命令，将选中的内容设置为打印区域。如图 4-46 所示，B4:R16 为打印区域，在其四周有虚线框。

若要取消以前设置的打印区域，可以单击"页面布局"选项卡｜"页面设置"组｜"打印区域"按钮｜"取消打印区域"命令。打印区域取消后可根据需要重新设置。此外，设置的打印区域也可以在分页预览时直接调整。

2. 分页与分页预览

当打印的数据较多时，Excel 自动将打印的内容分页，如果用户不满意这种分页方式，可以根据需要对工作表进行人工分页。

1)使用分页符

首先定位到需要强制分页的位置，可以是整行或者整列，也可以是一个单元格；然后单击"页面布局"选项卡｜"页面设置"组｜"分隔符"按钮｜"插入分页符"命令插入一个分页符。图 4-46 中所示的为在 D12 单元格添加分页符的效果，该位置有横竖两条蓝色实线，表示强制分页；图中的虚线表示自然分页。删除分页符可单击"删除分页符"命令。

2)分页预览

分页预览可以在窗口中直接查看工作表分页的情况。它的优越性还体现在分页预览时，仍可以编辑工作表，可以直接改变设置打印区域的大小，还可以方便地调整分页符的位置。单击"视图"选项卡｜"工作簿视图"组｜"分页预览"按钮，切换到分页预览视图模式。

图 4-46 所示的分页预览视图中蓝色粗实线表示了分页情况，每页都以水印方式显示页码。如果事先设置了打印区域，则非打印区域为深色背景，打印区域为浅色背景。在分页预览视图下也可以设置、取消打印区域，插入和删除分页符。

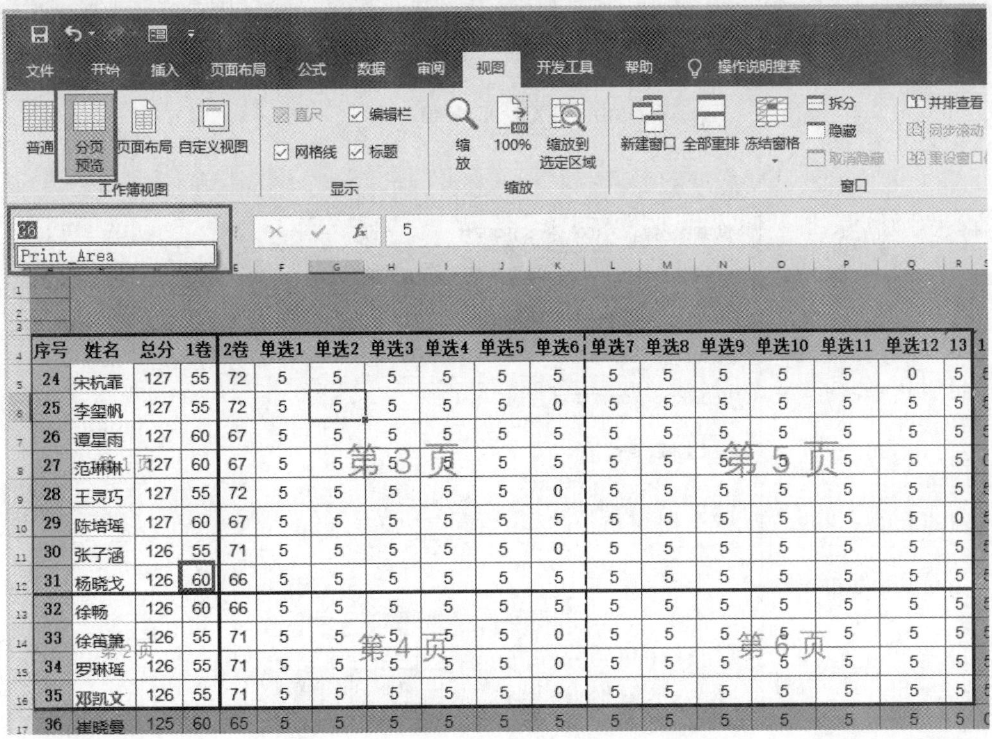

图 4-46　"分页预览"视图下的打印区域

分页预览时，改变打印区域大小操作非常简单，将鼠标指针移到打印区域的蓝色边线上，指针变为双箭头，拖动鼠标即可改变打印区域。

此外，预览时还可直接调整分页符的位置：将鼠标指针移到分页实线上，指针变为双箭头时，此时拖动鼠标可调整分页符的位置。

单击"视图"选项卡｜"工作簿视图"组｜"普通视图"按钮，退出分页预览切换到普通视图。

4.7.2　页面设置

页面设置包括设定纸张大小、页边距、页眉、页脚、缩放比例和打印方向等。单击"页面布局"选项卡｜"页面设置"组｜"页面设置"按钮　，打开如图 4-47 所示的"页面设置"对话框，其中包含"页面""页边距""页眉/页脚""工作表"四个选项卡。

1. "页面"选项卡

"页面"选项卡中包含以下设置。

（1）"方向"选项区用来设置页面的方向，其中包括"纵向"与"横向"单选按钮。当需要打印的宽度大于高度的区域时，可以选择"横向"单选按钮。

（2）"缩放"选项区用来设置内容缩放打印。其中"缩放比例"单选按钮允许把工作表内容在 10%～400%进行缩放打印；"调整为"单选按钮则把要打印的内容缩放以适应指定的宽高，如"调整为 1 页宽 1 页高"，Excel 会自动将要打印的内容缩小至一页。

图 4-47 "页面设置"对话框

(3)"纸张大小"下拉列表框给出了所选打印机允许使用的各种纸张规格，用户可以选择合适的纸张类型。

(4)"打印质量"下拉列表框列出了当前选中的打印机适用的打印分辨率，一般选择 300 或者 600 点/英寸。

(5)"起始页码"文本框用来设置打印页的起始页码。

2. "页边距"选项卡

单击"页面设置"对话框"页边距"选项卡，通过"上""下""左""右"文本框分别设置上、下、左、右页边距的尺寸。在"页眉""页脚"文本框中可以设置页眉与页面顶端、页脚与页面底端的距离，该距离应小于页边距设置以避免页眉或页脚与打印内容重叠。"水平""垂直"复选框用来设置内容居中打印。

3. "页眉/页脚"选项卡

单击"页面设置"对话框的"页眉/页脚"选项卡，在"页眉"下拉列表中可以指定一个内置的页眉，也可以单击"自定义页眉"按钮打开如图 4-48 所示的自定义"页眉"对话框自定义页眉。同样地，在该选项卡中也可以设置页脚。

4. "工作表"选项卡

"工作表"选项卡如图 4-49 所示，其中主要包含以下设置项。

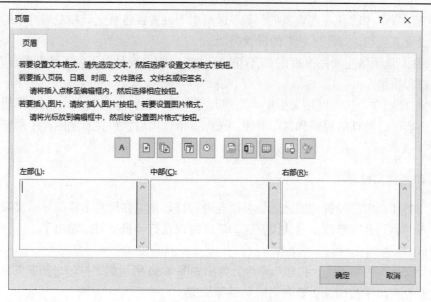

图 4-48　"页眉" 对话框

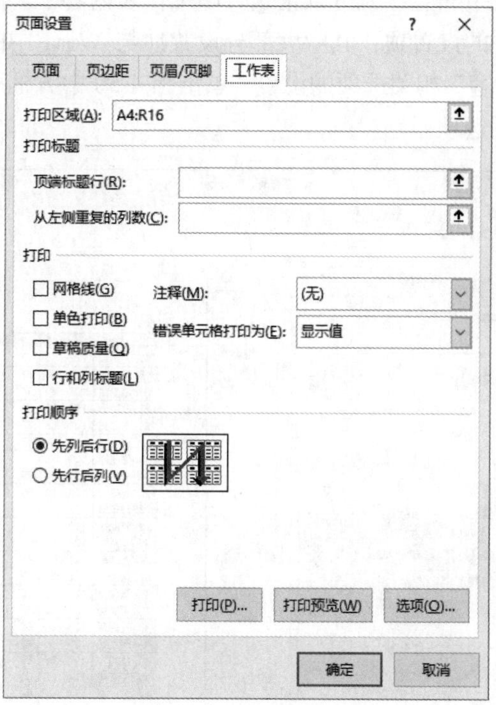

图 4-49　"工作表" 选项卡

(1) "打印区域" 设置项用以选择要打印的工作表区域。可在文本框中直接输入单元格区域引用，或者单击文本框右侧的区域选择按钮在工作表中选择单元格区域，选择完成，可再次单击该按钮显示完整对话框。

(2) "打印标题" 选项区主要针对工作表内容较多、需要分成多页打印的情况。这时除第一页外其余页要么看不见列标题，要么看不见行标题。

"顶端标题行"和"从左侧重复的列数"选项用于设置在各页上端和左端打印的行标题与列标题。设置方法与"打印区域"的设置类似。

(3)"打印"选项区主要用来指定要打印的工作表中的内容是以彩色还是以黑白方式打印，以及指定打印质量。

(4)"打印顺序"选项区用来指定"先列后行"或"先行后列"，以控制当不能在一页中打印所有内容时，数据的编码和打印顺序。选择一个选项后，可在示例图片中预览文档的打印顺序。

4.7.3　打印预览和打印

所有与打印相关的设置完成之后，可以先进行打印预览在屏幕上模拟显示实际打印的效果。若发现问题则及时修改，确认设置正确后就可以在打印机上打印输出了。

1. 打印预览

选择"文件"选项卡｜"打印"命令，弹出如图 4-50 所示的"打印与预览"窗格。窗格底端的状态栏列出了打印总页数和当前页码等信息。

2. 打印工作表

如果对打印预览的效果满意，就可以正式打印工作表内容了。图 4-50 的"打印与预览"窗格中包含了与打印相关的设置项，其中大部分设置项与 Word 中的类似，相同部分不再详述，在此仅介绍"打印内容"相关选项的设置。单击图 4-50 中方框所示的下拉按钮可以设置打印内容，其中包含以下选项。

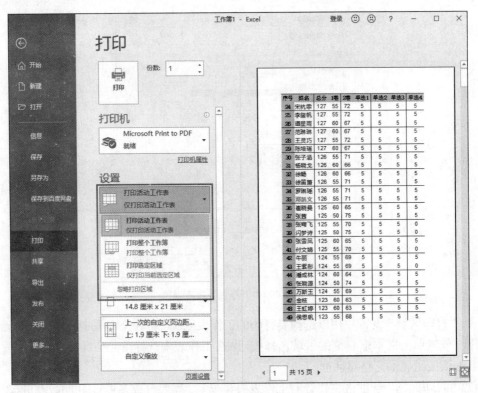

图 4-50　"打印与预览"窗格

（1）打印选定区域：选中该选项则只打印工作表中选定的单元格区域的内容。

（2）打印活动工作表：选中该选项则打印当前活动工作表的全部内容。

（3）打印整个工作簿：选中该选项则将当前文档中的所有工作表的内容全部打印。

（4）忽略打印区域：选中该复选项，则忽略之前设置的打印区域限制。

习　题　四

一、简答题

1. 什么是工作簿、工作表和单元格？简述它们之间的关系。

2. 单元格的清除和单元格的删除操作有什么不同？

3. 如何在单元格中输入数字字符和输入公式？输入函数有几种方法？

4. 数据清单应具备的条件是什么？

5. 什么是筛选？自动筛选与高级筛选有何区别？

6. 如何创建数据分类汇总？

7. 什么是数据透视表？

8. 如何更新图表的数据和格式化图表的外观。

习题四答案

二、操作题

1. 建立如图 4-51 所示的学生成绩工作表，然后进行如下操作。

第 4 章 Excel
操作题-1

图 4-51　学生成绩工作表

（1）将数据区域向左移一列（删除列 A）。

（2）将标题设置为楷体 20 号粗体字，跨列居中；表头和第一列内容居中。

（3）将所有各科分数所在的单元格区域的数字格式设为整数格式，且有效值在 0～100。

（4）复制 Sheet1 中的全部数据到 Sheet2 中 A1 单元格起的区域；将 Sheet1 工作表复制一个副本放在 Sheet1 后面，并将副本工作表改名为"成绩单"；将 Sheet2 工作表移动到 Sheet1 前面并隐藏，删除 Sheet3 工作表。

(5)将 Sheet1 工作表的第 B2:B15、C2:C15、D2:D15、E2:E15 列数据添加红色、浅绿色、橙色和浅蓝色背景。

(6)将“成绩单”中前 15 列的列宽设置为 10，第 2 至第 15 行的行高设置为 20。

(7)为“成绩单”中包含成绩信息的单元格区域添加双实外框线和单实内框线。

2. 新建工作簿，创建如图 4-52 所示的“货物表”工作表，然后依次进行以下操作。

名称	进价	进货量	售价	销售量
绿豆	4520	1065	4675	987
赤豆	6762	3630	7438.4	2345
糯米	2401	4065	2641.1	4009
芝麻	7221	930	7943	780
菜籽油	6450	2342	7042.2	2094
橄榄油	6630	1230	7293	1045
调和油	8072	765	8879.2	578
麻油	12345	130	742.2	95
白砂糖	3750	465	4125	233
冰糖	2431	4125	2674.1	3126

第 4 章 Excel 操作题-2

图 4-52 “货物表”工作表

(1)在“货物表”数据区域右侧增加“销售额”列，并将售价和销售量的乘积存入“销售额”列的相应单元格(显示两位小数)。将“调和油”售价修改为 7500，观察“销售额”的变化。

(2)在工作表的顶端增加一个空行，并在 A1 单元格输入“货物销售明细表”，设置字体为黑体，字号为 22，合并 A1:F1 单元格区域并水平居中。

(3)设置页眉为“货物明细分表”(其格式为居中，楷体，倾斜，文字大小为 16，单下划线)；页面设置居中方式为“水平和垂直居中”。

3. 新建工作簿，创建如图 4-53 所示的学生成绩统计工作表，然后依次进行以下操作。

学生成绩表							
姓名	语文	数学	外语	体育	总分	等级	名次
穆桂英	100	88	90	80			
赵子龙	76	80	77	100			
秦叔宝	78	55	94	81			
黄蓉蓉	72	83	90	95			
岳不群	99	89	91	100			
郭靖靖	100	66	66	100			
欧阳锋	82	90	100	83			
黄药师	87	100	92	100			
郭守敬	90	100	84	66			
司马光	98	78	87	99			
许三多	100	100	100	79			
张无忌	92	89	82	98			
任盈盈	96	73	65	81			

第 4 章 Excel 操作题-3

图 4-53 学生成绩统计工作表

(1)将成绩所在的工作表命名为“成绩表”，用函数统计学生成绩表中每个学生各门课的“总分”。

(2) 利用函数计算每个学生“总分”的“等级”。“总分”大于等于 320 为“优良”，“总分”大于等于 240 为“及格”，“总分”小于 240 为“不及格”。

(3) 按“总分”高低统计出每个学生的“名次”。

(4) 按“语文”分数降序排序，分数相同时，按“名次”升序排序。

(5) 对“成绩表”中各科分数分为 90～100、60～89、0～59 三个分数段，分别设置其背景颜色为红色、橙色、紫色。

4. 新建工作簿，创建如图 4-54 所示的“成绩汇总”工作表，然后依次进行以下操作。

(1) 将 A1:I1 单元格合并,使首行中的标题“学生成绩表”居中显示，字体为“华文新魏”，大小为 20。

(2) 设置各科分数数据区的条件格式，使不及格的分数显示为红底黄字。

(3) 利用函数计算每个学生的平均分(注意：使用填充句柄功能，平均分保留两位小数)。

(4) 利用高级筛选功能，筛选出数学和外语成绩都大于等于 80 分的学生，筛选结果在原位置处显示(注意：逻辑“与”条件同行，等同于自动筛选)；清除之前的高级筛选，利用高级筛选功能，筛选出数学或外语成绩大于 90 分的学生，将筛选结果复制自 A17 开始的单元格区域。

(5) 清除上一步的高级筛选结果，按系别和年级对各科成绩进行分类汇总(求平均)。

(6) 清除上一步的分类汇总，按年级、系别、性别对平均分进行汇总(求平均)，结果存放在新工作表中。(提示：以多字段为分类条件，使用数据透视表功能)。

(7) 选中“姓名”“语文”“数学”三列数据，插入“三维簇状柱形图”图表，以课程名为图例项(在图表顶部)，图表标题为“学生语数成绩图表”(在图表上方)，最后将图表放置在 J2:O15 单元格区域。

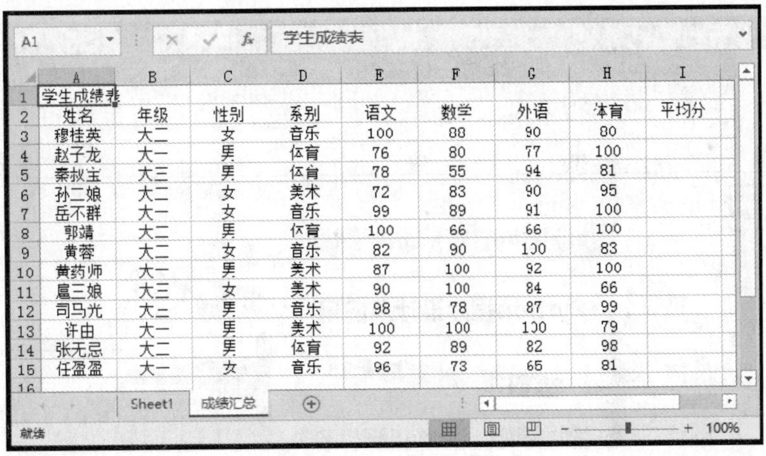

A1 学生成绩表

	A	B	C	D	E	F	G	H	I
1	学生成绩表								
2	姓名	年级	性别	系别	语文	数学	外语	体育	平均分
3	穆桂英	大二	女	音乐	100	88	90	80	
4	赵子龙	大一	男	体育	76	80	77	100	
5	秦叔宝	大三	男	体育	78	55	94	81	
6	孙二娘	大二	女	美术	72	83	90	95	
7	岳不群	大一	女	音乐	99	89	91	100	
8	郭靖	大二	男	体育	100	66	66	100	
9	黄蓉	大二	女	音乐	82	90	100	83	
10	黄药师	大一	男	美术	87	100	92	100	
11	扈三娘	大三	女	美术	90	100	84	66	
12	司马光	大二	男	音乐	98	78	87	99	
13	许由	大一	男	美术	100	100	100	79	
14	张无忌	大二	男	体育	92	89	82	98	
15	任盈盈	大一	女	音乐	96	73	65	81	
16									

图 4-54 “成绩汇总”工作表

第 4 章 Excel
操作题-4

第 5 章　PowerPoint 2016 演示文稿

1987 年微软公司收购了 PowerPoint 软件的开发者 Forethought of Menlo Park 公司。1990年，微软将 PowerPoint 集成到办公套件 Office 中。PowerPoint 可以制作出集文字、图形、图像、声音、视频等多媒体对象为一体的演示文稿，由于其强大的功能和易用性，已被广泛地运用于各种会议演示、产品演示、学校教学以及电视节目制作中。

5.1　PowerPoint 2016 概述

5.1.1　PowerPoint 2016 的工作界面

启动 PowerPoint 2016 后即出现如图 5-1 所示的窗口界面。PowerPoint 2016 的工作界面由标题栏、快速访问工具栏、文件选项卡、导航(大纲)窗格、幻灯片窗格、幻灯片编辑窗格、视图按钮、任务窗格、备注窗格和功能区等组成。

图 5-1　PowerPoint 2016 窗口界面

5.1.2　PowerPoint 2016 的基本概念

1. 演示文稿与幻灯片

使用 PowerPoint 创建的文件称为演示文稿(Presentation)，文件扩展名为.pptx。演示文稿由若干张幻灯片组成。制作一个演示文稿的过程实际上就是依次制作一张张幻灯片的过程。

演示文稿中幻灯片的大小统一、风格各异，可以通过页面设置和母版的设计来确定。幻灯片一般由编号、标题、占位符、文本、图片、声音、表格等元素组成。

(1) 编号：顺序号，决定各幻灯片的排列次序和播放顺序。

(2) 标题：通常每一张幻灯片都需加入一个标题。

(3) 占位符：幻灯片中的标题、文本、图形等对象在幻灯片上所预先定义的位置称为占位符。一般由选定的幻灯片版式决定，以虚线框出。

(4) 版式：幻灯片内各个元素如文字、图形、图片等内容的布局形式。

(5) 其他元素：如文本框、图形、声音、表格等。

2. 常用视图介绍

为了便于用户以不同的方式查看自己设计的幻灯片内容或效果，PowerPoint 提供了五种视图方式：普通视图、大纲视图、幻灯片浏览视图、备注页视图和阅读视图。可以单击"视图"选项卡，从"演示文稿视图"功能区中选择相应的按钮进行不同视图的切换，也可以利用工作窗口右下角的视图按钮进行常用视图切换操作。

1) 普通视图

普通视图是系统默认的视图模式，用于撰写或设计演示文稿，如图 5-1 所示。该视图包括如下四个工作区域。

(1) 导航窗格：在普通视图下，可以显示幻灯片导航缩略图，便于幻灯片的定位、复制、移动、删除等操作。

(2) 幻灯片编辑窗格：显示当前的幻灯片，可以在幻灯片中添加并设置文本、图形、表格、图表及其他多媒体素材。

(3) 备注窗格：可以在此添加针对当前幻灯片的备注信息。备注主要是为报告人自己提供参考的，用于写入在幻灯片中没有列出的补充文本。

2) 大纲视图

大纲视图的显示形式与普通视图类似，只是在左侧的导航窗格中以幻灯片文本取代了普通视图中的幻灯片缩略图。

3) 幻灯片浏览视图

以缩略图的形式浏览演示文稿中的幻灯片。在该视图模式下，可以很容易地添加、删除或移动幻灯片以及选择每张幻灯片的动画切换方式等。

4) 备注页视图

在普通视图下的"备注"窗格中输入幻灯片的备注。如果用户需要以整页格式查看和使用备注，可切换到该视图。在备注页视图下可以查看演示文稿与备注一起打印的效果。每个页面都将包含一张幻灯片和演讲者备注，在此视图下可以编辑备注。

5) 阅读视图

切换到该视图模式时，将在 PowerPoint 窗口中播放演示文稿，以观看动画和切换效果，无需切换到全屏放映。

5.2　创建与编辑演示文稿

5.2.1　创建演示文稿

启动 PowerPoint 2016 时，系统将自动创建一个空白演示文稿。此外，PowerPoint 2016 还提供了以下几种创建演示文稿的方式。

1. 创建空白演示文稿

空白演示文稿是一种形式最简单的演示文稿，没有应用模板设计、配色方案以及动画方案等，用户可以根据需要自由设计。每次启动 PowerPoint 2016，系统都将打开如图 5-2 所示的"新建"任务窗格，用户也可以随时选择"文件"选项卡｜"新建"命令，打开"新建"任务窗格。然后单击窗格中的"空白演示文稿"缩略图即可创建一个只包含一张标题幻灯片的空白演示文稿。

2. 根据模板创建

PowerPoint 2016 具有许多模板功能，可以方便地利用已有的模板创建符合要求的演示文稿。模板是指一个或多个文件，其中所包含的结构和工具构成了已完成文件的样式和页面布局等元素，只需要替换其中的预置文字和图片即可生成自己的演示文稿。利用模板来创建演示文稿的步骤如下。

(1) 选择"文件"选项卡｜"新建"命令，打开"新建"任务窗格(图 5-2)，在"新建"任务窗格中可以选择 Office 官网提供的在线模板创建演示文稿。

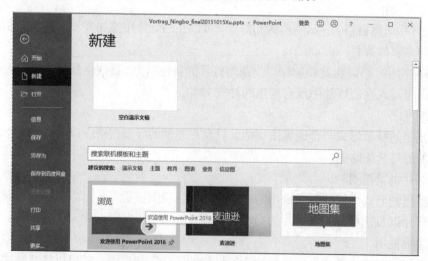

图 5-2　"新建演示文稿"对话框

(2) 由于是在线模板，若单击选中的是之前尚未下载过的模板，系统将提示用户下载该模板，下载完成后将基于该模板创建演示文稿。

5.2.2　幻灯片基本操作

在普通视图和幻灯片浏览视图中可以进行幻灯片的添加、选定、移动、复制、删除和隐藏等操作。

1. 添加新幻灯片

启动 PowerPoint 2016 后，系统将自动创建一个仅包含一张幻灯片的演示文稿，而大多数演示文稿需要更多的幻灯片来表达主题，这时就需要添加幻灯片。添加新幻灯片主要有以下几种方法。

(1) 单击"开始"选项卡 |"幻灯片"组 |"新建幻灯片"按钮。

(2) 在普通视图的大纲或幻灯片窗格中右击，在弹出的快捷菜单中选择"新建幻灯片"命令。

(3) 按 Ctrl+M 组合键。

2. 选定幻灯片

在操作幻灯片之前，首先要选定幻灯片。在 PowerPoint 中可以同时选中单张或多张幻灯片。

(1) 选定单张幻灯片：无论是在普通视图的大纲或幻灯片窗格中，还是在幻灯片浏览视图中，只需单击需要的幻灯片，即可选定该张幻灯片。

(2) 选定编号相连的多张幻灯片：单击起始编号的幻灯片，然后按下 Shift 键，再单击结束编号的幻灯片，此时将有多张幻灯片被同时选定。

(3) 选定编号不相连的多张幻灯片：在按下 Ctrl 键的同时，依次单击需要选定的每张幻灯片，此时被单击的多张幻灯片同时选定。在按下 Ctrl 键的同时再次单击已被选定的幻灯片，则该幻灯片被取消选定。

3. 移动幻灯片

移动幻灯片操作可以调整幻灯片在演示文稿中的顺序，移动幻灯片的常用操作方法有以下三种。

(1) 右击需要移动的幻灯片，在弹出的快捷菜单中选择"剪切"命令，然后右击要移到的位置，在弹出的快捷菜单中选择"粘贴"命令，即可完成幻灯片的移动。

(2) 选定需要移动的幻灯片，选择"开始"选项卡 |"剪贴板"组 |"剪切"按钮，并将光标定位在要粘贴的位置，然后选择"粘贴"按钮。

(3) 在普通视图或幻灯片浏览视图中，直接拖动要移动的幻灯片到新的位置，拖动过程中有一条水平的直线指出当前移到的位置。

4. 复制幻灯片

PowerPoint 支持以幻灯片为对象的复制操作，可以将整张幻灯片及其内容进行复制。复制幻灯片主要有以下三种方法。

(1) 选定需要复制的幻灯片，选择"开始"选项卡 |"剪贴板"组 |"复制"按钮，并将光标定位在要粘贴的位置，然后选择"开始"选项卡 |"剪贴板"组 |"粘贴"按钮。

(2) 右击要复制的幻灯片，在弹出的快捷菜单中选择"复制"命令，然后右击将复制到的位置，在弹出的快捷菜单中选择"粘贴"命令，即可完成幻灯片的复制。

(3) 在普通视图或幻灯片浏览视图中，拖动要复制的幻灯片至目标位置，在放开鼠标之前按下 Ctrl 键直至放开拖动操作完成。

5. 删除幻灯片

删除多余的幻灯片，能够快速地清除演示文稿中的大量冗余信息。删除幻灯片主要有以下几种方法。

(1) 选定要删除的幻灯片，然后按 Delete 键。

(2) 右击要删除的幻灯片，在弹出的快捷菜单中选择"删除幻灯片"命令。

(3) 选定要删除的幻灯片，然后按 Ctrl+X 组合键，剪切幻灯片。

6. 隐藏幻灯片

演示文稿制作完成后，某些场合可能只要播放演示文稿中的部分幻灯片，可将暂时不用的幻灯片隐藏起来，而不必将这些幻灯片删除，被隐藏的幻灯片在放映时将不展示。

(1) 隐藏幻灯片：选定要隐藏的幻灯片，选择"幻灯片放映"选项卡｜"设置"组｜"隐藏幻灯片"按钮。此时，在普通视图的幻灯片窗格中或幻灯片浏览视图状态下，幻灯片的编号上有"\"标记，标志该幻灯片被隐藏。

(2) 取消隐藏：选定要取消隐藏的幻灯片，选择"幻灯片放映"选项卡｜"设置"组｜"隐藏幻灯片"按钮即可。

5.2.3　幻灯片版式设计

文字、图表、组织结构图及其他可插入元素，都是以对象的形式出现在幻灯片中的。通过在幻灯片中巧妙地安排各个对象的位置，能够更好地达到吸引观众注意力的目的。在 PowerPoint 中可以利用幻灯片的版式设计来完成这些对象的布局。

PowerPoint 2016 提供了许多种版式，如标题幻灯片版式、标题和内容版式、节标题版式、两栏内容版式等。这些版式中包含了许多占位符，用虚线框表示，并且包含有提示文字，如图 5-3 所示。这些虚线框中可以容纳标题、文字、图片、图表和表格等各种对象。对于占位符可以移动它的位置，改变它的大小，对于不需要的占位符可以进行删除操作，占位符在幻灯片放映时不显示。

新建的空白演示文稿通常采用"标题幻灯片"版式作为第一张幻灯片，这就如同一本书的封面，用以说明演示的主题与目的。在标题幻灯片后添加的新幻灯片，默认情况下是文字版式中的"标题和内容"版式，可以根据需要重新设置其版式。其操作步骤如下。

(1) 选定需要修改版式的幻灯片。

(2) 单击"开始"选项卡｜"幻灯片"组｜"版式"按钮，在弹出的 Office 主题下拉列表中，单击需要的版式即可。

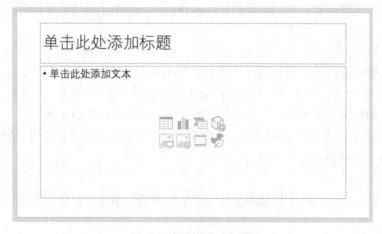

图 5-3　标题和内容版式

5.2.4　文字的输入与编辑

在 PowerPoint 中，不能直接在幻灯片中输入文字，只能通过文本占位符或文本框来添加文本。

文本占位符是 PowerPoint 中预先设置好的具有一定格式的文本框。在 PowerPoint 的许多版式中就包含有标题、正文和项目符号列表的文本占位符。

文本框是一种可移动、可调整大小的文字或图形容器，其特性与占位符非常相似。使用文本框，可以在幻灯片中放置多个文字块，使文字按不同的方向排列，可以打破幻灯片版式的制约，实现在幻灯片中的任意位置添加文字信息的目的。选择"插入"选项卡｜"文本"组｜"文本框"按钮，可以选择横排文本框或垂直文本框。激活文本框区域，就可以在其中输入文本。在幻灯片的空白处单击，即可结束文字编辑状态。

在 PowerPoint 中对文本进行删除、插入、复制、移动以及文本字体格式化等的操作，与在 Word 中的操作方法类似。

5.2.5　插入图片、图形、艺术字

PowerPoint 也可以在幻灯片上插入图片、图形和艺术字等，操作方法与 Word 类似。

5.2.6　插入表格和图表

1. 插入表格

在 PowerPoint 中插入表格的方法与 Word 相同。另外，PowerPoint 还可以将已有的 Word 表格或 Excel 工作表直接插入幻灯片中加以利用。具体步骤如下（以 Excel 工作表为例）。

(1)启动 Excel，打开要使用的工作簿中的工作表，选定想要复制的单元格区域。

(2)选择"开始"选项卡｜"剪贴板"组｜"复制"按钮。

(3)切换到 PowerPoint 工作窗口，选定需要添加表格的幻灯片。

(4)选择"开始"选项卡｜"剪贴板"组｜"粘贴"按钮。

2. 插入图表

像插入表格一样，可以在幻灯片中插入图表。插入图表的操作方法如下。

(1)单击"插入"选项卡｜"插图"组｜"图表"按钮，打开如图 5-4 所示的"插入图表"对话框。

(2)在"插入图表"对话框中，选择要创建的图表类型(图 5-4)。单击"确定"按钮，系统将自动启动 Excel 2016，并打开系统预置的示例数据表，同时与之对应的图表出现在 PowerPoint 2016 的幻灯片编辑区内，如图 5-5 所示。

(3)用户可以在 Excel 2016 窗口内修改式地输入需要的数据，幻灯片中的图表将随着输入的数据内容而发生变化；若数据行列数不符合要求，可以拖动图 5-5 圆圈标注位置的小三角进行调整。

(4)数据输入完成后，关闭 Excel 2016，图表的插入便完成了。

图表插入后，通过功能区中的"图表工具"选项卡，可以自由调整图表的形状、大小和位置等。

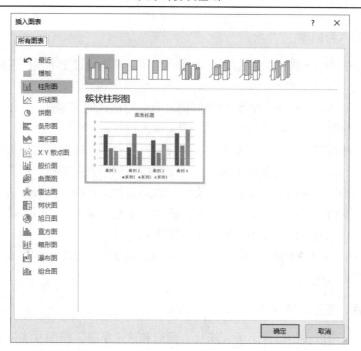

图 5-4　"插入图表"对话框

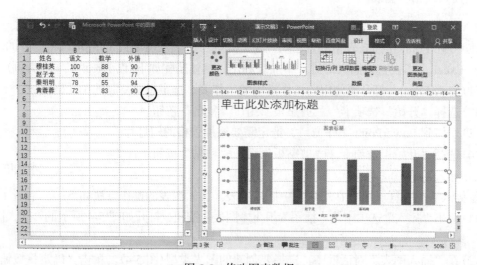

图 5-5　修改图表数据

5.2.7　插入视频和音频

在演示文稿中可以插入 WAV、MID、WMA、AVI、MOV、MPG 和 FLASH（SWF）等格式的音频和视频文件，从而提高演示文稿的表现力和趣味性，增加演示文稿的吸引力。在 PowerPoint 2016 中，插入视频文件和音频文件的操作方法基本一样，这里主要介绍插入本地视频文件的操作方法。在幻灯片中添加视频的步骤如下。

（1）选择"插入"选项卡｜"媒体"组｜"视频"｜"此设备"命令，打开如图 5-6 所示的"插入视频文件"对话框。

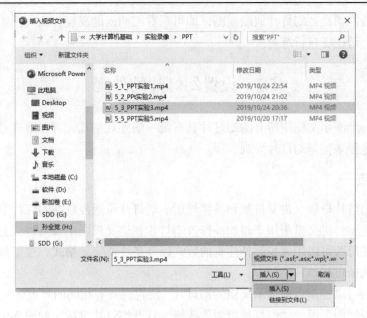

图 5-6 "插入视频文件"对话框

（2）在打开的"插入视频文件"对话框中，选择视频文件，单击"插入"按钮右侧的下三角按钮，选择"插入"或"链接到文件"命令。选择"插入"命令将视频文件嵌入 PowerPoint 文件中，进行播放时不依赖于外部视频文件，但会增大文件的体积。选择"链接到文件"命令时，创建一个指向视频文件当前位置的链接。如果之后将该影片文件移动到其他位置，则在需要播放时找不到文件。为防止出现的链接问题，向演示文稿添加影片之前，先将影片复制到演示文稿所在的文件夹。

在 PowerPoint 2016 中，插入视频文件不仅包括 AVI、MOV、MPG 等一般视频文件，还包括 Flash 动画文件。

（3）插入视频文件后，功能区上出现"格式"和"播放"两个视频工具选项卡。其中"格式"选项卡用于控制放映窗口的外观和样式，"播放"选项卡用于控制视频的放映方式，如图 5-7 和图 5-8 所示。

图 5-7 "格式"选项卡

图 5-8 "播放"选项卡

添加完成后，切换到幻灯片放映视图，即可观看刚插入的视频。插入音频的方法和插入视频基本一样，请读者自行练习。

5.3　设置幻灯片的外观

通常要求一个演示文稿中所有的幻灯片具有统一的外观格式，可以通过母版、设计模板和配色方案等途径来控制幻灯片外观。

5.3.1　使用母版

母版分为幻灯片母版、讲义母版和备注母版。幻灯片母版控制在幻灯片中键入的标题和文本的格式与类型；讲义母版用于添加或修改幻灯片在讲义视图中每页讲义上出现的页眉或页脚信息；备注母版可以用来控制备注页的版式以及备注文字的格式。这里具体介绍幻灯片母版的应用，其他母版与其类似。

幻灯片母版可以控制当前演示文稿的幻灯片，使它们具有相同的外观格式。选择"视图"选项卡｜"母版视图"组｜"幻灯片母版"按钮，打开幻灯片母版，如图 5-9 所示。幻灯片母版提供了标题区、项目列表区、日期区、页脚区和数字区等五个占位符，可进行修饰文本格式、改变背景效果、绘制图形、添加公司或学校的徽标图案等操作，实现幻灯片外观方案的设计。

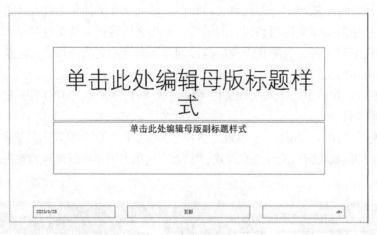

图 5-9　幻灯片母版

1. 改变占位符的大小和位置

在幻灯片母版中，单击占位符的边框，以选定该占位符。拖动占位符的边框上的句柄，可改变占位符的大小。将鼠标指针指向占位符的边框，鼠标指针变成"十"字形按住鼠标左键拖动，可改变占位符的位置。

2. 改变占位符的格式

在幻灯片母版中，单击占位符的边框，以选定该占位符。单击"格式"选项卡｜"形状样式"组｜"形状填充"、"形状效果"或"形状轮廓"按钮，对占位符进行填充颜色或线条颜色等设置。

3. 改变文本格式

若对项目列表区所有层次的文本进行统一的修改，先选定对应占位符；若仅对某一层次的文本格式进行修改，则选定该层次的文本。单击"开始"选项卡｜"字体"组右下角的对话框启动器按钮打开"字体"对话框，对其进行格式化。

4. 改变层次文本的项目符号

在幻灯片母版中，将光标定位到或选定需要更改项目符号的层次。单击"开始"选项卡｜"段落"组｜"项目符号"下拉按钮，在打开的窗格中单击"项目符号和编号"命令打开"项目符号和编号"对话框。选择所需的符号、字号以及颜色等，设置完毕后，单击"确定"按钮即可。重复上述步骤，可改变其他层次的项目符号。

5. 在母版中插入对象

若使每张幻灯片都会自动出现某个对象，可以向母版中插入该对象。例如，若使每张幻灯片上都有学校的徽标图案，则在幻灯片母版中，选择"插入"选项卡｜"插图"组｜"图片"按钮，打开"插入图片"对话框，选择徽标图片，单击"插入"按钮，将选中的图片加入母版中，然后调整图片的大小与位置即可。

6. 改变母版的背景效果

选择"幻灯片母版"选项卡｜"背景"组｜"背景样式"按钮，在打开的"背景样式"列表中选择新的母版背景色；也可以单击该列表底部的"设置背景格式"按钮打开"设置背景格式"对话框，然后在该对话框中定制背景色或者设置背景图片(图案)。

7. 设置页眉和页脚

选择"插入"选项卡｜"文本"组｜"页眉和页脚"按钮，打开如图 5-10 所示的"页眉和页脚"对话框。在"幻灯片"选项卡中选中"日期和时间"复选框，可在幻灯片中添加日期和时间；若选中"自动更新"单选按钮，则在每次打开文件时，系统都会自动更新幻灯片的日期与时间的显示；若选中"固定"单选按钮，则用户可以自己输入一个文本串作为日期或时间内容；选中"幻灯片编号"复选框则为每张幻灯片加上编号；选中"页脚"选项可在

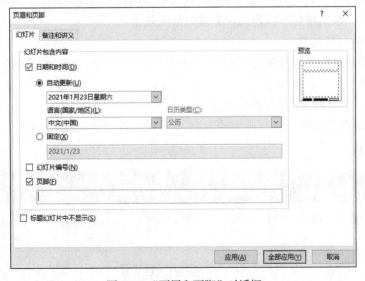

图 5-10　"页眉和页脚"对话框

"页脚区"中输入需要的文本作为页脚；选中"标题幻灯片中不显示"选项框，日期和时间、编号、页脚文本在标题幻灯片中将不显示这些内容。此外在母版视图中也可以拖动各个占位符，把各区域的位置摆放合适，还可以对它们进行格式化等操作。

　　8. 应用幻灯片母版

幻灯片母版修改完毕，单击"幻灯片母版"选项卡右侧的"关闭母版视图"按钮切换至普通视图状态。右击"幻灯片"窗格中选定的幻灯片，在弹出的快捷菜单"版式"选项下的母版列表中选择启用定制的母版或其他母版。

5.3.2　使用设计主题

设计主题是控制演示文稿具有统一外观的最有力、最快捷的一种方法。PowerPoint 所提供的模板都是由专业人员精心设计的，其中文本位置安排比较适当，配色方案比较醒目，可以适应大多数用户的需要。此外，用户也可以根据自己的需要创建新主题。

除了可在创建演示文稿时使用设计主题外，也可在演示文稿编辑过程中或完成后设置主题。具体操作方法是在"设计"选项卡 | "主题"组的主题列表中选择，当鼠标指针指向某个主题时，可以马上看到该主题的展示效果，单击即可选择并应用该主题。

5.4　设置幻灯片的动态效果

在演示文稿制作过程中，除了合理设计每一张幻灯片的布局、精心设置幻灯片的外观效果之外，还可以为幻灯片添加动态效果，来控制其中每个对象（如层次小标题、文本框、图片、艺术字等）的进入顺序、方式及伴音，以达到控制信息展示的流程、突出重点增加演示的趣味性等目的。

5.4.1　设置动画效果

在 PowerPoint 中，幻灯片及幻灯片中的对象都可以设置动画效果，在放映时以不同的动作出现在屏幕上，从而增强了演示文稿整体的放映效果。

　　1. 幻灯片的切换效果

切换效果是指在幻灯片放映过程中由一张幻灯片过渡到下一张幻灯片时所呈现的效果。添加切换效果具体操作步骤如下。

（1）选定要设置切换效果的若干张幻灯片。

（2）单击"切换"选项卡，打开如图 5-11 所示的幻灯片切换效果功能区，在此可进行如下切换效果设置。

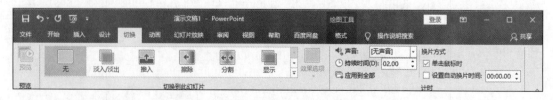

图 5-11　幻灯片切换效果

①在"切换到此幻灯片"组中选择要使用的切换方式，每一种切换方式可以通过"效果

选项"命令进行更细化的设置。

②在"计时"组中的声音下拉列表框中列出了许多换片时衬托的声音，如"爆炸""打字机"声等，用户可从中选择一种。

③通过"持续时间"数值框可以设置幻灯片切换的时间。

④在"换片方式"选项区中，系统默认是单击鼠标时换片，也可以选择自动定时换片。此时用户必须设定每张幻灯片在屏幕上停留的时间。

（3）如果需要将此切换效果应用于整个演示文稿，单击"全部应用"按钮即可，否则只对当前选定的幻灯片有效。

2．动画方案

动画方案是 PowerPoint 自带的一组动画设计效果，借助它用户可快速地为幻灯片中的元素设置动画效果。具体操作步骤如下。

（1）选定要设置动画效果的幻灯片元素（文本、图像等）。

（2）单击"动画"选项卡，系统将列出动画功能列表如图 5-12 所示。将鼠标指针放到动画方案上时，用户可以预览动画效果，单击可应用选中的动画方案。

图 5-12　动画功能列表

图 5-13　"添加动画"窗格

（3）选择"动画"组右侧的"效果选项"命令，可以对选中的动画效果进行更细化的设置。

（4）如果用户不满足于动画方案中的样式，可以利用 PowerPoint 提供的高级动画功能设定的特殊动画效果。单击"添加动画"按钮，系统将打开进入、强调、退出和动作路径 4 种类型的特效供用户选择，每种类型特效下有多个特效，如图 5-13 所示。

（5）单击"动画窗格"按钮可以将设置的动画按播放的先后顺序显示，用户双击动画列表可以设置选中动画的参数，如开始事件、速度和大小等信息，也可以设置动画播放的先后顺序。

（6）通过"计时"组的命令可以对动画开始的方式、持续时间、延迟和顺序进行设置。

5.4.2　设置超链接功能

在幻灯片中添加超链接，当放映幻灯片时，用户可以通过单击这些超链接来打开相应的对象，或者跳转到任意一个页面，而不用从头到尾，按逐页的顺序播放。设置超链接的方法有以下 3 种。

1. 插入超链接

插入超链接的操作步骤如下。

(1)选中要设置超链接的对象，如文本、剪贴画等。

(2)单击"插入"选项卡｜"链接"组｜"超链接"按钮，打开"插入超链接"对话框，如图 5-14 所示。

图 5-14 "插入超链接"对话框

(3)在"插入超链接"对话框中，用户可以创建以下 4 种超链接。

①现有文件或网页：通过选择文件或者在"地址"栏中输入网址，可以链接到该文件或网页。

②本文档的位置：选择要连接到的幻灯片。

③新建文档：链接到一个目前尚不存在的文件，随后创建该文件。

④电子邮件地址：发送邮件给指定的邮箱地址，此功能需要正确地配置 Outlook 或其他邮件收发软件。

(4)设置完毕，单击"确定"按钮关闭该对话框。

在幻灯片放映时，在含有超链接的文字或对象上单击，系统将跳转到超链接的目标位置。

2. 动作设置

利用动作设置可以创建超链接，其操作步骤如下。

(1)选定要设置超链接的对象(文字或图片等)。

(2)单击"插入"选项卡｜"链接"组｜"动作"按钮，打开"操作设置"对话框，如图 5-15 所示。

PowerPoint 提供了两种激活超链接功能的交互动作：单击鼠标和鼠标悬停。"单击鼠标"选项卡用以设置单击动作交互的超链接功能。大多数情况下，建议采用单击鼠标的方式，如果采用鼠标悬停的方式，容易误操作，导致意外的跳转。

选择"超链接到"单选按钮，再打开下拉列表框可选择跳转到的目标幻灯片；选择"运行程序"单选按钮可以创建和计算机中其他程序相连的链接；选择"播放声音"复选框，能够设置单击动作对象时播放指定的声音。

图 5-15　"操作设置"对话框

（3）相关选项设置完毕，单击"确定"按钮关闭该对话框，完成操作。

3．动作按钮

利用动作按钮也可以创建超链接，此时的链接点不是文本或图形对象，而是 PowerPoint 自带的一个动作按钮。添加动作按钮的操作步骤如下。

（1）选择要添加动作按钮的幻灯片。

（2）单击"开始"选项卡｜"绘图"组｜图形列表右侧的向下箭头，显示图形列表底部的内容，如图 5-16 所示图形列框中标注灰色背景部分为动作按钮列。

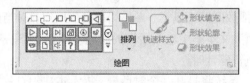

图 5-16　"动作按钮"列表

（3）选中需要的按钮（鼠标指针放置在按钮上时，会显示该按钮的简单提示信息），此时鼠标指针将变成"十"字形，在幻灯片上按下鼠标左键不放拖动鼠标，即可绘制出所选择的按钮。绘制完毕，系统将弹出与图 5-15 类似的"操作设置"对话框，在对话框中用户可设置鼠标的动作并具体定义按钮的作用。

（4）设置完毕，单击"确定"按钮关闭"操作设置"对话框。

5.5　放映演示文稿

PowerPoint 2016 提供了多种控制放映演示文稿的方法，例如正常放映、计时放映、跳转放映等，用户可以选择最为理想的放映速度与放映方式，使幻灯片的放映结构清晰、节奏明快、过程流畅。PowerPoint 2016 在"幻灯片放映"选项卡中添加了"联机演示"广播幻灯片的功能，通过互联网向访问群体发送生成的链接网址，用户可以完全控制幻灯片的进度，而观众只需在浏览器中跟随浏览。

5.5.1　编辑放映过程

PowerPoint 2016 提供了灵活的幻灯片放映模式。通过对放映的过程进行一些并不复杂的编辑，可以使幻灯片的放映更能满足个性化的需求。

1. 设置幻灯片放映时间

演示文稿的放映，大多数情况下是由演示者手动操作控制放映的，如果要让其自动放映，有两种方法：一种是手动设置幻灯片的放映时间，另一种是使用"排练计时"功能。

1）手动设置

手动设置某个幻灯片的放映时间，首先选中该幻灯片，单击"切换"选项卡｜"计时"组｜"换片方式"下拉按钮，选中"设置自动换片时间"复选框，然后在其后的文本框中调整或输入幻灯片在屏幕上显示的秒数。若单击该选项区的"全部应用"按钮，则为演示文稿中的每张幻灯片设定相同的切换时间，这样就实现了幻灯片的连续自动放映。

2）排练计时

利用"排练计时"功能，演讲者可以准确地记录每张幻灯片在演讲过程中所需的显示时间，从而使演讲进度与幻灯片的显示切换保持同步，具体操作步骤如下。

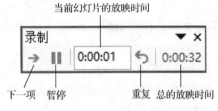

图 5-17　排练计时器

（1）单击"幻灯片放映"选项卡｜"设置"组｜"排练计时"按钮，即可进入幻灯片排练计时状态。从头开始播放幻灯片，播放过程中，在屏幕的左上角一直显示排练计时器，实时显示排练计时情况，如图 5-17 所示。

（2）对当前幻灯片的播放时间不满意，单击"重复"按钮，对当前幻灯片重新计时。也可直接在"幻灯片放映时间"文本框中输入所需的时间。单击"下一项"按钮切换到下一张幻灯片，单击"暂停"按钮暂停计时。

（3）排练计时结束时，系统将打开一个对话框，提示本次幻灯片放映共需的时间，以及是否保留新的幻灯片排练时间。单击"是"按钮接受排练时间，单击"否"按钮取消本次排练的时间设置。

（4）排练计时完成，系统切换到幻灯片浏览视图，显示每张幻灯片的放映时间。若选择"幻灯片放映"选项卡｜"设置"组｜"设置幻灯片放映"按钮，打开如图 5-20 所示的"设置放映方式"对话框，选中"推进幻灯片"选项区的"如果出现计时，则使用它"单选按钮，即可在下次放映幻灯片时按照排练计时的时间进行。

2. 自定义放映

通过"自定义放映"功能，可以抽取当前演示文稿中的部分幻灯片，重新排列起来在形式上成为一个新的演示文稿，然后在演示过程中只播放这些指定的幻灯片，使演示文稿可针对不同的观众创建多个不同的放映方案，从而达到"一稿多用"的目的。创建"自定义放映"的操作步骤如下。

（1）单击"幻灯片放映"选项卡｜"开始放映幻灯片"组｜"自定义幻灯片放映"按钮，

打开"自定义放映"对话框，如图 5-18 所示。

(2) 单击"新建"按钮，弹出如图 5-19 所示的"定义自定义放映"对话框。

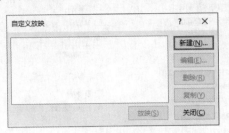

图 5-18　"自定义放映"对话框

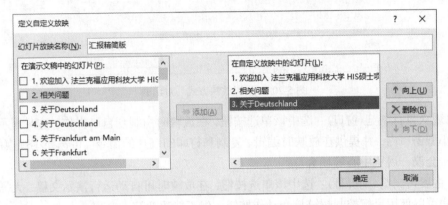

图 5-19　"定义自定义放映"对话框

(3) 在"幻灯片放映名称"文本框中输入幻灯片自定义放映名称，也可使用 PowerPoint 的默认值。

(4) 在"在演示文稿中的幻灯片"列表框中，选中幻灯片编号左侧的复选框，以选择添加到自定义放映文稿中的幻灯片，单击"添加"按钮。

(5) 若要移除某张已经添加到自定义放映文稿中的幻灯片，在"在自定义放映中的幻灯片"列表框内选择该幻灯片，单击"删除"按钮即可。

(6) 若要改变自定义幻灯片的放映次序，在"在自定义放映中的幻灯片"列表框内选定幻灯片，单击对话框右侧的上下按钮进行调节。

(7) 设置完成，单击"确定"按钮，关闭"自定义放映"对话框，即可完成自定义放映操作。

3. 设置放映方式

单击"幻灯片放映"选项卡｜"设置"组｜"设置幻灯片放映"按钮，打开"设置放映方式"对话框，如图 5-20 所示。通过该对话框可以设置放映演示文稿的方式，如是全屏幕放映还是使用窗口放映，是手动换片还是自动换片等。该对话框中部分选项的功能介绍如下。

1) "放映类型"选项区

(1) 演讲者放映(全屏幕)：选中该单选按钮，在放映时可全屏幕显示演示文稿，演讲者对演示文稿具有完全的控制权，并可采用自动或人工方式运行放映及放映过程中的各种设置。这是最常用的方式。

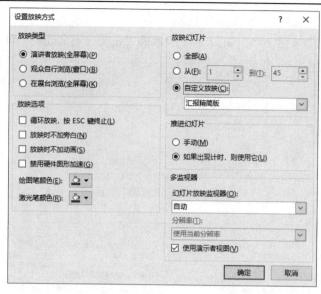

图 5-20　"设置放映方式"对话框

(2) 观众自行浏览(窗口)：选中该单选按钮，在放映时由观众自己操作。这时演示文稿会出现在小型窗口内，并提供在放映时编辑、复制和打印幻灯片的命令。可选择小规模的演示，一般用于会议、展览中心等场合。

(3) 在展台浏览(全屏幕)：选中该单选按钮，在放映时可自动运行演示文稿，无需专人播放，用户可以使用鼠标控制超链接和动作按钮，但不能改变演示文稿。

2) "放映选项"选项区

(1) 循环放映，按 Esc 键终止：循环放映幻灯片，直到按下 Esc 键终止幻灯片放映。如果选中"放映类型"选项区中的"在展台浏览(全屏幕)"选项，此复选框会自动选中且不能改动。

(2) 放映时不加旁白：观看放映时，不播放任何声音旁白。

(3) 放映时不加动画：显示每张幻灯片，不带动画，如所有项目符号都不变暗，而且所有飞入的对象都直接出现在最终位置。如果观众要浏览演示文稿，而不是观看放映时，可以选择此选项。

(4) 绘图笔颜色：选择绘图笔的颜色，以便在放映幻灯片时在幻灯片上书写。

3) "放映幻灯片"选项区

(1) 全部：从第一张幻灯片开始放映，直到最后一张幻灯片。

(2) 从/到：在"从"文本框中指定放映的开始幻灯片编号，在"到"文本框中指定放映的结束幻灯片编号。

(3) 自定义放映：从下拉列表框中选择当前演示文稿中的某个自定义放映来播放。如果演示文稿中没有设置自定义放映，此选项无效。

4) "推进幻灯片"选项区

(1) 手动：运行幻灯片放映时，只在下列情况换片，单击鼠标或右击鼠标，并在打开的快捷菜单中单击"下一张""前一张"，或使用"定位"命令选择其他的幻灯片。如果选中"手动"单选按钮，PowerPoint 会忽略预设的排练时间，但不会删除它们。

(2) 如果出现计时，则使用它：按照用户预设的排练计时自动切换幻灯片。

5.5.2　启动演示文稿的放映

根据演示文稿保存的文件类型和放映目的的不同，启动演示文稿的放映有很多方式。常用的有以下几种。

1. 在 PowerPoint 中启动幻灯片放映

首先，启动 PowerPoint 2016，并打开准备放映的演示文稿，然后执行下列操作之一，即可放映演示文稿。

(1) 单击工作窗口右下角的"幻灯片放映"按钮，将从当前幻灯片开始播放演示文稿。

(2) 按 F5 快捷键，将从首张幻灯片开始播放演示文稿。

(3) 单击"幻灯片放映"选项卡｜"开始放映幻灯片"组｜"从头开始"或"从当前幻灯片开始"按钮。

(4) 单击"视图"选项卡｜"演示文稿视图"组｜"阅读视图"按钮。

2. 使用鼠标右键快速放映幻灯片

在"资源管理器"窗口中打开演示文稿所在的文件夹，然后右击演示文稿文件，在弹出的快捷菜单中选择"显示"命令，即可在打开演示文稿的同时进行放映。放映结束后，该演示文稿自动关闭。

3. 选择演示文稿放映文件放映幻灯片

使用演示文稿放映文件(*.ppsx)可以在打开该文件的同时开始自动播放幻灯片，无法进入编辑状态，还可以防止其他用户修改演示文稿。将演示文稿文件(*.pptx)保存为演示文稿放映文件(*.ppsx)的方法如下：

使用 PowerPoint 2016 打开要操作的演示文稿，然后单击"文件"选项卡｜"另存为"命令，在弹出的"另存为"对话框中设定保存的位置和文件名，最后单击"保存"按钮，即可将演示文稿保存为放映文件(*.ppsx)的格式。

5.5.3　演示文稿的输出

演示文稿经常需要在其他没有安装 PowerPoint 的计算机甚至手机上放映。针对此类情况，使用 PowerPoint 的导出功能可以将制作好的演示文稿转换为通用的文件格式。

1. 打包演示文稿

首先打开要打包的演示文稿，然后按以下操作步骤即可完成演示文稿的打包。

(1) 选择"文件"选项卡｜"导出"｜"将演示文稿打包成 CD"命令，打开"打包成 CD"对话框，如图 5-21 所示，在该窗口中，可以命名打包的文件夹。

(2) 单击"添加"按钮，可以添加多个演示文稿一起打包。

(3) 单击"选项"按钮，在打开的"选项"对话框中，还可以设置将幻灯片中超链接的外部文件一起打包，若幻灯片中包含有特殊字体，要选中"嵌入的 TrueType 字体"复选框，如图 5-22 所示。在此可以对打包的演示文稿加打开密码或修改密码，设置完毕，单击"确定"按钮返回"打包成 CD"对话框。

(4) 单击"复制到文件夹"按钮，在打开的"复制到文件夹"对话框中指定打包文件存放的位置和文件夹名，然后单击"确定"按钮，开始打包。

(5) 打包完毕，回到"打包成 CD"对话框中，单击"关闭"按钮，系统自动打开打包文件所在的文件夹。

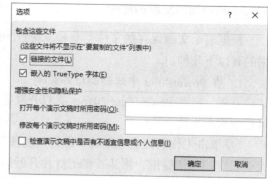

图 5-21 "打包成 CD"对话框 　　　　　　图 5-22 "选项"对话框

　　打包后的演示文稿文件类型并没有变,只是在文件夹中包含了所有的演示文稿及其超链接的文件等内容,同时创建了一个网页,其中包含演示文稿文件和 PowerPoint 播放器下载链接。在没有安装 PowerPoint 的计算机上可以通过网页中的超链接下载播放演示文稿的播放器。

　　2. 将演示文稿导出为其他通用格式的文件

　　为满足大家对演示文稿资料的不同需求,可以将演示文稿的文件导出(另存为)PDF 文件、讲义甚至视频。

　　(1)将演示文稿转为讲义。单击"文件"选项卡│"导出"│"创建讲义"│"创建讲义"按钮,将演示文稿内容转换为 Word 格式的讲义文档;其中包括将幻灯片和备注内容放在 Word 文档中,可以在 Word 中编辑内容和设置内容格式。

　　(2)将演示文稿转换为通用的文件格式。单击"文件"选项卡│"另存为"│"浏览"命令,打开图 5-23 所示的"另存为"对话框,可以将演示文稿文档转换为 PDF 文件、图片文件(JPG/GIF/PNG 等),甚至视频文件(MP4/WMV),极大地丰富了演示文稿的成果形式。

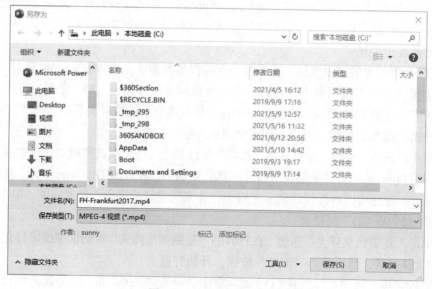

图 5-23 "另存为"对话框

习 题 五

习题五答案

一、简答题

1. PowerPoint 2016 有哪几种视图方式？各有什么特点？如何切换？

2. 什么是母版？

3. 在一个演示文稿中能否同时使用不同的设计主题？

4. 幻灯片放映过程中，如何切换、定位、结束幻灯片？

5. 如何将一个演示文稿安装到另一台无 PowerPoint 软件的计算机上去演示？

二、操作题

使用 PowerPoint 2016 制作一个个人简介，要求：

(1)幻灯片之间的切换至少要使用两种效果；

(2)为幻灯片添加背景音乐；

(3)至少插入一张图片；

(4)幻灯片背景采用过渡效果填充；

(5)将演示文稿另存为.MP4 格式。

第 6 章　计算机网络与安全

当今社会是一个网络社会，人们在不知不觉中应用着各种网络，计算机网络的出现与飞速发展时刻影响着人们的工作、学习和生活。特别是 Internet(因特网)已成为现代信息社会的重要标志，计算机网络的应用渗透到了社会生活的各个方面。计算机网络的诞生与发展极大地方便了人们的信息交流和资源共享，但是在计算机和网络为我们提供方便的同时，计算机系统以及计算机网络的安全问题也成为人们无法回避的问题，本章主要介绍计算机网络和系统安全相关的内容。

6.1　计算机网络基础

计算机网络经历了一个从简单到复杂的发展历程，是计算机技术与通信技术相互结合、渗透的结果，是一门新兴学科。它是当今社会信息传递的重要支柱，尤其是以 Internet 为核心的信息高速公路已经成为人们交流信息的重要途径。目前，计算机网络在全世界范围内迅猛发展，其应用已经渗透到社会的各个领域，成为衡量一个国家现代化程度的重要标志。本节主要介绍计算机网络的基础知识。

6.1.1　计算机网络的基本概念

1. 什么是计算机网络

从组成结构来讲，计算机网络是通过外围设备和连线，将分布在不同地域的多台计算机连接在一起形成的集合。从应用的角度讲，只要具有独立功能的多台计算机连接在一起，能够实现各计算机之间信息的相互交换，并可共享计算机资源的系统即计算机网络。

简而言之，计算机网络是指利用通信设备和线路将地理位置不同的、功能独立的多个计算机系统互联起来，并借助功能完善的网络软件实现网络中资源共享和信息传递的系统。

2. 计算机网络的发展

第一代计算机网络是以单台计算机为中心的远程联机系统。20 世纪 50 年代初，美国军方将通信线路与计算机连接，用以传递远程信息和进行集中处理与控制。在此基础上，人们将分布在不同地理位置的多个终端由通信线路连到一台主计算机上，从而形成了最早的计算机网络。

第二代计算机网络是在计算机通信网络的基础上，将多台独立的计算机通过通信线路互连起来，为用户提供网络服务。随着计算机应用的发展，人们希望将分布在不同地点的计算机通过通信线路互连起来，使各个用户可以共享本地计算机以及联网的其他计算机的资源。这一阶段研究的典型代表是美国国防部高级研究计划局(Advanced Research Projects Agency，ARPA)的 ARPANET(通常称为 ARPA 网)。

第三代计算机网络是遵循国际标准，具有统一网络体系结构的开放式和标准化的网络。它是将多个具有独立工作能力的计算机系统由功能完善的网络软件通过通信设备和线路实现资源共享和数据通信的系统。完整的计算机网络系统应是由负责信息处理的资源子网和负责信息传递的通信子网组成。

目前所使用的计算机网络是第四代网络，其特点是：高速互连、智能化与更广泛的应用以及更多服务。

随着 Internet 的发展，高速与智能网的发展也引起人们越来越多的注意，各国正在开展智能网络(Intelligent Network，IN)的研究。随着计算机网络技术的迅速发展和广泛应用，计算机网络必将对 21 世纪的世界经济、教育、科技、文化的发展产生重要影响。

3. 计算机网络的功能

一台计算机的资源是有限的，为实现软件和硬件资源共享，必须将计算机连接形成网络。一般来说，计算机网络的主要功能有资源共享、数据通信、均衡负荷与分布处理、综合信息服务四个方面，其中，最基本的功能是资源共享和实现数据通信。

1)资源共享

资源共享是人们建立计算机网络的主要目的之一。计算机资源包括硬件资源、软件资源和数据资源。硬件资源的共享可以提高设备的利用率，避免设备的重复投资，如利用计算机网络建立网络打印机。软件资源和数据资源的共享可以充分利用已有的信息资源，减少软件开发的工作量，避免大型数据库的重复设置。

2)数据通信

数据通信是指利用计算机网络实现不同地理位置的计算机之间的数据传送。例如，人们通过电子邮件(E-mail)发送和接收信息，使用 IP 电话进行相互交谈等。

3)均衡负荷与分布处理

它是指当计算机网络中的某个计算机系统负荷过重时，可以将其处理的任务传送到网络中的其他计算机系统中，以提高整个系统的利用率。对于大型的、综合性的科学计算和信息处理，可以通过适当的算法，将任务分散到网络中不同的计算机系统上进行分布式的处理，如通过国际互联网中的计算机分析地球以外空间的声音等。

4)综合信息服务

在当今的信息化社会中，各行各业每时每刻都会产生大量需要及时处理的信息，计算机网络在其中起着十分重要的作用。

4. 计算机网络的分类

计算机网络的分类标准很多。按照拓扑结构有总线网、环状网和星型网等，按照媒体访问方式有 Ethernet(以太网)、令牌环和令牌总线网等，还有按照交换方式以及数据传输率等的划分方法，但这些分类标准只给出了网络某一方面的特征，并不能反映网络技术的本质。按照计算机网络的覆盖范围进行划分是一种反映网络技术本质的网络划分标准。按网络覆盖范围的大小，可以将计算机网络分为局域网、城域网和广域网。

1)局域网

所谓局域网(Local Area Network，LAN)，从名称上可以理解为一个局部地区的网络，是在一个局部区域内把各种计算机、外围设备、数据库等相互连接起来组成的计算机网络。局域网的覆盖范围一般在几千米以内，最大距离不超过 10 千米。常见的小型局域网计算机数量在 200 台以下，有的甚至不到 10 台。

2)城域网

城域网(Metropolitan Area Network，MAN)所采用的技术基本上与局域网相类似，只是规模上要大一些。城域网的覆盖范围一般为几十千米范围内的机关、事业单位、企业、集团公司等，是用来满足大量用户、多种信息传输为目的的综合计算机网络。城域网是规模比较大的城市范围内的网络。

3）广域网

广域网（Wide Area Network，WAN）是一种跨城市或国家的计算机网络的集合，从字面上理解，其覆盖的区域范围比较广，可以是一个或多个城市、省份、国家等。广域网包括大大小小不同的子网，子网可以是局域网，也可以是小型的广域网。广域网已经成为一个国家基础设施建设的重要组成部分。国内电信系统的中国宽带互联网（ChinaNet）、教育系统的中国教育科研网（CERNet）等都属于广域网。国际互联网（Internet）是由众多网络互联而成的计算机网络，是全球最大的、开放的广域网。

5. 计算机网络的组成

计算机网络一般由网络硬件和网络软件两部分组成。在计算机网络系统中，网络硬件对网络的性能起着决定性作用，是网络运行的载体；而网络软件则是支持网络运行、提高效益和开发网络资源的工具。

1）网络硬件

计算机网络硬件主要包括服务器、工作站及外围设备等。其中，服务器（Server）为网络提供通信控制、管理和共享资源，是整个网络系统的核心。一般情况下，每个独立的计算机网络至少具有一台服务器，服务器通常由高性能的计算机担任。

工作站（Workstation）是指连接到网络上的计算机，在网络中只是一个接入网络的设备，其接入和离开对网络系统不会产生太大的影响。在不同的网络中，工作站又称为"客户机"、"客户端"或"结点"。

外围设备是指连接服务器与工作站的一些通信介质或连接设备。通信介质按其特征可分为有形介质和无形介质两大类，有形介质主要包括双绞线、同轴电缆和光缆等，无形介质主要包括无线电、微波、卫星通信等。不同的通信介质具有不同的数据传输速率和传输距离，分别支持不同的网络类型。连接设备有网卡、集线器（Hub）和交换机等。

2）网络软件

计算机网络软件部分主要包括网络操作系统、网络通信协议、网络工具软件、网络应用软件等。其中，网络操作系统负责管理和调度计算机网络上的所有硬件和软件资源，使各个部分能够协调一致地工作。常用的网络操作系统有 Windows Server 系列、Netware、UNIX、Linux 等。网络通信协议是指计算机网络中通信各方事先约定的通信规则，可以简单地理解为各计算机之间相互会话所使用的共同语言。两台计算机在通信时，必须使用相同的通信协议。网络通信协议的种类很多，如 TCP/IP、NetBEUI 和 IPX/SPX 兼容协议等，目前应用最广的通信协议是 TCP/IP 协议。

网络工具软件是指用来扩充网络操作系统功能的软件。例如，网络浏览器、网络下载软件、网络数据库管理系统等。网络应用软件是指基于计算机网络应用而开发出来的用户软件，如学校综合管理系统、民航售票系统、远程物流管理软件、订单管理软件、酒店管理软件等。

6.1.2　计算机网络的体系结构

在计算机网络技术中，网络的体系结构指的是通信系统的整体设计，它的目的是为网络硬件、软件、协议、存取控制和拓扑提供标准。网络体系结构的优劣将直接影响总线、接口和网络的性能。影响网络体系结构的关键要素是协议和拓扑。

在 20 世纪 80 年代早期，国际标准化组织(International Organization for Standardization，ISO)即开始致力于制定一套普遍适用的规范集合，以使全球范围的计算机平台可以进行开放式通信。ISO 创建了一个有助于开发和理解计算机的通信模型，即开放式系统互联(Open System Interconnect，OSI)参考模型。OSI 参考模型将网络结构划分为七层：物理层、数据链路层、网络层、传输层、会话层、表示层和应用层。每一层均有自己的一套功能集，并与紧邻的上层和下层交互作用。在顶层，应用层与用户使用的软件进行交互。在 OSI 模型的底端是携带信号的网络电缆和连接器。总的说来，在顶端与底端之间的每一层均能确保数据以一种可读、无错、排序正确的格式被发送，且每一层直接调用下层提供的服务。

一台计算机的第 X 层向另一台计算机的第 X 层传输数据进行通信，这种通信由一系列规则和约定控制，这一系列规则和约定称为协议。计算机 H1 将比特流传送到计算机 H2 的通信过程如下：在 H1 中比特流先从上层传到下层，直到物理层，再由 H1 的物理层传输到 H2 的物理层，在 H2 中数据从物理层开始逐层传输到上层。具体的传输过程如图 6-1 所示。

1)物理层

物理层是 OSI 参考模型的最低层，该层包括在物理介质上传输比特流所必需的功能。它定义了基本连接的机械和电气特性，包括把两个接点连接在网络上的电缆、连接口以及信号等。物理层从数据链路层获得数据并将其转换为在通信链路上可以传输的格式。它监管比特流转换成电信号并通过媒介传输的过程。

2)数据链路层

数据链路层控制网络层与物理层之间的通信。它的主要功能是将从网络层接收

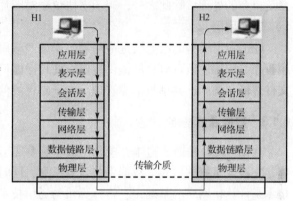

图 6-1　计算机 H1 传输数据给计算机 H2 的过程

到的数据分割成特定的可被物理层传输的帧。帧是用来移动数据的结构包或称为"有效荷载"，它不仅包括原始(未加工)数据，还包括发送方和接收方的网络地址以及纠错和控制信息。其中，地址确定了帧将发送到何处，而纠错和控制信息则确保帧无差错到达。

3)网络层

网络层的主要功能是当数据包从出发点到达目的地中间经过多条链路时，负责选择传递路径，并监管从出发点到达目的地的过程中每一个点到点的传递。网络层提供交换和路由两种服务。交换是指在物理链路之间建立临时连接，如同电话会话一样；路由意味着进行数据链路之前有多条路径。网络层通过综合考虑发送优先权、网络拥塞程度、服务质量以及可选路由的花费来决定从一个网络中结点 A 到另一个网络中结点 B 的最佳路径。

4)传输层

传输层主要负责确保数据可靠、顺序、无错地从 A 点传输到 B 点(A、B 点可能在也可能不在相同的网络段上)。因为如果没有传输层，数据将不能被接收方验证或解释，所以传输层常被认为是 OSI 参考模型中最重要的一层。传输协议同时进行流量控制或是基于接收方可

接收数据的快慢程度规定适当的发送速率。除此之外，传输层按网络能处理的最大尺寸将较长的数据包进行强制分割。

常常会有多个程序同时在一台计算机上运行，数据的传输就不仅仅是从一台计算机到另一台计算机，而且是从一台计算机上的一个特定程序传递到另一台计算机上的一个特定程序。因此，传输层传送的数据里就必须包含一种称为服务点的地址，从而保证将数据送给另一台计算机上的特定程序。

5) 会话层

会话层的功能包括：建立通信链接，并保持会话过程通信链接的畅通，同步两个结点之间的对话，决定通信是否被中断以及通信中断时决定从何处重新发送，同时也控制数据交换，确定数据交换是双向还是单向的传输方向。因此，人们常常把会话层称为网络通信的"交通警察"。

6) 表示层

表示层如同应用程序和网络之间的翻译官。在表示层，数据按照网络能理解的方案进行格式化，这种格式化也因所使用网络的类型不同而不同。表示层管理数据的解密与加密，如系统口令的处理。除此之外，表示层协议还对图片和文件格式信息进行解码和编码。

7) 应用层

OSI 参考模型的第七层是应用层。术语"应用层"并不是指运行在网络上的某个特别应用程序。应用层负责对软件提供接口以使程序能使用网络服务。应用层提供的服务包括远程文件传输和访问、共享数据库管理、电子邮件的信息处理和分布信息服务等。

6.1.3 数据通信基础

数据(Data)是描述物体、概念、形态的事实、数字、符号和字母，可定义为有意义的实体，它涉及事物的形式。数据中包含着信息，同时，信息可通过解释数据而产生。数据通信技术是计算机网络的基础，它将计算机与通信技术相结合，完成编码数据的传输、转换、存储和处理。

1. 模拟通信和数据通信

根据信号方式的不同，通信可分为模拟通信和数据通信。什么是模拟通信呢？在电话通信中，用户线上传送的电信号是随着用户声音大小的变化而变化的。这个变化的电信号无论在时间上或是在幅度上都是连续的，这种信号称为模拟信号。在用户线上传输模拟信号的通信方式即称为模拟通信。

数字信号与模拟信号不同，它是一种离散的、脉冲有无的组合形式，是负载数字信息的信号。现在最常见的数字信号是幅度取值只有两种(0 和 1)的波形，称为二进制信号。数据通信是指用数字信号作为载体来传输信息，或者用数字信号对载波进行数字调制后再传输的通信方式。

数据通信与模拟通信相比具有明显的优点：首先是抗干扰能力强。模拟信号在传输过程中与叠加的噪声很难分离，噪声会随着信号被传输、放大，严重影响通信质量。数据通信中的信息是包含在脉冲的有无之中的，只要噪声绝对值不超过某一门限值，接收端便可判别脉冲的有无，以保证通信的可靠性。其次是远距离传输仍能保证质量。因为数据通信是采用再生中继方式，能够消除噪声，再生的数字信号和原来的数字信号一样可继续传输下去，这样通信质量便不受距离的影响，可高质量地进行远距离通信。此外，它还具有适应各种通信业务要求(如电话、电报、图像、数据等),便于实现统一的综合业务数字网,便于采用大规模集成电路,便于实现加密处理,便于实现通信网的计算机管理等优点。

2. 数据通信系统组成

数据通信系统是通过数据电路将分布在远地的数据终端设备与计算机系统连接起来,实现数据传输、交换、存储和处理的系统。比较典型的数据通信系统主要由数据终端设备、数据电路、计算机系统三部分组成,如图 6-2 所示。

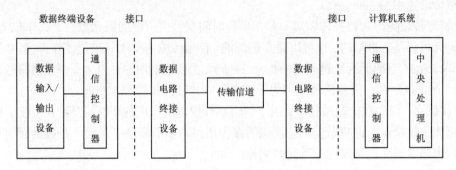

图 6-2　数据通信系统组成

在这里计算机和终端都称为网络的数据终端设备,简称为终端。由于数据通信是计算机与计算机或计算机与终端间的通信,为了有效而可靠地进行通信,通信双方必须按一定的规程进行,如收发双方的同步、差错控制、传输链路的建立、维持和拆除及数据流量控制等,所以必须设置通信控制器来完成这些功能,对应于软件部分就是通信协议。

数据电路终接设备(Data Circuit-terminating Equipment,DCE)的功能就是完成数据信号的变换。如果利用模拟信道传输,要进行"数字→模拟"变换,方法就是调制,而接收端要进行反变换,即"模拟→数字"变换,这就是解调,调制解调器(Modem)就是模拟信道的数据电路终接设备。利用数字信道传输信号时就不用调制解调器,但 DTE 发出的数据信号也要经过某些变换才能有效而可靠地传输,对应的数据电路终接设备 DCE 其功能是码型和电平的变换,信道特性的均衡,同步时钟信号的形成,控制接续的建立、保持和拆断(指交换连接情况),维护测试等。

3. 传输方式

数据传输按信息传送的方向与时间可以分为单工、半双工、全双工三种传输方式,单工数据传输是指两个数据站之间只能沿一个指定的方向进行数据传输。此种方式适用于数据收集系统,如气象数据的收集、电话费的集中计算等。因为在这种数据收集系统中,大量数据只需要从一端到另一端,另外需要少量联络信号通过反向信道传输。

半双工数据传输是两个数据之间可以在两个方向上进行数据传输,但不能同时进行。该方式需要通信两端都有发送装置和接收装置,若想改变信息的传输方向,需要由开关进行切换。问讯、检索、科学计算等数据通信系统运用半双工数据传输。

全双工数据传输是在两个数据站之间,可以两个方向同时进行数据传输。全双工通信效率高,但组成系统的造价高,适用于计算机之间高速数据通信系统。通常四线线路实现全双工数据传输,二线线路实现单工或半双工数据传输。在采用频分法、时间压缩法、回波抵消技术时,二线线路也可实现全双工数据传输。

4. 数据通信系统的性能指标

不同的通信系统有不同的性能指标，就数据通信系统而言，其性能指标主要有信道传输速率、符号传输速率、误码率等。

(1) 信息传输速率。信道的传输速率通常是以每秒所传输的信息量多少来衡量。信息论中定义信源发生信息量的度量单位是比特。一个二进制码元所含的信息量是一比特，所以信息传输速率的单位是比特/秒(bit/s)。例如，一个数据通信系统，它每秒传输 600 个二进制码元，它的信道传输速率是 600bit/s。

(2) 符号传输速率。符号传输速率是指单位时间(秒)内传输的码元数目，其单位为波特。这里的码元可以是二进制的，也可以是多进制的。符号传输速率 M 和信息传输速率 R 的关系为 $R=N\times\log_2M$ 当码元为二进制时 M 为 2；码元为四进制时 M 为 4……如果符号速率为 600bit/s，在二进制时，信息传输速率为 600bit/s，在四进制时为 1200bit/s。

(3) 误码率。信码在传输过程中，由于信道不理想以及噪声的干扰，以致在接收端再生后的码元可能出现错误，这叫做误码。误码的多少用误码率来衡量，误码率是数据通信系统中单位时间内错误码元数与发送总码元数之比。

5. 编码

1) 数字-数字编码

数字-数字编码是用数字信号来表示数字信息。例如，把数据从计算机传输到打印机时，原始数据和传输数据都是数字的，由计算机产生的 0、1 被转换成一串可以在导线上传输的脉冲电压。在众多数字-数字编码机制中单极性编码和双相位编码是最基本、最常用的，双相位编码又分为曼彻斯特编码和差分曼彻斯特编码。

2) 数字-模拟编码

数字-模拟编码是用模拟信号来代表数字信号的编码技术。常见的就是利用电话线上网，当通过电话线将数据从一台计算机传到另一台计算机时，数据开始是数字的，因为电话线只能传送模拟信号，就必须把数字信号调制成模拟信号进行传送，到终端还要把模拟信号解调成数字信号给计算机。在计算机网络中通常是用调制解调器来完成这个任务的。

6.1.4　局域网基本技术

局域网是指将小区域内的各种通信设备互联在一起的计算机通信网络。局域网的主要特点是：地理覆盖范围小、传输速率高、误码率低；易于建立、维护和扩展，使用灵活；适合于中、小单位计算机联网。

1. 局域网的拓扑结构

物理拓扑结构是解释一个网络物理布局的形式图，它以概括的形式描述一个网络，即不指定设备、连接方法或网络编址。物理拓扑结构按照基本的几何学图形分为总线型、环型、星型和树型等结构，这些形状也可混合构成混合拓扑结构。

1) 总线型结构

总线结构采用单根传输线(总线)连接网络中所有结点(工作站和服务器)，任一站点发送的信号都可以沿着总线传播，并被其余所有结点接收，如图 6-3 所示。总线结构小型局域网工作站和服务器常采用 BNC 接口网卡，利用 T 型 BNC 接口连接器和同轴电缆串行连接各站点，总线两个端头需要安装终端电阻器。由于其结构简单，因此可靠性高、安装使用方便、可以大大节约联网费用；但是其缺点也是明显的，即线路争用现象严重，更重要的是一旦网络中某个结点出现故障，将导致整个网络瘫痪。

2) 环型结构

环型拓扑结构中各结点首尾相连形成一个闭合的环，环中的数据沿着一个方向绕环逐站传输，如图 6-4 所示。令牌传递经常被用于环型拓扑，在这种系统中，令牌沿网络传递，得到令牌控制权的站点可以传输数据。数据沿环传输到目的地，目的站点向发送站点发回已接收到的确认信息。然后，令牌被传递到另一个站点，赋予该站点传输数据的权利。环型拓扑的结构简单、负载能力强、无信号冲突、抗故障性能好，但不足在于网络中结点过多时影响传输速率、任意一个结点或一条传输介质出现故障都将导致整个网络的故障。

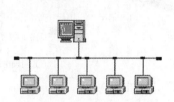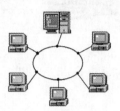

图 6-3　总线型拓扑结构　　　　　图 6-4　环型拓扑结构

3) 星型结构

星型结构网络中有一个唯一的转发结点(中央结点)，每一台计算机都通过单独的通信线路连接到中央结点，其信息传送方式、访问协议十分简单，如图 6-5 所示。星型结构小型局域网工作站和服务器常采用 RJ-45 接口网卡，以集线器为中央结点，用双绞线连接集线器与工作站和服务器。该结构的优点是结构简单、组网容易、便于管理和控制，缺点是一旦中央结点出现问题则全网瘫痪。近年来，伴随着集线器技术的发展，其在网络中的应用大量增加，使总线型的网络结构逐步被星型拓扑结构的模式取代。

4) 树型结构

树型拓扑结构由总线型拓扑结构演变而来，如图 6-6 所示，其结构像一棵倒挂的树。树最上端的结点称为根结点，一个结点发送信息时，根结点接收该信息并向全树广播。树型拓扑结构易于扩展，可以延伸出很多分支和子分支，这些新结点和新分支都能容易地加入网内，如果发生故障时也能很方便地进行故障隔离，但它们对根结点依赖性太大。这种拓扑结构的网络一般用于军事单位、政府部门等上、下界限相当严格和层次分明的部门。

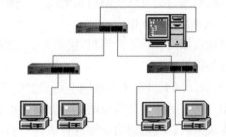

图 6-5　星型拓扑结构　　　　　图 6-6　树型拓扑结构

2. 局域网的传输介质

(1)双绞线。双绞线（Twist Pair）是综合布线工程中最常用的一种传输介质。如图 6-7(a)

所示，双绞线采用了一对互相绝缘的金属导线通过互相绞合的方式来抵御一部分外界电磁波干扰。把两根绝缘的铜导线按一定密度互相绞在一起，每一根导线在传输中辐射的电波会被另一根线上发出的电波抵消，可以降低信号干扰的程度。"双绞线"的名字也是由此而来的。与其他传输介质相比，双绞线在传输距离、信道宽度和数据传输速度等方面均受到一定限制，但价格较为低廉。常见的双绞线有 5 类线和超 5 类线，以及最新的 6 类线，5 类线和超 5 类线径细，6 类线径粗，传输速度从 10Mbit/s、100Mbit/s 到 1Gbit/s 及 1Gbit/s 以上。

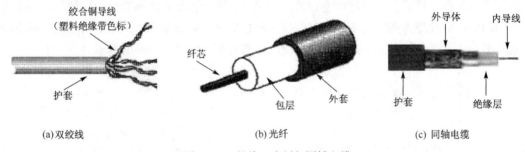

(a) 双绞线　　　　　　　(b) 光纤　　　　　　　(c) 同轴电缆

图 6-7　双绞线、光纤与同轴电缆

(2) 光纤。光纤结构是圆柱形，包含有纤芯和包层，如图 6-7(b) 所示。纤芯直径为 5 ~ 75μm，包层的外直径为 100 ~ 150μm，最外层的是塑料，对纤芯起保护作用。纤芯材料是二氧化硅掺以锗和磷，包层材料是纯二氧化硅。无中继的传输距离可达 50 ~ 100km，数据传输率可达 2Gbit/s 以上。应用光学原理，由光发送机产生光束，将电信号变为光信号，再把光信号导入光纤，在另一端由光接收机接收光纤上传来的光信号，并把它变为电信号，经解码后再处理。与其他传输介质相比，光纤的电磁绝缘性能好、信号衰减小、频带宽、传输速度快、传输距离远、抗干扰能力强，但价格较高且施工稍难。

(3) 同轴电缆。由一根空心的外圆柱导体和一根位于中心轴线的内导线组成，内导线和圆柱导体及外界之间用绝缘材料隔开(图 6-7(c))。同轴电缆之所以设计成这样，也是为了防止外部电磁波干扰正常信号的传递。按直径的不同，同轴电缆可分为粗缆和细缆两种。粗缆传输距离长，每段长度可达 500m，一般用于大型局域网干线，连接时两端需要终结器。细缆每段干线长度最大为 185m，安装较容易，造价较低，但日常维护不方便，一旦某个用户出故障，便会影响其他用户的正常工作。

(4) 无线介质。利用空间传播信号的通信是无线通信。无线通信利用的空间又称为无线介质。计算机间的通信可以使用射频无线电、微波、红外线和激光等。

3. 局域网组成的硬件

要组建局域网，除了计算机(服务器、工作站)和传输介质之外，还需要网卡、集线器、交换机等外围设备。

(1) 网卡。网卡是组建局域网不可缺少的基本硬件设备，计算机主要通过网卡连接网络。在网络中，网卡的作用是双重的：一方面它负责接收网络上传过来的数据包，解包后，将数据通过主板上的总线传输给本地计算机；另一方面它将本地计算机上的数据打包后送入网络。

根据接口类型不同，主要有 ISA 网卡、PCI 网卡和 USB 网卡，使用最多的是 PCI 网卡，如图 6-8(a) 所示。网卡重要的性能指标是数据传输速率，目前主要介于 10 ~ 1000Mbit/s，常用的是 100Mbit/s 网卡(百兆网卡)，千兆网卡正逐渐流行。

(a) PCI 网卡　　　　　　(b) 集线器　　　　　　(c) 交换机

图 6-8　PCI 网卡、集线器和交换机

（2）集线器。集线器是对网络进行集中管理的重要工具，像树的主干一样，它是各分支的汇聚点，如图 6-8（b）所示。集线器是一种共享设备，其实质是一个中继器，主要功能是对接收到的信号进行再生放大，以扩大网络的传输距离。使用集线器组网灵活，它处于星型网络的中心位置，集中管理入网的每台计算机。某台工作站出现故障不会影响整个网络的正常运行，并可方便地增加或减少工作站。

（3）交换机。交换机（Switch）又称为交换式集线器（Switch Hub），如图 6-8（c）所示，它具备了集线器的功能，在外观与使用上与集线器类似，但却更加智能化。交换机会记忆哪个地址接在哪个端口上，并决定将数据包送往何处，而不会送到其他不相关的端口。因此，那些未受影响的端口可以继续向其他端口传送数据，从而突破了集线器同时只能有一对端口工作的限制。所以，使用交换机可以让每个用户都能够获得足够的带宽，从而提高整个网络的工作效率。

4. 局域网软件配置

任何局域网都必须有软件的支持，软件是网络的神经系统，可以分为系统软件和应用软件两大类。目前应用比较多的网络操作系统有 UNIX、Linux、Microsoft Windows Server 2000/2003/2008 以及 Novell 公司的 NetWare 等。

6.1.5　网络互联

随着网络技术的迅速发展和网络应用的迅速普及，网络规模迅速扩大，小型局域网已不能胜任网络应用的需要，由此，网络互联技术迅速发展起来。所谓局域网络互联，就是在局域网（LAN）之间、局域网与广域网（WAN）、城域网之间、局域网与大型主机之间，用连接设备和传输介质彼此连接起来，以实现用户对互联网络的服务、资源和通信线路的共享。网络互联设备主要有中继器（Repeater）、网桥（Bridge）、路由器（Router）、网关（Gateway）等连接部件。

1. 中继器

中继器用于扩展 LAN，在网络的物理层实现连接。它是扩展同一个局域网距离的设备。中继器的主要功能是使通过传输介质的电信号（比特流）由网络的一段传输到另一段，并进行补偿整形、放大及转发。

2. 网桥

网桥又称为桥接器。它是两个（或两个以上）具有相同通信协议、相同传输介质及相同寻址结构的局域网间的互联设备，该设备是在 LAN 的数据链路层实现连接，网桥包括硬件和软件。网桥可扩展 LAN 的覆盖范围，并能够接收网上的数据转发到另一个目的网络。

3. 路由器

路由器具有网桥的全部功能并增加了路径选择功能，它可以互联多个网络及多种类型的网络。两个以上的网络互联，就必须使用路由器。路由器的功能主要包括路径选择功能、流量控制功能、过滤功能，并能够把一个大网分割成若干个子网。

4. 网关

网关又称为协议转换器，在 OSI/RM 最高层实现网络互联。它一般用于具有不同协议、不同类型的 LAN 与 WAN、LAN 与 LAN 间的互联，或用于不同类型且差别较大的多个大型广域网间的互联，有时也用于同一个网络而逻辑上不同的网络间互联。

6.2　Internet 基础

Internet 是全球最大的、开放的、由众多网络互联而成的计算机网络，可以连接各种各样的计算机系统和计算机网络。通过 Internet 获取所需要的信息，现在已经成为一种方便、快捷、有效的手段，已逐渐被社会大众普遍接受，Internet 的普及是现代信息社会的主要标志之一。

6.2.1　Internet 简介

Internet 音译为"因特网"，它起源于 20 世纪 60 年代美国国防部的 ARPANET，是美国国防部高级研究计划局为军事目的而建立的，它的主要任务是连接多种不同的子网络，并在此基础上形成了 TCP/IP。80 年代初美国国家科学基金会也采用 TCP/IP 网络技术建立了 CSNet。这个 CSNet 只是一个虚拟网络，到 1984 年组成了 NSFNet，将几个主要的大学及研究机构和几个超级计算机中心相连，实现资源的共享。ARPANET 和 NSFNet 的成功推动了网络的极大发展，特别是在 ARPANET 和 NSFNet 互相联通之后，计算机用户迅速增加。在连接北美、欧洲、太平洋地区的网络之后，逐步形成了全球性的 Internet。

Internet 是继报纸、杂志、广播、电视这 4 大媒体之后新兴起的一种信息载体。与传统媒体相比，它具有很多优势，主要体现在以下几方面。

（1）主动性。Internet 给每个参与者绝对的主动性，每个网上冲浪者都可以根据自己的需要选择要浏览的信息。

（2）信息量大。Internet 是全球一体的，每位 Internet 用户都可以浏览任何国家的网站，只要该网站向 Internet 开放。因此，Internet 中蕴含着充足的信息资源。

（3）自由参与。在 Internet 上，上网用户已经不再是一个被动的信息接收者，而且可以成为信息发布者，在不违反法律和有关规定的前提下，能够自由地发布任何信息。

（4）形式多样。在 Internet 上可以用多种多样的方式来传送信息，包括文字、图像、声音和视频等。此外，Internet 的应用多种多样。例如，网络远程教学、网络聊天交友、网络 IP 电话、网络游戏、网络炒股和电子商务等。

（5）规模庞大。Internet 诞生之初，谁也没有料想到它会发展如此迅速，用户群体会如此庞大，这与它的开放性与平等性是分不开的。在 Internet 上，每个参与者都是平等的，都有享用和发布信息的权利。每位用户在接受服务的同时，也可以为其他用户提供服务。

6.2.2　TCP/IP 协议和 Internet 地址

1. TCP/IP 协议

TCP/IP（Transmission Control Protocol/Internet Protocol）协议用于实现各种同构计算机、网

络之间,或异构计算机之间、网络设备之间通信的协议。虽然 TCP/IP 不是 OSI 标准,但 TCP/IP 已被公认为当前的工业标准。正是由于 TCP/IP 才成功解决了不同网络之间难以互联的难题,实现了异网互联通信,形成了全球网络互联的 Internet。

TCP/IP 是由一系列协议组成的,是一套分层的通信协议。TCP/IP 模型由四层组成,从上至下分别是应用层、传输层、网际层、网络接口层。

(1)网络接口层。这是 TCP/IP 模型的最低层,负责接收从 IP 层(网际层)交来的 IP 数据报并将 IP 数据报通过低层物理网络发送出去,或者从低层物理网络上接收物理帧,抽出 IP 数据报,交给 IP 层。这一层的协议很多,包括逻辑链路控制和媒体访问控制。

(2)网际层。网际层的主要功能是解决计算机到计算机间的通信问题。它的主要功能包括三个方面:第一,处理来自传输层的分组发送请求,将请求分组装入 IP 数据报,填充报头,选择去往目的结点的路径,然后将数据报发往适当的网络接口。第二,处理输入数据报,首先检查数据报的合法性,然后进行路由选择。第三,处理网络控制报文协议,即处理网络的路由选择、流量控制和拥塞控制等问题。TCP/IP 网络模型的网际层在功能上非常类似于 OSI 参考模型中的网络层。

(3)传输层。TCP/IP 参考模型中传输层的作用与 OSI 参考模型中传输层的作用是一样的,即在源结点和目的结点的两个进程实体之间提供可靠的端到端的数据传输。为保证数据传输的可靠性,传输层协议规定接收端必须发回确认,并且假定分组丢失,必须重新发送;同时还具有对信息流调节的作用,提供可靠传输,确保数据准确无误到达。

(4)应用层。传输层的上一层是应用层,应用层包括所有的高层协议,主要有远程登录协议(Telnet)、文件传输协议(File Transfer Protocol,FTP)和简单邮件传输协议(Simple Mail Transfer Protocol,SMTP),还包括用于将网络中的主机的名字地址映射成网络地址的域名服务(Domain Name Service,DNS)、用于传输网络新闻(Network News Transfer Protocol,NNTP)和用于从 WWW 网上读取页面信息的超文本传输协议(Hyper Text Transfer Protocol,HTTP)等。

2. IP 地址及类型

1)IP 地址的作用

Internet 为了实现连接到互联网上结点之间的通信,必须为每个入网的计算机分配一个地址,并保证这个地址是唯一的,这个地址就是 IP 地址。如果源主机要发送数据给目的主机,则源主机必须知道目的主机的 IP 地址,并将目的 IP 地址放在要发送数据的前面一同发出。这样,Internet 中的路由器会根据该目的 IP 地址确定路径,经过路由器的多次转发最终将数据交给目的主机。当 Internet 上的用户进行相互通信,或者用户访问 Internet 的各种资源时,都必然会用到 IP 地址。

2)IP 地址的类型

IP 地址是 Internet 主机的一种数字型标识,由两部分构成,一部分是网络标识(Net ID),另一部分是主机标识(Host ID)。

IP 协议中规定:IP 地址的长度为 32 位二进制数(4 字节)。为便于书写和记忆,通常将每字节转换为十进制数(每个整数的取值范围为 0 ~ 255),4 个十进制数之间用圆点分隔,这种 IP 地址的表示方法也被称为"点分十进制法"。例如,中国教育科研网的 WWW 服务器的

IP 地址为 11001010 11001101 01101101 00011001，用"点分十进制法"可以记作
202.205.109.25。

　　为了便于寻址和层次化构造网络，IP 地址被分为 A、B、C、D、E 五类，商业应用中只
用到 A、B、C 三类。每一类网络中 IP 地址的结构都有所不同，如图 6-9 所示。

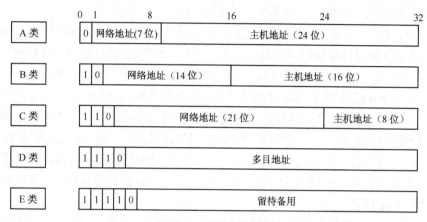

图 6-9　IP 地址的类型

　　(1)A 类地址：A 类地址中，最左边一位是"0"，接下来 7 位表示网络地址，即用第 1
字节标识网络地址，后 3 字节表示主机。不难算出，A 类地址允许有 126 个网段，每个网络
大约允许有 1670 万台主机，通常分配给拥有大量主机的网络(如主干网)。A 类网络的 IP 地
址范围为 1.0.0.1 ~ 127.255.255.254。

　　(2)B 类地址：B 类地址中，最左边两位是"10"，表示网络地址的占 14 位，即用前 2 字
节标识网络地址，后 2 字节表示主机地址。B 类地址允许有 16384 个网段，每个网络允许有
65533 台主机，适用于结点比较多的网络(如区域网)。B 类网络的 IP 地址范围为 128.1.0.1 ~
191.255.255.254。

　　(3)C 类地址：C 类地址中，最左边三位是"110"，表示网络地址的占 21 位，即前 3 字
节用来标识网络地址，最后 1 字节表示主机地址。具有 C 类地址的网络允许有 254 台主机，
适用于结点比较少的网络(如校园网)。C 类网络的 IP 地址范围为 192.0.0.1 ~ 223.255.255.254。

　　(4)D 类地址：D 类地址用于多点播送，第 1 字节以"1110"开始，第 1 字节的数字范围
为 224 ~ 239，是多点播送地址，用于多目的地信息的传输，作为备用。全零(0.0.0.0)地址对
应于当前主机，全"1"的 IP 地址(255.255.255.255)是当前子网的广播地址。

　　(5)E 类地址：以"11110"开始，即第一段数字范围为 240 ~ 254。E 类地址保留，仅作
为实验和开发用。

　　3)IPv6 技术简介

　　上述所介绍的是目前广泛使用的第二代互联网技术 IPv4，它目前最大的问题是网络地址
资源有限。从理论上讲，编址 1600 万个网络、40 亿台主机。但采用 A、B、C 三类编址方式
后，可用的网络地址和主机地址的数目大打折扣，以至于目前的 IP 地址近乎枯竭。

　　一方面是地址资源数量的限制，另一方面是随着电子技术及网络技术的发展，计算机网
络将进入人们的日常生活，可能身边的每一样东西都需要联入 Internet。在这样的环境下，IPv6
应运而生。单从数字上来说，IPv6 所拥有的地址容量是 IPv4 的约 8×10^{28} 倍，达到 $2^{128}-1$ 个。

这不但解决了网络地址资源数量的问题，同时也为除计算机外的设备联入互联网在数量限制上扫清了障碍。与 IPv4 相比，IPv6 的主要优势在于以下几个方面。

（1）IPv6 具有更大的地址空间。IPv4 中规定 IP 地址长度为 32，最多有 $2^{32}-1$ 个地址；而 IPv6 中 IP 地址的长度为 128，最多有 $2^{128}-1$ 个地址。

（2）IPv6 使用更小的路由表。IPv6 的地址分配一开始就遵循聚类的原则，这使得路由器能在路由表中用一条记录表示一片子网，大大减小了路由器中路由表的长度，提高了路由器转发数据包的速度。

（3）IPv6 增加了增强的组播支持以及对流的支持，这使得网络上的多媒体应用有了长足发展的机会，为服务质量控制提供了良好的网络平台。

（4）IPv6 加入了对自动配置的支持。这是对 DHCP 协议的改进和扩展，使得网络（尤其是局域网）的管理更加方便和快捷。

（5）IPv6 具有更高的安全性。在使用 IPv6 网络中，用户可以对网络层的数据进行加密并对 IP 报文进行校验，极大地增强了网络的安全性。

3．域名、域名系统和域名解析

1）域名和域名系统

由于用数字描述的 IP 地址难以记忆，使用不便，因此 Internet 上使用了一种字符型的主机命名系统（Domain Name System，DNS），按照与 IP 地址对应的关系，使用有一定意义的字符串来确定一个主机的地址。这种分配给主机的字符串地址称为域名（Domain Name）。

Internet 的域名结构由 TCP/IP 协议簇中的域名系统进行定义。首先，DNS 把整个 Internet 划分成多个域，称为顶级域，并为每个顶级域规定了国际通用的域名。顶级域名一般有两大类，一类是地理类域名，另一类是机构类域名。地理类域名是通过地理区域来划分，如表 6-1 所示；机构类域名是根据注册的机构类型来分类，如表 6-2 所示。

域名地址按地理域或机构域分层表示。书写时采用圆点将各个层次隔开，分成层次字段。在域名表示中，从右到左依次为顶级域名段、二级域名段等，最左的一个字段为主机名。一个域名最多可以由 25 个子域名组成。

表 6-1　常用的地理类顶级域名

域名	国家或地区名	域名	国家或地区名
.uk	英国	.fr	法国
.hk	中国香港	.it	意大利
.cn	中国	.ca	加拿大
.jp	日本	.de	德国

表 6-2　常用的机构类顶级域名

域名	机构类型	域名	机构类型
.gov	政府机构	.net	网络中心
.edu	教育机构	.org	其他社会组织
.int	国际组织	.com	商业机构
.mil	军事机构	.info	信息服务

域名地址的一般格式为：计算机名.机构名.二级域名.顶级域名。

例如，www.moe.edu.cn 是中国教育部主页服务器的域名地址，是由四部分组成的域名。

2) 域名解析

域名只是为用户提供了一种方便记忆的手段，计算机之间不能直接使用域名进行通信，仍然要用 IP 地址来完成数据的传输。所以，当 Internet 应用程序接收到用户输入的域名时，必须找到与该主机名对应的 IP 地址，然后根据找到的 IP 地址将数据送往目的主机，这种从域名到 IP 地址的转换称为域名解析。

域名解析要通过域名服务器来完成。域名服务器就是专门提供 DNS 服务的计算机，它能够将域名转换为对应的 IP 地址。Internet 中存在着大量的域名服务器，每台域名服务器保存着它所管辖区域内的所有主机名称与 IP 地址的对照表。当 Internet 应用程序接收到一个主机名时，先向本地的域名服务器查询该主机名所对应的 IP 地址，如果本地域名服务器中没有该主机名对应的 IP 地址，则本地域名服务器向其他域名服务器发出援助信号，由其他域名服务器配合查找，并把查找到的 IP 地址返回给 Internet 应用程序。而 Internet 中的域名服务器之间具有很好的协作关系，用户只通过本地的域名服务器便可以实现全网主机 IP 地址的查询。

6.3　Internet 的基本服务功能

Internet 之所以能够得到如此高速的发展，主要原因是它所提供的信息和服务能够满足人们实际工作、生活中的种种需要。正是人们工作和生活处处时时离不开 Internet，才使它得以快速的发展、成熟。Internet 提供的服务很多，而且新的服务还不断推出，目前最基本的服务有 WWW 服务、电子邮件服务、远程登录服务、文件传输服务、电子公告板等。

6.3.1　WWW 简介

1.　什么是 WWW

WWW 是 World Wide Web 的缩写，即万维网，是 Internet 上的主要应用系统之一，用于描述 Internet 上所有以超链接方式组织的可用信息和多媒体资源。它具有友好的用户查询界面，使用超文本方式组织、查找和表示信息，摆脱了以前查询工具只能按特定路径一步步查询的限制，使得信息查询能符合人们的思维方式，随意地选择信息链接。也就是说，当用户阅读基于 WWW 网页时，会注意到一些词或短语被一种特殊方式加了标记，当用户单击这些词或短语时，会跳转到网络上其他的有关网页，这一切的关键就在于网页中的数据包含了可以跳转到互联网上其他信息资源的超链接。

WWW 的应用和发展已经远远超出网络技术的范畴，影响着新闻、广告、娱乐、电子商务和信息服务等诸多领域，WWW 的出现是 Internet 应用的一个革命性的里程碑。

WWW 以客户机/服务器的模式进行工作，其中这些服务器按照指定的协议和格式共享资源和交换信息。联入网络的计算机(客户机)通过一个被称为 Web 浏览器的客户端程序访问网络上的 WWW 服务器。常用的 Web 浏览器有微软公司的 Internet Explorer(简称 IE)、Mozilla Firefox 浏览器和 360 浏览器等。浏览器向 WWW 服务器发出请求，服务器根据请求将特定页面传送至客户端。页面是 HTML 文件，需经浏览器解释，用户才能看到图文并茂的页面。

2.　网址

在使用浏览器上网浏览 Web 信息时，通常要输入不同的网络地址，简称为网址。网址的专业术语称为 URL(Uniform Resource Locator，统一资源定位器)，完整的 URL 从左到右依次由以下几部分组成。

(1) Internet 资源类型(Scheme)：指出 WWW 客户程序用来操作的工具。例如，"http://"表示 WWW 服务器，"ftp://"表示 FTP 服务器，"gopher://"表示 Gopher 服务器，而"new:"表示 Newgroup 新闻组。其中，"://"前面的部分是文件传输的协议名称，定义了文件传输的方式。

(2) 服务器地址(Host)：指出 Internet 文件所在的服务器域名或 IP 地址。

(3) 端口(Port)：有时需要给出相应的服务器设定的端口号。端口是服务器与客户端的连接通道，用"半角冒号+数字"放在服务器域名后面来表示。端口是必需的，但却不一定在 URL 中体现。我们所见到的大部分 URL 都是没有端口号表示的，这是因为大部分服务器都使用了全球统一的默认端口号，如 WWW 服务器默认使用 80 端口与客户端程序进行通信，FTP 服务器使用 21 端口，这时即使不在 URL 中对端口进行标注，客户端程序也会通过默认端口号与服务器进行连接。只有在极少数情况下，针对某些特定文件，服务器方会规定必须使用默认端口号以外的端口来处理来自客户端的连接请求，此时在 URL 中标注端口号就成为必需。

(4) 路径(Path)：指明服务器上要访问的资源的位置，通常由"目录/子目录"这样的结构组成。

(5) 文件名(File Name)：指明服务器上要访问的资源对应的文件名。

URL 的标准格式为：Scheme://Host:Port/Path/FileName。

例如，http://www.edu.cn/HomePage/jiaoyu_xinxi/index.shtml 就是一个典型的 URL 地址。

3. 主页和页面

Internet 上的信息以 Web 页面来组织，若干主题相关的页面集合构成 Web 网站。主页(HomePage)就是这些页面集合中的一个特殊页面。它是一个网站的入口点，就好似一本书的封面，其中包含许多指向其他页面的超链接。目前，许多机构都在 Internet 上建立了自己的 Web 网站，进入该机构的主页以后，通过网页上的链接即可浏览更多与该机构有关的网页信息。

4. 搜索引擎

随着 Internet 的迅速发展，网上信息以爆炸性的速度不断扩展，这些信息散布在无数的服务器上。为了能在数百万个网站中快速、有效地查找到想要得到的信息，Internet 上提供了一种称为"搜索引擎"的 WWW 服务器。用户借助搜索引擎可以快速地查找所需要的信息。目前，Internet 上的搜索引擎很多，如百度(www.baidu.com)、谷歌(www.google.cn)等。搜索引擎主要有以下功能。

(1) 主动地搜索 Internet 中其他 WWW 服务器的信息，并收集到搜索引擎服务器中。

(2) 对收集的信息分类整理，自动索引并建立大型搜索引擎数据库。

(3) 以浏览器界面的方式为用户进行信息查询。

6.3.2　使用 IE 浏览网页

网络是一个巨大的信息库，实现了全球信息资源的共享，用户可以在其中查找和获取自己所需要的信息或服务，也可以将自己的信息在网络上与他人共享。浏览网络上的 Web 信息需要借助浏览器软件，Internet Explorer 10.0(简称为 IE 10.0)是目前最普及的浏览器。

1. 认识 IE 10.0 界面

与以前版本相比，IE 10.0 界面变化不大，仍然采用了选项卡标签式浏览界面，如图 6-10 所示。双击桌面上的 Internet Explore 图标 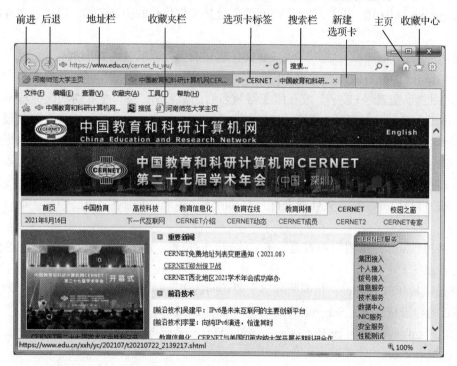，即可启动浏览器并打开系统默认的主页面，此时也可以在地址栏中输入要访问的网址，按 Enter 键即可打开相应的网页。

图 6-10　Internet Explorer 窗口

2. 使用选项卡浏览页面

IE 6.0 及以前版本都是单文档应用程序，每个打开的页面对应一个应用程序窗口，这些窗口以任务按钮的形式显示在任务栏上，当打开网页较多时，任务栏上的内容就显得拥挤不堪，而且网页之间的切换也比较麻烦。IE 7.0 以后版本在这方面进行了改进，它是一个多文档应用程序，可在一个窗口中以选项卡形式显示多个页面。所有打开的网页都以选项卡形式排列在 IE 窗口中，在此可以很方便地进行打开和关闭网页等操作。

(1) 新建选项卡(打开网页)：要新建选项卡以浏览网页，选择"文件"|"新建选项卡"菜单命令或者按 Ctrl+T 组合键，然后在新选项卡的地址栏中输入网址按 Enter 键即可。用户也可以右击网页上的超链接，然后选择快捷菜单中的"在新窗口中打开"或者"在新选项卡中打开"对应的网页。

(2) 页面切换：当用户打开了多个选项卡时，可以通过单击选项卡标签在不同页面间进行切换，如图 6-10 所示。

(3) 关闭选项卡(网页)：单击当前选项卡标签右侧的"关闭"按钮，可以关闭该选项卡和选项卡对应的网页。也可右击选项卡标签，选择快捷菜单中的"关闭"或"关闭其他选项卡"命令关闭当前选项卡或关闭除当前选项卡之外的所有其他选项卡。

(4) 设置网页打开方式：当用户单击页面中的某个新链接或打开某个新页面时，IE 10.0

默认由 IE 决定如何打开弹出窗口。用户可通过更改 IE 的属性设置，使 IE 10.0 默认状态下以新选项卡形式打开链接或新页面。选择"工具"|"Internet 选项"菜单命令，打开"Internet 选项"对话框。在"常规"选项卡中单击"选项卡"选项区的"设置"按钮，在打开的"选项卡浏览设置"对话框中选中"始终在新选项卡中打开弹出窗口"选项(图 6-11)，然后单击"确定"按钮即可。

3. 设置主页

这里所说的主页是指每次打开 IE 10.0 时首先打开的网页，IE 10.0 默认状态下的主页是空白页，用户可以对其进行修改，将自己经常访问的网页设置为主页。在 IE 10.0 窗口中选择"工具"|"Internet 选项"菜单命令，打开"Internet 选项"对话框。在"常规"选项卡的"主页"选项区域输入要设置为主页的网站地址，如图 6-12 所示。IE 10.0 中可以同时设置多个主页，在启动 IE 时，系统将依次打开所有主页地址对应的网页，设置完毕后单击"确定"按钮关闭该对话框。

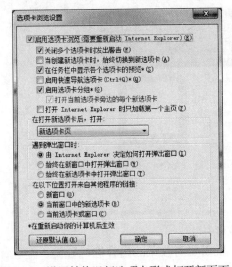

图 6-11　设置始终以新选项卡形式打开新页面

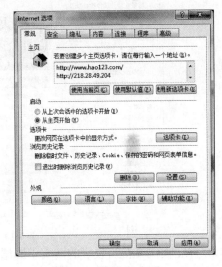

图 6-12　设置 IE 主页

4. 收藏网页

用户在网上发现自己喜欢的网页时，可以将其添加到收藏夹或收藏夹栏中，这样就可以通过收藏夹或收藏夹栏来访问它，而不必担心忘记了该网页的网址。

(1)收藏网页：要将当前浏览的网页添加到收藏夹，图 6-13 所示可选择"收藏夹"|"添加到收藏夹"菜单命令，打开图 6-14 所示的"添加收藏"对话框，在"名称"文本框中输入网页的名称，在"创建位置"下拉列表框中选择网页收藏的位置，最后单击"添加"按钮即可。如果选择"收藏夹"|"添加到收藏夹栏"菜单命令，可以将当前浏览的网页添加到收藏夹栏。如果选择"收藏夹"|"将当前所有的网页添加到收藏夹"菜单命令，可以将整个选项卡组中的网页一并添加到收藏夹。

(2)浏览收藏的网页：要浏览收藏夹中的网页，可单击窗口右上角的"收藏中心"按钮，在下拉列表框中选择需要的网页名称即可。要固定显示收藏夹中的内容，可单击列表框右上角的"固定收藏中心"按钮，收藏中心将以窗格形式固定显示在浏览器窗口的左侧，用户可滚动浏览收藏的网页，如图 6-15 所示。

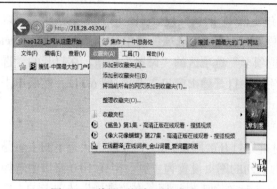

图 6-13　将网页添加到收藏夹中

图 6-14　"添加收藏"对话框

图 6-15　固定收藏中心

(3)整理收藏夹:当收藏的网页不断增加时,就需要对收藏的内容进行分类、整理,删除一些不再经常访问的网页。选择"添加到收藏夹"|"整理收藏夹"命令,打开如图 6-16所示的"整理收藏夹"对话框。在该对话框中可以创建和删除文件夹、移动或删除收藏的网页、重命名文件夹和收藏的网页。其中的文件夹主要用来分类存放收藏的网页。

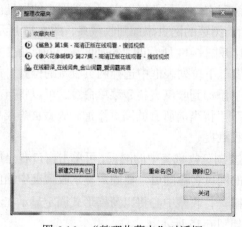

图 6-16　"整理收藏夹"对话框

5. 保存网页内容

在使用 IE 10.0 上网浏览网页时，如果要将之前打开的网页内容保存到本地计算机，可以首先切换到要保存的网页，然后选择"文件"|"另存为"菜单命令，打开如图 6-17 所示的"保存网页"对话框。

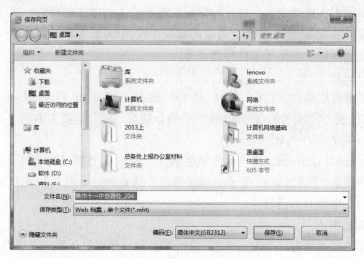

图 6-17   "保存网页"对话框

在"文件名"文本框中设置保存的文件名，在"保存在"下拉列表框中选择网页保存的位置，在"保存类型"下拉列表框中选择网页内容保存的形式，可以是整个网页、单个文档或文本文件等，单击"保存"按钮，网页中的内容即按照用户设置的方式保存到本地计算机。

6.3.3 电子邮件

电子邮件即通常所说的 E-mail（Electronic Mail）。与传统的邮件相比，电子邮件具有简单、方便、快速、费用低等优点。用户只要拥有一台计算机并且接入了 Internet，就可以在几秒钟内将邮件发送到世界上的任何地方。此外，通过电子邮件不但可以传递文字信息，还可以传递图像、声音、视频等多媒体信息。电子邮件的强大功能和诸多优点已经使其成为 Internet 中应用最广、最受欢迎的服务之一。

1. 电子邮件系统原理

目前 Internet 上使用的电子邮件系统有很多，其格式也不尽相同，但都由两个部分组成：第一部分是控制信息，其作用类似于传统邮件的信封，包括发件人地址、收件人地址和标题；第二部分是报文内容，是真正的要发送的信件内容。邮件发送和接收都要通过双方的电子邮件服务器。如图 6-18 所示的为电子邮件传输过程示意图。

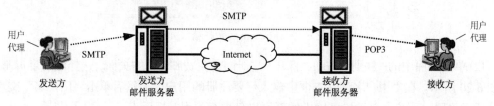

图 6-18   电子邮件传输过程示意图

由图 6-18 可以看出，电子邮件系统用来进行邮件发送和接收的协议分别是 SMTP 协议（Simple Message Transfer Protocol）和 POP 协议（Post Office Protocol）。其中，SMTP 协议是一组用于由源地址到目的地址传送邮件的规则，由它来控制信件的中转方式。POP3 即邮局协议的第 3 个版本，它是规定个人计算机如何连接到互联网上的邮件服务器进行收发邮件的协议，本协议主要用于支持使用客户端远程管理在服务器上的电子邮件。

每个邮件服务器就像一个 24 小时营业的邮局一样，全天候开机运行着电子邮件服务程序进行收取、转发全球用户的电子邮件传送业务。

2. 电子邮件地址

要使用电子邮件服务，首先需要获取一个唯一的 E-mail 地址。E-mail 地址的标准格式为：<用户名>@<邮件服务器域名>。E-mail 地址中的分割符"@"是英文单词"At"的缩写，阅读时的发音也与英文单词"At"相同。

例如，someone@126.com，即表示在域名为 126.com 服务器上的邮箱 someone。其整个 E-mail 地址的含义是"在 126.com 电子邮箱服务器上的 someone 用户"。用户名通常由英文字符组成，由用户在申请时自己确定。

3. 电子邮箱的申请

收发电子邮件必须要有一个电子邮箱。目前很多网站都提供免费或收费的电子邮件服务。例如，网易邮箱（mail.163.com 与 www.126.com）、新浪邮箱（mail.sina.com.cn）、雅虎邮箱（mail.yahoo.com.cn）和 QQ 邮箱（mail.qq.com）等。在此以网易的 126.com 邮箱服务器为例来介绍电子邮箱的申请过程。

(1)启动浏览器打开 www.126.com 的主页，如图 6-19 所示。

图 6-19   126.com 免费邮箱首页

(2)单击页面中的"注册"按钮，打开"注册网易免费邮箱"的页面，选择注册字母邮箱，如图 6-20 所示。在"用户名"文本框中输入想要注册的用户名，然后单击"用户名"文本框以外任意位置，系统会自动检测输入的新用户名是否可用并提示。

（3）当新用户名可用时，用户还需要设置邮箱注册表单中的其他信息，其中包括邮箱的密码、申请人的手机号码及发送验证码、选中同意邮箱服务条款及相关政策等内容。最后单击页面底部的"立即注册"按钮，屏幕显示注册成功的提示页面如图 6-21 所示。至此，邮箱申请成功，可以单击"进入邮箱"按钮，登录邮箱并使用该邮箱账号收发电子邮件了。

图 6-20　填写基本资料

图 6-21　邮箱注册成功

4. 撰写和发送电子邮件

要撰写和发送电子邮件，首先要登录电子邮箱。例如，要使用的是 126.com 的免费电子邮箱，则可以启动浏览器打开访问 126.com 电子邮箱的主页，然后输入正确的用户名和密码，单击"登录"按钮，即可打开如图 6-22 所示的邮箱管理页面。若要撰写电子邮件，可单击页面左上角的"写信"按钮，打开如图 6-23 所示的撰写邮件页面。在该页面中可以逐项添加新邮件的信息。

(1)添加收件人：在"收件人"文本框中输入收件人的邮件地址，如果需要将邮件同时发送给多个联系人，可以输入多个邮件地址，地址间用半角分号或者逗号隔开。

图 6-22　邮箱管理页面

图 6-23　撰写邮件页面

(2)设置主题：在"主题"文本框中输入邮件的主题，这里的主题也就是邮件的标题，主题将显示在收件人"收件箱"中的邮件列表中，是收件人区分邮件的主要依据之一。

(3)添加附件：需要的话可以在邮件中加入照片、声音、视频等各种文档，单击"添加附件"按钮即可弹出"选择要加载的文件"对话框，让用户选择要添加的附件文件。

(4)输入邮件正文：邮件正文区域是当前页面最大的文本框，用户可以在此输入邮件的正文内容；在正文区中可以选择信纸的样式、设置文本的格式、添加图片等操作，制作一封图文并茂的邮件。

邮件创建完成后，单击"发送"按钮发送邮件，若邮件发送成功，页面将显示"邮件发送成功"的提示信息。

5. 接收电子邮件

所有接收的邮件都存放在邮件服务器中，如果要查看收到的邮件，可以通过浏览器打开邮件服务器的主页，登录进入个人邮箱管理页面。当有新的电子邮件到达时，系统将在页面显著位置提示"收件箱有 x 封未读邮件"（其中 x 表示未读邮件的数量），同时"收件箱"按钮后面的小括号中也会显示未读邮件的数量。单击页面左侧的"收件箱"按钮，在打开的收件箱邮件列表中单击邮件的"主题"即可查看该电子邮件的详细内容。

6.3.4 文件下载

当用户需要保存 Internet 上的资源时，可将其下载到本地计算机中。如果用户需要保存的是网页中的文字和图片等信息，可以直接通过复制、粘贴命令完成；如果需要保存的是电影、音乐和软件等资源时，就需要用到下载工具。

1. 使用 IE 直接下载

IE 提供了内置的下载工具，在默认情况下，当用户需要下载网络上的资源时，系统会自动打开 IE 内置的下载工具进行下载，在此以"Windows 优化大师"软件的下载为例介绍使用 IE 浏览器直接下载文件的操作方法。

(1)搜索要下载的软件。启动 IE 10.0 打开百度搜索主页（www.baidu.com），在搜索文本框中输入"Windows 优化大师"，然后按 Enter 键进行搜索，单击搜索结果列表中的一个超链接（如"天空下载站"），打开下载页面。

(2)在下载页面的底部有文件下载地址列表，如图 6-24 所示。单击"立即下载"按钮，浏览器将打开如图 6-25 所示的"文件下载"对话框。

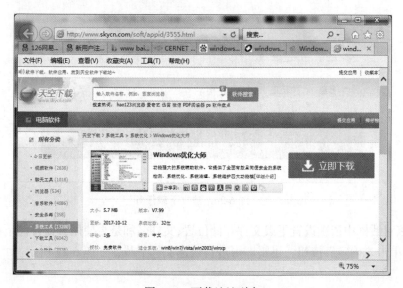

图 6-24 下载地址列表

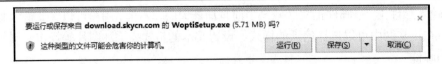

图 6-25　"文件下载"对话框

（3）单击"保存"按钮，即可下载。或者单击"保存"按钮右侧的三角按钮，在弹出下拉菜单中选择"另存为"命令，在打开的"另存为"对话框中设定文件的保存路径和文件名，单击"保存"按钮，系统即可开始下载。

2. 使用外部下载工具下载

除了可以使用 IE 自带的下载工具下载文件外，用户还可以使用专门的下载工具（如迅雷、网际快车等）来进行文件下载。这些专用下载工具最大的特点是支持断点续传、多点传输和多线程下载。所谓断点续传，是指本次下载的任务一次下载不完，下次上网可以接着下载。多点传输通过把一个文件分成几个部分同时下载，可以成倍的提高速度。多线程下载是指下载工具可以搜索到网上多个位置的相同文件同时下载。这些特点大大地加快了文件的下载速度。这里以使用迅雷软件下载"360 安全卫士"离线安装包为例来介绍下载工具的使用。

（1）启动 IE 浏览器，在地址栏输入 360 安全卫士官网主页网址：https://weishi. 360.cn/并回车。

（2）在打开的网页有个较大的"立即下载"按钮，单击该按钮下载的是安全卫士的在线安装包，在没有联网的电脑上无法完成安装。这里右击该按钮下方的"离线安装包"超链接文本，选择快捷菜单中的"使用迅雷下载"命令，系统将弹出如图6-26所示的建立新的下载任务对话框。

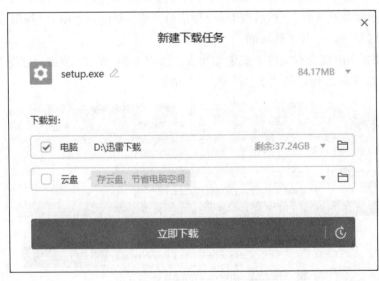

图 6-26　建立下载任务

（3）在该对话框中依次设置下载文件存储位置、文件名和是否使用云盘存储下载的文件等信息，然后单击"确定"按钮，迅雷即可进行快速文件下载，如图 6-27 所示。

图 6-27　迅雷下载主界面

6.3.5　即时通信软件

想知道你的朋友何时在网上，并随时保持和他的联络吗？以色列的 Mirabils 公司 1996 年开发的软件 ICQ 解决了这个问题，ICQ 是英文"I SEEK YOU"的谐音，这个软件被人称为网上寻呼机。每次你连到线上，ICQ 程序就会登录公司的服务器，将你的登录信息传给服务器，这样，当有人用 ICQ 号码呼你时，服务器就会通知你。

事实上，ICQ 的功能绝不止于此，它除了可以用于网上寻呼外，还可以发送消息、传输文、聊天或打网络电话。于是，网络寻呼机成为最近几年流行起来的另外一种聊天方式。它的用户量以千万计，开发 ICQ 的那家以色列小公司也顿时身价大涨，1998 年被美国在线（AOL）以 4 亿美元收购。

除了 ICQ 之外，网上出现了许多类似的网络寻呼软件，如美国微软公司的 MSN、美国脸书公司的 Facebook Messenger、美国 WhatsApp LLC 公司的 WhatsApp 、我国腾讯公司的 QQ 和 WeChat（微信）等。其中，QQ 和微信是国内最流行的即时通信软件。

6.3.6　Internet 的其他服务

1. 文件传输

文件传输协议（File Transfer Protocol，FTP）是 Internet 文件传输的基础。FTP 是在不同的计算机主机之间传送文件的最传统的方法。FTP 的两个决定性的因素使它广为人们使用：一是在两个完全不同的计算机主机之间传送文件的能力；二是以匿名服务器方式提供公用文件共享的能力。

文件传输的主要功能包括下载（Download）和上传（Upload）。下载是指用户从 Internet 服务器向个人计算机上传输文件，上传是指用户从个人计算机中往 Internet 服务器上传输文件。

FTP 是高速网络上的一个文件传输工具，但是要想和别人在网络上的计算机交流文件等内容，就必须知道对方计算机的地址，同时还要知道对方所使用的用户名和密码，显然，对于大多数用户来说，这是不可能的。为此，人们设计了一种"anonymous FTP"（匿名服务器），各个用户连接匿名服务器时，用各个用户自己的 E-mail 地址作为密码，获取匿名服务器中的信息库资料。

FTP 服务器分为独立的 FTP 服务器（如 ftp://ftp.pku.edu.cn，北京大学 FTP 服务器）和内嵌 FTP 服务的 WWW 服务器（如 http://www.download.com）。

如今的 Internet 浏览器和许多的 FTP 客户端工具已经完全替代了以往难以掌握的命令行 FTP 方式。用户可以直接在浏览器的地址栏中输入要访问的 FTP 服务器的 URL，若连接成功，在浏览器窗口中可以看到 FTP 服务器中的文件列表，用户就可以像管理自己机器上的文件一样对 FTP 服务器中的文件进行管理，图 6-28 所示的为使用 IE 浏览器访问瑞典于默奥大学(Umeå universitet)公共 FTP 服务器的情况。此时，可以像使用 Windows 的"资源管理器"管理本地资源一样管理 FTP 服务器上的文件和文件夹。要下载文件，可以右击选定的文件和文件夹，然后选择在快捷菜单中"复制到文件夹"命令将选中的文件和文件夹复制到本地计算机。如果有足够的权限，用户也可以删除或更名 FTP 服务器的文件和文件夹；同时还可以将本地计算机中的文件和文件夹通过"复制"/"粘贴"上传到 FTP 服务器的指定位置。

随着百度网盘、新浪微盘、腾讯微云、华为网盘等诸多公共云存储服务的出现，给用户的文件上传下载提供了更多选择。与 FTP 相比，云存储服务具有很多优点。例如，利用云盘可实现类似 FTP 中的文件上传和下载，也能实现员工和员工之间的文件共享；员工和客户之间的文件协作。目前很多机构都关闭了 FTP 服务器，转向云存储。

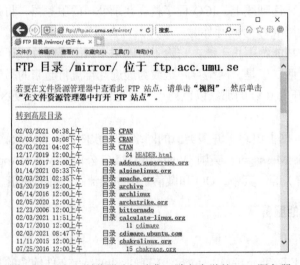

图 6-28　用 IE 浏览器访问瑞典于默奥大学的 FTP 服务器

2. Telnet 服务

Telnet 即远程登录，它让你坐在自己的计算机前通过网络登录到另一台远程计算机上，这台计算机可以在隔壁的房间里，也可以在地球的另一端。当你登录上远程计算机后，你的计算机就仿佛是远程计算机的一个终端，你就可以用自己的计算机直接操纵远程计算机，享受远程计算机本地终端同样的权利。例如，你可在远程计算机启动一个交互式程序，可以检索远程计算机的某个数据库，可以利用远程计算机强大的运算能力对某个方程式求解等。

3. 电子公告板

电子公告板（Bulletin Board System，BBS）是一种电子信息服务系统。通过提供公共电子白板，用户可以在上面发表意见，并利用 BBS 进行网上聊天、网上讨论、组织沙龙、为别人提供信息等。国内比较知名的论坛如发展论坛、强国论坛、水木社区、百度贴吧、天涯论坛、豆瓣论坛、微博等。图 6-29 所示的是人民网旗下的"强国论坛"（http://bbs1.people.com.cn）主页。

图 6-29　"强国论坛"主页

6.4　电子文献检索与利用

文献检索（Document Retrieval）是指从任何文献信息集合中查出所需要信息的活动、过程和方法。随着全球信息化、网络化的发展，以数字化、网络化为特征的信息技术在全社会各个领域广泛渗透和运用，电子文献作为新的知识载体和传媒，以存储量大，查阅、检索方便快捷的优点，备受广大科研工作者和高校师生的青睐。在当前信息大爆炸的知识经济时代，人们需要终身学习，不断更新知识，才能适应社会发展的需求。只要掌握了一定的电子文献检索与利用方法，就能够在研究实践和生产实践中根据需要查找文献信息，就可以无师自通，很快找到一条吸取和利用大量新知识的捷径。

6.4.1　常见的全文数据库检索系统

全文数据库系统集文献检索与全文提供于一体，免去了检索目录数据库后还得费力去获取原文的麻烦，此外，多数全文数据库提供全文字段检索，这有助于文献的查全。自从美国数据库公司 Lexis-Nexis 从 20 世纪 70 年代开始提供全文数据库服务以来，国内外有关机构创建了许许多多的电子文献全文数据库检索系统。当前常见的中文全文数据库有 CNKI 系列数据库、重庆维普中文科技期刊数据库、万方数据资源系统、人大复印资料和读秀学术搜索等。常用的外文全文数据库有荷兰的 Elsevier Science 电子期刊全文数据库、德国的 Springer Link 全文数据库、不列颠百科全书网络版、美国 ThomsonRetuers（汤森路透）集团的 DIALOG OpenAccess 检索系统等。

1. CNKI 系列数据库

中国国家知识基础设施工程（China National Knowledge Infrastructure，CNKI）是由清华大

学光盘国家工程研究中心、清华同方光盘股份有限公司和中国学术期刊(光盘版)电子杂志社联合立项，于 1999 年开始实施的超大型知识信息管理系统。

目前 CNKI 已经建成并通过网络提供发布的有中国期刊全文数据库(CJFD)、中国优秀博硕士学位论文全文数据库(CDMD)、中国重要会议论文全文数据库(CPCD)和中国重要报纸全文数据库(CCND)等，以及具有个性化知识服务功能的大型专业知识仓库，如中国医院知识仓库、中国企业知识仓库、中国基础教育知识库等。

(1)中国期刊全文数据库：该库是目前世界上最大的连续动态更新的中国学术期刊全文数据库，以学术、技术、政策指导、高等科普及教育类期刊为主，内容覆盖自然科学、工程技术、农业、哲学、医学、人文社会科学等各个领域。学术期刊库可以实现中、外文期刊整合检索。其中，中文学术期刊 8500 余种，含北大核心期刊 1960 余种，网络首发期刊 2120 余种，最早回溯至 1915 年，共计 5730 余万篇全文文献；外文学术期刊包括来自 60 多个国家及地区 650 余家出版社的期刊 57400 余种，覆盖 JCR 期刊的 94%，Scopus 期刊的 80%，最早回溯至 19 世纪，共计 1.1 余亿篇外文题录，可链接全文。

(2)中国优秀硕士学位论文全文数据库：是目前国内相关资源最完备、高质量、连续动态更新的中国优秀硕士学位论文全文数据库。截至 2020 年底，共收录了 770 余家硕士培养单位的硕士学位论文 440 余万篇，最早回溯至 1984 年，覆盖基础科学、工程技术、农业、医学、哲学、人文、社会科学等各个领域。

(3)中国博士学位论文全文数据库：是目前国内相关资源最完备、高质量、连续动态更新的中国博士学位论文全文数据库。截至 2020 年底，共收录出版了 490 余家博士培养单位的博士学位论文 40 余万篇，最早回溯至 1984 年，覆盖基础科学、工程技术、农业、医学、哲学、人文、社会科学等各个领域。

(4)中国重要会议论文全文数据库：收录我国 1999 年以来国家二级以上学会、协会、高等院校、科研院所、学术机构等单位的论文集。

(5)中国重要报纸全文数据库：收录 2000 年以来中国国内重要报纸刊载的学术性、资料性文献的连续动态更新的数据库。

2. 重庆维普"中文科技期刊数据库"

它是科技部西南信息中心下属的重庆维普资讯推出的大型综合性中文科技期刊全文数据库检索系统。收录了 1989 年以来国内出版发行的 12000 多种期刊，其中核心期刊 1957 种，收录内容涉及社会科学、自然科学、工程技术、农业科学、医药卫生、经济管理、教育科学和图书情报等领域。基本覆盖了国内公开出版的具有学术价值的所有科技期刊。此数据库在"中文科技期刊数据库"的中心网站上，数据每日更新。

3. 万方数据资源系统

万方数据资源系统是建立在因特网上的大型中文科技、商务信息平台及庞大的数据库群，内容涉及自然科学和社会科学各个领域，汇聚了 12 大类 100 多个数据库，数千万数据资源，系统提供的多种检索方式让用户能快捷查询到所需要的资料。万方数据资源系统分为五大子系统：中国学位论文全文子系统、会议论文全文子系统、数字化期刊子系统、科技信息子系统和商务信息子系统。其中，学位论文和会议论文子系统在高校图书馆中比较常见。

(1)中国学位论文全文子系统：该系统资源由国家法定学位论文收藏机构——中国科技信

息研究所提供，并委托万方数据加工建库，收录了自 1977 年以来我国各学科领域博士、博士后及硕士研究论文，涵盖自然科学、数理化、天文、地球、生物、医药、卫生、工业技术、航空、环境、社会科学、人文地理等各学科领域，内容包括论文题名、作者、专业、授予学位、导师姓名、授予学位单位、馆藏号、分类号、论文页数、出版时间、主题词、文摘等信息，年增 30 余万篇，充分展示了中国研究生教育的庞大阵容。

(2) 会议论文子系统：该系统的数据库是国内收集学科最全面、数量最多的会议论文数据库，属于国家重点数据库。会议资源包括中文会议和外文会议，中文会议收录始于 1982 年，年收集约 3000 个重要学术会议，年增 20 万篇论文，每月更新。外文会议主要来源于 NSTL 外文文献数据库，收录了 1985 年以来世界各主要学协会、出版机构出版的学术会议论文共计 766 万篇全文（部分文献有少量回溯），每年增加论文约 20 余万篇，每月更新。

(3) 数字化期刊子系统：其中的期刊资源包括国内期刊和国外期刊，其中国内期刊共 8000 余种，涵盖自然科学、工程技术、医药卫生、农业科学、哲学政法、社会科学、科教文艺等多个学科；国外期刊共包含 40000 余种世界各国出版的重要学术期刊，主要来源于 NSTL 外文文献数据库以及数十家著名学术出版机构，及 DOAJ、PubMed 等知名开放获取平台。图 6-30 所示的为"万方数据知识服务平台"的主页。

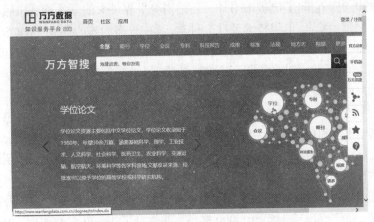

图 6-30　　"万方数据知识服务平台"的主页

4. 读秀学术搜索

"读秀学术搜索"是由海量图书、期刊、报纸、会议论文、学位论文、标准、专利及学术视频等学术资源组成的庞大的知识系统，其以 430 多万种中文图书、10 亿页全文资料为基础，为用户提供深入到图书章节和内容的全文检索，部分文献的原文试读，以及高效查找、获取各种类型学术文献资料的一站式检索等周到的参考咨询服务，是一个真正意义上的学术搜索引擎及文献资料服务平台。

5. SpringerLink 全文数据库

德国施普林格(Springer-Verlag)是世界上著名的科技出版集团，1842 年在德国柏林创立，20 世纪 60 年代奠定了其国际性科技出版公司的地位。施普林格是全球第一大科技图书出版公司和第二大科技期刊出版公司，每年出版 6500 余种科技图书和 2000 余种科技期刊。通过 SpringerLink 系统提供学术期刊及电子图书的在线服务，是科研人员的重要信息源。收录 Springer 公司提供的全文电子期刊 490 种。国内镜像站建在清华大学。该数据库包括的学科有化学、计算机科学、经济学、工程学、环境科学、地理学、法学、生命科学、数学、医学、物理学和天文学等。图 6-31 所示的为 Springer Link 全文数据库主页界面。

图 6-31　Springer Link 全文数据库主页界面

6. Elsevier Science 电子期刊全文数据库

荷兰 Elsevier Science 是世界上公认的高品位学术出版公司,也是全球最大的出版商之一,已有 100 多年的历史。它除了出版图书外,还是当今世界最大的学术期刊出版商之一,内容涉及生命科学、物理、医学、工程技术及社会科学,其中许多为核心期刊。SDOS(ScienceDirect OnSite)是 Elsevier 为 1500 多种电子期刊提供的网上检索服务。用户可通过互联网在线上搜索、浏览、打印以及下载所需要的期刊论文。

7. 不列颠百科全书网络版

《不列颠百科全书》(Encyclopedia Britannica,EB)又称为《大英百科全书》,在西方百科全书中享有盛誉,其学术性和权威性已为世人所公认,与《美国百科全书》(Encyclopedia Americana,EA)、《科利尔百科全书》(Collier's Encyclopedia,EC)一起,并称为三大著名的英语百科全书(百科全书 ABC)。其中,又以 EB 最具权威性,是世界上公认的权威参考工具书。

除印刷版的全部内容外,《不列颠百科全书》网络版还收录了最新的修订内容和大量印刷版中没有的文字,可检索词条达到 100000 多条,并收录了 24000 多幅图例、2600 多幅地图、1400 多段多媒体动画音像等丰富内容。大英百科全书公司还精心挑选了 120000 个以上的优秀网站链接,从而拓宽了读者的知识获取渠道。可以说,《不列颠百科全书》网络版是广大读者必备的学习和研究工具。

6.4.2　电子文献检索

充分翔实的文献查阅工作对完成科学研究是非常重要和必要的。首先要认真分析要检索的课题,并从中提取与课题相关的若干个检索词,然后根据课题所属领域、文献数据库的专业特点等情况选择相应的全文数据库进行检索。虽然文献检索系统有很多,但其检索方法基本相同,在此以最常见的 CNKI 系列数据库为例介绍电子文献全文数据库的使用方法。

大部分国内高校都订购了 CNKI 系列数据库,其中基本的数据库包括中国期刊全文数据库、中国优秀硕士学位论文全文数据库、中国优秀博士学位论文全文数据库、中国重要会议论文全文数据库、中国重要报纸全文数据库等。订购的 CNKI 全文数据库通常以镜像服务器方式存放在学校的数字图书馆服务器上,以便该校师生快速访问。通过学校的图书馆主页可

以很容易打开CNKI的镜像服务器的检索页面。图6-32所示为某高校数字图书馆订购的CNKI
系列数据库镜像站点的检索首页。

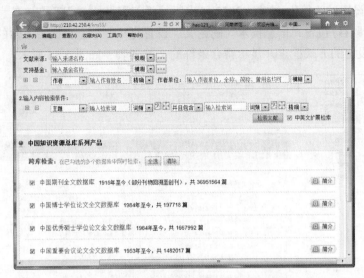

图 6-32　CNKI 系列数据库镜像站点的检索首页

系统默认的检索首页为跨库检索页面，单击页面中的数据库名称如"中国期刊全文数据
库"即可进入图 6-33 所示的单库检索页面。

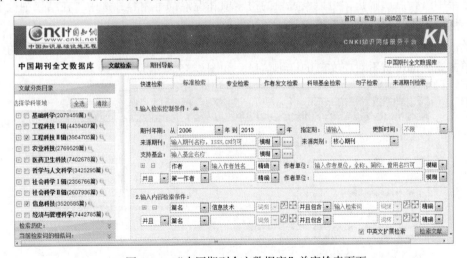

图 6-33　"中国期刊全文数据库"单库检索页面

1. 单库检索

在单库检索模式下，按照设定的条件在当前选定的单个数据库中进行检索。图 6-33 所示
的中国期刊全文数据库单库检索页面。在页面右侧的分类列表区域可以逐级设置文献所属的学
科类别，使文献检索更有针对性。页面中靠上的区域是检索控制条件设置区，可以设置要检索
文献所在期刊的年期、期刊名称、期刊类别、支持基金、论文的作者信息等内容。在下面的区
域设置内容检索条件，在"检索项"下拉列表框中可以设置要检索的字段，其中包括篇名、主
题、关键词、摘要、全文、参考文献等项目，在"检索词"文本框中输入检索词。在"词频"

下拉列表中可以限定检索词在检索项中出现的次数，单击右侧的"扩展"按钮 可以显示以输入的检索词为中心词的相关词，并将相关词作为检索词的限定词添加到"检索词"文本框中。

图 6-33 中设置的为检索 2006～2013 年出版的"工程科技 II 辑"与"信息科技"两类核心期刊中篇名（题目）包含"信息技术"的论文。设置完毕，单击页面右下角的"检索文献"按钮即可按照设定的方式检索并显示符合条件的文献列表，如图 6-34 所示。

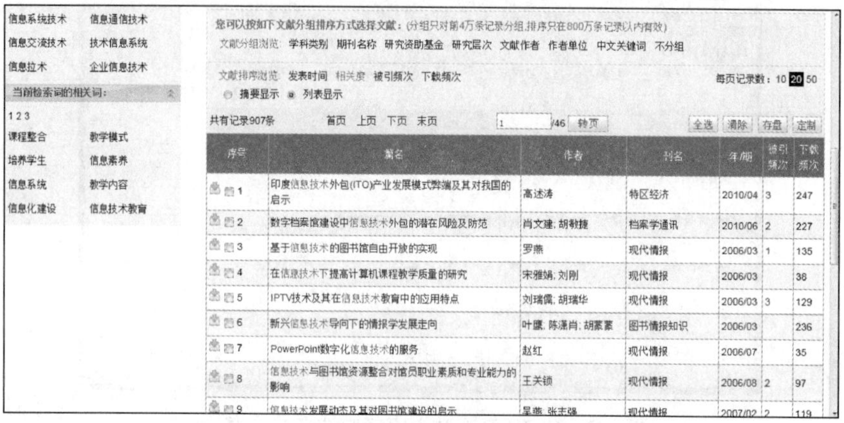

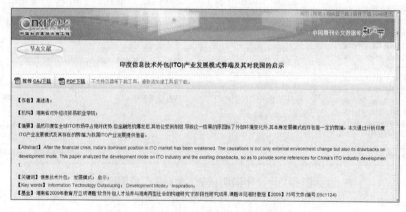

图 6-34　期刊文献检索结果

从页面列表中可以看到检索的文章的篇名、作者、期刊名、年期等信息。如果要在当前检索结果中进行二次筛选，可以设置新的检索项和检索词等内容，选中"在结果中检索"复选框，然后单击"检索文献"按钮。

单击篇名左侧的"下载"按钮 ，即可弹出"文件下载"对话框下载 CAJ 格式的论文全文。单击篇名即可查看对应文献的详细信息，如图 6-35 所示。

图 6-35　文献的详细信息

通过文献详细信息页面可以查看全部作者及作者单位、期刊信息、关键词、摘要、基金支持等相关信息。此外，在页面底部可以查看当前论文的相似文献、相似机构、相关作者、相关期刊等信息。单击页面上端的两个"下载"超链接，可以分别下载阅读 CAJ 格式和 PDF格式的全文。单击页面中的蓝色部分关键文本就可以按文本对应的字段继续进行文献检索，例如，单击作者姓名文本，即可检索出该作者发表的其他论文。

2. 跨库检索

　　跨库检索可以按设定的条件同时在指定的多个数据库中进行检索。CNKI 文献检索首页默认的就是一种跨库检索状态，在检索选项区设置要查找的字段、关键词、匹配方式、出刊日期范围等内容，在数据库区，选择要检索的若干个数据库。如图 6-36 所示，这里确定的检索条件为发表时间在 2006-07-10～2013-07-10 期间河南师范大学的博士、硕士论文。

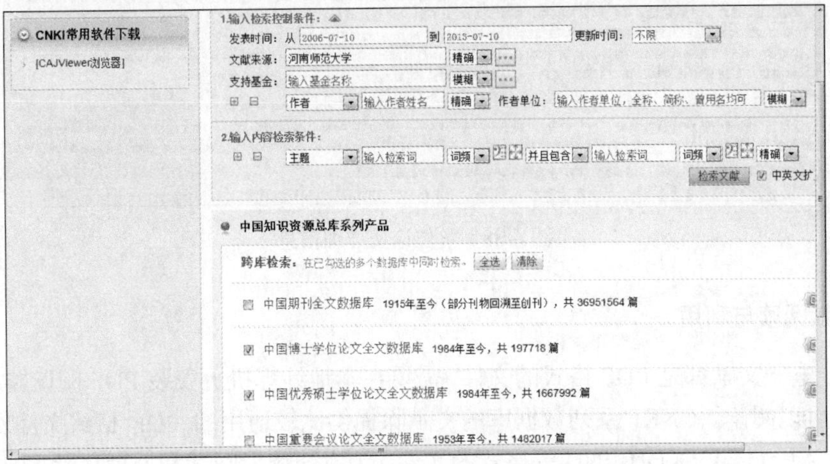

图 6-36　跨库检索首页

　　设置发表时间、文献来源之后，选中"中国博士学位论文全文数据库"和"中国优秀硕士学位论文全文数据库"，然后单击"检索文献"按钮，即可检索到这两个库中所有符合条件的学位论文，如图 6-37 所示。

图 6-37　跨库检索结果

　　与单库检索的结果页面类似，其中列出了每篇论文的题目、学位授予单位、年份和来源数据库等信息。单击其中的论文题名，即可打开如图 6-38 所示的学位论文详细信息页面，其中可以查看论文的详细信息，同时还可以浏览相同导师文献、相似文献等信息。页面上端有该论文下载和在线阅读相关的超链接，其中包括在线阅读、整本下载、分章下载、分页下载等，单击这些超链接可以在线阅读或下载论文的全文。

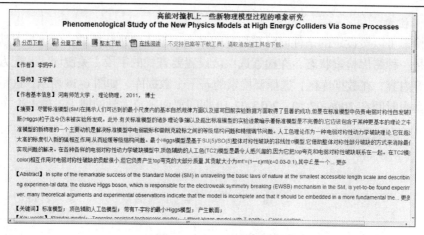

图 6-38　学位论文详细信息

6.4.3　文献阅读与利用

　　大部分电子文献都是 PDF 格式的文件，需要在本地计算机上安装 PDF 阅读器（如 Adobe reader）才可以阅读。CNKI 系列数据库的文献除提供比较通用的 PDF 格式文件外，还提供其特有的 CAJ、CAA、KDH、NH 等格式的文件。为方便读者阅读和处理文献，同方知网（北京）技术有限公司开发了一个通用的电子文献阅读软件 CAJViewer。使用该软件除了可以浏览 CAJ、CAA、KDH、NH 等 CNKI 的自有格式文献外，也可以阅读 PDF 格式的电子文献。在访问 CNKI 网页时，可以看见页面底部有 CAJViewer 软件下载的超链接，用户可以下载并安装该软件。本节以该软件为例介绍文献的阅读与利用操作。

　　使用 CAJViewer 打开电子文献的界面如图 6-39 所示，使用该软件除了方便地阅读和打印各种电子文献，同时还可以给文献添加多种标注，而且可以将文献的任意部分的内容复制、粘贴到其他文档中进行编辑处理。

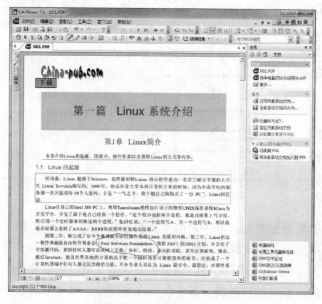

图 6-39　CAJViewer 7.0 的工作界面

1. 阅读导航功能

文献阅读是 CAJViewer 的基本功能，该软件提供了方便的阅读导航功能。CAJViewer 窗口底部有换页和页面缩放控件。其中"全屏"按钮 ▥ 可以切换到全屏阅读模式；利用几个页面切换控件 ▐◀ ◀ ▶ ▶▌ ◀▬ ▬▶ ，可以很方便地进行换页操作；利用控件组 ▯▯▯▯▥▫◲ ，可以随意缩放显示文档。

为方便导航浏览，窗口的左侧还有"页面"和"目录"（部分文献有该按钮）按钮，当鼠标指针指向按钮时将分别打开对应的"页面窗口"或"目录窗口"，在该窗口里以书签方式显示文档的所有页或目录，如图 6-40 所示。单击窗口中的书签式索引项，主显示区将跳转到相应的页面。当页面显示较大，屏幕不能完整显示整页时，可以单击窗口上端的"选择"工具栏上的"手形"工具 🖑，然后拖动页面浏览显示页面的不同区域。

2. 标注功能

在阅读文献的过程中，可以很方便地在文档中添加标注。标注包括直线、曲线、矩形、椭圆、文本注释、高亮文本、下划线文本、删除线文本和书签等。图 6-39 所示的文档中添加了矩形、直线和文本注释等标注。使用"选择"工具栏上的"标注"工具或者"工具"菜单下的相关命令可以添加各种标注。选择"查看"|"标注"菜单命令，即可在当前文档的主页面左侧显示"标注"窗口，在此可以管理当前文档添加的所有标记，如图 6-41 所示。

3. 复制文档内容

读者在阅读文献的同时，经常需要将自己关注的部分内容复制到其他文档中重新利用。为此，CAJViewr 提供了方便快捷的选择和复制功能。

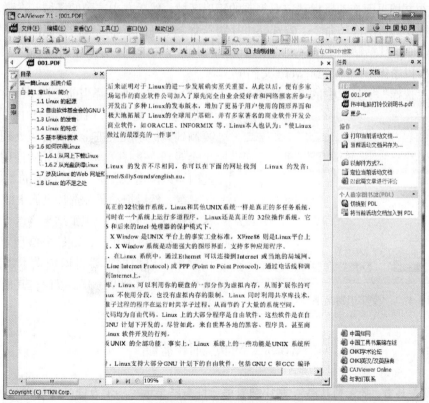

图 6-40　文档的目录窗口

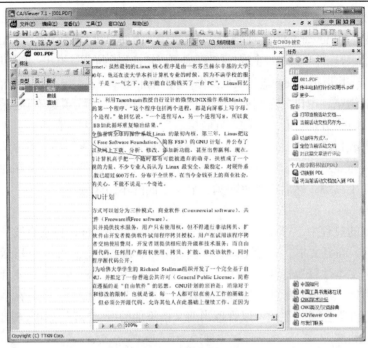

图 6-41　文档的标注窗口

如果要复制的是文档中的图像类内容，可以单击选中"选择"工具栏中的"选择图像"按钮 ，在文档页面拖动鼠标选定要复制的矩形区域，然后右击选中的区域，在弹出的快捷菜单中选择要进行的操作命令。若选择"复制"命令则将该矩形区域内容以图像形式复制到剪贴板，以便将其粘贴到其他系统的指定位置。也可以选择"发送图像到 Word"菜单项，将选中的内容以图像形式发送到 Word 文档中。

使用"选择"工具栏中的"选择文本"工具 可以方便地选择当前文档中的文本内容，

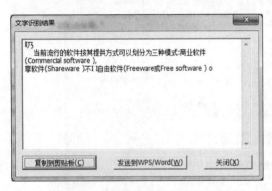

图 6-42　"文字识别结果"对话框

然后应用"复制""粘贴"将选中的文本内容复制到其他系统中进行编辑排版处理。但有时也会遇到"选择文本"工具无法使用的情况，此时可以单击"选择"工具栏上的"文字识别"工具 ，然后拖动鼠标选择页面上的一块矩形区域进行文字识别，识别结果将在"文字识别结果"对话框中显示，如图 6-42 所示。在该对话框中可以根据需要将识别文本"复制剪贴板"或"发送到 Word"，以便在其他文档中重新利用。

6.5　网页制作基础

"工欲善其事，必先利其器"，制作网页第一件事就是选定一个方便高效的网页制作软件。从原理上来讲，直接用记事本就能写出网页，但要求用户必须具有相当的 HTML 基础，且效率也很低。用 Microsoft Word 也能做出网页，但有许多效果做不出来，且垃圾代码太多。如果使用专业的网页制作工具,可以使网页制作变得简单、高效,而且页面的效果也更加丰富。目前比较常见的网页编辑工具有 Macromedia Dreamweaver、Microsoft FrontPage 和 Adobe Pagemill 等,其中 Dreamweaver 的功能最强,最为常用。本节将以 Dreamweaver 8 为例介绍网页制作的基本方法。

6.5.1 HTML 简介

超文本标记语言(Hypertext Markup Language,HTML)是目前网络上应用最为广泛的语言,也是构成网页文档的主要语言。设计 HTML 语言的目的是把存放在一台计算机中的信息资源与另一台计算机中的信息资源通过超链接方便地联系在一起,形成有机的整体。用户只需单击网页中的超链接就可以转到其他相关的网页或其他信息,而不用考虑目标信息是保存在本地计算机还是网络中的其他计算机中。

HTML 文件是由 HTML 命令(标签)组成的描述性文件,HTML 命令(标签)可以说明文字、图形、动画、声音、表格、链接等。HTML 文件的结构包括头部(Head)、主体(Body)两大部分,其中,头部描述浏览器所需要的信息,而主体包含所要说明的具体内容。

HTML 标签通常是英文词汇的全称(如块引用(blockquote))或缩略语(如"p"代表 Paragraph),但它们与一般文本有区别,因为它们放在一对尖括号里。故 Paragragh 标签是<p>,块引用标签是<blockquote>。有些标签说明页面内容如何被格式化(如<p>表示开始一个新段落),其他则说明这些词如何显示(如<b>使文本加粗),还有一些其他标签提供在页面不显示的信息,如标题。

标签是成对出现的,每当使用一个标签如<blockquote>,则必须以另一个标签如</blockquote>将它关闭。大多数 HTML 标签的书写格式为:<标签名>文件内容</标签名>。

下面是一个简单的 HTML 文件的实例。

```
<HTML>
<head>
<meta http-equiv="Content-Type" content="text/HTML; charset=gb2312" />
<title>欢迎访问我的网页</title>
<style type="text/css">
<!--
.STYLE1{
    color: #FF0000;
    font-size: 18px;
}
-->
</style>
</head>
<body>
<div align="center"><a href="http://www.haha.com"  class="STYLE1">单
击"这里"打开我的网页。</a>
</div>
</body>
</HTML>
```

该 HTML 文件中用到了以下几个基本的 HTML 标签。

(1)HTML 文档中,第一个标签是<HTML>,这个标签告诉浏览器这是 HTML 文档的开始。

（2）HTML 文档的最后一个标签是</HTML>，这个标签告诉浏览器这是 HTML 文档的终止。

（3）在<head>和</head>标签之间的文本是头信息。在浏览器窗口中，头信息是不显示在页面上的。

（4）在<title>和</title>标签之间的文本是文档标题，它显示在浏览器窗口的标题栏。

（5）在<body>和</body>标签之间的文本是正文，会显示在浏览器中。

（6）<p>和</p>标签代表段落。

（7）<a>和</a>定义了一个超链接，用户只要单击了"单击"这里"打开我的网页"，就可以链接到 http://www.haha.com 网站。

6.5.2　开始使用 Dreamweaver

Macromedia Dreamweaver 8 是一款专业的网页制作工具，无论是手工编写 HTML 代码还是在可视化编辑环境中工作，Dreamweaver 都为用户提供有用的工具。本小节介绍该软件的启动和创建站点操作。

1.　启动 Macromedia Dreamweaver 8

软件安装完毕，选择"开始"|"程序"|"Macromedia"|"Macromedia Dreamweaver"

命令即可启动 Dreamweaver。如果是第一次运行 Dreamweaver，系统会弹出一个"工作区设置"面板，如图 6-43 所示。

用户可以选择使用"设计器"工作区或"编码器"工作区进行网页的制作。"设计器"工作区是类似于 Word 的直观界面，"编码器"工作区是纯粹的网页代码编写界面。这里选择"设计器"工作区，然后单击"确定"按钮出现软件的主界面，打

图 6-43　"工作区设"置面板

开 Dreamweaver 软件的主界面和起始页，如图 6-44 所示。

图 6-44　Dreamweaver 8 主界面

这个界面称作"起始页"，可以选择打开一个已经存在的项目、新建项目或者从范例创建项目。

2. 创建站点

网站是通过超链接连接起来的、有共同主题的若干网页的集合。Dreamweaver 8 制作网页之前，应该先在本地计算机上建立一个站点，用于控制站点结构、系统地管理网站中的每一个文件。完成网站中网页的设计后，还可以使用 Dreamweaver 8 将本地站点上传到 Internet 上的 Web 服务器上。同时，用户也可以通过 Dreamweaver 8 对远程站点进行管理，同步本地站点和远程站点的文件等。

创建站点的具体方法如下。

(1)首先在本地计算机的硬盘上新建一个文件夹，用来存放将来制作的网页文件及网站中用到的图片、动画、声音等素材。

(2)选择"站点"|"新建站点"菜单命令，打开定义站点的对话框，如图 6-45 所示，在站点定义对话框中输入站点的名字和网址(网址可以省略)。

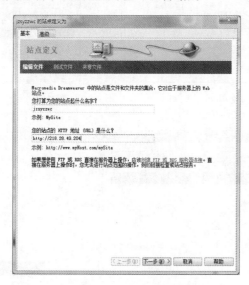

图 6-45　定义站点名称

(3)设置完毕，单击"下一步"按钮进入第 2 步设置，如图 6-46 所示，此时系统询问新建的站点是否应用动态服务器技术，选择第二项"是，我要使用服务器技术"，然后选择 ASP VBScript。

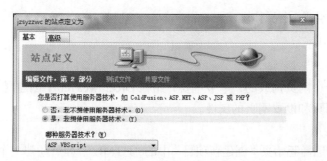

图 6-46　定义站点服务器技术

（4）设置完毕，单击"下一步"按钮进入第 3 步设置，如图 6-47 所示，系统提示用户选择创建的站点文件保存的位置，单击文本框右侧的"浏览"按钮，设置网站文件存储位置为第（1）步新建的文件夹。

（5）设置完毕，单击"下一步"按钮进入第 4 步设置，如图 6-48 所示，系统提示用户设置连接远程站点服务器的方式，若暂时没有远程站点服务器可用，可选择"我将在以后完成此设置"。

（6）设置完毕，单击"下一步"按钮进入创建站点的最后一步，如图 6-49 所示，系统显示前面进行的站点设置情况，单击"完成"按钮结束站点创建。在窗口右侧的"文件"面板中出现本地站点信息，如图 6-50 所示。

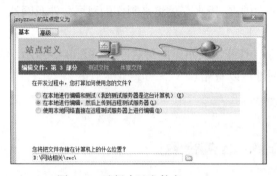

图 6-47　选择本地文件夹

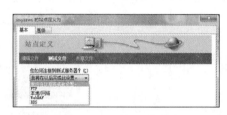

图 6-48　设置连接远程服务器

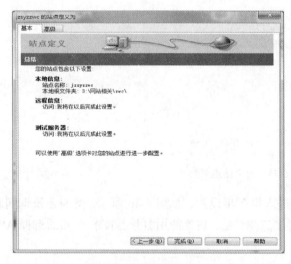

图 6-49　总结对话框

图 6-50　"文件"面板中的站点信息

6.5.3　创建网页

站点是由一个个网页构成的，本节主要介绍在 Dreamweaver 中创建网页的基本操作。其中主要包括新建网页和设置网页的属性。

1. 新建网页文件

创建站点后，选择起始页"创建新项目"中的"HTML"，即可新建一个空白的网页文件，单击"文件"菜单中的保存命令，将这个文件保存为"index.html"，如图 6-51 所示。为提高兼容性，使用字母或数字作为网页的文件名，网站的首页通常命名为"index"。

2. 设置网页属性

在添加网页元素之前，应该首先对网页的属性进行设置，其中包括网页的背景色、文字颜色、页面标题等信息。选择"修改"|"页面属性"菜单命令，打开如图 6-52 所示的"页面属性"对话框。

(1)选择左侧"分类"栏中的"外观"选项，单击"文本颜色"处的颜色选择按钮，将文字颜色设为蓝色，网页背景颜色设为浅绿色，这时在相应的颜色后面出现一串以"#"开头的 6 位十六进制数，这是所选颜色的代码。此上，若要选择一幅图片作为背景图片，单击"背景图像"文本框后的"浏览"按钮选择图片文件，系统默认会将图片铺满页面，也可以通过"重复"下拉列表设置背景图像的显示方式。建议尽量选择比较小的图片作为页面背景，使用比较大的图片作为背景图片可能会影响网页的下载和刷新速度。

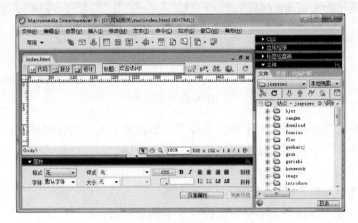

图 6-51　网页编辑窗口

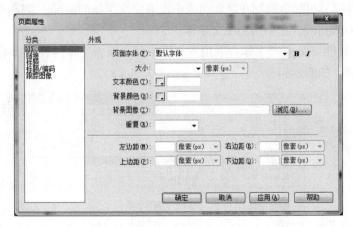

图 6-52　"页面属性"对话框

(2)选择"分类"栏中的"标题/编码"选项，设置网页的标题为"欢迎访问！"。网页的标题将出现在网页浏览器的标题栏中。当然，也可以在网页设计窗口上方的"标题"文本框中直接输入标题，如图 6-51 所示。

6.5.4　向网页中添加文本

文本信息是网页中最基本的信息类型,本节主要介绍网页制作中的文本操作,主要包括文本编辑和格式设置。

1. 文本编辑

与 Word 中的文本操作类似,在工作区中单击鼠标,就可以在插入点的位置添加文本。例如,输入"网页设计与制作",在文本编辑操作中按 Enter 键可以在光标所在位置划分段落,按 Shift+Enter 组合键可以将文本换行,编辑过程中可以随时按 Ctrl+S 组合键保存文件。

2. 设置文本格式

选中网页中输入的文本,在窗口下方的属性面板中可以查看和设置对应的文本格式,属性面板中与文本格式有关的选项如图 6-53 所示,其中主要包含以下选项。

图 6-53　文字属性

(1)在"格式"下拉列表框中可以选择文字的格式,是某种标题格式或正文格式。

(2)在"字体"下拉列表框中可以设置文字的字体。

(3)在"样式"下拉列表框中可以设置使用已有的 CSS 样式。

(4)在"文本颜色"框中可以设置文字颜色。

(5)在"链接"下拉列表框中可以设置文字的超链接。

(6)在"目标"框中可以设置在当前窗口还是新窗口打开超链接。

在选择字体时,可能会遇到在字体列表中没有中文字体的情况,要解决此类问题,可以按如下步骤向 Dreamweaver 中添加中文字体。

(1)选择"属性"面板|"字体"下拉列表框中的"编辑字体列表"选项,打开"编辑字体列表"对话框,如图 6-54 所示。

图 6-54　"编辑字体列表"对话框

(2)在该对话框中的"可用字体"列表框中选中需要添加的一种字体,然后单击"<<"

按钮将其添加到"选择的字体"列表框，如此反复，可以添加多种字体到"选择的字体"列表中，最后单击对话框左上角的"+"按钮即可将选择的字体全部添加到字体列表中。

建议在网页中使用常见的字体，避免因没有相应的字体导致出现乱码的问题。如果一定要使用比较特殊的字体，最好在图形处理软件中制作成图片，然后在网页中插入该图片。

将文本设置为新的格式以后，在"属性"面板的"样式"列表框将字段增加一个新样式（如 STYLE1），该样式是自动保存了刚刚设置的字体、字号、颜色的样式表。

3. 在浏览器中预览页面

在网页制作过程中，随时可以观察网页在浏览器中显示的效果。首先按 Ctrl+S 组合键保存对网页所作的修改，然后选择"文件"|"在浏览器中预览"菜单命令，即可启动系统默认的浏览器软件预览当前编辑的网页了。

6.5.5　向网页中添加图片

用户可以直接在网页中加入各种图片来修饰网页，精美的图片可以用来直观地展示内容，还可以形象化地创建导航和按钮等内容。使用 Dreamweaver 向网页中添加图片的操作步骤如下。

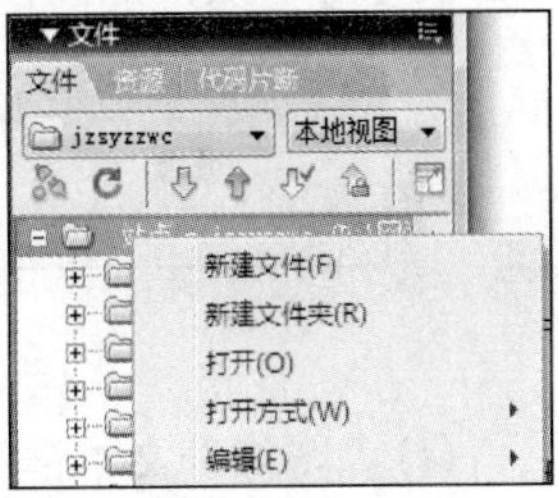

（1）在窗口右侧的"文件"面板中右击站点文件夹图标，选择快捷菜单中的"新建文件夹"命令，新建一个名为 image 的文件夹，如图 6-55 所示。

（2）这里创建的 image 文件夹主要用来存放网站中添加的图片，为保证网页中相关图片能够正常显示，用户应该把网页中用

图 6-55　新建文件夹

到的图片提前复制到该文件夹中，确保不会出现图片丢失的情况。此外，为了提高兼容性，图片文件都以英文命名。

（3）选择"插入"|"图像"菜单命令，打开如图 6-56 所示的"选择图像源文件"对话框，在"查找范围"下拉列表框选择图片所在的位置为上一步创建的 image 文件夹，在其下的列表框中列出了该文件夹下的所有图片文件，选中要添加的图片文件，然后单击"确定"按钮，系统将打开如图 6-57 所示的"图像标签辅助功能属性"对话框。

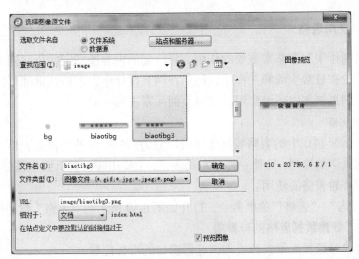

图 6-56　浏览图片文件夹

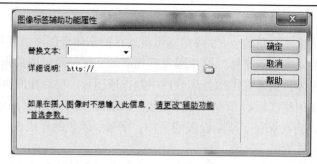

图 6-57　添加图片属性

（4）在"图像标签辅助功能属性"对话框中可以设置图片的"替换文本"（当图片在网页浏览时无法显示时的以该文本代替），然后单击"确定"按钮完成图片的插入。

必要的话，可以设置添加到网页中的图片属性。在设计窗口单击要设置属性的图片，然后在设计窗口底部的属性面板中设置图片的属性，如图 6-58 所示，其中包括以下选项。

图 6-58　图片属性设置

（1）"图像"文本框中可以输入图像的名称。

（2）"宽"和"高"文本框用来指定以像素为单位的图像大小，其中的数字加粗显示时表示图像在网页中进行了缩放处理。

（3）"源文件"文本框可以显示或者设置所插入图像的 URL。

（4）"链接"文本框显示或者设置图像的超链接。

（5）"编辑"这里的一组按钮可以调用外部图像编辑器修改图像，使用自带工具裁剪图像大小，调整图像的亮度和对比度等。

图片插入并设置属性后，可以按 Ctrl+S 组合键保存文件，然后按 F12 键可以预览插入图片后的网页效果。

6.5.6　在网页中使用表格

表格在网页制作中起着非常重要的作用，将一定的内容按特定的行、列规则进行排列就构成了表格。无论在日常生活和工作中，还是在网页设计中，表格通常都可以使信息更容易理解。此外，在网页制作中还经常用表格对页面元素进行布局。

1. 使用普通表格

在 Dreamweaver 制作中的表格按其作用可以分为两种：一种是普通表格，主要用来排列控制数据表在网页中的排列；另外一种是布局表格，主要用来设置页面的整体或局部的布局。在此，首先介绍普通表格的使用。

（1）选择"插入"|"表格"菜单命令，打开如图 6-59 所示的"表格"对话框。在该对话框中包含了以下关于新建数据表格的设置项。

①表格宽度：可设置为像素数或占浏览器窗口的百分比数。

②边框粗细：数值为 0 时表示不显示边框线。

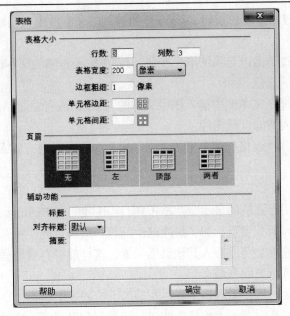

图 6-59　"表格"对话框

③单元格边距：单元格中放置的内容与单元格边框线的距离。

④单元格间距：单元格与单元格之间的距离。

⑤页眉：设置表格的"页眉"位置，表格页眉对应的行/列文本将粗体显示。

⑥标题：表格的标题。

(2)相关选项设置完毕，单击"确定"按钮关闭"表格"对话框，即可在设计窗口中看到插入的表格。然后就可以在新建的表格中输入文本等内容了。

可以随时查看或修改网页中插入的表格的属性，在一个单元格内单击，然后选中窗口下方标签选择器中的 table 标签，即可选中整个表格。属性面板显示表格的属性，如图 6-60 所示。其中主要包含以下选项。

图 6-60　表格属性面板

①表格 Id：在此文本框中可以设置表格的名称。

②行、列：在这两个文本框中可以设置表格的行数和列数。

③宽、高：通过这两个文本框可以像素或百分比方式设置表格的宽、高。

④填充：通过此文本框可以设置表格内容与边框之间的距离。

⑤间距：通过此文本框可以设置相邻单元格之间的距离。

⑥对齐：该下拉列表框用来设置表格在页面中的对齐方式。

⑦边框：在该文本框中可以设置表格边框的宽度(粗细)。

⑧背景颜色：通过单击取色按钮![取色按钮]或在按钮右侧的文本框中直接输入颜色值，可以设置表格的背景色。

⑨边框颜色：通过单击该选项的取色按钮![取色按钮]或在按钮右侧的文本框中直接输入颜色值，可以设置表格的边框的颜色。

⑩背景图像：通过在文本框中输入图像文件的 URL，或者通过单击![按钮]按钮选择图像文件的方式，可以设置表格的背景图像。

通过选择"修改"|"表格"菜单下的表格编辑命令，可以进行插入或删除行、列等多种表格编辑操作。

2. 应用布局表格

由于浏览者所使用计算机的显示分辨率不同，往往我们在 Dreamweaver 中排版好的文字和图片在浏览器中变得杂乱无章，为了解决这个问题，应当首先使用布局表格对页面进行布局，然后在单元格中输入文字或插入其他页面元素，这样就可有效地保证页面布局的美观。

1)在布局视图下进行页面布局

新建一个空白网页，从"插入"工具栏左端的下拉列表中选择"布局"选项，如图 6-61 所示。然后单击选中工具栏上的"布局"按钮，切换到布局视图，此时"布局表格"和"布局单元格"按钮为可用状态。

单击"布局表格"按钮，鼠标光标变为十字形，在页面上拖动绘制布局表格，然后单击"布局单元格"按钮，在布局表格内绘制单元格。默认情况下，绘制的布局表格的外框为绿色，单元格的边框为蓝色。没有绘制单元格的表格是无法插入网页元素的。

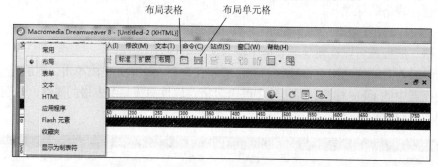

图 6-61　布局模式

可以在表格内或页面的空白处绘制布局单元格，如果直接在空白页面绘制布局单元格，Dreamweaver 将会自动生成布局表格。如果在一个已经绘制好的布局表格内部绘制另一个布局表格，就形成了表格的嵌套。如图 6-62 所示为一个包含布局表格的页面。

图中白色的部分为布局单元格，灰色部分为尚未划分布局单元格的区域。每一个布局表格在左上角都有一个绿色的表格标签。

在布局视图下，用户可以单击选中相应的表格或单元格的边框线，通过拖动控制点来改变大小，也可以直接拖动边框线来移动表格或单元格。

2)布局表格的属性设置

单击布局表格左上角的"表格"标签，选中布局表格，"属性"面板如图 6-63 所示。其中包含以下设置项。

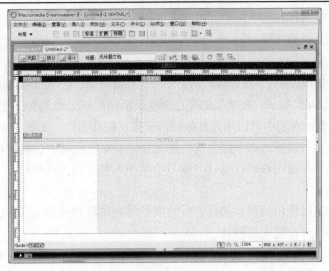

图 6-62 布局后的页面

图 6-63 布局表格属性

①宽：可以设置布局表格的宽度，通过输入固定像素值或者选择"自动扩展"即可。

②高：可在该文本框中直接输入像素值来确定布局表格的高度。

③背景颜色：其作用和操作方法与传统表格的"背景颜色"设置相同。

④填充：其作用和操作方法与传统表格的"填充"设置相同。

⑤间距：其作用和操作方法与传统表格的"间距"设置相同。

⑥"清除行高"按钮 ：单击该按钮将清除单元格多余高度。

⑦"使单元格宽度一致"按钮 ：重新设置单元格宽度来适应单元格中的内容。

⑧"清除所有空间"按钮 ：从布局表格中删除透明表。

⑨"清除嵌套表"按钮 ：清除布局表格中嵌套的表格，内容保留。

3) 布局单元格的属性设置

单击布局单元格的边框，"属性"面板将显示布局单元格的属性，如图 6-64 所示。其中部分设置项与布局表格属性设置项类似，在此不赘述。

图 6-64 布局单元格属性

其中最后的"不换行"复选框是新增的设置项。若选中该复选框则禁止单元格内的文字自动换行，单元格宽度将随着内容的增多而变宽，而不会另起一行。

6.5.7 层操作

层(Layer)是一种 HTML 页面元素，用户可以将它定位在页面上的任意位置。层可以包含文本、图像或其他 HTML 文档。层的出现使网页设计从二维平面拓展到三维，可以使页面上元素进行重叠和复杂的布局。

1. 添加层

在网页设计时要增加层，可以选择"插入"|"布局对象"|"层"菜单命令即可在页面中添加一个层，如图 6-65 所示。拖动层的黑色调整柄拖动控制层的大小，拖动层左上角的选择柄可以移动层的位置。在层中可以插入其他任何元素，包括图片、文字、链接、表格等。

在同一个页面中可以插入多个层，这些层都会显示在层面板中，如图 6-66 所示。层与层之间也可以相互重叠。层面板可以通过"窗口"菜单下的"层"选项打开。

2. 层的属性

与层有关的基本属性包括显示属性、层之间的排列顺序和隶属关系等，了解这些属性有助于更好地利用层设计出完美的网页。

(1)层的隐藏和显示属性：单击层面板层列表的左边，可以打开或关闭眼睛。眼睛睁开和关闭表示层的显示和隐藏。

(2)层数(层顺序)：层还有一个概念就是层数，层数决定了重叠时哪个层在上面哪个层在下面。比如层数为 2 的层在层数为 1 的层的上面。改变层数就可以改变层的重叠顺序。

(3)防止重叠：层面板上面有一个"防止重叠"选项，选中该选项，可以尽量避免页面中不同层中内容的重叠现象。

(4)层的隶属关系：层还有一种父子关系也就是隶属关系，如图 6-67 所示。图中 Layer2 挂在 Layer1 的下面，Layer1 为父层，Layer2 为子层。若在页面中拖动 Layer1，Layer2 也跟着移动。父层的移动将影响到子层，但子层的移动不会影响到父层。要建立这样的一种隶属关系可以在层面板中按 Ctrl 键将子层拖拽到父层。

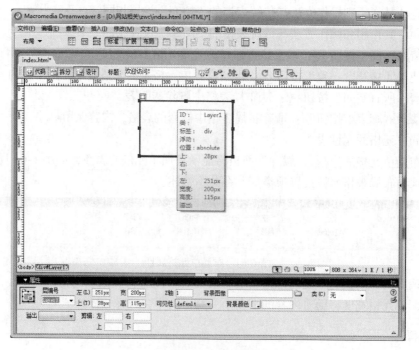

图 6-65　插入的层

图 6-66　层面板

图 6-67　父层和子层

3. 层和表格之间的转换

由于使用层可以非常方便地进行网页布局，所以，有些用户就习惯不使用表格或布局表格模式来创建自己的页面，而是喜欢通过层来进行设计。使用 Dreamweaver 8 可以应用层来创建自己的布局，然后将它们转换为表格。

1)将层转换为表格

在将层转换为表格之前，首先应确认层之间内容没有重叠。然后选择"修改"|"转换"|"层到表格"菜单命令打开如图 6-68 所示的"转换层为表格"对话框。在该对话框中可以进行转换有关的设置，最后单击"确定"按钮即可。

2)将表格转换为层

若要将表转换为层，可以选择"修改"|"转换"|"表格到层"菜单命令，打开如图 6-69所示的"转换表格为层"对话框。在该对话框中可以进行转换有关的设置，最后单击"确定"按钮即可。

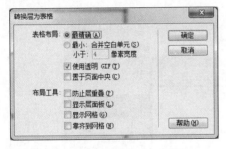

图 6-68　"转换层为表格"对话框

图 6-69　"转换表格为层"对话框

6.5.8　插入超链接

网页之间的跳转是通过超链接来实现的，超链接是从一个网页指向另一个目标的链接关系，选择后就可以进入指向的页面。超链接由 3 部分构成：源端点、目标点、连接两个端点的路径。源端点也就是链接点，可以是文字、图像等页面元素；目标点可以是一个网页，也可以是其他类型的文件或是一个应用程序。超链接根据的目标点不同主要分为 4 类，分别为外部链接、内部链接、锚记链接和邮件链接。

(1)外部链接：链接的目标在其他网站。

(2)内部链接：链接目标在本网站内。

(3)锚记链接：链接目标在本页面内。

(4)邮件链接：从链接点启动邮件发送功能。

1. 创建外部链接

选择要创建超链接的对象，在属性面板的"链接"文本框中输入完整的地址。在本例中，我们选中所插入的图片，然后创建指向搜狐网主页的超链接。如图 6-70 所示。

图 6-70　外部链接

2. 创建内部链接

选择要创建超链接的对象，在属性面板的"链接"文本框中输入的要链接的文件相对路径和地址，或者直接拖动链接锚到所要链接的文件即可，如图 6-71 所示。

3. 创建锚记链接

创建锚记链接通常分为两个步骤，首先设置(创建)锚记，然后创建指向锚记的超链接。具体操作如下。

(1)设置锚记：首先将光标移至需要设置锚记的位置，然后选择"插入"|"命名锚记"菜单命令，在打开的"命名锚记"对话框中为锚记命名(如 mao)，单击"确定"按钮关闭对话框，创建完成，在锚记的位置出现一个黄色的锚记图标。

(2)创建超链接：选中要添加超链接的对象，在"属性"面板的"链接"框中先输入一个"#"，接着输入锚记名称即可。注意：锚记名称前的"#"必须输入，否则无法建立链接。

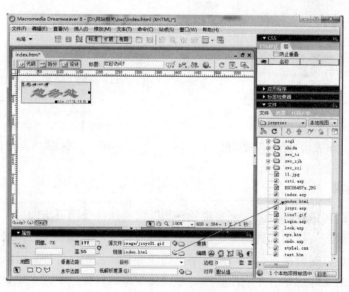

图 6-71　内部链接

4. 邮件链接

邮件链接指向的是一个 E-mail 地址，单击此类超链接将启动邮件客户端(如 Outlook Express)发送邮件。创建邮件链接的操作方法为：选定要插入邮件链接的网页对象，然后选择"插入"|"电子邮件链接"菜单命令，打开如图 6-72 所示的"电子邮件链接"对话框。

在"文本"文本框中输入显示的链接文字，在"E-mail"文本框中输入超链接到的邮箱地址，单击"确定"按钮关闭对话框即可。

5. 设置链接目标的打开方式

要设置链接目标的打开方式，可以在链接点属性面板的"目标"下拉列表框中设定，如图 6-73 所示。其中包含以下选项。

(1)_blank：将链接目标在一个新的窗口中打开。

(2)_parent：将链接目标在父框架中打开。

(3)_self：将链接目标在自身窗口打开。

(4)_top：将链接目标在整个浏览器窗口打开。

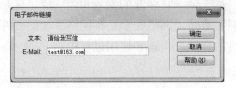

图 6-72　"电子邮件链接"对话框　　　　　　图 6-73　链接目标打开方式

6.6　信 息 安 全

6.6.1　信息安全概述

信息是社会发展的重要资源，也是衡量国家综合国力的重要标志之一。随着计算机网络的发展，政治、军事、经济、科学等各个领域的信息越来越依赖计算机存储信息，从而导致信息安全的难度也大大提高了。信息的地位与作用因信息技术的快速发展而急剧上升，信息安全问题同样因此而日益凸显。

1. 信息安全

信息安全本身包括的范围很广，大到国家军事、政治等机密安全，小到个人信息的泄露、防范青少年对不良信息的浏览等。网络环境下的信息安全体系是保证信息安全的关键，包括计算机安全操作系统、各种安全协议、安全机制直至安全系统，其中任何一个安全漏洞便可以威胁全局安全。信息安全服务至少应该包括支持信息网络安全服务的基本理论，以及基于新一代信息网络体系结构的网络安全服务体系结构。

信息安全是一门涉及计算机科学、网络技术、通信技术、密码技术、信息安全技术、应用数学、数论、信息论等多种学科的综合性学科。信息安全指信息网络的硬件、软件及其系统中的数据受到保护，不因偶然的或者恶意的原因而遭到破坏、更改、泄露，系统连续可靠正常地运行，信息服务不中断。

2. 信息系统的不安全因素

1)信息存储

在以信息为基础的商业时代，保持关键数据和应用系统始终处于运行状态已成为基本的要求。如果不采取可靠的措施，尤其是存储措施，一旦由于意外而丢失数据，将会造成巨大的损失。

存储设备故障的可能性是客观存在的。例如，掉电、电流突然波动、器件自然老化等。为此，需要通过可靠的数据备份技术，确保在存储设备出现故障的情况下，数据信息仍然保持其完整性。磁盘镜像、磁盘双工和双机热备份是保障主要的数据存储设备可靠性的技术。

2）信息通信传输

信息通信传输威胁是信息在计算机网络通信过程中面临的一种严重的威胁，体现为数据流通过程中的一种外部威胁，主要来自人为因素。

6.6.2　网络安全

1. 网络安全的基本概念

网络安全从其本质上来讲就是网络上的信息安全。它涉及的领域相当广泛，这是因为在目前的公用网络中存在着各种各样的安全漏洞和威胁。网络安全是指网络系统的硬件、软件及其系统中的数据的安全，它体现在网络信息的存储、传输和使用过程中。

2. 网络安全面临的主要威胁

1）黑客的攻击

黑客技术被越来越多的人掌握和发展。保守估计，目前，世界上有几十万个黑客网站，这些站点所介绍的一些黑客攻击方法以及攻击软件的使用、用户系统的一些漏洞等内容造成系统、站点受到攻击的可能性变大。

2）管理的欠缺

网络系统的严格管理是企业、机构及用户免受攻击的重要措施。事实上，很多企业、机构及用户的网站或系统都疏于这方面的管理。据IT界企业团体ITAA的调查显示，美国90%的IT企业对黑客攻击准备不足。

3）网络的缺陷

因特网的共享性和开放性使网上信息安全存在先天不足，因为其赖以生存的TCP/IP协议簇，缺乏相应的安全机制，在安全可靠、服务质量、带宽和方便性等方面存在着不适应性。

4）软件的漏洞或"后门"

随着软件系统规模的不断增大，系统中的安全漏洞或"后门"也不可避免地存在，如常用的操作系统，无论是Windows还是UNIX几乎或多或少存在安全漏洞。大家熟悉的"爱情后门""冲击波"等病毒都是利用Microsoft Windows的漏洞给用户造成了巨大损失。

5）企业网络内部

用户的误操作、资源滥用和恶意行为这些来自网络内部的攻击，是再完善的防火墙也无法抵御的，同时防火墙也无法对网络内部的滥用做出反应。

3. 网络安全技术

1）外网隔离及访问控制系统

在内部网与外部网之间，设置防火墙(包括分组过滤与应用代理)实现内、外网的隔离与访问控制是保护内部网安全的最主要、最有效、最经济的措施之一。无论何种类型的防火墙，从总体上看，都应具有以下五大基本功能：过滤进、出网络的数据，管理进、出网络的访问行为，封堵某些禁止的业务；记录通过防火墙的信息内容和活动，对网络攻击的检测和告警。

2)内部网中不同网络安全域的隔离及访问控制

在这里，防火墙被用来隔离内部网络的一个网段与另一个网段，这样就能防止影响一个网段的问题在整个网络中传播。针对某些网络，在某些情况下，它的一些局域网的某个网段比另一个网段更受信任，或者某个网段比另一个更敏感，因此在它们之间设置防火墙就可以限制局部网络安全问题对全局网络造成的影响。

3)网络安全检测

网络系统的安全性取决于网络系统中最薄弱的环节。如何及时发现网络系统中最薄弱的环节并最大限度地保证网络系统的安全呢？最有效的方法是定期对网络系统进行安全性分析，及时发现并修正存在的弱点和漏洞。网络安全检测工具通常是一个网络安全性评估分析软件，其功能是用实践性的方法扫描分析网络系统，检查报告系统存在的弱点和漏洞，建议补救措施和安全策略，达到增强网络安全性的目的。

4)审计与监控

审计是记录用户使用计算机网络系统进行所有活动的过程，它是提高安全性的重要工具。它不仅能够识别谁访问了系统，还能指出系统正被怎样地使用。对于确定是否有网络攻击的情况，审计信息对于确定问题和攻击源很重要。同时，系统事件的记录能够更迅速和系统地识别问题，并且它是后面阶段事故处理的重要依据。另外，通过对安全事件的不断收集和积累并且加以分析，能够发现破坏性行为的证据。因此，除使用一般的网管软件和系统监控管理系统外，还应使用目前已较为成熟的网络监控设备或实时入侵检测设备，以便对进出各级局域网的常见操作进行实时检查、监控、报警和阻断，从而防止针对网络的攻击与犯罪行为。

5)网络反病毒

由于在网络环境下，计算机病毒有不可估量的威胁性和破坏力，因此计算机病毒的防范是网络安全性建设中重要的一环。网络反病毒技术包括预防病毒、检测病毒和杀毒三种技术。网络反病毒技术的具体实现方法包括对网络服务器中的文件进行频繁地扫描和监测；在工作站上用防病毒芯片和对网络目录及文件设置访问权限等。

6)网络备份系统

根据系统安全需求可选择的备份机制有：场地内高速度、大容量自动的数据存储、备份与恢复，场地外的数据存储、备份与恢复，对系统设备的备份。备份不仅在网络系统硬件故障或人为失误时起到保护作用，也在入侵者非授权访问或对网络攻击及破坏数据完整性时起到保护作用，同时也是系统灾难恢复的前提之一。

6.6.3 计算机病毒及其防治

所谓计算机病毒，其实是一种特殊的计算机程序。它一旦运行，就会取得系统控制权，同时把自己复制到存储介质(如硬盘或 U 盘)中。计算机病毒通常将自身的具有破坏性的代码复制到其他的有用代码上，以计算机系统的运行及读/写磁盘为基础进行传输。它先驻留在内存中，然后寻找可攻击的对象并传染。被复制的病毒程序可能会通过软盘或网络散布到其他机器上，这样计算机病毒便传播开了。随着 Internet 的广泛应用，计算机病毒的传播速度是非常惊人的，通过网络，病毒能够在几小时之内传播到世界各地。

1. 计算机病毒的破坏行为

每种计算机病毒都会有破坏行为，只是所带来的后果轻重不一而已。计算机感染病毒后，当达到病毒运行的条件时，病毒就会被激活，开始它的破坏行为。其行为包括给用户做个恶作剧、损坏文件、降低系统性能等，严重时会删除用户文件、格式化硬盘，甚至攻击计算机硬件，造成系统瘫痪甚至无法开机。归纳起来，病毒的破坏行为主要有以下方面。

(1)恶作剧。在用户工作过程中弹出一些语句让用户回答，或者自动显示一些画面。

(2)系统运行速度减慢甚至死机。像冲击波等蠕虫病毒，由于病毒发作后会开启上百个线程扫描网络，或是利用自带的发信模块向外发送带毒邮件，大量消耗系统资源，因此会使操作系统运行得很慢，严重时甚至死机。

(3)改变文件大小，使文件无限变大。病毒在感染文件过程中不断复制自身，占用硬盘的存储空间。

(4)损坏文件使程序无法正常运行。

(5)删除磁盘上的文件，造成数据损坏。

(6)格式化硬盘。

(7)更改主引导区数据，使系统无法启动而陷入瘫痪。

(8)修改主板BIOS，使硬件损坏。

2. 病毒的分类

按病毒是否可以通过网络传播可分为单机病毒和网络病毒。单机病毒不会通过网络传播，主要通过磁盘、U盘等存储介质交换文件时传播。网络病毒主要是通过网络通信来传播病毒的，如通过网页、电子邮件传播。随着网络的日益繁荣，网络病毒的数目越来越多，传播速度也越来越快。

按计算机病毒的破坏能力进行分类可以分为良性病毒和恶性病毒。其中，良性病毒入侵的目的只是想开个玩笑而已，而不会破坏用户的文件、系统等。恶性病毒会给用户造成很大损失，甚至损坏用户的计算机硬件。例如，CIH病毒恶意修改BIOS损坏主板、破坏硬盘数据。下面介绍几种常见的计算机病毒。

1)宏病毒

一些应用程序(如微软的 Office 套装办公软件)为了提高用户的工作效率，增加了宏(实现指定功能的代码段)功能，让宏自动批量处理一些指定任务，给用户带来极大的方便。但是，宏的出现同时给用户带来很大威胁，一些别有用心的人通过编制具有破坏功能的宏来破坏文档，使用户遭受损失，这些具有破坏能力的宏就是通常所说的宏病毒。宏病毒主要破坏具有宏功能的应用程序所生成的文档，如 Word 的.doc(或 docx)、Excel 的.xls(或 xlsx)和 Access 的.mdb(或 mdbx)文档等。

2)蠕虫

计算机蠕虫是一种程序,可以独立运行。并可从内部消耗其宿主的资源以维护其自身，能够将其完整的工作版本传播到其他计算机上。蠕虫是一种特殊的病毒，它与普通病毒的差异在于蠕虫的"存活"方式和传染方式不同。普通病毒是寄生的，它可以通过自己指令的执行，将自己的指令代码写到其他程序的体内，而被感染的文件就被称为"宿主"，而蠕虫通常是一个独立的程序;普通病毒的传染主要通过"宿主"程序的运行，蠕虫的传播通常属于主动攻击型的方式。此外，它们在感染目标上也有区别，普通病毒主要感染本地文件，蠕虫的传染目标主要针对网络计算机。如果有一个与网络上其他计算机的连接，蠕虫能够检测到这个连接，并且自动将它自身写到其他计算机上，而这些都可能在用户不知道的情况下进行。

3）特洛伊木马

特洛伊木马也称为木马，能够狡猾地隐藏在看起来无害的程序内部。当"宿主"程序被启动时，特洛伊木马也被激活。然后特洛伊木马打开一个叫做后门(Backdoor)的连接，通过这个后门，黑客可以容易地进入用户计算机，并且接管该计算机。特洛伊木马对用户计算机的控制级别取决于编程人员已经内建于其中的内容，它通常给予黑客对用户计算机上所有文件的总控制权。某些特洛伊木马甚至能够允许黑客远程更改用户的鼠标按键、禁用用户的键盘、打开或关闭光驱、发送信息到用户的屏幕等。事实上，某些特洛伊木马给远程黑客提供的对计算机的控制权甚至比用户本人还多。

3. 常用杀毒软件

计算机病毒的泛滥为研发杀毒程序的公司创造了机遇，各种杀毒软件也层出不穷。目前，国内比较常见的杀毒软件有 360 杀毒、ESET NOD32、小红伞杀毒、McAfee 杀毒等。

1）360 杀毒

360 杀毒是由 360 安全中心出品的一款使用广泛，功能强大的免费云安全杀毒软件。它创新性地整合了五大领先查杀引擎，包括 BitDefender 病毒查杀引擎、Avira（小红伞）病毒查杀引擎、360 云查杀引擎、360 主动防御引擎以及 360 第二代 QVM 人工智能引擎，具有查杀率高、资源占用少、升级迅速等优点。不但查杀能力出色，而且能第一时间防御新出现的病毒木马。新版 360 杀毒数据朝向云杀毒转变，自身体积变得更小巧，安装包仅有 10MB。刀片式智能五引擎架构可根据用户需求和计算机实际情况自动组合协调杀毒配置。360 杀毒具备 360 安全中心的云查杀引擎，双引擎智能调度不但查杀能力出色，而且能第一时间防御新出现的病毒木马。360 杀毒误杀率远远低于其他同类软件，能为用户的计算机提供全面保护。

2）ESET NOD32

ESET NOD32 是由 ESET 打造的一款面向个人计算机的安全防护杀毒软件。它作为经典的计算机安全软件，凭借着启发式的杀毒引擎，在与北京奇虎 360 科技有限公司合作之后引进国内，广受许多用户的喜爱。软件功能十分强大，可以针对各种已知或未知病毒、间谍病毒、rootkits 和其他恶意软件进行检测和拦截，为计算机系统提供实时保护。内置云扫描技术，通过云端提供多种庞大的病毒库，将检测到的病毒与云端相匹配，并提供最佳的处理方案。软件占用资源低，几乎不会影响计算机运行速度，即使在全屏扫描的情况下，也不会占用过多的内存。具有采用多核扫描，侦查速度快，可以为你的电脑提供最有效的保护。

3）小红伞杀毒软件

小红伞杀毒(Avira Free Antivirus)软件是由德国的 Avira 公司开发的一款杀毒软件。针对病毒、蠕虫、特洛伊木马、Rootkit、钓鱼、广告软件和间谍软件等威胁提供保护，并且经受全球超过 1 亿次的测试和考验。小红伞杀毒软件自带防火墙，能有效的保护个人计算机以及工作站的使用，以免受到病毒侵害。可以检测并移除超过 60 万种病毒，支持网络更新。界面简明，启动迅速。尤其是老机器，装小红伞杀毒软件最合适不过了。

4）McAfee 杀毒软件

中文名迈克菲，也称为麦咖啡，是一款用于检测和查杀特定病毒的杀毒软件，是世界上第二大计算机及网络安全防护解决方案供应商，也是全球最畅销的杀毒软件之一，McAfee杀毒软件除了用户操作界面更新，操作方式更简单以外，也将该公司的 WebScanX 功能合在一起，增加了许多新的功能。使用的是新一代扫描引擎，能进行进程、数字文件扫描等操作，并且优化了扫描速度。它除了侦测和清除病毒，还有 VShield 自动监视系统，会常驻在系统托盘，当用户从磁盘、网络上、E-mail、文件夹中打开文件时便会自动侦测文件的安全性，若文件内含病毒，便会立即警告，并作适当的处理，而且支持鼠标右键的快速菜单功能，并可使用密码将个人的设定锁住让其他人无法更改用户的设定。

4. 日常防病毒措施

计算机一旦感染上病毒，轻者影响计算机系统运行速度，重者破坏系统数据甚至硬件设备，造成整个计算机系统瘫痪。硬件有价，数据无价，计算机病毒对计算机系统造成的损失很难用金钱估算。

计算机病毒虽然可怕，但是只要了解有关病毒的基础知识，根据病毒的传播特点，做好防范措施，就可以大大减少感染病毒的机会，保证计算机系统的相对安全。为了预防计算机病毒的侵害，平时应注意以下几点。

（1）不要使用来历不明的 U 盘或光盘，以免其中带毒而被感染。

（2）使用外来 U 盘之前，要先用杀毒软件扫描，确认无毒后再使用。

（3）不要打开来历不明的电子邮件，甚至不要将鼠标指针指向这些邮件，以防其中带有病毒程序而感染计算机。

（4）养成备份重要文件的习惯，万一感染病毒，可以用备份恢复数据。

（5）使用杀毒软件定期查杀病毒，并且经常更新杀毒软件。

（6）了解和掌握恶性计算机病毒的发作时间，并事先采取措施。例如，CIH 病毒的发作时间限定为每月的 26 日，可在此前更改系统时间跳过病毒发作日。

（7）看护好自己的主板，如果主板上有控制 BIOS 写入的开关，一定要将其设为 Disable 状态。事先要备份好 BIOS 升级程序，如果有条件也可以买一块 BIOS 芯片，写入 BIOS 程序后留作备用。

（8）从 Internet 下载软件时，要选择正规的、有名气的站点下载，而不要从不知名的站点下载软件。软件下载后要及时用杀毒软件进行查毒。

6.6.4　网络道德及相关法规

由于计算机网络的方便性和开放性，人们可以轻松地从网上获取信息或向网络发布信息，同时也很容易干扰其他网络活动和参与网络活动的其他人的生活。因此，要求网络活动的参与者具有良好的品德和高度的自律，努力维护网络资源，保护网络的信息安全，树立和培养健康的网络道德，遵守国家有关网络的法律和法规。

1. 网络道德

网络道德倡导网络活动参与者之间平等、友好相处、互利互惠，合理、有效利用网络资源。网络道德讲究诚信、公正、真实、平等的理念，引导人们尊重知识产权、保护隐私、保护通信自由、保护国家利益。

1）网络道德的定义

所谓网络道德，其实是人们在网络活动中公认的行为准则和规范，表达了关于正确还是错误的观念，引导人们在网络活动中应该如何行为，网络道德与现实生活中的道德具有相同的伦理意义。

网络道德不能像法律一样划定明确的界限，但是至少有一条道德底线，即不从事有害于他人、社会和国家利益的网络活动。

2）强调、维护网络道德的意义

强调、维护网络道德的意义就是使每个网络活动参与者能够自律，自觉遵守和维护网络秩序，逐步养成良好的网络行为习惯，形成对网络行为正确的是非判断能力。强调、维护网络道德是建立健康、有序的网络环境的重要工作，是依靠所有网络活动参与者共同实施的。

3）违背网络道德的网上活动

网络道德是抽象的，不易对其进行详细分类、概括、提炼之后提出具有一般意义的价值标准与具有普遍约束力的道德规范。因此，只能就事论事，列出以下一些公认的违反网络道德的事例，从反面阐述网络道德的行为规范。

（1）制作、复制或传播危害政治稳定、损害安定团结的消息和文章。

（2）任意张贴帖子对他人进行人身攻击，不负责任地散布流言蜚语或偏激的语言，对个人、单位甚至政府造成损害。

（3）窃取或泄露他人秘密，侵害他人正当权益。

（4）利用网络赌博或从事类似的其他活动。

（5）制造病毒，故意在网上发布、传播具有计算机病毒的信息，或者明知自己的计算机感染了损害网络性能的病毒仍然不采取措施，妨碍网络、网络服务系统和其他用户正常使用网络。

（6）冒用他人 IP 从事网上活动，通过扫描、侦听、破解口令、安置木马、远程接管、利用系统缺陷等手段进入他人计算机。

（7）缺乏网络文明礼仪，在网络中用粗鲁语言发言。

2．网络安全法规

为了维护网络安全，国家和管理组织制定了一系列网络安全政策、法规。在网络操作和应用中应自觉遵守国家的有关法律和法规，自觉遵守各级网络管理部门制定的有关管理办法和规章制度，自觉遵守网络礼仪和道德规范。

1）知识产权保护

计算机网络中的活动与社会上其他方式的活动一样，需要尊重别人的知识产权。由于从计算机网络中很容易获取信息，就可能忽略哪些知识产权是受到保护的、哪些是无偿提供的，人们也会无意识地侵犯他人的知识产权。为此，使用计算机网络信息时，要注意区分哪些是受到知识产权保护的信息。

2）保密法规

Internet 的安全性能对用户在进行网络互联时如何确保国家秘密、商业秘密和技术秘密提出了挑战。军队、军工、政府、金融、研究院所、电信部门以及企业提出的高度数据安全要求，使人们要高度提高警惕，避免因为泄密而损害国家、企业、团体的利益。

3) 防止和制止网络犯罪的法规

必须认识到, 网络犯罪已经不仅是不良和不道德的现象, 而且也是触犯法律的行为。网络犯罪与普通犯罪一样, 也分为故意犯罪和过失犯罪。尽管处罚程度不同, 但是这些犯罪行为都会受到法律的追究。因此, 在使用计算机和网络时, 知道哪些事是违法行为、哪些事是不道德行为是非常重要的。

4) 信息传播条例

依据《中华人民共和国相关互联网信息传播条例》, 网络参与者如果有危害国家安全、泄露国家秘密、侵犯国家社会集体的和公民的合法权益的网络活动, 将触犯法律。制作、复制和传播不良或有害信息也要受到法律的追究。

每个公民都应该自觉遵守国家有关计算机、计算机网络和互联网的相关法律、法规和政策, 大力弘扬中华民族优秀文化传统和社会主义精神文明的道德准则, 积极推动网络道德建设, 把自己的才能和智慧应用到我国计算机事业的健康发展上。

习 题 六

一、简答题

1. 什么是计算机网络? 计算机网络的功能有哪些?

2. 什么是网络拓扑结构? 常见的网络的物理拓扑结构有哪些?

习题六答案

3. 简述局域网的主要特征。

4. 简述 OSI 参考模型每层的功能。

5. 局域网的传输介质都有哪些?

6. Internet 都提供哪些服务? 联系实际谈谈你都使用过哪些服务。

7. 什么是 TCP/IP 协议?

8. IP 地址有哪几类? 试比较它们之间的不同。

9. 什么是计算机病毒? 它都有哪些破坏行为?

10. 什么是信息安全? 具体的不安全因素有哪些?

二、操作题

1. 在互联网上搜索关于鸟巢体育场的相关信息。

2. 使用 IE 下载 FlashGet 这个软件, 安装后使用它下载歌曲 "北京欢迎你"。

3. 在互联网上下载金山毒霸试用版, 安装后使用它对本地计算机进行杀毒。

4. 使用腾讯 QQ 和朋友聊天。

5. 使用 Dreamweaver 制作一个个人网站。

第 7 章　多媒体技术

多媒体技术和网络技术是近年来计算机应用迅速普及的催化剂。多媒体技术的产生和应用极大地冲击着传统信息处理的理念,拉近了被称为高科技的计算机与普通百姓之间的距离。如今,多媒体技术已经深入到我们工作和生活的各个领域,全方位地改变着我们的生活和工作方式。本章主要介绍多媒体技术的基本概念和相关的信息处理技术。

7.1　多媒体技术概述

7.1.1　多媒体技术的基本概念

"多媒体"一词译自英文 Multimedia,而该词又是由 multiple 和 media 复合而成,核心词是媒体。媒体(Medium)在计算机领域中有两种含义:一是指用以存储信息的实体,如磁带、磁盘、光盘和半导体存储器等;二是指信息的载体,如数字、文字、声音、图形和图像。多媒体计算机技术中的媒体是指后者。

在我们的社会生活中,信息的表现形式是多种多样的,如文字、声音、图形、动态和静态图像等。多媒体就是指多种信息载体的表现形式和传递方式,但媒体的概念范围是相当广泛的,国际电信联盟电信标准部(ITU-T)将媒体分成感觉媒体、表示媒体、表现媒体、存储媒体和传输媒体五种类型。

1. 感觉媒体

感觉媒体(Perception Medium)指能直接作用于人们的感觉器官,从而能使人产生直接感觉的媒体。例如,语言、音乐、自然界中的各种声音、各种图像、动画、文本等。

2. 表示媒体

表示媒体(Representation Medium)是传输感觉媒体的中介媒体,即用于计算机和通信中数据交换的二进制编码。例如,静态、动态图像编码(JPEG、MPEG 等)、文本、字符编码(ASCII 码、GB2312 等)和声音编码等。

3. 表现媒体

表现媒体(Presentation Medium)是进行信息输入和输出的媒体。例如,键盘、鼠标、扫描仪、话筒、摄像机等为输入媒体,显示器、打印机、喇叭等为输出媒体。

4. 存储媒体

存储媒体(Storage Medium)是用于存储表示媒体的物理介质。例如,硬盘、软盘、磁盘、光盘、磁带、ROM 及 RAM 等。

5. 传输媒体

传输媒体(Transmission Medium)是用于传输媒体信息的媒体。在计算机系统中传输媒体表现为保证信息传输的网络介质。例如,电话线、电缆、光缆等。

关于多媒体技术,目前国内外没有一个标准的定义。人们普遍地认为:"多媒体"是指能够同时获取、处理、编辑、存储和展示四者中两个以上不同类型信息媒体的技术。从这个意义可知，我们常说的"多媒体"最终被归结为是一种"技术"。事实上，也正是由于计算机技术和数字信息处理技术的实质性进展，才使我们今天拥有了处理多媒体信息的能力，才使得"多媒体"成为一种现实。

所以，我们现在所说的"多媒体"，常常不是指多种媒体本身，而主要是指处理和应用它的一整套技术。多媒体技术不是各种信息媒体的简单复合，而是一种把文本(Text)、图形(Graphics)、图像(Image)、动画(Animation)、视频(Video)和声音(Audio)等不同形式的信息结合在一起，并通过计算机进行综合处理和控制，使多种媒体信息之间建立逻辑连接，能支持完成一系列交互式操作的信息技术。多媒体技术的发展改变了计算机的使用领域，使计算机由办公室、实验室中的专用品变成了信息社会的普通工具，广泛应用于工业生产管理、学校教育、公共信息咨询、商业广告、军事指挥与训练，甚至家庭生活与娱乐等领域。

7.1.2　多媒体技术的特点及应用

1. 多媒体技术的特点

从多媒体技术的定义可知，计算机多媒体技术具有多样性、集成性、交互性和数字化等特点。

1) 多样性

计算机信息形式可以是文字、图形、声音、图像、视频和动画等。从历史上看，计算机与某一信息形式的结合可以开拓一个新的应用领域。在 20 世纪 50 年代，计算机仅仅局限于处理数字，应用领域也局限在求解复杂的数学问题上。在 60 年代，计算机与字符处理、文本处理相结合，导入了信息管理系统。80 年代以后，计算机与图形相结合，产生了计算机辅助设计(CAD)；计算机与照相技术相结合，产生了图像(静态)处理。而如今的多媒体则强调计算机与声音、活动图像(视频或动画)相结合，开辟了一个新的应用领域，其中在计算机辅助教育(CAI)及广告、影视制作方面已有了很大的发展。

2) 集成性

多媒体技术的集成性是指以计算机为中心综合处理多种信息媒体，主要表现在两个方面。一方面是指将文本、图形、图像、音频、视频等各种媒体信息有机地结合起来，同步合成为一个完整的多媒体信息共同表达事物；另一方面，集成性是指对处理这些媒体信息的设备或工具的集成。

3) 交互性

电影和电视中也包含多种媒体信息，如视频、音乐、对话、字幕以及动画特技等。也可以满足人们的视听享受，但没有交互性，人们只能被动地接受，不能主动参与。多媒体的交互性是指人可以和计算机的多媒体信息交互操作，从而为用户提供有效的控制和使用信息的手段，而不仅仅是被动接受，即用户可以和计算机进行不同形式的交互，可以根据需要选择媒体信息，甚至可以控制情节的发展(如现在流行的各种电子游戏)。

4) 数字化

多媒体技术的数字化是指必须把文字、图形、图像、声音等信息进行数字化编码，以便计算机进行处理，并且这些数据编码具有不同的压缩方法和标准。

2．多媒体技术的应用

由于计算机多媒体技术的出现，极大地改善了人和计算机之间的界面，更进一步提高了计算机的易用性与可用性，已经并将继续扩展计算机的应用领域，同时深入到我们工作、学习和生活的每个角落。目前多媒体技术主要应用在教育培训、多媒体通信、过程模拟、商业展示、电子出版、家庭娱乐等领域。

7.1.3　多媒体技术的发展方向

多媒体技术和网络技术的迅速发展是计算机迅速普及的主要因素，随着广大信息技术科技工作者的不懈努力，多媒体技术将更加深入人心。目前，多媒体技术正朝着网络化、智能化、标准化、多领域融合和虚拟现实等几个方向发展。

1）网络化

随着宽带网络得到迅速发展，网络传输速度和质量快速提高，各种基于网络的多媒体系统，如视频电话、远程会议、远程教育、远程会诊、视频点播、网络电视、网络游戏等网络多媒体系统得到迅速发展和普及。

2）智能化

未来的多媒体系统会具有越来越高的智能性，可以与人类进行更人性化的交互。系统本身不仅能主动感知用户的交互意图，还可以根据用户的需求及时作出相应的反应。目前正在研究的图像理解、语音识别、全文检索、基于内容的处理等都是多媒体系统智能化的主要手段。

3）标准化

多媒体标准仍然是现在多媒体技术研究的重点。对各类多媒体标准的研究有利于产品规范化、产业化，使其应用更方便。多媒体技术涉及多个行业，而多媒体系统的集成对标准化提出了很高的要求。开展标准化研究是实现多媒体信息交流和大规模产业化的关键。

4）多领域融合

多媒体技术的进一步发展将会充分地体现出多领域应用的特点，各种多媒体技术手段早已不是局限于实验室的科研工具，而是我们日常生产和管理的工具、生活娱乐的方式。例如，计算机、电信、家电通过多媒体数字技术将相互渗透融合，媒体终端部件化、智能化和嵌入化，进而开发出智能家电。

5）虚拟现实

多媒体技术与三维图形图像技术、模拟技术、传感技术、人-机界面技术、显示技术、伺服技术等结合，能够生成一个逼真的三维视觉、触觉以及嗅觉等虚拟感觉世界，让用户可以从自己的视点出发，对产生的虚拟世界进行交互式浏览。

7.1.4　多媒体中主要的媒体元素

多媒体大多只利用了人的视觉、听觉。"虚拟现实"中也只用到了触觉，而味觉、嗅觉尚未集成进来。所以，目前计算机多媒体技术中主要的媒体元素包括文本、图形、图像、动画、声音和视频六种类型。

1）文本

文本指各种文字，包括各种字体、尺寸、格式以及色彩。在多媒体应用系统中适当地组织和使用文字可以使显示的信息更容易理解。

多媒体应用中使用较多的是带有段落格式、字体格式、边框信息等格式的文字。文本数据可以在文本编辑软件中制作，如用 WPS 或 WORD 等，用扫描仪也可获得文本文件，但一般多媒体文本大多直接在制作图形的软件或多媒体编辑软件中制作。

通常使用的文本文件格式有 RTF、DOC、WPS、TXT 等。文本的各种变化是由文字的格式（Style）、定位（Align）、字体（Font）、大小（Size）以及由这四种变化的各种组合而形成的。

2）图形

图形是指从点、线、面到三维空间的黑白或彩色几何图。图形是计算机绘制的画面，图形文件记录图形的生成算法和图中的某些特征点信息。

图形可以移动、旋转、缩放、扭曲，在放大时不会失真。图形中的各个部分可以在屏幕上重叠显示并保持各自的特征，还可以分别控制处理。由于图形文件只保存算法和特征点信息，文件占用的存储空间较小。目前，图形应用于制作简单线条的图画、工程制图、制作艺术字等，即由计算机绘制的直线、圆、矩形、曲线、图表等。

3）图像

图像是由图像输入设备如数码相机、扫描仪捕捉的实际场景画面，或者以数字化形式存储的任意画面。

图像由排列成行列的像素点组成，计算机存储每个像素点的颜色信息，因此，图像也称为位图。图像通过显示卡合成显示，通常是用于表现层次和色彩比较丰富、包含大量细节的图，一般数据量都较大。

数字化图像的大小称为图像的尺寸，以水平的和垂直的像素点数表示。例如，某个数码照片的大小是 2592×1944，其含义是说该图像有 1944 行像素点，每行有 2592 个像素点。

4）动画

动画是活动的画面，实质是一幅幅静态图像的连续播放。由于人类眼睛具有"视觉暂留"的特性，看到的画面在 1/24s 内不会消失，所以如果在一幅画面还没有消失前播放出下一幅画面，就会给人造成一种流畅的视觉变化效果，从而形成动画。动画目前已经成为文化领域的一项充满活力的新兴产业。目前常用的动画制作软件有：二维动画创作软件 Adobe/Macromedia Director、Adobe/Macromedia Flash、Animator Pro 等，三维动画创作软件 3DS Max、Poser、Maya、Cool 3D 等。

5）音频

音频是携带信息的重要媒体。计算机获取、处理、保存的人类能够听到的所有声音都称为音频，包括噪声、语音、音乐等。音频可以通过声卡和音乐编辑处理软件采集、处理。计算机中存储的音频文件可以通过一定的音频处理程序播放。

数字音频（Digital Audio）可分为波形声音和 MIDI 音乐。波形声音是对声音进行采样量化，将声音数字化后再处理并保存，相应的文件格式是 WAV 文件或 VOC 文件。MIDI（Musical Instrument Digital Interface，乐器数字接口）音乐是符号化了的声音，它将乐谱转变为符号媒体形式。MIDI 音乐记录再现声音的一组指令，由声卡将指令还原成声音。MIDI 音乐对应的文件格式有 MID 文件、CMF 文件等。

6）视频

视频是由单独的画面序列组成，这些画面以每秒超过 24 帧的速率连续地投射在屏幕上，使其产生平滑连续的视觉效果。计算机视频可来自录像带、摄像机等视频信号源的影像，但由于这些视频信号的输出大多是标准的彩色全电视信号，而计算机中的视频信息是数字化的，可以通过视频卡将模拟视频信号转变成数字视频信号并进行压缩，存储到计算机中。播放视频时，通过硬件和软件设备将压缩的视频文件进行解压。视频标准主要有 NTSC 制和 PAL 制两种。NTSC 标准为 30f/s，每帧 525 行。PAL 标准为 25f/s，每帧 625 行。常用视频文件格式有 AVI、MPG、MOV、WMV 等。各种媒体元素之间是可以通过一定的途径相互转换的。

7.1.5　多媒体计算机系统

多媒体计算机系统不是单一的技术，而是多种信息技术的集成，是把多种技术综合应用到一个计算机系统中，以实现多媒体信息的输入、加工处理和输出等多种功能。与传统的计算机系统一样，多媒体计算机系统也是由多媒体硬件和多媒体软件两大部分组成。

1. 多媒体计算机的硬件

多媒体计算机的硬件除了常规的计算机硬件，如处理器、主板、光盘驱动器、硬盘驱动器、声卡、显示器和网卡等以外，还要有丰富多样的媒体信息采集输入设备，如扫描仪、数码相机、数码摄像机等，如图 7-1 所示。

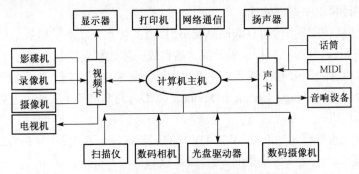

图 7-1　多媒体计算机硬件系统示意图

(1) 计算机：多媒体计算机主机可以是中、大型机，也可以是工作站，然而更普遍的是使用多媒体个人计算机(Multimedia Personal Computer，MPC)。为了促进多媒体计算机的标准化，由 Microsoft 、Philip 等 14 家厂商组成的多媒体市场协会分别在 1991 年、1993 年、1995 年推出第一层次、第二层次、第三层次的多媒体个人计算机技术规范，即 MPC1、MPC2、MPC3。按照 MPC 标准，多媒体个人计算机包括 PC 主机、CD-ROM 驱动器、声卡、音箱或耳机以及 Windows 操作系统等几个部分。在技术规范中对 PC 机的 CPU、内存、硬盘、显示功能等作了基本要求。但现在来看，MPC 标准中规定的基本配置是比较低的，随着计算机软、硬件技术的发展，目前市场上销售的 MPC 几乎都高于 MPC 标准。从多媒体应用角度看，硬件配置提高大有裨益。

(2) 光盘驱动器：包括 CD 光盘读/写驱动器(CD-ROM/CD-RW)、DVD 光盘读/写驱动器(DVD-ROM/DVD-RW)。其中，最初 CD-ROM 驱动器为 MPC 带来了价格低廉的 650MB 存储设备，存有图形、动画、图像、声音、文本、数字音频、程序等资源的 CD-ROM 早已广泛使用。另外，DVD 出现在市场上也有些时日了，目前也已非常普及，它的存储量更大，双面可达 17GB，是存储多媒体信息的理想产品。

（3）声卡：在声卡上连接的音频输入/输出设备包括话筒、音频播放设备、MIDI 合成器、耳机、扬声器等。数字音频处理是多媒体计算机的重要方面，音频卡具有 A/D 和 D/A 音频信号的转换功能，可以合成音乐、混合多种声源，还可以外接 MIDI 电子乐器。

（4）图形加速卡：图文并茂的多媒体表现需要分辨率高、显示色彩丰富的显示卡的支持，同时还要求具有 Windows 的显示驱动程序，并在 Windows 下的像素运算速度要快。所以，现在带有图形用户接口 GUI 加速器的局部总线显示适配器使得 Windows 的显示速度大大加快。

（5）视频卡：可细分为视频捕捉卡、视频处理卡、视频播放卡以及 TV 编码器等专用卡，其功能是连接摄像机、VCR 影碟机、TV 等设备，以便获取、处理和表现各种动画和数字化视频媒体。

（6）扫描仪：各种价位的图形扫描仪是常用的静态照片、文字、工程图输入设备。

（7）打印机：包括普通针式打印机、激光打印机、喷墨打印机等，现在打印机是最常用的多媒体输出设备。

（8）数码相机：数码相机是一种与计算机配套使用的照相机，与普通光学照相机最大的区别在于数码相机用存储器保存图像数据，而不通过胶片曝光来保存图像；拍摄成本几乎为零，且很容易输入到计算机中进行处理。

（9）数码摄像机：数码摄像机（Digital Video，DV）的优点是动态拍摄效果好，电池容量大，DV 带也可以支持长时间拍摄，拍、采、编、播自成一体，相应的软、硬件支持也十分成熟。目前，数码摄像机普遍都带有存储卡，一机两用切换起来也很方便。由于数码摄像机使用的小尺寸电荷耦合器件（Charge Coupled Device，CCD）与其镜头不匹配，在拍摄静止图像时的效果不如数码相机。

数码摄像机上通常有 S-Video、AV、DV In/Out 等接口。其中，DV In/Out 接口是标准的数码输出/输入接口，它是一种小型的 4 针 1394 接口。

（10）网络接口：是实现多媒体通信的重要 MPC 扩充部件。计算机和通信技术相结合的时代已经来临，这就需要专门的多媒体外部设备将数据量庞大的多媒体信息传送出去或接收进来，通过网络接口相接的设备包括视频电话机、传真机、LAN 和 ISDN 等。

2. 多媒体计算机的软件

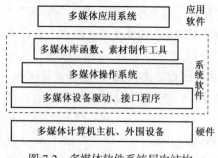

图 7-2　多媒体软件系统层次结构

多媒体计算机的软件系统按功能划分为系统软件和应用软件。系统软件在多媒体计算机系统中负责资源的配置和管理、多媒体信息的加工和处理；应用软件是在多媒体创作平台上设计开发的面向应用领域的软件系统。多媒体软件系统层次结构如图 7-2 所示。

系统软件是多媒体系统的核心，各种多媒体软件要运行于多媒体操作系统平台上，故操作系统平台是软件的基础。多媒体计算机系统的主要系统软件如下。

1）多媒体设备驱动和接口程序

多媒体设备驱动和接口程序是最底层硬件的支撑环境，它直接与计算机硬件相关，完成设备初始化、设备的打开和关闭、设备操作、基于硬件的压缩/解压缩、图像快速变换及功能调用等。通常驱动程序有视频子系统、音频子系统及视频/音频信号获取子系统；接口程序是高层软件与驱动程序之间的接口软件，为上层软件建立虚拟设备。

2) 多媒体操作系统

多媒体操作系统能够实现多媒体环境下多任务调度，保证音频、视频同步控制及信息处理的实时性，提供多媒体信息的各种基本操作和管理。操作系统还具有独立于硬件设备和较强的可扩展性等特点。比较常用的多媒体操作系统是微软公司的 Windows 系列和苹果公司的 Mac OS 等。

3) 多媒体素材制作工具及多媒体库函数

多媒体素材制作工具是指为多媒体应用程序进行数据准备的软件，主要是多媒体数据采集和加工软件。多媒体库函数作为开发环境的工具库，供开发者调用。多媒体素材制作工具按功能分为文本素材编辑工具、图形素材编辑工具、图像素材编辑工具、声音素材及 MIDI 音乐的编辑工具、动画素材编辑工具和视频影像素材编辑工具等。

4) 多媒体创作工具

多媒体创作工具(Authoring Tools)用来帮助应用开发人员提高开发工作效率，是在多媒体操作系统上进行开发的软件工具，用于编辑生成多媒体应用软件。多媒体创作工具提供将媒体对象集成到多媒体产品中的功能，并支持各种媒体对象之间的超链接以及媒体对象呈现时的过渡效果。多媒体创作工具大都提供文本及图形的编辑功能，但对复杂的媒体对象的创建和编辑，如声音、动画以及视频影像等，还需要借助多媒体素材编辑类工具软件。此类工具有微软公司的 PowerPoint、Macromedia 公司的 Authorware、北大方正集团的方正奥思等。此类开发工具容易掌握，无需编程或只需要少量编程，开发效率高，所以备受多媒体开发人员和爱好者的青睐。

7.2　音频信息处理

7.2.1　常见的音频文件格式

音频信息是多媒体的重要组成部分，在大家的印象中计算机只有发出声音，才有资格称得上是多媒体计算机。数字音频的编码方式就是数字音频格式，我们所使用的不同的数字音频设备一般都对应着不同的音频文件格式。常见的数字音频格式有以下几种。

(1) WAV 文件：WAV 文件是 Windows 操作系统下的标准音频格式。由于它直接对声音波形进行采样记录而不经过压缩，所以它的音质最好，但文件也最大。

(2) MP3 文件：MP3 是目前最流行的音频文件格式，其全称是 MPEG-1 Audio Layer-3。1992 年，MPEG (Moving Pictures Experts Group) 组织将 MP3 编码作为音频压缩标准，专门用于压缩影像的伴音技术。

(3) VQF 文件：是由著名的声卡芯片制造厂家 Yamaha 和日本 NTT (Nippon Telegraph and Telephone) 集团共同开发的一种新型音频压缩技术。与 MP3 相比，它具有更高的压缩比和更好的音质，压缩比达到 1 : 20 或更高。同样音质的音乐，MP3 文件的大小几乎是它的 2 倍。如果选择的压缩比稍低一些，得到的音质也将好于 MP3。

(4) RA 文件：这是由 Real Networks 公司开发的流式音频文件格式，全称为 Real Audio,

多用于网络广播方面。其特点是用户边下载边播放，而不像传统音频格式一样，在网络传输时需要下载完才可以播放。

（5）WMA 文件：WMA（Windows Media Audio）是微软公司推出的与 MP3 格式齐名的一种新的音频格式。由于 WMA 在压缩比和音质方面都超过了 MP3，更是远胜于 RA，即使在较低的采样频率下也能产生较好的音质。一般使用 Windows Media Audio 编码格式的文件以 WMA 作为扩展名，一些使用 Windows Media Audio 编码格式编码其所有内容的纯音频 ASF 文件也使用 WMA 作为扩展名。

（6）CDA 文件：是 CD 唱片采用的格式，又叫"红皮书"格式，记录的是波形流，声音的质量很高，听觉效果很好。需要说明的是，CDA 文件并不是真正的包含声音信息，它只是一个索引信息，所以不论 CD 音乐的长短，在计算机上看到的 CDA 文件都是 44 字节的，不能直接将 CDA 文件复制到硬盘上播放。

（7）AAC 文件：AAC（Adpative Audio Coding）是一种专为声音数据设计的文件压缩格式，与 MP3 类似。利用 AAC 格式，可使声音文件明显减小，而不会让人感觉声音质量有所降低。目前主要由诺基亚、苹果、松下 3 个公司的产品支持。

（8）MIDI 文件：严格地说，此类文件本身代表的并不是一种音频文件格式，而是电子乐器之间及其与计算机之间的一种接口技术。使用这种接口技术制作的音乐文件一般都以 MID 作为扩展名，通常称之为 MIDI 音乐。

7.2.2　音频信息采集

从声音产生的本质来说，声音是物体振动产生声波，被人耳接收到以后，由神经传到大脑使人"听见"声音。而从多媒体计算机的角度来分析，情况就大不相同了，它接收到的不仅是由物体振动产生的声波，而且可以是大量的数字信息，通过计算机的声卡进行一系列的数模转换，从而得到我们想要的声音。要指出的是，当计算机在播放音频文件的时候，音频文件同样要经过声卡的处理，将以文件形式保存的数字信号转换为模拟信号，才能通过音响、耳机、功放等放音设备输出。

计算机采集声音信号的方式主要有两种方式。一是通过话筒（也称麦克风）将声音的模拟信号输入计算机，由计算机的声卡将模拟信号转换成计算机可以识别的数字信号，以音频文件保存。计算机还可以通过各种音频处理软件对音频文件的格式进行转换或者根据人们的需要进行处理，得到我们想要的各种效果。二是直接输入多媒体数字信号，将多媒体数字信号中的音频信息抽取出来以音频文件保存。我们同样可以对它进行处理。

本节主要介绍音频信息的采集技术，包括外部声音的录制和内部音频信息的抽取方法。此外，用户还可以从一些专业下载网站下载一些通用的音频文件。

1．录音准备

有些声音素材（如作品的解说配音）等需要自己录制。在制作和编辑声音文件之前，应该具备一些必要的硬件，包括声卡、耳麦（音箱和话筒）。至于软件，市面上可以找到很多种专用的录音工具，在要求不太高的情况下，使用 Windows 7 系统中的"录音机"程序就可以满足一般的音频采集需求。

在录制声音前应该先将耳麦（音箱和话筒）的插头和声卡连接。一般的声卡在主机箱后有3 个插孔，从上至下依次是输出（SPK 或 Output）、输入（Line In）和麦克风（MIC）。其中输出插孔和耳机(音箱)的插头相连,话筒插头应插入麦克风插孔。

在开始录音之前要确定系统中麦克风的设置是否正常,在 Windows 7 中打开麦克风的录音开关。具体操作步骤如下。

(1)在 Windows 7 环境下,右击桌面右下角的"扬声器"按钮 ，在弹出的快捷菜单中选择"录音设备"命令,打开如图 7-3 所示的"声音"对话框。

(2)在对话框中确定麦克风是否为默认设备,若不是默认设备,则右击"麦克风"选项,在弹出的快捷菜单中单击"设置为默认设备"命令即可。

(3)若需要设置麦克风的音量,可以在"声音"对话框中右击"麦克风"选项,在弹出的快捷菜单中单击"属性"命令,打开"麦克风属性"对话框,单击对话框中的"级别"标签,打开如图 7-4 所示的"级别"选项卡。

图 7-3 "声音"对话框　　　　图 7-4 "麦克风属性"对话框("级别"选项卡)

(4)在该选项卡中可以设置麦克风音量与麦克风音量加强效果,数字越大,录制出的音量也越大。设置完毕,单击"确定"按钮依次关闭"麦克风属性"对话框与"声音"对话框。

2. 录制声音

录制声音文件的软件很多,Windows 中的"录音机"程序可以完成普通声音的录制和播放。要启动"录音机"程序,可以在 Windows 的"开始"菜单中选择"所有程序"|"附件"|"录音机"命令,打开如图 7-5 所示的"录音机"窗口。

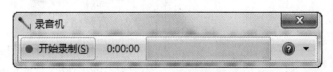

图 7-5 "录音机"窗口

准备好话筒,然后单击窗口左侧的"开始录制"按钮,即进入录音工作状态,同时"开始录制"按钮变为"停止录制"按钮,可以对着麦克风讲话或者播放其他音响器材的声音进行录音。在录音过程中可以看到波形框中明显的声音波形，要停止录音，可以单击"停止录制"按钮。录音完成后，系统将弹出如图 7-6 所示的"另存为"对话框，提示用户保存录制的文件，在此保存的声音文件类型为 WMA。设置好文件保存的位置和文件名，单击"保存"按钮完成保存。

图 7-6　录音机的"另存为"对话框

3. 从其他多媒体素材中抽取音频信息

　　大多情况下，我们需要的音频信息存在于其他多媒体文件(如视频电影、电子游戏等)甚至网络广播电视直播中，目前有许多专业的多媒体编辑软件可以解决这一问题。为简单起见，这里介绍一种简单通用的声音抽取方法，可以将任何在计算机上播放的声音录为 WAVE 音频文件。具体操作步骤如下。

图 7-7　设置"立体声混音"为"默认设备"

　　按前述步骤打开如图 7-3 所示的"声音"对话框"录制"选项卡，设置对话框中的"立体声混音"为"默认设备"，如图 7-7 所示。单击"确定"按钮关闭对话框，此时启动"录音机"软件进行录音时获取的声音为当前正在播放的声音。

7.2.3　音频格式转换

　　音频文件的格式有很多种，每种格式都有其特定的用途，某些应用也仅仅局限于几种特定的文件格式，所以经常需要对采集到的音频文件进行格式转换。音频文件格式转换的工具很多，这里介绍一个通用的全能多媒体格式转换软件"格式工厂(Format Factory)"。

该软件是由国内的一个软件爱好者开发的免费软件。它能够完成几乎所有类型的音频格式文件(甚至视频文件)转换为 MP3、WMA、MMF、AMR、OGG、M4A、M4R、MP2、AAC、WAV 等格式。"格式工厂"软件的主窗口如图 7-8 所示。单击窗口左侧的"音频"按钮，则在左侧列表框中列出了当前系统提供的所有音频格式转换功能。

图 7-8　"格式工厂"主窗口

例如要将若干个音频、视频文件转换为 MP3 格式，其操作方式如下。

(1)在"格式工厂"主窗口右侧窗格中单击"音频"下的"所有 转到 MP3"命令，打开如图 7-9 所示的"所有 转到 MP3"对话框。

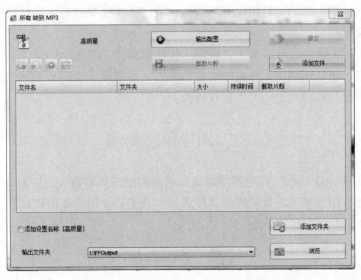

图 7-9　"所有 转到 MP3"对话框

(2)单击对话框中的"添加文件"按钮，打开如图 7-10 所示的"打开"对话框，提示用户选择要转换为 MP3 格式的若干个媒体文件，选择文件所在的文件夹，然后按住 Shift 或 Ctrl

键，选择要转换的多个文件。选择完毕，单击"打开"按钮，即可将选中的文件添加到"所有 转到 MP3"对话框的文件列表中。

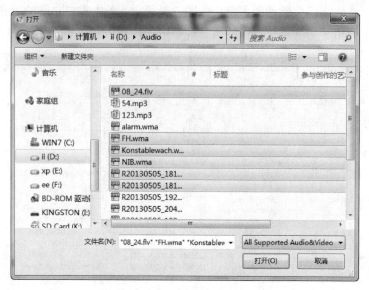

图 7-10　"打开"对话框

（3）在"所有 转到 MP3"对话框中单击"添加文件夹"按钮，将指定文件夹下的指定格式的音频文件添加到转换列表中。单击"清空列表"按钮 ⊠ 移除所有已经选择的文件。要移去文件列表中的部分文件，首先选中列表中的文件，单击对话框中的"移除"按钮 ⬜ 。

（4）在"所有 转到 MP3"对话框中单击"截取片段"按钮，对选中的素材设置截取片段的起点和终点。通过对话框下端的"输出文件夹"列表框可以设置转换后的输出文件存储的文件夹。单击对话框上端的"输出配置"按钮，设定转换结果的音频文件质量。转换的音频质量越高，则文件越大。

文件选择及相关设置完成，单击"确定"按钮返回图 7-8 所示的软件主窗口。单击主窗口工具栏中的"选项"按钮设置存放的位置等内容，设置完毕，单击工具栏中的"开始"按钮，启动格式转换功能即可进行文件格式转换。

7.3　图像信息处理

俗话说"百闻不如一见"，图形图像媒体所包含的信息具有直观、易于理解、信息量大等特点，是多媒体应用系统中最常用的媒体形式。本节主要介绍图像信息处理的基础知识和基本技能。

7.3.1　基础知识

图像是自然界中的景物通过视觉感官在大脑中留下的印记。随着计算机技术的发展，图像可以经过数字化后保存在计算机中，并被计算机处理。通常也将计算机处理的数字化图像简称为图像。图像由像素点构成，每个像素点的颜色信息采用一组二进制数描述，因此，图像又称为位图。图像的数据量较大，适合表现自然景观、人物、动植物等引起人类视觉感受的事物。

1. 图形与图像

人们通常认为，图形和图像是没有什么区别的。但在计算机的处理领域，它们是两个既有本质区别又有密切联系的概念。凡是通过人类的视觉系统能感觉到的信息都可以称为图像；而图形是一种抽象化的图像，反映图像的几何特征，如点、线、面等。图形和图像从本质上讲是计算机对处理对象的不同描述方式，它们分别有各自的特点和适用范围，在一定的条件下也可以相互转换。

图形是指由外部轮廓线条构成的向量图，有时还要使用实心或有等级变化和色彩填充的区域，如 CorelDRAW 产生的 CDR，AutoCAD 产生的 DWG、DXF 等文件。它们的特点是文件量较小，描述的对象可以任意缩放而不会失真。从本质上讲，图形是由数学的坐标和公式来描述的，但一般只能描述轮廓不是非常复杂、色彩不是很丰富的对象，如几何图形、工程图纸等，否则文件量将变得很大，而效果却不理想。

图像是指由许多点阵构成的点位图，在特定的领域有时也称为光栅图。例如，Windows 画笔所产生的 BMP 文件，其他如 GIF、TIFF、JPG 等。它的特点是通常文件量较大，所描述的对象会因为缩放而损失细节或产生"锯齿"。图像本质上是将对象以一定的分辨率分解后，再将每一个点的色彩信息进行数字化描述，它主要用来描述轮廓和色彩非常丰富的对象，如照片、绘画。图像的重要参数是分辨率和色彩深度，根据每点的色彩深度可分为二值、灰度、256 色、真彩等格式。

图形和图像在一定的条件下是可以转换的。如今有不少图形图像软件都可以实现不同的对象文件格式之间的转换。例如，CorelDRAW 几乎提供所有文件格式之间的转换。所以很多情况下，人们没有刻意地区分图形和图像的概念，都以图像文件格式保存。

2. 计算机中常用的颜色模型

自然界中的色彩千变万化，要准确地表示某一种颜色就要使用色彩模型。常用的色彩模型有 HSB、RGB、CMYK 等，针对不同的应用可以选择不同的色彩模型。例如，RGB 模型用于数码设计、CMYK 模型用于出版印刷。了解各种色彩模型有助于在图像素材处理中准确把握色彩。

1）HSB 模型

HSB 指色调（Hue）、饱和度（Saturation）、亮度（Brightness），也就是说，HSB 模型用色彩的三要素来描述颜色。由于 HSB 模型能直接体现色彩之间的关系，所以非常适合于色彩设计，绝大部分的图像处理软件都提供 HSB 色彩模型。

2）RGB 模型

RGB 指红（Red）、绿（Green）、蓝（Blue）三原色。RGB 模型分别记录 R、G、B 三种颜色的数值并将它们混合产生各种颜色。RGB 色彩模型的混色方式是加色方式，这种方式运用于光照、视频和显示器。在计算机中，每种原色都用一个数值表示，数值越高，色彩越明亮。R、G、B 都为 0 时是黑色，都为 255 时是白色。

RGB 是使用计算机进行图像设计中最直接的色彩表示方法。计算机中的 24 位真彩图像，就是采用 RGB 模型。24 位表示图像中每个像素点颜色使用 3 字节记录，每字节分别记录红、蓝、绿中的一种颜色值。

在计算机中利用 RGB 数值可以精确取得某种颜色。RGB 虽然表示直接，但是 R、G、B 数值和色彩的三要素没有直接的联系，不能揭示色彩之间的关系，在进行配色设计时，不适合使用 RGB 模型。现在的大多数图像处理软件的调色板都提供 RGB 和 HSB 两种模型选择色彩。

3）CMYK 模型

CMYK 模型包括青（Cyan）、品红（Magenta）、黄（Yellow）和黑（Black，为避免与蓝色混淆，黑色用 K 表示）。CMYK 模型包括青、品红和黄三色，使用时从白色光中减去某种颜色，产生颜色效果。彩色打印、印刷等应用领域采用打印墨水、彩色涂料的反射光来显现颜色，是一种减色方式。另外，印刷行业使用黑色油墨产生黑色，所以 CMYK 模型中增加了黑色。

3. 分辨率

分辨率是计算机图形图像处理中比较容易混淆的概念之一。在不同的应用场合中有不同的含义。常见的有颜色分辨率、图像分辨率、数码输入设备分辨率、显示和打印设备分辨率等。

1）颜色分辨率

颜色分辨率是指图像或者设备的颜色深度。数字化图像中每个像素点的颜色都要用二进制数据表示。表示一个像素点需要的二进制数的位数叫做颜色深度。彩色或灰度图像的颜色可以使用 4 位、8 位、16 位、24 位和 32 位二进制数来表示。颜色深度是图像的一个重要指标，颜色深度越高，可以描述的颜色数量就越多，图像的质量越好。对于图像的 I/O 设备（如扫描仪、显示器等）而言，颜色分辨率（颜色深度）是指设备本身能够捕捉和展示的颜色质量。

2）图像分辨率

图像分辨率表示图像中像素点的密度，单位是 dpi（dot per inch），表示每英寸长度上像素点的数量。图像分辨率越高，包含的像素越多，表现细节就越清楚。但分辨率高的图像占用磁盘空间大，传送和显示速度慢，所以应该根据实际情况选择合适的图像分辨率。

3）设备分辨率

输入/输出设备的分辨率反映出图像 I/O 设备获取或显示图像的精度。例如，打印机分辨率一般指打印机的最大分辨率，是指在打印输出时横向和纵向两个方向上每英寸最多能够打印的点数，同样以"点/英寸"即 dpi 表示。目前一般激光打印机的分辨率均在 600dpi × 600dpi 以上。同样道理，扫描仪的光学分辨率也是用两个数字相乘，如 600dpi × 1200dpi，其中前一个数字代表扫描仪的横向分辨率，即该扫描仪的横向扫描精度为 600dpi，纵向精度为 1200dpi。

4. 常见的图像格式

由于参与开发图形图像处理软件的厂商和应用领域不同，所以在存储方式、压缩标准、技术规格要求上各有差异，导致了图像文件的多样化。目前常用的图像文件有以下几种。

1）BMP 格式

BMP 格式是 Windows 系统标准的图像位图格式。BMP 与硬件设备无关，采用位映射存储格式，图像深度可以选择 1bit、4bit、8bit 及 24bit，不采用其他任何压缩。BMP 格式通用性好，Windows 环境下运行的所有图像处理软件都支持 BMP 图像文件格式，但由于 BMP 格式未经过压缩，图像占用空间较大。

2）GIF 格式

GIF（Graphics Interchange Format）是图形交换格式。GIF 格式只支持 256 种颜色，采用无损压缩存储，在不影响图像质量的情况下，可以生成很小的文件。GIF 支持透明色，可以使图像浮现在背景之上。GIF 格式的压缩比高，磁盘空间占用较少。为了便于网络传输，GIF

图像格式采用渐显方式，在图像传输过程中，用户可以先看到图像的大致轮廓，然后再逐步看清图像中的细节部分。

最初的 GIF 只用来存储单幅静止图像，随着技术的发展，GIF 也可以同时存储若干幅静止图像进而形成连续的动画。虽然 GIF 图像的颜色深度较低，图像质量不高，但 GIF 图像文件短小，下载速度快，可以存储简单动画，所以 GIF 格式在网络上广泛应用。

3）JPEG 格式

JPEG 图像文件格式是目前应用范围非常广泛的一种图像文件格式。JPEG（Joint Photographic Experts Group，联合图像专家组）格式是按照该专家组制定的 DCT 压缩标准进行压缩的图像文件格式。JPEG 格式采用有损压缩方式去除冗余的图像数据，在获得极高的压缩率的同时展现生动的图像。JPEG 格式具有调节图像质量的功能，允许采用不同的压缩比例对文件进行压缩，JPEG 的压缩比率通常在 10∶1 ~ 40∶1，压缩比越大，图像质量就越低；压缩比越小，图像质量就越高。JPEG 格式对色彩的信息保留较好，压缩后的文件较小，下载速度快，因而在因特网上广泛应用。

4）TIFF 格式

TIFF（Tagged Image File Format）是标记图像文件格式。TIFF 格式支持 256 颜色，图像深度可以选择 24 位和 32 位，支持具有 Alpha 通道的 CMYK、RGB、Lab、索引颜色和灰度图像以及无 Alpha 通道的位图模式图像。TIFF 格式非常灵活，支持几乎所有的绘画、图像编辑和页面板面应用程序。TIFF 格式可包含压缩和非压缩像素信息。TIFF 采用（LZW）无损压缩算法，压缩比在 2∶1 左右。TIFF 格式可以制作质量非常高的图像，经常用于出版印刷。

5）PSD 格式

PSD 格式是 Photoshop 图像处理软件的专用文件格式，文件扩展名是.PSD。PSD 格式支持图层、通道、蒙板和不同色彩模式的各种图像特征，能够将不同的物件以层的方式分离保存，便于修改和制作各种特殊效果。PSD 格式采用非压缩方式保存，所以 PSD 文件占用存储空间较大，但这样可以保留所有原始信息，通常用来保存在图像处理中尚未制作完成的图像。

6）PNG 格式

PNG（Portable Network Graphic）是流式网络图形格式。PNG 格式综合了 GIF 格式和 JPEG 格式的优点，支持多种色彩模式；采用无损压缩算法减小文件占用的空间；采用 GIF 的渐显技术，只需要下载 1/64 的图像信息就可以显示出低分辨率的预览图像；支持透明图像的制作，使图像和网页背景能和谐地融合在一起。

7.3.2　数字图像获取

在实际的多媒体应用中，图形图像素材的获取有很多途径，概括起来主要有使用扫描仪扫描原始图片、通过数码相机拍摄照片、从屏幕上抓取、使用图形图像软件设计制作等方法。此外，还可以从网上下载许多精美的图像素材。

1. 使用扫描仪扫描原始图片

需要的时候，我们可以将纸质的图形图像素材通过扫描仪将其转换为计算机能够处理的数字图像。此类操作方法比较简单，将扫描仪连接到计算机并安装好驱动程序后就可以将各种照片、胶片、图纸扫描并保存为计算机图像文件。多数图像处理软件都支持使用扫描仪获取原始图片。

2. 导入数码相机中的图片

数码相机是目前使用最广的图像获取设备，其使用方法和传统相机类似。照片拍摄完毕，用数码相机与计算机的连接线将数码相机与计算机连接后就可以很方便地将拍摄的照片从数码相机复制到计算机的硬盘上。除了专门的数码相机之外，市面上见到的大部分手机也都具备了基本的数码照相的功能，使用操作方法与数码相机基本相同。

3. 从屏幕上抓取

在 Microsoft Windows 系列操作系统环境下，按 PrintScreen 键，可以将当前屏幕上所有显示的信息作为图像对象复制到系统剪贴板中，然后通过 Ctrl+V 组合键将该图像对象粘贴到需要的地方。必要时可以通过该方法将抓取的屏幕图像信息粘贴到图形图像处理软件中进行编辑加工或直接保存为图像文件。

类似地，还可以按 Alt+PrintScreen 组合键一次将当前窗口的所有显示的信息作为图像对象复制到系统剪贴板中。例如，要在"我的文档"下创建一个 Windows"计算器"程序画面的图像文件 calculator.jpg，可以通过以下步骤完成。

(1)选择"开始"菜单中的"所有程序"|"附件"|"计算器"命令，启动 Windows 系统自带的"计算器"程序。

(2)按 Alt+PrintScreen 组合键，即把当前活动窗口（"计算器"程序窗口）作为图像对象复制到系统剪贴板中。

(3)选择"开始"菜单中的"所有程序"|"附件"|"画图"命令，打开 Windows 系统中的"画图"窗口。

(4)单击"画图"窗口工具栏左侧的"粘贴"按钮（其快捷键为 Ctrl+V），即可将"计算器"程序的画面粘贴到"画图"中，如图 7-11 所示。

(5)选择"文件"|"保存"命令（其快捷键为 Ctrl+S），打开"保存为"对话框。在"保存在"下拉列表框中选择保存位置为"我的文档"，在"保存类型"下拉列表框中选择保存文件类型为 JPEG，在"文件名"文本框中输入文件为"calculator.jpg"。

(6)单击"保存"按钮，关闭"保存为"对话框。可以在"我的文档"中找到创建的 calculator.jpg 图像文件。

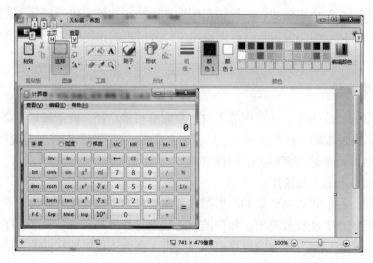

图 7-11 在"画图"中粘贴"计算器"窗口的画面

4. 使用图形图像软件设计制作图像素材

有些情况下，需要自己设计制作图形图像素材，对于相对简单的图形图像，可以使用 Windows 系统自带的"画图"和 Office 中的"自选图形"等工具来完成。对于复杂图形图像的制作，可以使用比较专业的图形图像软件（如 CorelDRAW、AutoCAD、Photoshop 等）来完成。

7.3.3 图片浏览

要浏览查看图片，可以通过图像浏览软件方便地查看图像文件，此类工具软件很多，如 ACDSee、豪杰大眼睛、色彩风暴（Color Storm）、iSee 图片专家等。此外，Windows 7 中自带有"Windows 照片查看器"工具，可以方便地进行图像浏览，它对图片具有浏览、缩放、旋转的管理功能。该工具与 Windows 7 中的"资源管理器"实现无缝连接，使"资源管理器"也具有很强的图片浏览功能。

1. Windows 系统的图片浏览功能

默认情况下，Windows 7 使用其内置的"Windows 照片查看器"来打开所有图像文件。如果启动"资源管理器"程序或者打开"计算机"窗口后，打开包含图片的文件夹，然后选择"资源管理器"窗口的"查看"|"超大图标"命令，可以将文件夹下的所有图片文件以较大的缩略图形式显示，如图 7-12 所示。若选择"资源管理器"窗口的"查看"主菜单下的"大图标""中等图标"命令，则以较小的尺寸浏览图片。

在"资源管理器"中右击一个图像文件，选择快捷菜单中的"打开方式"|"Windows 图片和传真查看器"命令，即可打开如图 7-13 所示的"Windows 照片查看器"窗口，并显示选中的图片。

窗口的底部有一个标准工具栏，其中主要有"更改显示大小"按钮、"按窗口大小显示"按钮、"实际大小"按钮、"上一个"按钮、"下一个"按钮、"开始幻灯片"按钮、"逆时针旋转"按钮、"顺时针旋转"按钮、"删除"按钮等。

图 7-12 图像文件的"超大图标"显示效果

2. 使用看图工具浏览图片

可以用来浏览图片的看图工具很多，其中 ACD 公司的 ACDSee 是目前最流行的数字图像管理和处理软件。ACDSee 全名为 ACDSee Photo Manager，是世界上排名第一的数字图像管理软件。目前常用的版本为 ACDSee Photo Manager 12，它能广泛应用于图片的获取、管理、浏览、编辑、优化。使用 ACDSee 图片浏览器，用户可以从数码相机和扫描仪高效获取图片，并进行便捷的查找、组织和预览。针对不同的应用，ACDSee Photo Manager 12 有"管理""视图""编辑""在线"多种工作模式。

图 7-13　"Windows 照片查看器"窗口

如图 7-14 所示为 ACDSee Photo Manager 12 的"管理"工作模式界面，该界面与"资源管理器"中的"超大图标"视图类似。窗口的绝大部分区域显示了当前选中的文件夹下的图片缩略图，拖动缩略图浏览区右下角的滑块可以调整缩略图的显示大小。

图 7-14　ACDSee Photo Manager 12 的"管理"工作模式界面

当鼠标指针指向文件浏览区的一个图片文件时，系统即时显示该图片的放大缩略图。单击浏览器区的图片时，系统将在窗口左下角放大显示该图片。在窗口左上角的"文件夹"列表框中可以选择要浏览的图片所在的多个文件夹，缩略图浏览区上方的地址栏顺序列出了当前选中的文件夹，缩略图浏览区即时显示所有选中文件夹下的所有图片的缩略图。

如果要使用该软件逐个查看图片，可以双击缩略图浏览区的任一图片或单击窗口右上角的"视图"按钮，切换到如图 7-15 所示的"视图"工作模式。在该模式下用户可以通过单击窗口底部的"上一个""下一个"按钮(快捷键为分别为 PageUp、PageDown)切换图片。也可以在窗口底部的胶片式图片列表中单击切换图片。通过图片底部的一组按钮可以控制图片显示的大小、旋转以及大图滚动等操作。窗口底部的状态栏中列出了当前查看图片的文件属性信息。

图 7-15   ACDSee Photo Manager "视图"工作模式界面

工具栏中控制图片显示大小的按钮有"放大"按钮(快捷键为+)、"缩小"按钮(快捷键为-)和"缩放"按钮。此外还有一个"缩放工具"按钮，单击该按钮后，再单击展示的图片可以逐级放大显示图片，右击则将图片逐级缩小显示。单击"实际大小"按钮则按图片的实际尺寸显示图片，当图片显示的比较大时，可以单击工具栏中的"滚动工具"按钮，鼠标指针即变为手形，此时可以通过拖动鼠标来浏览显示该图片的其他部分。单击"适合图像"按钮，系统将自动调整图片显示的大小，使图片完整地显示在窗口中，其快捷键为星号键(*)。

如果要调整当前图片显示的方向，可以单击工具栏中的"向左旋转"按钮(快捷键为 Ctrl+Alt+←)或"向右旋转"按钮(快捷键为 Ctrl+Alt+→)左右旋转显示的图片。执行"工具"|"幻灯放映"命令，则以幻灯片放映方式展示图片，按 Esc 键可以结束幻灯片放映模式。如果要将当前显示的图片设置为 Windows 系统的桌面墙纸，则可以在"工具"|"设置墙纸"子菜单中选择合适的设置墙纸菜单项。单击窗口右上角的"管理"按钮，可以返回图 7-14 所示的 ACDSee Photo Manager 的"管理"工作模式。

7.3.4　图像的编辑处理

通常情况下,获取到的原始图像素材需要进行一定的编辑加工才能满足我们的应用需求。支持图像处理的软件很多,如 Adobe Photoshop、Corel Photo Paint、Ulead PhotoImpact 等。7.3.3 节提到的看图软件 ACDSee 在具有得心应手的图片浏览和管理功能的同时,还是一个功能丰富的图像编辑处理工具。单击窗口右上角的"编辑"按钮,可以转至如图 7-16 所示的 ACDSee Photo Manager 12 的"编辑"工作模式,在该模式下可以轻松处理数码影像,如调整图片大小、去除红眼、剪切图像、锐化、浮雕特效、曝光调整、旋转、镜像等。

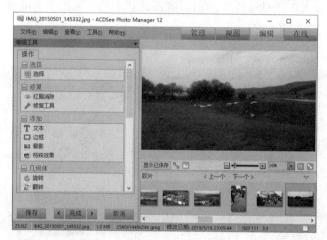

图 7-16　ACDSee Photo Manager 12"编辑"工作模式界面

1. 调整图片大小

图片大小通常以像素多少表示,图片越大,则像素越多,占用的存储空间越大,文件打开的速度越慢。对于一些较大的图片,使用 ACDSee 可以很方便地将其调整到合适的大小,几乎不影响图片的清晰度。而将较小的图片调大,则往往会变得模糊。使用 ACDSee 调整图片大小的操作步骤如下。

(1)按前述的步骤用 ACDSee 打开要调整大小的图片,界面如图 7-16 所示。

(2)单击窗口左侧的"操作"面板中"几何体"工具栏下的"调整大小"按钮，打开如图 7-17 所示的"调整大小"编辑界面。

(3)在窗口左侧的"预设值"下拉列表框中选择常用的图片尺寸和缩放比例。其中包括双倍大小、1/2 大小、1024×768、800×600、640×480、上次使用等选项。也可以直接选中"像素"单选项,在其下的"宽度""高度"文本框中按像素点输入调整后的图片大小。类似地,还可以按百分比重置图片的大小。

(4)对于需要打印输出的图片,可以选中"实际/打印大小"单选项,在该选项区可以英寸、厘米或毫米为单位设置图像打印的宽度和高度,以及打印分辨率。系统默认分辨率为 300 点/英寸,即每英寸打印 300 个像素点。

(5)选中"保持纵横比"复选框后,可以在修改图片大小时维持设定的图片的宽高比例。

(6)在"调整大小滤镜"下拉列表框中设置图片缩放的算法。

(7)图片大小的调整参数设定完毕,单击"估计新文件大小"按钮,估算出调整后的文件大小。

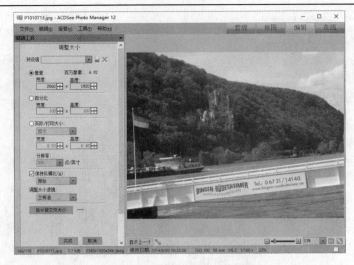

图 7-17　"调整大小"编辑界面

(8)确认重置图片大小的参数无误，单击"完成"按钮返回图 7-16 类似的"编辑"工作界面。

(9)单击窗口左下角的"保存"按钮，将调整大小后的图片另存为一个新文件或者直接更新源文件。

2. 调整图片亮度

用数码相机等图像采集设备获取的图片经常会出现亮度过高或过低的情况，可以应用 ACDSee 的编辑功能进行调整。具体操作方法如下。

(1)按前述的步骤用 ACDSee 打开要调整亮度的图片，如图 7-18 所示。

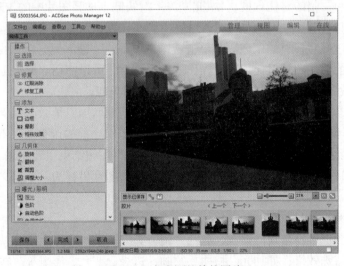

图 7-18　亮度调整前的图片

(2)单击窗口左侧的"操作"面板中"曝光/照明"工具栏下的"曝光"按钮，打开如图 7-19 所示的"亮度调整"编辑状态。从图 7-18 中可以看出，当前打开的是一个在逆光的情况下拍摄的人物照片，几乎无法分辨出人物的相貌。

图 7-19　亮度调整后的图片

(3) 在"预置值"下拉列表框中可以选择常用亮度调整方案, 其中包括"加亮阴影""提高对比度"等选项。

(4) 如果对预置的调整方案不满意, 可以拖动对话框中的"曝光""对比度""填充光源"等滑动块进行调整。其中"曝光"滑块用来调整整个图片的明暗程度,"对比度"滑块用来更改整个图片颜色与明暗的对比程度,"填充光源"滑块侧重加亮图片中的较暗区域。

(5) 若单击窗口左侧的"曝光警告"按钮 ⚠, 则在亮度调节时系统将以醒目的红色(绿色)在图片中标注出过亮(过暗)的区域。若单击窗口左下角的"显示预览栏"按钮 🖼, 则在屏幕上显示亮度调节前后的图片对比。若对操作效果不满意, 可以使用"编辑工具"面板下方的"撤销"和"重做"按钮, 用法与 Microsoft Office 中的类似。

(6) 适当加大"曝光""填充光源"的值使图片的亮度增加, 稍微调整"对比度"的值, 使图片中较暗区域的内容可以分辨, 如图 7-19 所示。若对之前的调整效果不满意, 可以单击"重设"按钮撤销之前的设置。设置完毕, 单击"完成"按钮结束"曝光/照明"编辑操作。

(7) 单击窗口左下角的"保存"按钮将调整亮度后的图片另存为一个新文件或者直接更新源文件。

3. 特殊效果处理

除了可以对图像进行常规的缩放、剪裁、调节等编辑操作之外, 还可以使用 ACDSee 对图片添加许多种特殊效果, 如加光、扭曲、绘画、边缘、变色、浮雕等。在此以图片的镜像效果处理为例进行介绍。具体操作步骤如下。

(1) 按前述的步骤用 ACDSee 打开要进行"镜像"处理的图片, 如图 7-20 所示。

(2) 单击窗口左侧的"操作"面板中"添加"工具栏下的"特殊效果"按钮, 打开如图 7-21 所示的"选择效果"窗口。

图 7-20 打开要添加"镜像"效果的图片

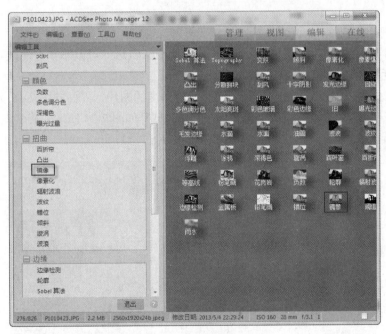

图 7-21 "选择效果"窗口

(3) 从中窗口左侧的"编辑工具"面板选择"扭曲"类别下的"镜像"效果，系统转入镜像效果设置状态，如图 7-22 所示。在此可以设置镜像的方向和镜像轴的位置，若单击窗口左下角的"显示预览栏"按钮 🖳，可以在屏幕上显示添加效果前后的图片对比。

(4) 在对话框最下端还有"撤销"和"重做"按钮，用法与 Microsoft Word 中的类似。设置完毕，单击"完成"按钮结束镜像效果添加操作。

图 7-22　设置图片的"镜像"效果

（5）单击窗口左下角的"保存"按钮将特殊效果处理后的图片另存为一个新文件或者直接更新源文件。

4. 旋转图片

旋转图片是一种经常用到的图像处理操作，使用 ACDSee 可以非常方便地对打开的图片进行任意角度的旋转。具体操作步骤如下。

（1）按前述的步骤用 ACDSee 打开要调整旋转角度的图片，界面同图 7-16 类似。

（2）单击窗口左侧工具栏中的"旋转"按钮 ，打开如图 7-23 所示的旋转图片操作窗口。从图中可以看出，当前打开的是一个倾斜拍摄的图片。

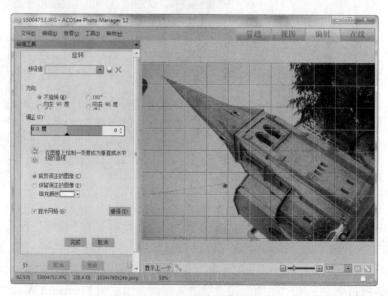

图 7-23　旋转图片操作窗口

(3)在"预设值"下拉列表框中选择常用的旋转方案,其中包括"90°""倒置""左转 90°"等选项。

(4)在"方向"选项区选择常用的旋转角度,通过"调正"滑块可以进行更加精细的角度旋转。本示例图片的旋转目的是把图片中的建筑旋转为垂直状态,单击"校正"下方的"垂直"按钮回,在图中沿着建筑自顶向下的方向画出一条直线直观地设置旋转的效果。无论用何种方法旋转,系统都可以即时在右侧的预览框中显示旋转后的效果。

(5)窗口左侧面板中的"裁切校正图像"与"保留校正图像"单选项用来设定旋转后的图片是否进行裁切,若进行裁切,则旋转后的图像是没有空白的矩形。

(6)对话框中的"显示格线"复选框用来控制是否在预览图片中显示网格线为旋转操作提供参照。如果对先前设定的旋转效果不理想,可以单击对话框中的"重置"按钮取消先前的旋转操作。

(7)相关选项设置完毕,旋转后的图片如图 7-24 所示。单击"完成"按钮结束图片旋转操作。

(8)单击窗口左下角的"保存"按钮将旋转后的图片另存为一个新文件或者直接更新源文件。

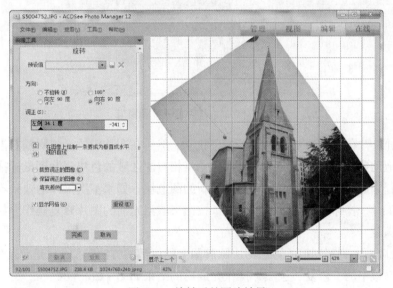

图 7-24　旋转后的图片效果

5. 图片修复

所谓图片修复主要用来修改内容有瑕疵、效果不理想的图片,其基本原理是将图片中内容相近区域的内容复制或混合复制到图片中的瑕疵区域。其具体操作步骤如下。

(1)按前述的步骤用 ACDSee 打开要修复的图片,界面同图 7-16。

(2)单击窗口左侧"操作"面板中的"修复工具"按钮,打开如图 7-25 所示的窗口进行相片修复。当前打开的图片中牌匾上有一个黑色的涂鸦,牌匾上方的墙面上有刻字的划痕。本次操作的目的是去除牌匾上的涂鸦、抹去墙上的刻字,尽量不破坏画面的其他部分。

(3)为了取得最好的修复效果,可以拖动窗口右下角的缩放滑动块放大显示要修改的图片,然后单击窗口底部的"导航器"按钮,在打开的导航窗格中调整图片显示的位置,使图中的瓶子所在区域放大显示在窗口的合适位置。

(4)在"修复工具"面板中提供了"修复"和"克隆"两个选项。"修复"是指将选定的源区域像素值与目标区域的像素混合(像素值平均)，使修复区域的图像看起来为两处区域的中间色调。"克隆"是指将我们选定的像素从源区域原样复制到目标区域。要去除牌匾上的黑色涂鸦，只需把涂鸦附近的牌匾颜色复制到替换涂鸦即可，可以选择"克隆"选项；要抹去墙面上细小的刻字划痕，推荐选中"修复"选项。

(5)通过下面的两个滑动块，可以对笔尖宽度和羽化值进行设定。其中，羽化是指在复制修复过程中对复制过来的内容进行半透明化处理。笔尖宽度和羽化值的设定视情况而定，可以通过根据实际操作的效果进行调整。

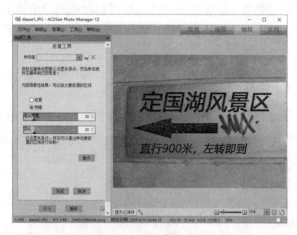

图 7-25　图片修复处理窗口

(6)要去除牌匾上的涂鸦，选中"克隆"选项，然后在图片中的涂鸦周围右击选定合适的色块，然后拖动鼠标在涂鸦污点上进行涂抹，将相对源区域的色块复制到鼠标拖动经过的区域。处理过程中通常需要根据情况多次选择新的源色块。如果本次操作的效果不理想，可以单击"修复工具"操作面板下方的"撤销"按钮来取消先前的图片修复操作。如此反复，直至效果达到满意。

(7)抹去墙面上刻字划痕的方法与去除牌匾上的涂鸦的方法类似，只是要首先选中"修复工具"操作面板中的"修复"选项，操作完成后的结果如图 7-26 所示。

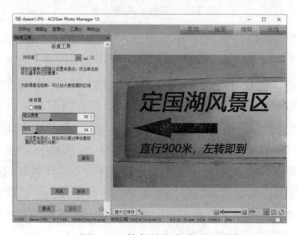

图 7-26　修复处理完成后的图片

(8)单击"完成"按钮结束图片修复操作。修复处理之后的图片尚未保存,可以单击窗口左下角的"保存"按钮,将修复完成的图片另存为一个新文件或者直接更新源文件。

　　6. 其他图像处理功能

　　除了以上介绍的功能之外,ACDSee 的编辑功能还有颜色调整、去除红眼、锐化与模糊处理、降噪与加噪、剪裁、添加文本等。

　　颜色调节功能用于改变照片的色调,其中有几种方式如自动颜色、减色、HSL、RGB,每次只能使用一个效果而不能同时使用多个效果。去红眼功能用于去除相机拍照时人物产生的红眼。人物红眼现象一般是在光线较暗的环境下拍摄的时候,瞳孔放大让更多的光线通过,因此视网膜的血管就会在照片上产生泛红现象。ACDSee 去除红眼的方式是在眼睛上增加一个新的层,用层的颜色来遮盖人物眼睛的红眼。

　　在锐化功能中可以对图片进行锐化和模糊处理,模糊的方式可有多种选择:传播、放射性、高斯、缩放和线性。降噪与加噪功能用于平滑图像和添加杂点,平滑图像功能可以给图片上的人物祛斑美化人物的面部;删除杂点可以在正方形(删除个别杂点)、"X"(保护斜线)、"+"(保护水平和垂直线)三种处理方式之间选择。

　　剪裁是在图片上选取某部分保留,其他的就删除不要了。剪裁的方式可以是"强制按比例剪裁",或是用鼠标在图片上选取剪裁区域。

　　添加文本功能除了常规的字体、大小、颜色、透明度等设置外,还提供了阴影、倾斜和其他多种效果的设置,可以轻松地做出波浪等特殊效果。选中"泡沫文字"复选框,为文字设置气泡框,这样可以轻松做出类似于提示、对话等效果。

7.4　视　频　处　理

　　视频本质上是其内容随时间变化的一组动态图像,是连续的图像。视频按其存取方式可以分为模拟视频和数字视频。

　　模拟视频是指每一帧图像是实时获取的自然景物的真实图像信号,它通过在电磁信号上建立变化来支持图像和声音信息的传播。现在我们在电视机上收看的节目大都是模拟视频。

　　数字视频信号是基于数字技术以及其他更为扩展的图像显示标准的视频信息。数字视频克服了模拟视频的局限性,因为它大大降低了视频的传输和存储费用,增加了互动性,带来了精确再现真实情景的稳定图像。随着应用范围的拓展,数字视频的优势将更加明显。若没有特别说明,本节所提到的视频均为数字视频。

7.4.1　常见的视频文件格式

　　由于视频是一种深受人们欢迎的多媒体表现形式,所以其应用范围广泛,视频文件格式也非常多。视频文件格式主要分为两大类,即影像视频格式、流式视频格式。流式视频格式是由于网络视频传输的需要而诞生的。它取代了传统的"先传输后播放"的网络视频传输播放模式,而采用"一边传输一边收看"的实时传输模式,即先从服务器上下载一部分视频文件,形成视频流缓冲区后实时播放,同时继续下载,为接下来的播放做好准备。这种"边传边播"的方法避免了影像视频格式文件必须等待整个文件从网上全部下载完毕后才能观看的问题。目前的多媒体视频文件格式主要有 AVI、WMV、ASF、DivX、MPEG 和 MOV 等。

1. AVI 格式

音频视频交错格式（Audio Video Interleaved，AVI）是微软公司 1992 年推出的媒体文件格式，随 Windows 3.1 一起被人们所认识和熟知。它是 Windows 操作系统中最常见的基本视频格式。所谓"音频视频交错"，就是可以将视频和音频交织在一起进行同步播放，可以跨多个平台使用。文件体积过大是它的缺陷，而且更加糟糕的是压缩标准不统一，经常会遇到高版本 Windows 媒体播放器播放不了采用早期编码生成的 AVI 格式视频，而低版本 Windows 媒体播放器又播放不了采用最新编码生成的 AVI 格式视频。所以在使用时常常需要临时下载更新编码编辑器，显得过于烦琐。

2. ASF 格式

高级流媒体格式（Advanced Streaming Format，ASF）是微软公司为 Windows 98 所开发的流媒体文件格式。ASF 是 Windows Media 的核心，是一种包含音频、视频、图像以及控制命令脚本的数据格式。

ASF 是一个开放标准，它能依靠多种协议在多种网络环境下支持数据的传送。同 JPG、MPG 文件一样，ASF 文件也是一种文件类型，但它是专为在 IP 网上传送有同步关系的多媒体数据而设计的，所以 ASF 格式的信息特别适合在 IP 网上传输。ASF 文件的内容既可以是普通的媒体文件，也可以是一个由编码设备实时生成的连续的数据流，所以 ASF 既可以传送人们事先录制好的节目，也可以传送实时产生的节目。ASF 支持任意的压缩/解压缩编码方式，并可以使用任何一种底层网络传输协议，具有很大的灵活性。

3. WMV 格式

WMV（Windows Media Video）是微软公司推出的一种独立于编码方式的在 Internet 上实时传播多媒体的技术标准，它是在 ASF 格式基础上升级延伸来的。在同等视频质量下，WMV 格式的体积非常小，因此很适合在网上播放和传输，是一种流媒体格式。

WMV 的主要优点包括本地或网络回放、可扩充的媒体类型、部件下载、可伸缩的媒体类型、流的优先级化、多语言支持、环境独立性、丰富的流间关系以及扩展性等。由于微软本身的 Windows 平台局限性使 WMV 的应用推广并不顺利；此外，WMV 技术的视频传输延迟较长，通常要十几秒钟。

4. MPEG 格式

运动图像专家组（Moving Picture Experts Group，MPEG）是一个专门制定多媒体领域内的国际标准的组织。该组织成立于 1988 年，由全世界大约 300 名多媒体技术专家组成。MPEG 是运动图像压缩算法的国际标准，现已被几乎所有的 PC 平台共同支持。

MPEG 压缩标准是针对运动图像而设计的，基本方法是，在单位时间内采集并保存第一帧信息，然后就只存储其余帧相对第一帧发生变化的部分，以达到压缩的目的。MPEG 压缩标准可实现帧之间的压缩，其平均压缩比可达 50∶1，最高可达 200∶1，压缩率比较高，同时图像和音响的质量也非常好，且又有统一的格式，兼容性好。

MPEG 标准包括 MPEG 视频、MPEG 音频和 MPEG 系统（视频、音频同步）三个部分，MP3 音频文件就是 MPEG 音频的一个典型应用，而 VCD、S-VCD、DVD 则是全面采用 MPEG 技术所产生出来的新型消费类电子产品。在多媒体数据压缩标准中，较多采用 MPEG 系列标准，包括 MPEG-1、MPEG-2、MPEG-4 等。

当在计算机上打开 VCD 和 DVD 光盘文件时，就会发现其中有一个 MPEG 类似文件名的文件夹。实际上这是表明 VCD 光盘压缩就是采用 MPEG 这种文件格式，具体地讲，是用 MPEG-1 格式压缩的。使用 MPEG-1 的压缩算法，可以把一部 120min 的电影压缩到 1.2GB 左右。MPEG-2 则应用在 DVD 的制作（压缩）方面，同时在一些 HDTV（High Definition Television，高清晰电视广播）和一些高要求视频编辑、处理中也有相当的应用。使用 MPEG-2 的压缩算法可以把一部 120min 长的电影压缩到 4 ~ 8GB。MPEG-4 将集成尽可能多的数据类型，如自然的和合成的数据，以实现各种传输媒体都支持的内容交互的表达方法。

5. DivX 格式

DivX 是目前 MPEG 最新的视频压缩、解压技术，DivX 是一种对 DVD 造成最大威胁的新生的视频压缩格式。DivX 是为了打破 ASF 的种种协定而发展出来的，是由 MPEG-4v3 改进而来，同样使用了 MPEG-4 的压缩算法。

MPEG-4 在较低的传输速率下，还有着相当高的视频图像质量，提供了比 MPEG-1 和 MPEG-2 编码过程中所需要的更好、更强的"算法"，播放 DivX 这种编码格式的文件，对机器的要求也不高。

6. RM 格式

RM（Real Media）格式是由 Real Networks 公司开发的一种能够在低速率的网上实时传输的流式视频/音频文件格式，可以根据网络数据传输速率的不同制定不同的压缩比率，从而实现在低速率的广域网上进行影像数据的实时传送和实时播放。RM 格式也是视频/音频压缩规范，它是目前 Internet 上最流行的跨平台的客户机/服务器结构流媒体应用格式。

RM 格式包含 Real Audio、Real Video 和 Real Flash 三类文件。RealAudio 用来传输接近 CD 音质的音频数据，Real Video 用来传输连续视频数据，而 Real Flash 则是 Real Networks 公司与 Macromedia 公司合作推出的一种高压缩比的动画格式。

7. MOV 格式

MOV 是由苹果公司推出的流媒体视频格式，相应的视频应用软件为 Apple's QuickTime for Macintosh。由于苹果公司推出了适用于 PC 机的视频应用软件 Apple's QuickTime for Windows，因此在运行 Windows 系统的 PC 机上也可以播放 MOV 视频文件。

MOV 也可以作为一种流媒体文件格式，为了适应网络多媒体的应用，QuickTime 为多种流行的浏览器软件提供了相应的 QuickTime Viewer 插件（Plug-in），能够在浏览器中实现多媒体数据的实时回放。该插件的 Fast Start（快速启动）功能，可以令用户几乎能在发出请求的同时便收看到第一帧视频画面。QuickTime 提供了自动速率选择功能，当用户通过调用插件来播放 QuickTime 多媒体文件时，能够选择不同的连接速率下载并播放影像，当然，不同的速率对应着不同的图像质量。此外，QuickTime 还采用了 VR（Virtual Reality，虚拟现实）技术，用户只需要通过鼠标或键盘，就可以观察某一地点周围 360° 的景象，或者从空间任何角度观察某一物体。

QuickTime 是一种跨平台的软件产品，无论是 Mac 用户，还是 Windows 用户，都可以毫无顾忌地享受 QuickTime 所能带来的愉悦。利用 Quicktime 播放器，用户能够很轻松地通过 Internet 观赏到以较高视频/音频质量传输的电影、电视和实况转播的体育赛事节目。

8. 3GP 格式

3GP 是一种 3G 流媒体的视频编码格式，主要是为了配合 3G 网络的高传输速率而开发的，是手机中使用的一种视频格式。3GP 是新的移动设备标准格式，应用在手机、PSP 等移动设备上。与 AVI 等传统格式相比，其优点是文件体积小，移动性强，适合移动设备使用；缺点是在 PC 机上兼容性差，支持软件少，且播放质量差，帧数低。

9. FLV 格式

FLV（Flash Video，流媒体格式）是随着 Flash MX 的推出而发展而来的一种新兴的视频格式。由于它形成的文件极小、加载速度极快，使得网络观看视频文件成为可能，它的出现有效地解决了视频文件导入 Flash 后导致的 SWF 文件体积庞大，不能在网络上很好地使用等问题。FLV 文件体积小巧，清晰的 FLV 视频 1min 在 1MB 左右，一部电影在 100MB 左右，是普通视频文件体积的 1/3；再加上 CPU 占有率低、视频质量良好等特点，使其在网络上盛行。FLV 已经成为当前视频文件的主流格式。

7.4.2 视频信息处理

视频信息的常见处理操作包括视频信息的捕获、视频剪辑的分割、视频剪辑的声音处理、视频剪辑的特效、视频剪辑的合成、添加片头字幕、视频发布等。能够用来进行视频信息处理的软件很多，常见有 Adobe Premiere、Ulead 会声会影、Sony Vegas Video 等。此外，Windows 7 系统附带有一个操作简单、功能实用的影视剪辑软件 Movie Maker（"影音制作"），可以将导入的视频剪辑、声音、图像、字幕等素材进行合成，最后将加工制作的视频保存为适用于计算机、手机、网络等多种用途的视频格式。进行视频处理之前，首先要做好规划，充分搜集素材，然后通过视频处理软件进行加工合成。本节以"影音制作"软件为例，介绍基本的视频信息处理功能。

1. "影音制作"界面

在 Windows 7 中选择"开始"|"程序"|"影音制作"菜单命令，即可打开"影音制作"窗口，如图 7-27 所示。其工作界面主要包括 3 个部分：功能区、素材合成区、视频预览区。

图 7-27 "影音制作"的工作界面

（1）功能区：位于窗口靠上的部分，功能区主要以选项卡形式包含了几乎所有的视频编辑操作命令。

（2）素材合成区：位于选项卡的下方靠右的位置，所有导入的视频、图像、声音以及字幕等素材都在素材合成区以设定的顺序排列。如图 7-27 右下角所示，在素材合成区有一个黑色竖线形状的位置指示器，该指示器的作用与 Word 中的插入光标类似。

（3）视频预览区：位于选项卡的下方靠左的位置，主要用来播放多媒体素材的合成效果。该预览框中始终显示素材合成区中位置指示器所在的帧的画面。预览区的视频播放始终与位置指示器同步，用户也可以随时拖动素材合成区中的位置指针，指定要预览的视频位置。

2. 从视频设备获取视频

视频信息最基本的获取方式是通过视频设备拍摄获取的。这里所说的视频设备通常指数码摄像机（DV 机）和数码摄像头（也称为网眼）。其中数码摄像头没有存储部件，只能与计算机相连才能工作，计算机实时地捕获数码摄像头拍摄的视频信息。数码摄像机中附带有录像带或存储卡等存储部件，在拍摄完毕后通过 DV1394 卡与计算机相连接后，将数码摄像机录像带中的模拟视频转换为计算机中的数字视频。在此以数码摄像头为例，介绍从视频设备中的获取视频信息的具体操作步骤。

（1）启动"影音制作"软件，系统自动创建"我的电影"影音制作项目。确保计算机连接的数码摄像头工作正常，单击"开始"选项卡中的"网络摄像机视频"按钮，系统将弹出"影音制作选项"对话框，提示用户选择或确认要使用的数码摄像头与录音设备。

（2）确认设备选择无误，单击"确定"按钮关闭"影音制作选项"对话框。此时"影音制作"软件界面如图 7-28 所示。在"视频预览区"展示数码摄像头拍到的动态影像，影像上方有"录制""停止""取消" 3 个按钮。一切准备就绪，单击"录制"按钮开始同步获取数码摄像头摄取的视频与麦克风录制的声音。

图 7-28　"影音制作"软件界面

（3）单击"结束"按钮完成视频采集，系统弹出如图 7-29 所示的"保存视频"对话框，提示用户设定新录制的视频保存的位置及文件名。单击"保存"按钮关闭该对话框，操作完成。新录制的视频已经添加到素材合成区位置指示器所在的位置。

　　类似地，用户也可以单击"开始"选项卡下的"录制旁白"按钮，通过麦克风录制并插入旁白到位置指示器所在的位置。

　　对于已经在存储器中保存的视频、图像等素材，可以单击"开始"选项卡中的"添加视频和照片"按钮，将素材依次添加到素材合成区的位置指示器之后。单击"开始"选项卡中的"添加音乐"按钮，将计算机中保存的声音依序加入到素材合成区。

图 7-29　"保存视频"对话框

　3. 视频剪辑合成

　　将各类多媒体素材依序添加到素材合成区之后，接下来的工作就是对添加的视频、图像、声音等素材进行剪辑、顺序调整等编辑操作。

　1) 顺序调整

　　如果对加入到素材合成区的视频、图像、声音、字幕等素材的排列顺序不满意，可以通过鼠标拖动直接进行调整。

　2) 视频编辑

　　这里的视频编辑包括对视频、图像以及有声视频中的声音进行的编辑操作。其中包括视频拆分、视频剪裁、视频速度调节、图像时长调节、视频音量淡入淡出效果设置、视频音量设置。

　　(1) 视频拆分。如果需要对导入的一段视频素材的不同部分进行不同的处理，则需要将该视频素材拆分为若干个视频片段。根据预览窗口的内容提示将位置指示器调整至要拆分视频素材的分界处，然后单击"编辑"选项卡中的"拆分"按钮，该视频素材被拆分为两个片段。

　　(2) 视频剪裁。与视频拆分不同，视频剪裁是由于该段视频素材的前后有不需要的部分。若视频素材的前半部分有需要舍弃的内容，则根据预览窗口的内容提示将位置指示器调整至要舍弃部分的末尾，视频素材的分界处，然后单击"编辑"选项卡中的"设置起始点"按钮，则位置指示器之前的内容就隐藏起来了。剪裁末尾部分的视频片段的方法与之前的方法类似，设定好位置分界线后，单击"编辑"选项卡中的"设置终止点"按钮，位置指示器之后的内容就隐藏起来了。若视频素材前后都需要剪裁，可以单击"编辑"选项卡中的"剪裁工具"按钮，在视频预览区的位置弹出剪裁选项卡，如图 7-30 所示。

　　在该选项卡中可以同时设定剪裁的起始点和终止点，剪裁的起始点和终止点设置完毕，单击"保存剪裁"按钮即完成剪裁，单击"取消"按钮则放弃剪裁本次操作。

图 7-30　视频剪裁操作与"剪裁"选项卡

　　(3) 视频速度调节。对于视频素材来说，可以通过调节视频的播放速度来改变其时长。首先选中要改变速度的视频剪辑，然后通过"编辑"选项卡中的"速度"列表框来调节其速度，默认速度为 1x (1 倍速)，即正常速度。可以调节的速度范围为 0.125x ~ 64x，其中 0.125x 速度最慢，64x 速度最快。

　　(4) 图像时长调节。添加的图像与视频一起串行排列，其中系统默认每个图像占用的时长为 7 秒。若要修改图片的时长，首先选中要改变时长的图像(选择多个图像可以按住 Shift 键或 Ctrl 键同时单击鼠标)，然后通过"编辑"选项卡中的"时长"列表框来调节其时长。可以调节的时长范围为 1 ~ 30 秒。

　　(5) 视频音量淡入淡出效果设置。声音的淡入淡出是多媒体音视频编辑中常用的效果，所谓淡入是指初始声音由小缓缓变大；所谓淡出是指结束的时候声音逐渐放小，直至声音消失。要设置视频声音的淡入淡出，首先选中要改变音量的视频剪辑，然后通过"编辑"选项卡中的"淡入""淡出"列表框来设置其淡入淡出效果。两种效果各有慢速、中速、快速 3 挡，系统默认为无淡入淡出效果。

　　(6) 视频音量设置。如果对有声视频剪辑中的声音大小不满意，可以对其进行调节。选中要设置音量的视频剪辑，单击"编辑"选项卡中的"视频音量"按钮进行音量调节。

4．视频特效处理

视频剪辑和图像素材添加完毕，就可以单击"视频预览区"的播放按钮预览合成的视频。在确认合成的视频内容无误后，可以为视频添加特效，使制作的视频更加生动多彩。为视频添加的特效可以分为两类：一类是添加的视频剪辑(包括图片)之间的过渡特技；另一类是作用于视频剪辑(包括图片)之上的视频效果。

1)添加视频过渡动画

视频动画包括视频过渡特技和平移缩放效果两大类。

（1）视频过渡特技：主要用来控制两个相邻的视频剪辑(或图片)之间的切换效果。若要修改视频(图片)的过渡特技，首先选中要设置过渡特技的视频(图片)，然后在"动画"选项卡中的"过渡特技"列表框中选择需要的过渡特技，其中包含了数十种风格各异的过渡特技。在视频预览区可以实时预览当前鼠标指针指向的过渡特技，如图 7-31 所示。要应用某个特技，只需单击该过渡特技即可。系统默认过渡特技的时间长度为 1.5 秒，在"过渡特技"右侧的"过渡特技时长"下拉列表框中可以更改过渡特技的时长，时长范围为 0.25～2 秒。如果用户对某种过渡特技情有独钟，可以选中该特技，然后单击"全部应用"按钮，当前项目所有视频剪辑(图片)都将应用该过渡特技。

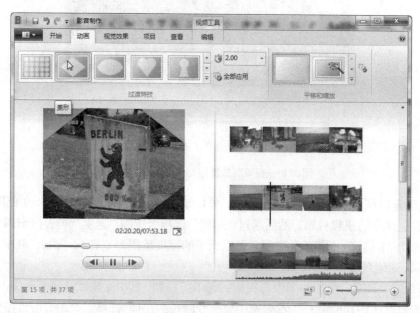

图 7-31　视频过渡特技及动画效果

（2）平移和缩放动画效果：是指"动画"选项卡中的"平移和缩放"下拉列表框中包含的 30 种左右的画面平移和缩放效果，如图 7-31 所示。其设置方式与视频动画的设置方式类似。该动画效果可以与视频过渡特技在视频剪辑中同时应用。

2)添加视觉效果

与视频过渡特技不同，视觉效果主要用于修饰视频剪辑(包括图片)的画面效果。包括艺术、黑白、电影、动作和淡化等类型等 30 种左右的效果。若要修改视频(图片)的视觉效果，首先选中要设置视觉效果的视频(图片)，然后在"视觉效果"选项卡中的"视觉效果"列表框中选择需要的视觉效果。视频预览区可以实时预览当前鼠标指针指向的视觉效果，如图 7-32

所示。要应用某个视觉效果，只需单击该视觉效果即使可。 如果用户对某种视觉效果情有独钟，可以选中该视觉效果，然后单击"全部应用"按钮，当前项目所有视频剪辑(图片)都将应用该视觉效果。

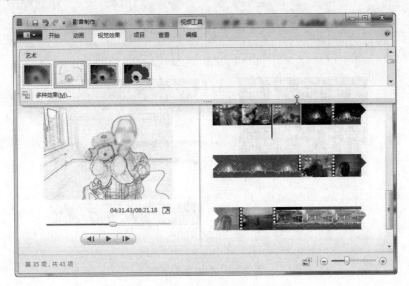

图 7-32　选择并添加视频视觉效果

对同一段视频剪辑可以同时设置多种视觉效果，单击"视频效果"列表框底部的"多种效果"按钮即可打开如图 7-33 所示的"添加或删除效果"对话框。在该对话框中可以添加多种效果，也可以删除不满意的效果。单击"应用"按钮关闭该对话框，完成设置。

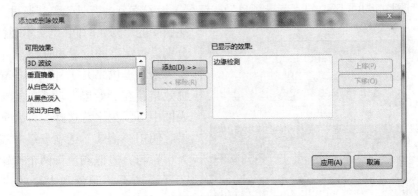

图 7-33　"添加或删除效果"对话框

5. 添加字幕

平时常见的影视作品都少不了字幕信息，使用"影音制作"软件可以很方便地为视频添加多姿多彩的字幕。"影音制作"视频中的字幕根据其位置可以分为片头、描述、片尾三类。其中片头字幕用来显示视频的标题信息；描述字幕用来显示视频的对白、时间、地点等说明性信息；片尾字幕用来显示演职员表等信息。

1)添加片头字幕

要为视频剪辑添加片头字幕，首先选中视频剪辑，然后单击"开始"选项卡中的"片头"按钮，指定视频剪辑之前新增了一段 7 秒的空白视频剪辑，与新增空白视频并行的位置有一段字幕轨。在视频预览区可以看到新增的空白视频剪辑与字幕的默认内容（"请在此处输入文本"）。用户可以在视频预览区编辑默认文本为自己需要的字幕内容，如图 7-34 所示。

图 7-34　添加片头字幕

2）设置片头字幕格式

片头字幕键入完毕，通过"格式"选项卡下的"字体"功能区的文本格式按钮可以分别设置字体、字号、加粗、倾斜、文本颜色等格式。通过"段落"功能区的对齐和透明度按钮可以设置文本的水平对齐方式和透明度。

单击"调整"功能区中的"背景颜色"按钮![icon]，设置字幕的背景颜色。通过"调整"功能区中的"开始时间""文本时长"数值框分别设置字幕的位置和时长。

系统提供了几十种风格各异的字幕动画效果，在"效果"功能区的文本效果列表框中可以为字幕选择一种合适的动画效果。使用"格式"选项卡最右端的"边框大小"与"边框颜色"两个按钮，可以为字幕添加不同颜色和大小的边框。如图 7-35 所示为添加了边框和"爆炸 1"动画效果的片头字幕。

描述字幕、片尾字幕的添加与效果设置的操作方法与片头字幕基本相同，在此不赘述。

图 7-35　添加了效果的片头字幕

6. 保存电影文件

这里所说的保存电影文件有两方面的含义，一方面是指在项目未完成阶段随时保存电影项目文件，另一方面是指在项目完成阶段将制作完成的电影项目导出为各种通用的视频文件，甚至发布到网上。

1）保存项目文件

影音制作项目的工作告一段落时，可以单击窗口左上角的"保存项目"按钮保存工作的成果，本系统保存的项目文件的扩展名为 WLMP。需要说明的是，该项目文件中只保存项目涉及的各种素材文件的信息以及它们在项目中的组织形式，并没有存储素材文件的内容。

2）发布

通过视频预览功能完整地播放一遍合成的电影，检查一下片头字幕、视频剪辑、添加的声音和背景音乐是否合适。经过多次重复检查和修改，才能创作一个比较完美的电影文件。

当确认制作的影音制作项目没有问题时，就可以将项目合成的电影保存为通用的视频格式文件。单击窗口右上角的"影音制作"按钮，选择其下拉菜单中的"保存电影"｜"计算机"命令，系统打开如图 7-36 所示的"保存电影"对话框，提示用户将电影保存为 MP4 或者 WMV 视频文件，输出的电影画面尺寸为 854×480 像素。

图 7-36　"保存电影"对话框

如果影音制作项目中包含的视频剪辑、图像、声音素材有较高的分辨率，可以单击窗口右上角的"影音制作"按钮，选择其下拉菜单中的"保存电影"｜"高清显示器"命令，系统打开如图 7-36 类似的"保存电影"对话框，提示用户将电影保存为高清的 MP4 或者 WMV 视频文件，高清电影的画面尺寸可达 1920×1080 像素。最后需要说明的是，将影音制作项目转换为电影视频的过程需要较大的运算量，所以花费的时间也相对较长，这取决于项目的时长与计算机的运算速度，为数分钟至数十分钟不等。

7.5　多媒体动画制作

与传统拍摄的视频电影相比，动画可以充分发挥人们的想象力，展示具有超现实的表现能力，在教育、商业广告、娱乐等行业有着广泛的应用。本节主要介绍动画的基础知识和二维动画的基本制作方法。

7.5.1　多媒体动画基本概念

1. 动画基本原理

在黑暗的夜晚手持一支点燃的香烟快速挥舞，可以看到一点火星变成了一条线。这是因为我们的眼睛有"视觉暂留效应"。当人眼所看到的影像消失后，人眼仍能继续保留其影像较短的一段时间。这是由视神经的反应速度造成的，其时值是 1/24s。

视觉暂留现象首先被中国人发现，走马灯便是据历史记载最早的视觉暂留运用。宋时已有走马灯，当时称"马骑灯"。随后法国人保罗·罗盖在 1828 年发明了留影盘，它是一个被绳子在两面穿过的圆盘。盘的一个面画了一只鸟，另一面画了一个空笼子。当圆盘旋转时，鸟在笼子里出现了。这证明了当眼睛看到一系列图像时，它一次保留一个图像。如果快速地(速度不小于 24 幅/s)变换多幅画面，当前看到的画面在大脑消失之前切换到下一幅画面，大脑感知的影像就是连续的。动画就是利用这一视觉原理，将多幅画面快速、连续地展示而产生动画效果。

传统动画制作是在纸上一幅幅地绘制静态图画，然后再将纸上的画面拍摄制作成胶片。计算机动画是根据传统的动画设计原理，由计算机完成全部动画的制作和播放。

2. 计算机动画的分类

根据计算机动画的实现方式，动画可以分为帧动画和矢量动画。构成帧动画的基本单位是帧，每一个帧都是一幅静态的画面，动画就是通过快速展示很多不同的画面帧而产生的。帧动画实际上就是传统动画制作技术在计算机系统上的移植。

矢量动画是经过计算机计算而生成的动画，其画面只由极少量的关键画面(关键帧)组成，主要表现为变换的图形、线条、文字和图案。矢量动画主要通过编程方式或某些矢量动画软件完成。

根据计算机动画的表现形式，动画可以分为二维动画、三维动画和变形动画三大类。二维动画沿用传统动画的原理，将一系列图画连续显示，产生运动变化的效果。二维动画展示的是平面上的画面，无论画面的立体感有多强，终究只是在二维空间上模拟真实的三维空间效果。

三维动画又叫做空间动画，可以是帧动画，也可以制作成矢量动画。其主要表现三维物体和空间运动。三维动画展示的是真正的三维画面，画中景物有正面，也有侧面和反面，调整三维空间的视点，能够看到不同的内容。

变形动画也是帧动画的一种，它具有把物体由一种形态过渡到另外一种形态的特点。形态的变化与颜色的变化都要经过复杂的运算，产生意想不到的视觉效果。变形动画主要用于影视人物场景变换、特技处理、描述某个缓慢变化的过程等场合。

3. 常见的动画格式

当前计算机动画的应用比较广泛，由于应用领域不同，动画文件也存在着不同类型的存储格式。例如，FLC/FLI 是 DOS 系统平台下 3DStudio 的文件格式；U3D 是 Ulead COOL3D 文件格式，其中，GIF 和 SWF 是最常用到的动画文件格式。

1)GIF 动画格式

GIF 图像采用了无损数据压缩方法中压缩率较高的 LZW 算法，文件尺寸较小，因此被广泛采用。GIF 动画格式可以同时存储若干幅静止图像并进而形成连续的动画，目前 Internet 上大量采用的彩色动画文件多为这种格式的 GIF 文件。很多图像浏览器如 ACDSee、Windows

中的"Windows 图片和传真查看器"、Microsoft Internet Explorer 等工具都可以直接观看此类动画文件。

　　2) SWF 动画格式

　　SWF 是 Adobe 公司的动画创作工具 Flash 制作的矢量动画格式,它是基于 Adobe 公司的 Shockwave 技术的流式动画格式。在观看 SWF 动画时,可以边下载边观看,非常适合在网络上播放。由于 SWF 动画采用矢量方式描述内容,因此在缩放时不失真,并且能用较小的文件长度来表现丰富的多媒体形式。此外,SWF 格式的动画能够方便地嵌入 HTML 网页,并具有很强的功能和交互性、支持多个层和时间线程等特点,因此,被广泛地应用于网页上,成为网页动画事实上的标准。在网上可以找到不计其数的 SWF 格式的动漫、游戏和教学系统。

7.5.2　GIF 动画制作

1. Ulead GIF Animator

　　用来制作 GIF 动画的软件很多,如 Ulead GIF Animator、Adobe ImageReady、GIF Movie Gear、呼吸小秘书 GIF 制作篇等。其中,最著名的当属台湾友立资讯股份有限公司的 Ulead GIF Animator。Ulead GIF Animator 5 是一个简单、快速、灵活、功能强大的 GIF 动画编辑软件。其内建的 Plugin 有许多现成的特效可以立即套用,可将 AVI 文件转换成动画 GIF 文件,而且还能将动画 GIF 图片优化,能将放在网页上的动画 GIF 文件"减肥"。Ulead GIF Animator 5 已经成为当前大多数爱好者创作 GIF 动画的首选。

　　Ulead GIF Animator 5 的工作界面如图 7-37 所示,其主要可操作部件有标准工具栏、属性工具栏、工作区、工具面板、对象管理器面板和帧面板等。

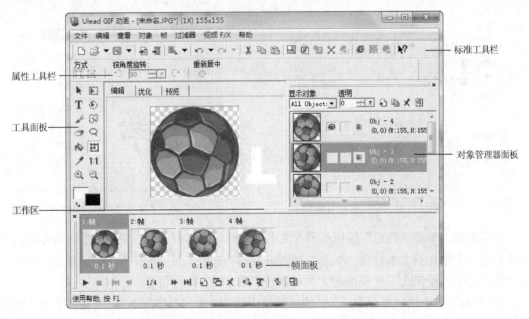

图 7-37　Ulead GIF Animator 5 的工作界面

　　(1)标准工具栏:包含"新建""打开""保存""添加图像""添加视频""剪切""复制""粘贴""撤消""恢复""画布尺寸"等常用操作按钮。属性工具栏用来设置对象的顺序(层次)、排列对齐方式以及对象的其他属性。

(2)工作区：是编辑创作 GIF 动画的主要区域，用户可以根据需要在"编辑""优化""预览"三种工作模式间切换。其中，"编辑"模式用于 GIF 动画帧内容的编辑；"优化"模式用于对动画文件优化，使文件变得小巧；"预览"模式用于预览动画的效果。

(3)工具面板：包括编辑动画帧内容的常用工具，包括多种选择工具、画笔工具、文本工具、涂擦工具、变形工具、颜色选取工具及缩放工具等。

(4)对象管理器面板：用来显示和管理各个动画帧中的显示对象，包括各个对象的显示次序、是否可见(显示/隐藏)、对象类型、对象在画布中的位置和大小等。

(5)帧面板：主要对动画帧进行管理，包括帧的添加与删除、帧的属性设置、顺序调整、播放预览等功能。

2. 制作逐帧动画

GIF 动画的本质就是快速交替显示的若干幅静态图像，所以 GIF 动画的创作过程也就是制作一组图画，然后再按指定顺序排列组合的过程。在此通过制作一个按笔画写字的动画来介绍逐帧动画的制作方法。其具体操作步骤如下。

(1)启动 Ulead GIF Animator 5，在打开的"启动向导"对话框中选择"创建一个 GIF 动画方案"选项区下的"空白动画"选项。然后选择"文件"|"新建"菜单命令打开"新建"对话框，设置画布的尺寸为 200×90 像素，画布外观为"完全透明"，如图 7-38 所示。

(2)单击工具面板上的"文本工具"按钮 **T**，然后在工作区的画布上的适当位置单击，则打开"文本条目框"对话框，在文本框中输入动画文本，并设置相关属性，如图 7-39 所示。

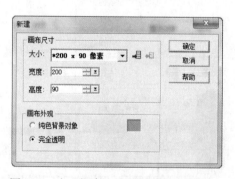

图 7-38　在"新建"对话框设置画布属性　　　　图 7-39　"文本条目框"对话框

操作完成，单击"确定"按钮关闭"文本条目框"对话框，可以看到对象管理器面板上新建的第一个增加的文本对象。单击工具面板上的"选取工具"按钮 ↖，然后单击属性工具栏中的"居中"按钮 ⊞，使新增的文本对象处于画布的正中央位置。

(3)右击画布中的文本对象，选择快捷菜单中的"转换到图像"命令，将输入的文本转换为图像。

(4)单击帧面板底部的"添加帧"按钮 🗔，为当前动画添加一个空白帧。然后单击对象管理器面板中的"相同的选定对象"按钮 🖼，则复制出第 2 个对象且该对象在第 2 帧是可见的。

（5）选中新增的对象，选择工具面板中的"涂擦工具"按钮☞，在属性工具栏中按图 7-40 设置"涂擦工具"的形状和大小等参数，然后擦除后一个汉字的最后半个笔画，如图 7-40 所示的为擦除了"学"字的半个末笔画的效果。

（6）重复第（4）、（5）两步，每次添加一个空白帧，复制上次擦除半个笔画的对象到新添空白帧，并在原来的基础上去除半个末笔画，直至擦除全部笔画。如图 7-41 所示，最后一帧为空白帧，第一帧的内容为完整的两个汉字。

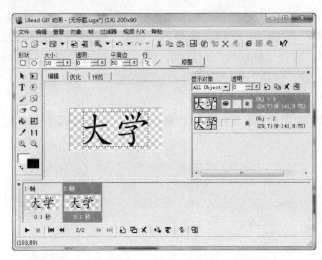

图 7-40　用"涂擦工具"擦除半个笔画的汉字

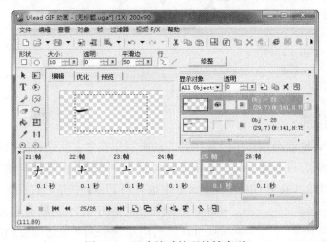

图 7-41　逐步缩减笔画的帧序列

此时单击帧面板中的"播放动画"按钮▶，可以看到动画效果是按笔画逆序逐步擦除汉字，与动画的最终效果刚好相反。

（7）单击帧面板中的"相反帧顺序"按钮↘，在打开的"相反帧顺序"对话框中选中"整个动画相反顺序"复选框，这样就把动画顺序调整过来了。再次播放时就发现写字的动画基本成形了，唯一的缺憾就是写字动画中没有笔。

（8）单击标准工具栏中的"添加图像"按钮，加入一个写字笔的图片，或者选择对象管理器面板中的"插入空白对象"按钮，新增一个空白对象，然后用工具面板中的"画笔工具"绘制一支写字笔。必要时，可以使用工具面板中的"变形工具"调整笔的方向和大小。

(9) 选中帧面板中的第一帧，在对象管理器面板中选择新增的写字笔对象，并单击对象缩略图右侧的方框使写字笔对象的内容在第一帧出现，此时缩略图右侧方框中有一个眼睛的图标。

(10) 单击工具面板中的"选取工具"按钮，在工作区调整拖动写字笔使其处于第一个汉字的第一笔画起始处。

(11) 重复第(9)、(10)步，选中下一帧并使写字笔对象显示在该帧写出笔画的末端，直至最后一帧。

(12) 选中第一帧，按住 Shift 键单击最后一帧，则选中全部动画帧，接着选择"帧"|"帧属性"菜单命令，打开"帧属性"对话框，设置"帧延迟"为 25(每帧显示 0.25s)。设置完毕，选择工作区中的"预览"选项切换到动画预览模式，可以看到如图 7-42 所示的最终动画效果。

至此，动画制作完成，选择"文件"|"另存为"|"GIF 文件"菜单命令，将制作的动画保存为 GIF 动画文件。

图 7-42　按笔画写字的动画预览效果

3. 制作补间动画

补间动画是 Flash 动画制作中经常用到的动画制作概念。所谓补间动画又叫做中间帧动画，也称为渐变动画，只要建立起始和结束的画面，中间部分由软件自动生成，省去了中间动画制作的复杂过程。Ulead GIF Animator 5 中也有与 Flash 中类似的补间动画功能，首先设置起始帧和结束帧中显示的共有对象的透明度和位置属性，然后由系统根据对象透明度和位置的变化生成若干中间帧。下面通过完成一个"鼠你牛"的动画来介绍补间动画的制作方法，详细操作方法如下。

(1) 启动 Ulead GIF Animator 5，选择"文件"|"新建"菜单命令，在打开的"新建"对话框中设置画布大小为 800×180 像素，画布外观为"纯色背景图像"，颜色设置为红色。

(2) 通过导入图像和添加文本对象方式创建如图 7-43 所示的对象。

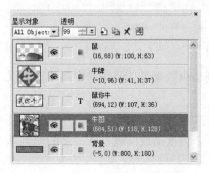

图 7-43　本动画需要的对象列表

其中，"背景"对象为系统自动创建的画布的红色背景图像，由于背景图像只在背景出现，所以必须将其在对象列表中排在最后（置于最底层）。鼠标拖动对象可以调整它们的排列顺序。

第一个图片对象是将一幅老鼠形状的鼠标图片修改调整后引入的。第二个图片对象内容比较简单，仅仅为一个红底黄字的汉字"牛"。

接下来的是一个用工具面板中的"文本工具"添加的文本对象，然后加入"霓虹灯"效果（右击文本，选择快捷菜单中的"文本"|"霓虹"命令进行设置）。

从图 7-43 中的对象缩略图可以看出第四个对象是一幅卡通牛的图片。该对象缩略图右侧方格中的"显示"标识●表明该对象在当前选中的帧中可见，单击该方格可以控制对象在当前帧中是否展示。类似地，右侧的第二个方格用来设定对象的可移动性。

（3）选中第一帧，设置对象在该帧的可见属性，如图 7-43 所示，然后调整对象的大小和位置（图 7-44），老鼠拉着牛牌在左侧起始位置，卡通牛在右侧终点位置。

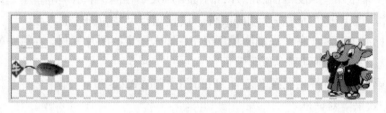

图 7-44　起始帧的对象布局

接着选中对象管理器面板中的"牛图"对象，在对象管理器面板顶部的"透明"框中设置该对象的透明度为 99，然后用此方法将"牛牌"对象的透明度也设置为 99。

（4）单击帧面板底部的"添加帧"按钮🗂，为当前动画添加第二帧。首先将"鼠"和"牛牌"两个对象设置为在第二帧可见，并拖动两个对象至画布右端，其中，"鼠"图片拖放到第一帧"牛图"所在的位置，"牛牌"对象拖放至"牛图"右手靠上的位置。接着设定所有对象都在第二帧可见，并设置"牛图""牛牌"对象的透明度均为 0，将"鼠你牛"文本对象拖放到"牛图"对象的上端。

（5）单击帧面板中底部的"之间"按钮🔁，打开如图 7-45 所示的"Tween"对话框，其中，图 7-45（a）所示的"画面帧"选项卡设置中间过渡帧的产生方式，此处设置开始帧为 1，结束帧为 2，中间插入 5 个过渡帧。

在图 7-45（b）所示的"对象"选项卡中设置中间对象为"全部显示对象"，中间对象属性选中"位置"和"透明"。该设置表示全部显示对象的位置、透明度变化都要在系统生成的过渡帧中体现出来。

属性设置过程中，可以随时选择对话框中的"开始预览"按钮，预览生成的动画效果。相关属性设置完毕，单击"确定"按钮关闭"Tween"对话框，可以看到帧面板中增加的 5 个过渡帧，动画制作完毕。

4. 特效动画

除了常规的制作动画方法之外，Ulead GIF Animator 还提供了许多特效插件可以立即套用。用这种方法制作动画过程简单、效果出众。以下是用 Ulead GIF Animator 特效插件制作数钱动画的过程。

 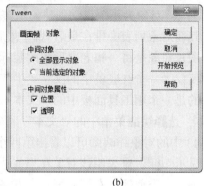

(a)　　　　　　　　　　　　　　　(b)

图 7-45　设置补间动画的 Tween 对话框

(1)准备一幅纸币正、反两面的图片,两幅图片大小相同,本示例准备了 500 欧元纸币的正、反面图片。接下来,新建一个动画文件,设置画布尺寸为图片的大小。

(2)使用标准工具栏上的"添加图像"按钮,导入采集的图片素材。在第一帧中显示纸币正面,然后添加一个动画帧显示纸币反面。

(3)选中第一帧,选择"视频 F/X"|"Film"|"Turn Page-Film"菜单命令,打开如图 7-46所示的"添加效果"对话框。

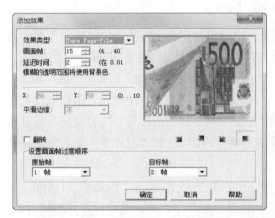

图 7-46　"添加效果"对话框

在"效果类型"下拉列表框中可以更改添加的特效,通过预览框可以看到选中的动画特效。"画面帧"和"延迟时间"分别用来设定生成的过渡帧的数量和每帧的延迟时间。预览框下面的四个方向按钮用来设定翻页的方向。对话框底端的"原始帧"设置为"1:帧","目标帧"设置为"2:帧",表示翻起的是第一帧的画面,翻起后看到的是第二帧的画面。

(4)设置完毕,单击"确定"按钮关闭"添加效果"对话框,同时也看到了帧面板中新增加的 15 帧过渡画面。

(5)选中原来的第二帧(当前的最后一帧),重复第(3)步针对该帧设置同样的动画特效(Turn Page-Film)。在"添加效果"对话框中设置"原始帧"为"17:帧","目标帧"为"1:帧"。设置完毕,发现帧面板中有 32 帧画面。

动画制作完成,单击主窗口中的"预览"选项切换到预览模式,可以看到制作的数钱动画效果。500 欧元纸币正面翻开后下页是 500 欧元纸币的反面,接着翻开纸币背面下页又是纸币的正面,如此反复。

7.5.3　Flash 动画制作

Flash 是目前最为流行的网络动画制作工具。它集矢量图形编辑和动画创作功能为一体,并具有灵活的交互功能,能将图形、图像、音频、动画和深层次的交互动作有机地结合在一起。用 Flash 制作的扩展名为.SWF 的动画文件已经成为当前网络动画的一种事实上的标准。由于 Flash 广泛使用矢量图形，用它制作的动画文件很小，特别适合于创建网上传输丰富多彩的动画作品。因此，它被广泛应用于影视、动漫、游戏、多媒体演示等众多领域。

1. 认识 Flash 的工作界面

Flash 软件的工作界面如图 7-47 所示，由工具箱、舞台和工作区、时间轴面板和面板栏等组件构成。

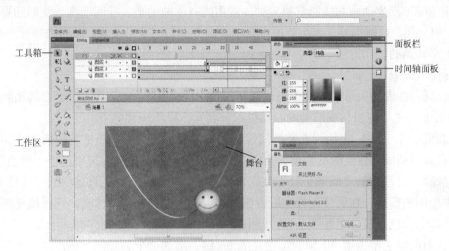

图 7-47　Flash 的工作界面

(1) 工具箱：放置了所有的绘图和编辑工具，主要用于矢量图形的绘制和编辑。

(2) 舞台和工作区：进行创作的主要区域，无论是绘制图形，还是编辑动画，都需要在该区域中进行。舞台是创建 Flash 文档时放置和编辑图形内容的矩形区域，对于没有特殊效果的动画也可以在此直接播放；工作区是指舞台周围的淡灰色区域，可以查看场景中部分或全部超出舞台区域的元素。

(3) 时间轴面板：用于创建动画和控制动画的播放进程，时间轴面板左侧为图层区，用于控制和管理动画中的图层；右侧为帧控制区，由播放指针、帧、时间轴标尺及时间轴视图等组成。如果说时间轴是一卷电影胶片，那么帧是胶片上的每个方格，对应的舞台上则是每个胶片方格的内容。Flash 动画沿着时间轴，以每秒 12 帧的速度进行播放。

(4) 面板栏：该区域主要用来放置各种操作面板。常用的操作面板主要有库面板、场景面板、行为面板、颜色面板等。通过"窗口"菜单可以显示/隐藏面板栏中的面板。

2. Flash 文件的类型

在 Flash 动画制作中可以使用多种类型的文件，每种类型的文件各有不同的用途。主要有 FLA 文件、SWF 文件、AS 文件、SWC 文件、ASC 文件、JSFL 文件、FLP 文件等。

(1) FLA 文件：FLA 文件是 Flash 动画创作中的源文件，其中包含 Flash 文档的媒体、时间轴和脚本信息。

(2) SWF 文件：FLA 文件的压缩打包版本，是 Flash 动画的主要发布形式。

(3) AS 文件：全称为 ActionScript 文件，该文件主要用来保存 ActionScript 代码。为便于代码的管理，可以将 FLA 动画文件中的部分或全部 ActionScript 代码保存在 AS 文件中。

(4) SWC 文件：包含可重新使用的 Flash 组件。每个 SWC 文件都包含一个已编译的影片剪辑、ActionScript 代码以及组件所需要的其他资源。

（5）ASC 文件：Flash Communication Server 计算机上执行的 ActionScript 文件。这些文件提供了实现与 SWF 文件中的 ActionScript 结合使用的服务器逻辑的功能。

（6）JSFL 文件：是可向 Flash 创作工具添加新功能的 JavaScript 文件。

（7）FLP 文件：是指 Flash 项目文件。Flash 项目文件可以让设计者将多个相关文件组织在一起，创建复杂的应用程序。

使用 Flash 产生动画的机制有很多种，常用的有逐帧动画、补间动画、变形动画、时间轴特效、引导层、遮罩层等。本小节通过几个实例分别介绍变形动画、时间轴特效、引导层、遮罩层类型动画的制作方法。

3. 制作变形动画

Flash 具有强大的矢量图形编辑与动画制作功能。这里通过"彩蛋变彩鸡"的动画制作过程简介 Flash 的图形编辑与变形动画制作技术。其具体操作步骤如下。

（1）新建一个 Flash 文档。在文档属性面板中设置"尺寸"数值框的数值为"300×200像素"，设置"帧频"数值框的数值为12；在"标尺单位"下拉列表框中选择"像素"选项。

（2）选择工具箱中的"椭圆工具"在舞台中画一个椭圆。选择工具箱中的"选择工具"，然后选中绘制的椭圆，在属性面板中设置椭圆的大小为 210×140 像素，选择填充颜色为颜色面板底端的彩色渐变，笔触颜色（边线颜色）为"没有颜色"，如图 7-48 所示。

（3）在时间轴上单击第 50 帧的位置，按 F6 键，增加一个关键帧。单击舞台中的彩色椭圆，按 Delete 键清除该对象。

（4）使用工具箱中的"线条工具"和"刷子工具"绘制一个如图 7-48 所示公鸡的图形，然后使用"颜料桶工具"填充适当的颜色。

（5）调整第 1 帧的彩蛋与第 50 帧的彩鸡的位置和大小，使它们位置相同、大小相当。在时间轴上的第 1~50 帧右击，选择快捷菜单中的"创建补间形状"命令创建第 1 帧与第 50帧之间的补间动画。

（6）动画制作完毕，按 Ctrl+Enter 组合键测试动画效果，动画效果如图 7-49 所示。

图 7-48　彩蛋与彩鸡　　　　图 7-49　"彩蛋变彩鸡"动画

4. 制作基于遮罩层的动画

本实例通过制作彩色文字变换的效果，介绍用遮罩层产生动画的方法。在制作过程中，用户可以先输入文本，然后创建绘制遮罩层，最后将它们组合到一起。具体操作步骤如下。

（1）新建一个 Flash 文档。在工作区中右击，选择快捷菜单中的"文档属性"命令，在打开的"文档属性"对话框中设置"尺寸"为 550（宽）×400（高）像素；设置"背景颜色"为"白色"，设置"帧频"数值框的数值为 12；在"标尺单位"下拉列表中选择"像素"选项；设置完成后单击"确定"按钮关闭该对话框。

（2）选择"插入"|"新建元件"菜单命令（快捷键为 Ctrl+F8），打开"创建新元件"对话框。设置元件名称为"文字"并选中"图形"单选按钮，单击"确定"按钮保存设置。在工具箱中单击"文字工具"按钮，在"文字属性"面板中设置字体为"Verdana"，设置"字体大小"为 50，设置"文字颜色"为"黑色"，单击"加粗"按钮和"左对齐"按钮。接着输入文本"WWW.HTU.CN"并调整它的大小和位置，然后按两次 Ctrl+B 组合键将文本打散变成图形对象。

（3）单击舞台左上角的"场景 1"按钮切换到场景 1，然后单击时间轴上的"新建图层"按钮❏新建一个图层。双击该图层名称，将其重命名为"遮罩"，在"库"面板中选中图形元件"文字"，并将其拖到"遮罩"层上。

（4）选中"图层 1"，双击该图层名称，将其重命名为"色块"，在工具栏中单击"矩形工具"按钮，在"颜色"面板中设置"笔触颜色"为无色；设置"填充颜色"为线性渐变的多色条。通过"工作区"右上角的"舞台缩放"列表框将舞台缩放值设为 50%，然后绘制一个两倍于舞台宽度的七彩矩形色块，如图 7-50 所示。

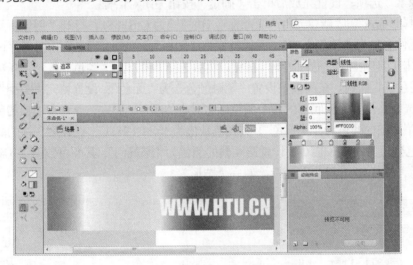

图 7-50　添加七彩色块与文字遮罩层

（5）右击"色块"时间轴的第 30 帧的位置，在打开的快捷菜单中选择"插入关键帧"命令，然后选中矩形将其向右移动一个舞台的位置。右击该层第 1~30 帧之间的任意一帧，在打开的快捷菜单中选择"创建传统补间"命令，创建矩形块移动的动画。

（6）右击"遮罩"层第 30 帧的位置，在弹出的快捷菜单中选择"插入帧"命令，延伸第 1 帧到第 30 帧。右击"遮罩"层时间轴左端的层名，在弹出的快捷菜单中选择"遮罩层"命令，使该层为色块层的遮罩层。

（7）在工作区中右击，选择快捷菜单中的"文档属性"命令，在打开的"文档属性"对话框中设置"背景颜色"为暗灰色（颜色值为#666666），设置完毕，单击"确定"按钮关闭对话框。

制作完成，按 Ctrl+Enter 组合键测试动画效果，如图 7-51 所示。

图 7-51　动态彩色文本动画效果

5. 制作引导层有声动画

本实例通过制作一个会变脸的球运动的动画，介绍图形制作和编辑、引导层动画和插入音频信息等操作。绘制过程中，用户可以先绘制笑脸，然后绘制动画效果。

(1) 新建一个 Flash 文档。选择"修改"|"文档"菜单命令(快捷键为 Ctrl+J)，打开如图 7-52 所示的"文档属性"对话框。在对话框中设置"尺寸"数值框的数值为"550×400 像素"；设置"背景颜色"为"黑色"，设置"帧频"数值框的数值为 12；在"标尺单位"下拉列表中选择"像素"选项；设置完成后单击"确定"按钮关闭对话框。

(2) 选择"插入"|"新建元件"菜单命令(快捷键为 Ctrl+F8)，打开"创建新元件"对话框。设置元件名称为"笑脸小球"，元件类型为"图形"，单击"确定"按钮保存设置。

(3) 单击工具箱中的"椭圆工具"按钮，然后选择"窗口"|"颜色"命令，打开如图 7-53 所示的"混色器"面板。在面板中设置"笔触颜色"为"无色"；设置填充"类型"为"放射状"。依次选中并设置面板底部的四个颜色标志对应的颜色。其中，设置第 1 帧的颜色为"白色"；设置第 2 帧的颜色为"淡黄色"，其颜色数值为"#FCF28D"；设置第 3 帧的颜色为"黄色"，其颜色数值为"#CFCF10"；设置第 4 帧的颜色为"深黄色"，其颜色数值为"#7D7D02"。设置完成后，按住 Shift 键拖动鼠标绘制一个圆形。

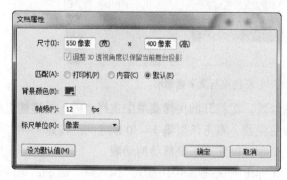

图 7-52　"文档属性"对话框

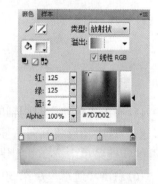

图 7-53　用"混色器"面板设置填充色

(4) 设置填充颜色为"黑色"，按下 Shift 键绘制眼睛，再结合"直线工具"和"选择工具"绘制出嘴巴，效果如图 7-54 所示。

(5) 选择"插入"|"新建元件"菜单命令，打开"创建新元件"对话框。设置元件名称为"哭脸小球"，元件类型为"图形"，单击"确定"按钮保存设置。根据前面介绍的方法，绘制出另一种表情，如图 7-55 所示。

图 7-54　笑脸小球

图 7-55　哭脸小球

　　(6)选择"文件"|"导入"|"导入到库"命令，打开"导入到库"对话框。选择一个小孩笑声的音频文件，单击"确定"按钮关闭对话框。可以看到"库"面板中加入的声音文件，

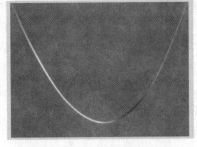

右击新增的元件名称，在打开的快捷菜单中选择"重命名"命令，将元件更名为"笑声"。用同样的方法导入哭声内容的音频文件，增加一个"哭声"的声音元件。

　　(7)按 Ctrl+E 组合键返回到场景中，双击"图层 1"，将其重新命名为"七彩绳"，结合"直线工具"和"选择工具"在舞台中绘制一个如图 7-56 所示的七彩绳。然后单击"七彩绳"图层的第 50 帧处，按 F6 键插入一个关键帧。

图 7-56　在舞台中绘制的七彩绳

　　(8)选中"七彩绳"图层，单击时间轴上的"插入图层"按钮创建一个新图层，双击新建层，将其重新命名为"笑脸"。然后在"库"面板中选中元件"笑脸小球"，将其拖入到场景中。右击"笑脸"图层，在弹出的快捷菜单中选择"添加传统运动引导层"命令为该图层添加一个运动引导层。

　　(9)选中"引导层:笑脸"图层，结合"直线工具"和"选择工具"在舞台中同一位置绘制与"七彩绳"的左半部分重合的路径。绘制完毕，单击"笑脸"图层，拖放"笑脸小球"使其中心点与路径的起点(舞台左上角的端点)对齐。

　　(10)单击"笑脸"图层的第 25 帧处，按 F6 键，则在此处插入一个关键帧，拖动"笑脸小球"使其中心点与路径的终点对齐。右击"笑脸"图层的 1～25 帧中的任意帧，选择快捷菜单中的"创建补间动画"命令，可以看到"笑脸"图层的 1～25 帧有一条带箭头的直线，表示补间动画创建成功。此时的时间轴如图 7-57 所示。

　　(11)选中"引导层:笑脸"图层，单击时间轴上的"插入图层"按钮创建一个新图层，双击新建层，将其重新命名为"哭脸"。单击"哭脸"图层的第 25 帧处，按 F6 键，则在此处插入一个关键帧，然后在"库"面板中选中元件"哭脸小球"，将其拖入到舞台中。右击时间轴上的"哭脸"图层，在弹出的快捷菜单中选择"添加传统运动引导层"命令，为该图层添加一个运动引导层。

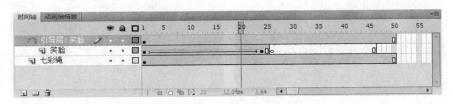

图 7-57　添加运动引导层的时间轴

(12) 选中"引导层:哭脸"图层,结合"直线工具"和"选择工具"在舞台中同一位置绘制与"七彩绳"的右半部分重合的路径。绘制完毕,单击"哭脸"图层,拖放"哭脸小球"使其中心点与路径的起点(处于七彩绳底端的端点)对齐。

(13) 单击"哭脸"图层的第 50 帧处,按 F6 键,则在此处插入一个关键帧,拖动"哭脸小球"使其中心点与路径的终点(舞台右上角的端点)对齐。右击"哭脸"图层的 25～50 帧中的任意帧,选择快捷菜单中的"创建补间动画"命令,可以看到"笑脸"图层的 25～50 帧有一条带箭头的直线,表示补间动画创建成功。

(14) 选中"引导层:笑脸"图层,单击时间轴上的"插入图层"按钮创建一个新图层,双击新建层的图,将其重新命名为"笑声"。然后在"库"面板中选中元件"笑声",将其拖入到场景中,此时可以看到时间轴中"笑声"图层上 1～50 帧中的声音波形。

(15) 在此希望当笑脸移动完毕时停止播放笑声,也就是要设定第 25 帧处停止播放。单击"笑声"图层的第 25 帧处,按 F6 键,则在此处插入一个关键帧,然后在"属性"面板中选择"同步"的状态为"停止"。此时看到"笑声"图层 25 帧以后没有声音波形了。

(16) 选中"引导层:哭脸"图层,单击时间轴上的"插入图层"按钮创建一个新图层,双击新建的图层,将其重新命名为"哭声"。然后在"库"面板中选中元件"哭声",将其拖入到场景中,此时可以看到时间轴中"哭声"图层上 1～50 帧中的声音波形。

(17) 在此希望当哭脸开始移动时播放哭声,也就是要设定从第 25 帧处开始播放声音。拖动"哭声"图层的第 1 帧到第 25 帧处,则看到"笑声"图层 25 帧以后才有声音波形。制作完成后的时间轴如图 7-58 所示。

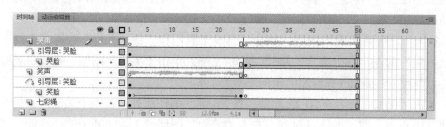

图 7-58　完成后的时间轴

制作完成,按 Ctrl+Enter 组合键测试动画。伴随着笑声,笑脸从左上角开始沿七彩绳滑下,滑到底部时笑脸变为哭脸,伴随着哭声,哭脸小球沿七彩绳滑到舞台右上角。运行效果如图 7-59 所示。

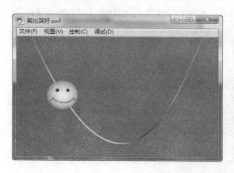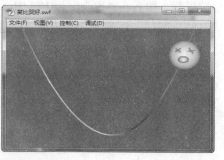

图 7-59　动画最终运行效果

习 题 七

一、选择题

1. 以下不属于图像文件的是（　　）。

习题七答案

A. BMP 文件　　　　　B. JPEG 文件

C. MID 文件　　　　　D. PSD 文件

2. 下面说法中不正确的是（　　）。

A. 电子出版物存储容量大，一张光盘可存储几百本书

B. 电子出版物可以集成文本、图形、图像、动画、视频和音频等多媒体信息

C. 电子出版物不能长期保存

D. 电子出版物检索快

3. 下面格式中不属于音频文件格式的是（　　）。

A. WMA 格式　　　B. JPG 格式　　C. WAV 格式　　　D. MP3 格式

4. 使用 Windows 7 的"录音机"录制的声音文件格式为（　　）。

A. MIDI　　　　　B. WMA　　　　C. MP3　　　　　D. CD

二、简答题

1. 什么是多媒体技术？多媒体技术有什么特点？

2. 多媒体中主要的媒体元素有哪些？

3. 联系实际举例多媒体技术的应用。

4. 简述多媒体技术的发展方向。

5. 色彩的三要素是什么？哪一种颜色模型最适合在计算机显示器上应用？

6. 最常用的图像格式有哪些？

7. 什么是流媒体格式？常用的流媒体视频格式有哪些？

8. 网络上最常用的动画格式有哪些？

9. 什么是帧动画？什么是矢量动画？

三、操作题

1. 在计算机上播放一个有声视频文件，同时用 Windows 7 的"录音机"实时记录其中的 1 分钟配音片段，保存为 WMA 格式的文件。

2. 挑选一些不满意的数码照片用 ACDSee 进行调整和修复处理。

3. 选择一部分数码照片和一首 MP3 音乐，使用 Windows 7 的"影音制作"工具制作一段音画搭配的 MTV 视频。

4. 使用 Ulead GIF Animator 制作一个倒计时动画。

5. 使用 Flash 的遮罩效果制作一个探照灯效果的动画，只有运动的探照灯照到的地方才可以看到背景图片的内容。

第 8 章　软件技术基础

本章是根据教育部考试中心颁发的《全国计算机等级考试二级公共基础知识考试大纲》要求编写的。其主要内容包括算法与数据结构、程序设计基础、软件工程基础和数据库设计基础。

8.1　算法与数据结构

8.1.1　算法的基本概念

算法是对特定问题求解步骤的具体描述，它是指令的有限序列，其中每一条指令表示一个或多个基本操作。

对于一个问题，如果可以通过一个计算机程序在有限的存储空间内运行有限长的时间得到正确的结果，则称这个问题是算法可解的。虽然计算机程序可以作为算法的一种描述形式，但算法不等于程序，这是因为编写程序要受计算机系统运行环境的限制，通常需要考虑许多与方法和分析无关的细节，程序的编制应在算法设计之后。

1. 算法的基本特征

算法具有以下五个重要特征。

(1)有穷性：是指算法总是(对任何合法的输入值)在执行有穷步之后结束，且每一步都在有限时间内完成。这里所说的有穷和有限不是纯数学的有穷概念，而是一个在实际上是合理的、可以接受的有穷和有限。如果一个算法需要执行 200 年，自然就失去了它的实用价值。

(2)确定性：是指算法中的每一步都必须有确切的含义，不允许有二义性或多义性。并且，在任何条件下对相同的输入只能得出相同的输出。

(3)可行性：一个算法是可行的是指算法的每一步都是可以通过已经实现的基本运算执行有限次来实现的。

(4)输入：一个算法有零个或多个输入，以描述算法对象的初始情况，零个输入意味着算法本身规定了初始条件。

(5)输出：一个算法有一个或多个输出，以反映对输入数据的处理结果，没有输出的算法是毫无意义的算法。

2. 算法的表示

算法的描述应直观、清晰、易读、便于维护和修改。描述算法的方法有很多，如自然语言、传统流程图、结构化流程图(N-S 图)、伪代码语言和计算机语言等。

1)自然语言表示算法

自然语言就是人们日常使用的语言，可以是汉语、英语或其他语言。用自然语言表示算法虽然通俗易懂，但文字冗长，在表示复杂的算法时也不直观，且往往不够严密，对于同一段文字，不同的人会有不同的理解，容易产生歧义。因此，除了简单的问题以外，一般不用自然语言表示算法。

2) 传统流程图表示算法

流程图是用一些框图来表示各种操作。用图形表示算法，形象直观、易于理解。美国国家标准化协会(American National Standard Institute，ANSI)规定了一些常用的流程图符号，如图 8-1 所示。

起止框表示流程的开始与结束；输入/输出框表示输入和输出；处理框表示对基本处理功能的描述；判断框根据条件在几个可以选择的路径中选择某一路径；流程线表示流程的路径和方向；连接点将画在不同地方的流程线连接起来，表示只是画不下才分开来画；注释框是对流程图中某些框的操作进行必要的补充说明，它不是流程图中必要的组成部分，不反映流程和操作。

通常在各图符中加以简要的文字说明，以进一步说明该步所要完成的操作。

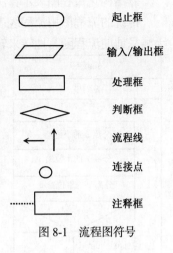

	起止框
	输入/输出框
	处理框
	判断框
	流程线
	连接点
	注释框

图 8-1 流程图符号

【例 8-1】 用传统流程图描述求所有水仙花数，并统计水仙花数的算法(所谓水仙花数是指满足各位数的立方和等于自身的三位整数。例如，$153=1^3+5^3+3^3$)，如图 8-2 所示。

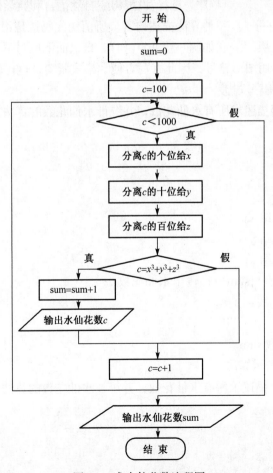

图 8-2 求水仙花数流程图

3)结构化流程图表示算法

传统的流程图用流程线表示各框的执行顺序，对流程线的使用没有限制，使用者可以毫无顾忌地使流程随意地转来转去，这不仅破坏了程序的结构，也给阅读和维护带来了困难。

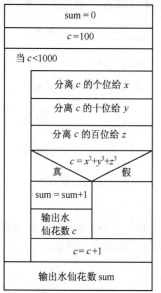

图8-3　求水仙花数 N-S 图

1973 年美国学者 I.Nassi 和 B.Shneiderman 提出了一种新的流程图形式。在这种流程图中，完全去掉了带箭头的流程线。全部算法写在一个矩形框内，在该框内可以包含其他从属于它的框。这种流程图又称为 N-S 图（N 和 S 是这两位美国学者的英文姓氏的首字母）。

【例 8-2】 用 N-S 图描述求所有水仙花数，并统计水仙花数。其算法如图 8-3 所示。

4)用伪代码表示算法

修改是算法设计过程中不可避免的事情，流程图的修改是一项比较麻烦的工作。因此，流程图适合表示算法，但不适合在设计算法时使用。

伪码语言是可以包含计算机结构化语言的三种基本结构（顺序、选择和循环）、自然语言和数学语言成分的面向读者的一种算法描述语言。所谓伪代码就是用伪码语言描述的算法，它如同一篇文章一样，自上而下地写下来，每一行（或几行）表示一个基本操作。它不用图形符号，因此书写方便、格式紧凑，也比较好懂且易于修改，便于向计算机语言算法（程序）过渡。

【例 8-3】用伪代码描述求所有水仙花数，并统计水仙花数的算法。

(1) sum=0;

(2) c=100;

(3) while(c<1000)

  {

    分离 c 的个位给 x;

    分离 c 的十位给 y;

    分离 c 的百位给 z;

    if(c=($x^3+y^3+z^3$)){sum++; 输出水仙花数 c; }

    c=c+1;

  }

(4) 输出水仙花个数 sum。

(5) 用计算机语言表示算法。

【例 8-4】用 C 语言描述求所有水仙花数，并统计水仙花数的算法。

```c
#include "stdio.h"
void main( )
{
    int x,y,z,c,sum=0;
    for(c=100;c<=999;c++)
      {
          z=c;
```

```
            x=z%10;            /*分离 z 的个位给 x; */
            z=z/10;            /*去掉 z 的个位; */
            y=z%10;            /*再分离 z 的个位给 y, 即 c 的十位; */
            z=z/10;                /*去掉 z 的个位; 最后 z 中所剩是 c 的百位*/
            if(c=(z*z*z+y*y*y+x*x*x))  { sum++; printf("%d ",c);}
        }
    printf("sum=%d\n",sum);
  }
```

3. 算法设计的基本方法

算法设计的方法很多,下面介绍工程上常用的几种算法设计方法,在实际应用时,各种方法之间往往存在着一定的联系。

1) 列举法

列举法(也叫穷举法或枚举法)就是根据提出的问题,列举所有可能的情况,并用问题中给定的条件检验哪些是需要的,哪些是不需要的。列举法常用于解决"是否存在"或"有多少种可能"等类型的问题。例如,上面求所有水仙花数的算法就是用的列举法。

列举法的特点是算法简单、容易理解,但当可能的情况较多时,执行列举算法的工作量将会很大。因此,在用列举法设计算法时,注意方案的优化,尽量减少运算工作量。

许多实际问题若采用人工列举是不可想象的,但由于计算机的运算速度快,擅长重复操作,可以很方便地进行大量列举。因此,虽然列举法是一种比较笨拙而原始的方法,但列举法无疑也是计算机算法设计方法中的一个基本方法。

2) 归纳法

归纳法的基本思想就是通过列举少量特殊情况,经过分析,最后找出一般的关系。例如,求等差数列 1, 7, 13, 19, 25, …, n 的问题。显然,归纳法要比列举法更能反映问题的本质,并且可以解决列举量为无限的问题。

归纳是一种抽象,即从特殊现象中找出一般关系。但由于在很多情况下,归纳的过程中不可能对所有的情况进行列举,因此,由归纳得到的结论还只是一种猜测,还需要对这种猜测加以必要的证明。通过精心观察而得到的猜测得不到证实或最后证明猜测是错的也是很正常的一件事情。

3) 递推法

递推的基本思想就是从已知初始条件出发,逐次推出所要求的各中间结果和最后结果。其中,初始条件或是问题本身已经给定,或是通过对问题的分析与化简而确定。递推本质上也属于归纳法,工程上许多递推关系式实际上是通过对实际问题的分析与归纳而得到的,因此,递推关系式往往是归纳的结果。

4) 递归

直接或间接地调用自身的算法叫做递归算法。递归分直接递归与间接递归两种。如果一个算法 P 直接调用自己则称为直接递归;如果算法 P 调用另一个算法 Q,而算法 Q 又调用算法 P,则称为间接递归。

人们在解决一些复杂问题时,为了降低问题的复杂程度(如问题的规模等),一般总是将问题逐层分解,最后归结为一些最简单的问题。这种将问题逐层分解的过程,实际上并没有对问题进行求解,而只是当解决了最后那些最简单的问题后,再沿着原来分解的逆过程逐步进行综合,这就是递归的基本思想。由此可以看出,递归的基础也是归纳。在工程实际中,有许多问题就是用递归来定义的，数学中的许多函数也是用递归来定义的。递归算法结构清晰、程序易读、且易证明它的正确性，因此是很重要的算法设计方法之一。

有些实际问题，既可以归纳为递推算法，又可以归纳为递归算法。但递推与递归的实现方法是大不一样的。递推是从初始条件出发，逐次推出所需求的结果；而递归则是从算法本身到达递归边界的。通常，在许多比较复杂的问题中，很难找到从初始条件推出所需要的结果的全过程，此时，设计递归算法要比递推算法容易得多。但递归算法的执行效率比较低，因此使用递归应扬长避短。

5) 回溯法

前面讨论的递推和递归算法本质上是对实际问题进行归纳的结果。在工程上，有些实际问题很难归纳出一组简单的递推公式或直观的求解步骤，并且也不能进行无限列举。对于这类问题，一种有效的方法是"试"。通过对问题的分析，找出一个解决问题的线索，然后沿着这个线索逐步试探，对于每一步的试探，若试探成功就得到问题的解，若试探失败就逐步回退，换别的路线再进行试探，这种方法称为回溯法。例如，迷宫问题和八皇后问题等。

8.1.2　算法复杂度

算法的复杂度包括时间复杂度和空间复杂度。

1. 算法的时间复杂度

所谓算法的时间复杂度，是指执行算法所需要的计算工作量。

为了客观地反映一个算法的效率，在度量一个算法的计算工作量时，不仅与所使用的计算机、程序设计语言以及编程者的水平无关，还与算法实现过程中的许多细节无关。为此，选用算法在执行过程中所需执行基本操作的次数来度量算法的工作量。选取的基本操作要能反映算法运算的主要特征，利用这种方法有利于比较同一问题的几种算法的优劣。例如，在考虑两个矩阵相乘时，可以将两个数之间的乘法运算作为基本操作。

算法所执行的基本操作次数还与问题的规模有关。例如，两个 20 阶矩阵相乘与两个 10 阶矩阵相乘，所需要的基本操作(两个数的乘法)次数显然是不同的，前者需要更多的运算次数。因此，在分析算法的计算工作量时，还必须对问题的规模进行度量。

综上所述，算法的计算工作量是用算法所执行的基本操作次数来度量的，而算法所执行的基本操作次数是问题规模的函数，记作

$$T(n)=O(f(n))$$

式中，n 是问题的规模；$T(n)$ 表示时间复杂度；$f(n)$ 表示算法中的基本操作重复执行的次数，是问题规模 n 的某个函数。$f(n)$ 和 $T(n)$ 是同数量级的函数。算法时间复杂度用数量级的形式表示后，一般简化为分析最内层的循环体执行基本操作的次数即可。例如，两个 n 阶矩阵相乘所需要的基本操作(两个数的乘法)次数为 n^3，即计算工作量为 n^3，也就是说，时间复杂度为 $O(n^3)$。

在具体分析一个算法的工作量时，还会存在这样的问题：对于一个固定的规模，算法所执行的基本操作次数还可能与特定的输入有关，而实际上又不可能将所有可能情况下算法所执行的基本操作次数都列举出来。例如，"在长度为 n 的表中查找值为 x 的元素"，若采用顺序查找法，即从表的第一个元素开始，逐个与被查值 x 进行比较。显然，如果第一个元素恰

为 x，则只需要比较 1 次；但如果 x 为表的最后一个元素，或者 x 不在表中，则需要比较 n 次才能得到结果。因此，在这个问题的算法中，其基本操作(比较)的次数与具体的被查值 x 有关。

在同一个问题规模下，如果算法执行所需的基本操作次数取决于某一特定输入时，可以用以下两种方法来分析算法的工作量。

1) 平均时间复杂度

所谓平均时间复杂度，是指用各种特定输入下的基本操作次数的加权平均值来度量算法的工作量。

设 x 是所有可能输入中的某个特定输入，$p(x)$ 是 x 出现的概率(输入为 x 的概率)，$t(x)$ 是算法在输入为 x 时所执行的基本操作次数，则算法的平均时间复杂度定义为

$$A(n) = \sum_{x \in D_n} p(x)t(x)$$

式中，D_n 表示当规模为 n 时，算法执行所有可能输入的集合；$t(x)$ 可以通过分析算法来加以确定，而 $p(x)$ 必须由经验或用算法中有关的一些特定信息来确定，通常是不能解析地加以计算的。如果确定 $p(x)$ 比较困难，则会给平均时间复杂度的分析带来困难。

2) 最坏情况下的时间复杂度

所谓最坏情况下的时间复杂度，是指在规模为 n 时算法所执行的基本操作的最大次数。它定义为

$$W(n) = \max_{x \in D_n}\{t(x)\}$$

显然，$W(n)$ 的计算要比 $A(n)$ 的计算方便得多。由于 $W(n)$ 实际上是给出了算法计算工作量的一个上界，因此它比 $A(n)$ 更具有实用价值。

一般情况下，讨论时间复杂度时如不特别声明，就是指最坏情况下的时间复杂度。

2. 算法的空间复杂度

一个算法的空间复杂度 $S(n)$ 是指执行这个算法所需要的内存空间，一般以数量级的形式给出，记作

$$S(n) = O(f(n))$$

式中，n 为问题的规模。一个上机执行的程序除了需要存储空间来寄存本身所用的指令、常数、变量和输入数据外，也需要一些对数据进行操作的工作单元和存储一些为实现计算所需信息的辅助空间。若输入数据所占的空间只取决于问题本身，和算法无关，则只需要分析除输入和程序之外的额外空间,否则应同时考虑输入本身所需要的空间(和所采用的存储结构有关)。如果额外空间量相对于问题规模来说是个常数，则称此算法为原地工作。如果所占空间量依赖于特定的输入，则除特别指明外，均按最坏情况来分析。

8.1.3　数据结构的基本概念

计算机在进行数据处理时，实际需要处理的数据元素往往有很多，这些数据都需要存放在计算机中，因此，在计算机中如何组织这些数据以便提高数据处理的效率，是进行数据处理的关键问题。

数据结构主要研究以下三方面的内容。

(1)数据集合中各数据元素之间所固有的逻辑关系，即数据的逻辑结构。

(2)在对数据进行处理时，各数据元素在计算机中的存储关系，即数据的存储结构。

(3)对各种数据结构进行的运算。

其中，涉及以下几个基本概念。

(1)数据(Data)：数据是对客观事物的符号表示，在计算机科学中是指所有能输入到计算机中并被计算机程序处理的符号的总称。例如，数值、字符、声音、图像等。

(2)数据元素(Data Element)：数据元素是数据的基本单位，在计算机中通常作为一个整体进行考虑和处理。每个数据元素中可包含一个或若干个数据项。数据项是具有独立意义的标识单位，是数据的不可分割的最小单位。例如，客户信息表中的一项是一个数据元素，包括客户名、邮政编码、联系电话等数据项。

(3)数据对象(Data Object)：数据对象是性质相同的数据元素的集合，是数据的一个子集。例如，非负整数数据对象是集合 $N=\{0, 1, 2, 3, \cdots\}$。

(4)数据结构(Data Structure)：数据结构是相互之间存在一种或多种特定关系的数据元素的集合。数据结构的形式化定义为一个二元组

$$\text{Data\_Structure}=(D, R)$$

式中，D 是数据元素的有限集；R 是 D 上关系的有限集。

数据结构包括数据的逻辑结构和数据的物理结构(也称为存储结构)。逻辑结构是从具体问题抽象出来的数学模型，它是从逻辑上描述数据，是独立于计算机的。上面定义的数据结构的二元组实质上就是数据的逻辑结构，R 描述的是数据的逻辑关系。数据的存储结构是数据逻辑结构在计算机中的表示(也称为映像)，在存储时不仅要存储数据 D，还要存储数据之间的关系 R。

一种数据的逻辑结构根据需要可以表示成多种存储结构，常用的存储结构有顺序、链接和索引等。采用不同的存储结构，其数据处理的效率是不同的。因此，在进行数据处理时，要选择合适的存储结构。

一般情况下，在具有相同特征的数据元素集合中，各个数据元素之间存在有某种关系，这种关系反映了该集合中的数据元素所固有的一种结构。在数据处理领域中，通常把数据元素之间这种固有的关系简单地用直接前驱和直接后继关系(或简单地称为前驱和后继关系，也称为前件关系和后件关系)来描述。例如，在描述不大于 10 的正偶数的顺序关系时，2 是 4 的前驱，4 是 2 的后继。

【例 8-5】 描述不大于 10 的正偶数序列的数据结构。

用二元组表示

$$\text{DS} = (D, R)$$
$$D = \{2, 4, 6, 8, 10\}$$
$$R = \{P\} \quad P = \{<2, 4>, \ <4, 6>, \ <6, 8>, \ <8, 10>\}$$

【例 8-6】 描述家庭成员之间辈分关系的数据结构。

用二元组表示

$$\text{DS} = (D, R)$$

$D = \{$父亲, 儿子, 女儿$\}$

$R = \{P\}$

$P = \{$<父亲, 儿子>, <父亲, 女儿>$\}$

(5) 数据结构的图形表示：一个数据结构除可以用二元组表示外，还可以直观地用图形表示。在数据结构的图形表示中，对于数据集合 D 中的每一个数据元素用中间标有元素值的圆来表示，称之为一个结点，对于关系集 R 中的各关系的每一个二元组，用一条有向线段从前驱结点指向后继结点来表示数据元素之间的前驱和后继关系。有时在不会引起误会的情况下，在前驱结点到后继结点连线上的箭头可以省去。

例 8-5 和例 8-6 的数据结构可以分别用图 8-4 和图 8-5 表示。

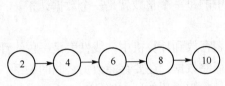

图 8-4　不大于 10 的正偶数序列

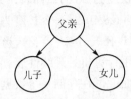

图 8-5　家庭成员间辈分关系

在处理过程中，一个数据结构中的元素结点根据需要可以增加（称为插入运算），也可以删除（称为删除运算）。插入与删除是数据结构的两种基本运算。除插入运算和删除运算外，对数据结构还可以进行查找、分类、合并、分解、复制和更新等运算。

(6) 数据类型：数据类型是和数据结构密切相关的一个概念，它是一个值的集合和定义在这组值集合上的一组操作的总称。例如，C 程序设计语言中的整型、实型、字符型、数组类型、结构体、枚举类型等都是数据类型。在很多情况下，是通过高级语言的数据类型在计算机中实现数据结构的。

8.1.4　线性结构与非线性结构

如果在一个数据结构中一个数据元素都没有，则称该数据结构为空的数据结构。在一个空的数据结构中插入一个新的元素后就变为非空，在只有一个数据元素的数据结构中，将该元素删除后就变为空的数据结构。

根据数据结构中各数据元素之间的前驱和后继关系，可以将数据结构分为线性结构与非线性结构两大类型。

如果一个非空的数据结构满足：

(1) 有且只有一个结点没有前驱，称作"第一个元素"；

(2) 有且只有一个结点没有后继，称作"最后一个元素"；

(3) 除第一个元素外，其余元素有且只有一个前驱；

(4) 除最后一个元素外，其余元素有且只有一个后继。

则称这样的数据结构为线性结构；否则，称为非线性结构。例 8-5 为线性结构，例 8-6 为非线性结构。

线性结构与非线性结构都可以是空的数据结构。一个空的数据结构究竟是属于线性结构还是属于非线性结构，这要根据具体情况来确定。如果对该数据结构的运算是按线性结构的规则来处理的，则属于线性结构；否则，属于非线性结构。

8.1.5　线性表及其顺序存储结构

1. 线性表的基本概念

线性表是一种最常用、最简单的线性结构。简言之，线性表是由有限个性质相同的数据元素组成的序列，可以形式化地表示为$(a_1, a_2, \cdots, a_i, \cdots, a_n)$，其中，$n \geq 0$，$a_i (i=1, 2, 3, \cdots, n)$是属于数据对象的元素，通常称其为线性表的一个结点，i叫做元素a_i在线性表中的位序。线性表中元素的个数n叫做线性表的长度。当$n = 0$时，称为空表。

数据元素a_i的含义很广泛，在不同的具体情况下各不相同。它可以是一个数或一个符号，也可以是一本书，甚至更复杂的信息。例如，26个小写的英文字母的字母表(a,b,c,…,x,y,z)是一个长度为26的线性表，其中的数据元素是英文的小写字母。再如，不大于10的正偶数序列(2,4,6,8,10)是一个长度为5的线性表，其中的每一个整数就是一个数据元素。

2. 线性表的顺序存储结构

要用计算机处理线性表，首先必须将线性表存放到计算机中，线性表是一种线性数据结构，前面说过在存储一个数据结构时，不仅要存储数据，还要存储数据之间的关系。

线性表的顺序存储结构的基本思想(特征)是，用一片地址连续的存储空间来存放线性表的各元素，用物理上的相邻来表示数据元素间逻辑上的相邻。

在线性表的顺序存储结构中，如果线性表中第i个数据元素的存储地址为$\text{Loc}(a_i)$，一个数据元素占k字节，则线性表中第$i+1$个元素a_{i+1}在计算机存储空间中的存储地址为

$$\text{Loc}(a_{i+1}) = \text{Loc}(a_i) + k$$

一般来说，线性表中第i个元素的存储地址为

$$\text{Loc}(a_i) = \text{Base} + (i-1)k$$

式中，Base是$\text{Loc}(a_1)$，称为线性表的基地址。

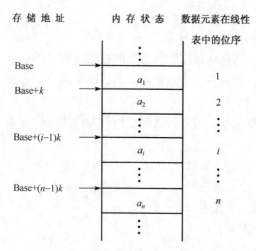

图 8-6　线性表的顺序存储结构

在程序设计语言中，通常用一个一维数组来表示线性表的顺序存储结构。例如，线性表$(a_1, a_2, \cdots, a_i, \cdots, a_n)$在计算机中的顺序存储结构如图 8-6 所示。

对线性表的基本运算包括存取、插入、删除、查找、合并、排序、分解、复制、逆转等。下面主要讨论线性表在顺序存储结构下的插入和删除运算。

1)顺序表的插入运算

长度为n的线性表$(a_1, a_2, \cdots, a_{i-1}, a_i, \cdots, a_n)$，在线性表的第$i$个元素$a_i$之前插入一个元素$b$，插入后得到一个新的长度为$n + 1$的线性表$(a_1, a_2, \cdots, a_{i-1}, b, a_i, \cdots, a_n)$。

在顺序存储结构下，要在第$i (1 \leq i \leq n)$个元素之前插入一个新元素，首先要从最后一个元素开始，直到第i个元素之间共$n - i + 1$个元素依次向后移动一个位置，将第i个位置空出，然后将新元素b插入到第i个位置上。如果是在线性表的末尾进行插入，即在第n个元素之后(可以认为是在第$n+1$个元素之前)插入一个

元素，则只要在表的末尾增加一个元素即可，不需要移动表中任何元素。

如果线性表的长度是 n，则插入运算有 $n+1$ 个位置。可以算出，在等概率情况下，要在长度为 n 的线性表中插入一个新元素，平均需要移动 $n/2$ 个元素，所以，顺序表的插入运算的时间复杂度为 $O(n)$。

2）顺序表的删除运算

长度为 n 的线性表 $(a_1,a_2,\cdots,a_{i-1},a_i,\cdots,a_n)$，删除线性表的第 i 个元素 a_i 得到一个新的长度为 $n-1$ 的线性表 $(a_1,a_2,\cdots,a_{i-1},a_{i+1},\cdots,a_n)$。

在顺序存储结构下，要删除第 $i(1 \le i \le n)$ 个元素，则要从第 $i+1$ 个元素开始，直到第 n 个元素之间共 $n-i$ 个元素依次向前移动一个位置。

如果线性表的长度是 n，则删除运算有 n 个位置。可以算出，在等概率情况下，要在长度为 n 的线性表中删除一个元素，平均需要移动 $(n-1)/2$ 个元素，所以，顺序表删除运算的时间复杂度为 $O(n)$。

由上可知，在线性表顺序存储结构下，要插入和删除一个元素，需要移动大量元素，其效率很低，特别是在线性表比较大的情况下更为突出。

8.1.6 栈和队列

1. 栈

1）栈的基本概念

栈（Stack）是限定仅在表尾进行插入和删除运算的线性表。在这种线性表的结构中，一端是封闭的，不允许进行插入与删除元素；另一端是开口的，允许插入与删除元素。在顺序存储结构下，对这种类型线性表的插入与删除运算不需要移动表中其他数据元素。

在栈中，允许插入与删除的一端称为栈顶（Top），另一端称为栈底（Bottom）。栈顶元素总是最后被插入的元素，也是最先能被删除的元素；栈底元素总是最先被插入、最后被删除的元素。即栈是按照"先进后出"（First In Last Out，FILO）或"后进先出"（Last In First Out，LIFO）的原则组织数据的。所以，栈也被称为"先进后出"或"后进先出"的线性表。可以看出，栈具有记忆功能。顺序存储的栈如图 8-7 所示。

栈这种数据结构在日常生活中很常见。例如，依次摞起来的盘子，最后一个放上去的肯定是最先被拿下来使用的，而最先放上的最后才能被使用。再如，在用一端为封闭、另一端为开口的容器装物品时，也是遵循"先进后出"或"后进先出"原则的。

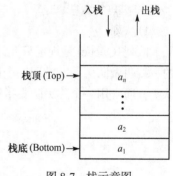

图 8-7 栈示意图

通常用指针 Top 来指示栈顶的位置，用指针 Bottom 指向栈底。

往栈中插入一个元素称为入栈运算（也叫做进栈运算），从栈中删除一个元素（删除栈顶元素）称为出栈运算（也叫做退栈运算），栈顶指针 Top 动态变化反映栈中元素的变化情况。

2）栈运算

栈可以进行入栈、出栈、读栈顶元素等运算。下面就栈的顺序存储分别对这三种运算进行描述。

（1）入栈运算：是指在栈顶插入一个新元素。其步骤如下：如果栈不满，则将栈顶指针 Top 加 1，然后将新元素插入到栈顶指针所指的位置；否则，不能进行入栈操作，返回一个栈"上溢"的错误标志。

（2）出栈运算：是指取出栈顶元素并赋给一个指定的变量。其步骤如下：如果栈不空，将栈顶元素赋给指定的变量，然后将栈顶指针 Top 减 1；否则，不能进行出栈操作，返回一个栈"下溢"的错误标志。

（3）读栈顶元素：是指将栈顶元素赋给一个指定的变量。其步骤如下：如果栈不空，将栈顶元素赋给指定的变量；否则，取不出元素，返回一个栈空标志。在读栈顶运算时，不删除栈顶元素，只是将它的值赋给一个变量，栈顶指针不会改变。

【例 8-7】 栈在顺序存储结构下的运算如图 8-8 所示。

图 8-8（a）是容量为 6 且已有 3 个元素的栈顺序存储结构的状态，图 8-8（b）是元素 X 和 Y 依次入栈后的状态，图 8-8（c）是元素 Y 出栈后的状态。

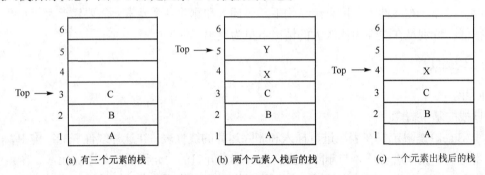

（a）有三个元素的栈　　　　（b）两个元素入栈后的栈　　　　（c）一个元素出栈后的栈

图 8-8　栈在顺序存储结构下的运算

2. 队列及其基本运算

1）队列

队列（Queue）是规定只允许在表尾进行插入、在表头进行删除运算的线性表。允许插入的一端叫做队尾，通常用一个称为尾指针（Rear）的指针指向队尾元素；允许删除的一端叫做队头，通常用一个称为队头指针（Front）的指针指向队头元素，如图 8-9 所示。

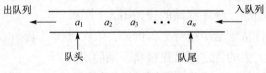

图 8-9　队列示意图

显然，在队列这种数据结构中，最先插入的元素最先被删除，反之，最后插入的元素将最后被删除。因此，队列又称为"先进先出"（First In First Out，FIFO）或"后进后出"（Last In Last Out，LILO）的线性表，它体现了"先来先服务"的原则，这与日常生活的排队是同一个道理。在队列中，队尾指针 Rear 与队头指针 Front 共同反映了队列中元素动态变化的情况。

往队列的队尾插入一个元素称为入队运算，从队列的队头删除一个元素称为出队运算。在队列的末尾插入一个元素（入队运算）只涉及队尾指针 Rear 的变化，而要删除队列中的队头元素(出队运算)也只涉及队头指针 Front 的变化。

【例8-8】　队列在顺序存储结构下的运算如图 8-10 所示。

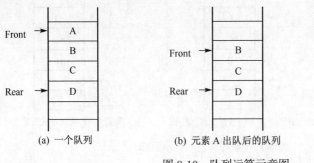

　　　　(a) 一个队列　　　　　　　(b) 元素 A 出队后的队列　　　　　(c) 元素 E 入队后的队列

图 8-10　队列运算示意图

2) 循环队列及其运算

在实际应用中，队列的顺序存储结构一般采用循环队列的形式。

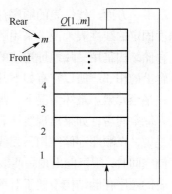

所谓循环队列，就是将队列存储空间首尾相接，即第一个位置作为最后一个位置的下一个位置，形成逻辑上的环状空间，供队列循环使用，如图 8-11 所示。在循环队列结构中，当存储空间的最后一个位置已被使用而再要进行入队运算时，只要存储空间的第一个位置空闲，便可将元素加入到第一个位置。

假设分给循环队列的存储空间有 m 个存储元素位置。在循环队列中规定：①用队尾指针 Rear 指向队列的队尾元素，用队头指针 Front 指向队头元素的前一个位置；②循环队列的初始状态为空，且 Rear = Front = m，如图 8-11 所示。

图 8-11　循环队列存储空间示意图

在这样的规定下，从队头指针 Front 指向的后一个位置到队尾指针 Rear 指向位置之间的所有元素均为队列中的元素。

循环队列主要有两种基本运算：入队运算与出队运算。每进行一次入队运算，队尾指针就进一，当队尾指针 Rear = m + 1 时，就置 Rear = 1；每进行一次出队运算，队头指针就进一，当队头指针 Front = m + 1 时，就置 Front = 1。

根据上面的规定和入队、出队运算的规则可以看出，当循环队列空时有 Front = Rear，当循环队列满时也有 Front = Rear。即在循环队列中，当 Front = Rear 时，不能确定队列满还是队列空。在实际使用循环队列时，为了能区分队列满还是空，通常增加一个标志 s。

初始条件是 Rear = Front = m 且 s = 0，表示队列为空。入队运算和出队运算描述如下。

(1)入队运算：如果 Front = Rear 且 s = 1，则说明循环队列已满，不能进行入队运算，返回"上溢"标志；否则，将队尾指针进一，然后将新元素插入到队尾指针所指的位置，如果这时队尾指针等于队头指针，就将 s 的值置为 1。

(2)出队运算：如果 Front = Rear 且 s = 0，则说明循环队列已空，不能进行出队运算，返回"下溢"标志；否则，将队头指针进一，然后将队头指针指向的元素赋给指定的变量。如果这时队头指针等于队尾指针，就将 s 的值置为 0。

【例8-9】 循环队列的运算如图8-12所示。

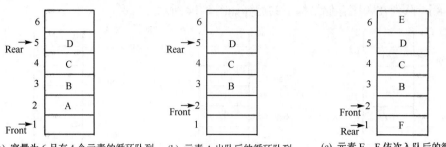

(a) 容量为6且有4个元素的循环队列　(b) 元素A出队后的循环队列　(c) 元素E、F依次入队后的循环队列

图8-12 循环队列运算示意图

8.1.7 线性表的链式存储结构

1. 线性链表的基本概念

一方面，线性表的顺序存储具有结构简单、运算方便等优点，特别是对于小线性表或长度固定的线性表来说，采用顺序存储结构的优越性更为突出；另一方面，由于线性表的顺序存储结构是用一片地址连续的存储空间来存放线性表的各元素，用物理上的相邻来描述它逻辑上的相邻。所以它有如下几个缺点：①在插入或删除一个元素时平均需要移动大约表长的一半个元素。最坏情况下，则需要移动线性表中所有的元素。②在为一个线性表分配连续的存储空间后，如果出现线性表已满，又需要插入新的元素时，就会发生"上溢"错误。也就是说，在顺序存储结构下，线性表的存储空间不便于扩充。③在多个线性表共享计算机的存储空间时，很可能出现一些线性表的空间处于空闲状态，而另一些线性表出现"上溢"。线性表的顺序存储结构不便于对存储空间的按需动态分配。

对于大的特别是经常进行插入、删除运算的线性表不宜采用顺序存储结构，可以用链式存储结构。

在链式存储结构中，线性表的每个元素用一个结点表示，每个结点由两部分组成：一部分用于存放数据元素值，称为数据域；另一部分用于存放指针(地址)，称为指针域。其中，指针用来指向该结点的前驱结点或后继结点，表示元素之间的逻辑关系。

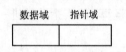

图8-13 存储结点的结构

2. 线性链表

线性表的链式存储结构称为线性链表。

线性链表中存储结点的结构如图8-13所示。

【例8-10】 线性表(a_1,a_2,a_3,a_4,a_5)的链式存储结构如图8-14所示。∧表示空指针，即最后一个元素无后继。

对于以上形式的线性链表，可以从头指针Head开始，沿各结点的指针域访问到链表中的所有结点。这种链表的结点中只有一个指针域，称这样的线性链表为单链表。由上述可见，单链表可以由头指针唯一确定。

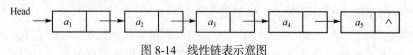

图8-14 线性链表示意图

在单链表中，根据一个结点的指针只能找到其后继结点，而找不到前驱结点，为了找出它的前驱，必须从头指针开始顺序查找。

为了弥补单链表的这个缺点，在某些应用中，对线性链表中的每个结点设置两个指针域：一个称为前驱指针(Prior)，用以指向其前驱结点；另一个称为后继指针(Next)，用以指向其后继结点。其结点结构如图 8-15 所示，由这种结构的结点形成的链表叫做双向链表，其状态如图 8-16 所示。

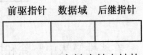

图 8-15　双向链表结点结构

图 8-16　双向链表示意图

3. 线性链表(单链表)的基本运算

线性链表的运算主要有插入、删除、查找、合并、排序、分解、复制、逆转等。下面主要讨论线性链表的插入与删除运算。

1)线性链表的插入

线性链表的插入是指在链式存储结构下，向线性表中插入一个新元素。

【例 8-11】　在线性表的两个元素 a 和 b 之间插入一个数据元素 x，已知 p 为其单链表存储结构中指向结点 a 的指针，如图 8-17(a)所示，图 8-17(b)为插入 x 后的单链表。其步骤如下。

(1)向系统申请一个结点让 s 所指，置 s 的数据域为 x。

(2)s 的指针域被赋值为 p 的指针域。

(3)p 的指针域指向 s。

2)线性链表的删除

【例 8-12】　将 p 所指结点的后继删除，如图 8-18 所示。其步骤如下。

(1)s 被赋值为 p 的指针域。

(2)置 p 的指针域为 s 所指结点的指针域。

(3)释放 s 所指结点(将 s 所指结点还给系统)。

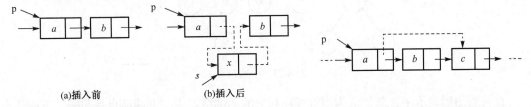

(a)插入前　　　　　　(b)插入后

图 8-17　在单链表中插入结点时指针变化情况　　　图 8-18　在单链表中删除结点时指针变化情况

在对线性链表进行插入和删除运算时，如果删除的是第一个结点，或插入是在第一个结点之前进行的，都会引起头指针的改变，使得插入和删除运算的操作不统一，出现这个问题的主要原因是因为第一个元素在链表中无前驱。为了改变这种现状，方便插入和删除运算，可以人为地在链表中加一个结点，作为第一个元素结点的前驱，叫做链表的头结点。头指针指向头结点，头结点的指针域指向第一个元素结点，头结点的数据域可以不存储任何信息。这样，在链表中任一个元素结点都有且只有一个前驱结点。

【例8-13】 带头结点的单链表如图8-19所示。

图8-19 带头结点的单链表

在线性链表中删除和插入元素都不需要移动元素,只需要修改指针即可。另外,存储分配实现了动态分配,即需要的时候申请,不需要的时候释放,真正实现了按需分配。

4. 循环链表

循环链表的特点是表中最后一个结点的指针域指向头结点,整个链表形成一个环。由此,从表中任一结点出发均可找到表中其他结点,如图8-20所示为单向循环链表。类似地,还可以有双向循环链表。

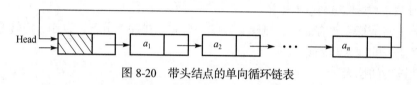

图8-20 带头结点的单向循环链表

8.1.8 树与二叉树

1. 树的定义

树是一种简单的非线性结构。在树这种数据结构中,所有数据元素之间的关系具有明显的层次特性。图8-21表示了一棵一般的树。由图8-21可以看出,在用图形表示树这种数据结构时,很像自然界中树根朝上的一棵树,因此,这种数据结构就用"树"来命名。

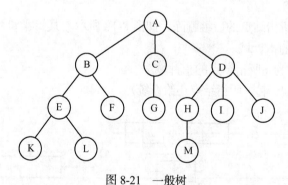

图8-21 一般树

在树的图形表示中,总是认为用直线连起来的两端结点中,上端结点是前驱,下端结点是后继,这样,表示前驱、后继关系的箭头就可以省略。

2. 基本术语

(1)父结点和根结点:在树结构中,每一个结点最多只有一个前驱,称为该结点的父结点或双亲结点;没有前驱的结点只有一个,称为树的根结点,简称为树的根。例如,在图8-21中,结点A是树的根结点。

(2)子结点和叶子结点:在树结构中,每一个结点可以有多个后继,它们都称为该结点的子结点;没有后继的结点称为叶子结点。例如,在图8-21中B、C、D为A的子结点,K、L、F、G、M、I、J为叶子结点。

(3)结点的度和树的度：在树结构中，一个结点所拥有的后继结点个数称为该结点的度。例如，在图 8-21 中，根结点 A 的度为 3，结点 B 的度为 2，结点 C 的度为 1，叶子结点的度为 0。所有结点度的最大值称为树的度。例如，如图 8-21 所示的树的度为 3。

(4)层：树结构具有明显的层次关系，即树是一种层次结构。在树结构中，规定根结点在第 1 层。如果一个结点在第 h 层，则它的子结点在第 h + 1 层。例如，在图 8-21 中，根结点 A 在第 1 层，结点 B、C、D 在第 2 层，结点 E、F、G、H、I、J 在第 3 层，结点 K、L、M 在第 4 层。

(5)树的深度：树中结点的最大层次数称为树的深度。例如，图 8-21 所表示的树的深度为 4。

(6)子树：在树中，以某结点的一个子结点为根构成的树称为该结点的一棵子树。叶子结点没有子树。在图 8-21 中，B 有 2 棵子树，它分别以 E 和 F 为根结点。

3. 二叉树及其基本性质

1)什么是二叉树

二叉树(Binary Tree)是一种树形结构，其特点是每个结点最多有两个子结点(二叉树中不存在度大于 2 的结点)，并且二叉树的子树有左、右之分，其次序不能任意颠倒。在二叉树中，一个结点可以只有左子树而没有右子树，也可以只有右子树而没有左子树。当一个结点既没有左子树也没有右子树时，该结点即是叶子结点。

图 8-22(a)是一棵只有根结点的二叉树，图 8-22(b)是一棵深度为 4 的二叉树。

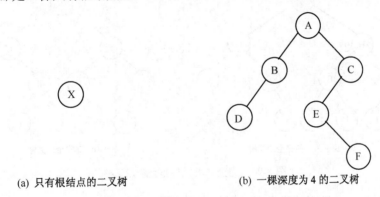

　　(a) 只有根结点的二叉树　　　　　　　　(b) 一棵深度为 4 的二叉树

图 8-22　二叉树

2)二叉树的基本性质

性质 1　在二叉树的第 k 层上，最多有 2^{k-1} 个结点。

性质 2　深度为 m 的二叉树上最多有 $2^m - 1$ 个结点。

性质 3　在任意一棵二叉树中，度为 0 的结点(叶子结点)总是比度为 2 的结点多一个($n_0 = n_2 + 1$)。

例如，在图 8-22(b)所示的二叉树中，有 2 个度为 0 的结点，有 1 个度为 2 的结点，度为 0 的结点比度为 2 的结点多一个。

性质 4　具有 n 个结点的二叉树，其深度至少为 $\lfloor \log_2 n \rfloor + 1$。

满二叉树与完全二叉树是两种特殊形态的二叉树。

一棵二叉树上，如果每一层的结点数都达到最大值，则称此二叉树为满二叉树，即深度为 m 且有 $2^m - 1$ 个结点的二叉树。

【**例8-14**】 图8-23分别列出了深度为2、3、4的满二叉树。

可以对满二叉树上的结点进行编号，约定编号从根结点自上至下、从左到右从1开始用自然数进行连续编号，则深度为 m ，且有 n 个结点的二叉树，当且仅当其每一个结点都与深度为 m 的满二叉树中编号从1到 n 的结点一一对应时，称为完全二叉树。当然，满二叉树也是完全二叉树。实际上，完全二叉树是满二叉树的最后一层上只缺少最右边的若干个结点，叶子结点只可能在层次最大的两层出现的二叉树。

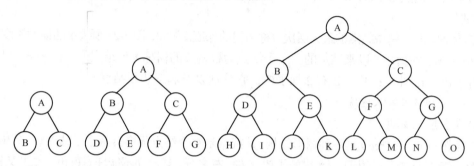

图8-23　三棵深度分别为2、3、4的满二叉树

【**例8-15**】 图8-24为完全二叉树与非完全二叉树的例子。

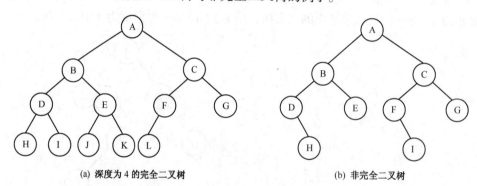

(a) 深度为4的完全二叉树　　　　　　　　(b) 非完全二叉树

图8-24　完全二叉树与非完全二叉树

性质5 具有 n 个结点的完全二叉树的深度为 $\lfloor \log_2 n \rfloor + 1$ 。

性质6 设完全二叉树共有 n 个结点。如果从根结点开始，自上至下、从左到右用自然数 $1, 2, \cdots, n$ 给结点进行编号，则对于编号为 $k (k = 1, 2, \cdots, n)$ 的结点有以下结论。

(1) 若 $k = 1$ ，则该结点为根结点，它没有父结点；若 $k > 1$ ，则该结点的父结点编号为 $\lfloor k / 2 \rfloor$ 。

(2) 若 $2k \leqslant n$ ，则编号为 k 的结点，其左孩子编号为 $2k$ ；否则，该结点无左孩子。

(3) 若 $2k + 1 \leqslant n$ ，则编号为 k 的结点，其右孩子编号为 $2k + 1$ ；否则，该结点无右孩子。

4. 二叉树的存储结构

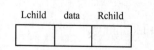

图8-25　二叉树链式存储结点示意图

在计算机中，二叉树通常采用链式存储结构。

在二叉树中，由于每一个元素可以有两个后继，因此，用于存储二叉树的结点除数据域外，还应有两个指针域，一个指向该结点的左孩子，称为左指针域（Lchild）；另一个指向该结点的右孩子，称为右指针域（Rchild）。图8-25为二叉树链式存储结点示意图。

由于二叉树的存储结构中每一个存储结点有两个指针域，因此，二叉树的这种链式存储结构也称为二叉链表。图 8-26(a)、(b)分别表示了一棵二叉树和对应的二叉链表。其中，BT 称为二叉链表的头指针，指向二叉树的根结点。

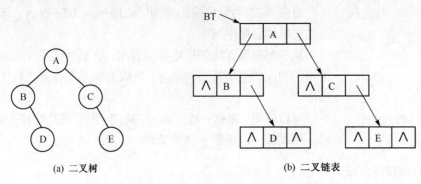

(a) 二叉树　　　　　　　　　　　　　　　　　　　(b) 二叉链表

图 8-26　二叉树和二叉链表存储结构

对于满二叉树和完全二叉树来说，根据完全二叉树的性质 6，可以按层序进行顺序存储，这样，不仅节省了存储空间，又能方便地确定每一个结点的父结点与左右孩子结点的位置，但顺序存储结构对于一般的二叉树不适用。

5. 二叉树的遍历

二叉树的遍历是指按照一定的规则，使二叉树中的每个结点被访问一次且仅仅被访问一次的操作。

一棵非空的二叉树由根、左子树、右子树三部分组成。遍历的规则可以从这三部分入手。

在遍历二叉树的过程中，若规定先左子树后右子树，则根据访问根结点的次序的不同，可以将二叉树的遍历分为前序遍历、中序遍历和后序遍历三种。

1)前序遍历(DLR)

所谓前序遍历(也叫做先序遍历)是指先访问根结点，然后遍历左子树，最后遍历右子树；并且在遍历左、右子树时，仍然先访问根结点，然后遍历左子树，最后遍历右子树。

二叉树前序遍历算法的简单描述如下：

如果二叉树为空，则返回；

否则，访问根结点，前序遍历左子树，前序遍历右子树。

对图 8-27 的前序遍历得到结点序列为：ABDCEF，该序列称为该二叉树的前序序列。

2)中序遍历(LDR)

所谓中序遍历是指先遍历左子树，然后访问根结点，最后遍历右子树；并且在遍历左、右子树时，仍然先遍历左子树，然后访问根结点，最后遍历右子树。

二叉树中序遍历算法的简单描述如下：

如果二叉树为空，则返回；

否则，中序遍历左子树，访问根结点，中序遍历右子树。

对图 8-27 的中序遍历得到结点序列为：DBAEFC，该序列称为该二叉树的中序序列。

3)后序遍历(LRD)

所谓后序遍历是指先遍历左子树，然后遍历右子树，最后访问根结点；并且在遍历左、右子树时，仍然先遍历左子树，然后遍历右子树，最后访问根结点。

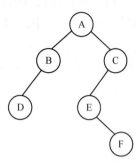

图 8-27　一棵二叉树

二叉树后序遍历算法的简单描述如下：

如果二叉树为空，则返回；

否则，后序遍历左子树，后序遍历右子树，访问根结点。

对图 8-27 的后序遍历得到结点序列为 DBFECA，该序列称为该二叉树的后序序列。

从三种遍历算法的描述可以看出，在描述遍历算法的同时，又用到了相应的遍历算法的概念，所以上面的三种遍历算法都是递归算法。

可以证明，根据一棵二叉树的前序序列（或后序序列）和中序序列，可以唯一地确定一棵二叉树。

8.1.9　查找与排序方法

1．查找

查找是根据给定的条件，在指定的数据结构中查找某个与给定条件相匹配的数据元素。若找到相应的元素，则称为查找成功；否则，称为查找失败。通常，根据不同的数据结构，应采用不同的查找方法。下面介绍几种常用的查找方法。

1）顺序查找

顺序查找又称为顺序搜索。顺序查找一般是指在线性表中查找指定的元素，其基本思想是：从线性表的第一个元素开始，依次将线性表中的元素与给定条件进行比较，若匹配成功，则表示找到（查找成功）；若线性表中所有的元素都与给定的条件不匹配，则表示线性表中没有满足条件的元素（查找失败）。

在进行顺序查找过程中，如果线性表中的第一个元素就是被查找的元素，则只需要做一次比较就查找成功，查找效率最高。如果被查的元素是线性表中的最后一个元素，或者被查元素根本就不在线性表中，则为了查找这个元素需要与线性表中所有的元素进行比较，这是顺序查找的最坏情况。在平均情况下，利用顺序查找法在长度为 n 的线性表中查找一个元素，平均需要比较 $(n+1)/2$ 次，即大约要与线性表中一半的元素进行比较。

2）折半查找

折半查找（也叫做二分法查找）只适用于顺序存储的有序表。有序表是指线性表中的元素非递增（从大到小，允许相邻的元素值相等）或非递减排列（从小到大，允许相邻的元素值相等）。

设有序线性表的长度为 n，被查元素为 x，以非递减为例，则折半查找的方法如下。

将 x 与线性表的中间位置上的元素进行比较，若相等，则查找成功，返回查找结果。若不等，分两种情况：①若 x 小于中间位置上的元素值，则在线性表的前半部分（中间项以前的部分，称为子表）以相同的方法进行查找；②若 x 大于中间项的值，则在线性表的后半部分（中间项以后的部分，称为子表）以相同的方法进行查找。

这个过程一直进行到查找成功或子表长度为 0（说明线性表中没有这个元素）为止。

可以证明，对于长度为 n 的有序顺序存储的线性表，折半查找给定元 x 时最多需要和 $\lfloor \log_2 n \rfloor + 1$ 个元素进行比较，而顺序查找最多需要和 n 个元素进行比较。所以，折半查找的时间复杂度为 $O(\log_2 n)$，顺序查找的时间复杂度为 $O(n)$。所以，折半查找的效率要比顺序查找高。但折半查找要求线性表必须是顺序存储的有序的线性表，而顺序查找对顺序存储、链式存储、有序无序都适用。

2. 排序

排序是指将一个无序序列整理成按值非递减(或非递增)顺序排列的有序序列的过程。排序的方法有很多，下面介绍几种常用的排序方法(均以从小到大排序为例)。

1)插入类排序

(1)直接插入排序。

直接插入排序的基本思想是：将一个元素插入到一个有序序列中，使其变成一个长度增1的有序序列。

在线性表中，只包含第 1 个元素的子表显然是一个长度为 1 的有序表。从线性表的第 2 个元素开始直到最后一个元素，逐次将其中的每一个元素插入到前面已经有序的子表中，最终使整个表变成有序表。

一般来说，假设线性表中前 $j-1$ 个元素已经有序，现在要将线性表中第 j 个元素插入到前面的有序子表中，其插入过程如下。

首先将第 j 个元素放到一个变量 T 中，然后从有序子表的最后一个元素(线性表中第 $j-1$ 个元素)开始，往前逐个与 T 进行比较，将大于 T 的元素均依次向后移动一个位置，直到发现一个元素不大于 T 为止，此时就将 T(原线性表中的第 j 个元素)插入到刚移出的空位置上，有序子表的长度就变成了 j。

【例 8-16】　利用直接插入排序对线性表(49, 38, 22, 95, 65, 56, 82, 76)进行排序的过程如图 8-28 所示。

原始序列	49	38	22	95	65	56	82	76
$j=2$ 时插入结果	38	49	22	95	65	56	82	76
$j=3$ 时插入结果	22	38	49	95	65	56	82	76
$j=4$ 时插入结果	22	38	49	95	65	56	82	76
$j=5$ 时插入结果	22	38	49	65	95	56	82	76
$j=6$ 时插入结果	22	38	49	56	65	95	82	76
$j=7$ 时插入结果	22	38	49	56	65	82	95	76
$j=8$ 时插入结果	22	38	49	65	65	76	82	95

图 8-28　直接插入排序

如果把每插入一个元素叫做一趟直接插入排序，则对长度为 n 的线性表，进行直接插入排序共需要 $n-1$ 趟。在最好的情况下仅需要比较 $n-1$ 次；在最坏情况下，这 $n-1$ 趟需要 $n(n-1)/2$ 次比较，所以，其时间复杂度为 $O(n^2)$。

(2)希尔排序。

希尔排序法属于插入类排序，其基本思想是：先将整个待排序序列分割成若干子序列分别进行直接插入排序，待整个序列中的元素"基本有序"时，再对全体元素进行直接插入排序。

子序列的构成方法是将相隔某个"增量"k的元素组成一个子序列。k每取一个值所进行的排序叫做一趟希尔排序。

【例8-17】 增量值k分别取5、3、1时，对线性表(56, 38, 22, 95, 65, 49, 82, 76, 18, 45)进行希尔排序的过程如图8-29所示。

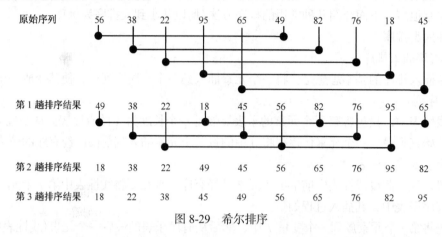

图 8-29　希尔排序

在希尔排序过程中，虽然对于每一个子序列采用的仍是直接插入排序，但是，由于子表中的元素相隔较远，小的元素是跳跃性地往前移，从而改善了整个排序过程的性能。

希尔排序的效率与所选取的增量序列有关。有人在大量的实验基础上推出，当待排元素的个数n在某个特定的范围内时，希尔排序所需的比较和移动元素的次数约为$n^{1.3}$，当$n\to\infty$时，可减少到$n((\log_2 n)^2)$。

2) 交换类排序

交换类排序法是指借助数据元素之间的交换进行排序的方法。冒泡排序法与快速排序法都属于交换类排序方法。

(1) 冒泡排序。

冒泡排序的基本思想是：通过相邻两个元素的比较交换，逐步将无序序列变成有序序列的方法。其基本过程是：从头开始往后扫描线性表，在扫描过程中逐次比较两个相邻元素，若为逆序，则交换。显然，在扫描过程中，不断地将两个相邻的元素中大的往后移动，最后就将线性表中最大的移到了表的最后(也就是最大的达到了它的正确位置)，这个过程叫做第一趟冒泡排序。而第二趟冒泡排序是在不包含最大元素的子表中从第一个元素起重复上述过程。这个工作重复进行，直到整个序列变成有序为止。每一趟参与排序的元素个数都比上一趟少一个。

在排序过程中，对线性表的每一趟扫描，都将其中最大的沉到了表(子表)的底部，小者就像气泡一样往上浮，冒泡排序由此得名，冒泡排序也叫做下沉排序。

在最坏情况下，有n个元素的线性表进行冒泡排序需要$n-1$趟，需要比较的次数为$n(n-1)/2$，因此，冒泡排序的时间复杂度为$O(n^2)$。一般情况下，进行的趟数小于$n-1$。

【例8-18】 利用冒泡排序对线性表(56, 38, 49, 22, 95, 65, 82, 76)进行排序的过程如图8-30所示。

在例8-18中，有8个元素，最多需要7趟冒泡排序，但仅进行了4趟冒泡排序就得到了一个有序的序列，第5、6、7趟排序并没有做。因为，在进行第4趟排序时没有进行一次交换，说明第3趟的结果已经有序，以后的排序无需进行。

原始序列	56	38	49	22	95	65	82	76
第 1 趟	56 ↔ 38 ↔ 49 ↔ 22				95 ↔ 65 ↔ 82 ↔ 76			
结　果	38	49	22	56	65	82	76	[95]
第 2 趟	38	49 ↔ 22		56	65	82 ↔ 76		95
结　果	38	22	49	56	65	76	[82]	95
第 3 趟	38 ↔ 22		49	56	65	76	82	95
结　果	22	38	49	56	65	[76]	82	95
第 4 趟	22	38	49	56	65	76	82	95
结　果	22	38	49	56	65	76	82	95

图 8-30　冒泡排序过程

(2) 快速排序。

快速排序是对冒泡排序的一种改进，其基本思想是：从线性表中选取一个元素为"枢轴"，设为 T，将线性表后面小于 T 的元素移到前面，而前面大于 T 的元素移到后面，结果就将线性表分割成了两部分(称为两个子表)，两子表分界线的位置就是 T 的正确位置。这个过程称作一趟快速排序(或一次划分)。对分割后的各子表再按上述原则进行划分，并且，这种分割过程可以一直做下去，直到所有子表中仅有一个元素或为空为止，此时的线性表就变成了有序表。

假设选表的第一个元素为枢轴，暂存放在 T 中，则一趟快速排序的具体做法是：附设两个指针 Low 和 High，它们的初值分别指向表中第一个元素和最后一个元素，首先从 High 所指位置起向前搜索找到第一个小于 T 的元素放在 Low 的位置上，然后从 Low 的位置开始从前往后搜索找到第一个大于 T 的元素放在 High 的位置上，重复这两步直到 Low=High 为止，将 T 放在 Low 的位置就完成了一趟快速排序(一次划分)。

【例 8-19】对线性表(56, 38, 49, 22, 95, 65, 82, 76)进行一趟快速排序的过程如图 8-31 所示。

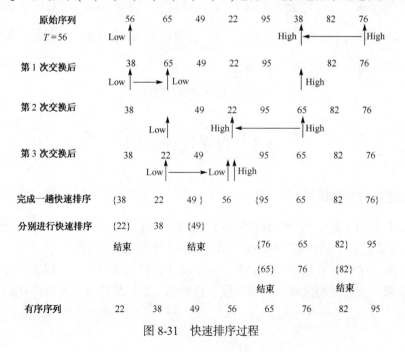

图 8-31　快速排序过程

快速排序的平均时间为 $kn\ln n$，其中，n 为待排序列中元素的个数，k 为某个常数。经验证明，在所有同数量级的此类排序方法中，快速排序的常数因子 k 最小。因此，就平均时间而言，快速排序是目前被认为最好的一种内部排序方法，其平均时间复杂度为 $O(n\log_2 n)$。但若枢轴元素选择不当或初始序列按值有序或基本有序，快速排序就蜕化为冒泡排序，其时间复杂度为 $O(n^2)$。为改变这种情况，通常取表中第一、最后和中间这三个元素值居中者为枢轴元素。

3）选择类排序

选择类排序有简单选择排序、树形选择排序（又称为锦标赛排序）和堆排序等，下面仅介绍简单选择排序。

对表长为 n 的线性表进行简单选择排序的基本思想是：每一趟在 $n-i+1(i=1,2,3,\cdots,n-1)$ 个元素中选择一个最小的放在第 i 个位置上（最小的与第 i 个元素交换即可）。

【例 8-20】 利用简单选择排序对线性表(38, 49, 22, 95, 65, 56, 82, 76)进行排序的过程如图 8-32 所示。

表长为 n 的线性表进行简单选择排序时，共需要 $n-1$ 趟，每一趟是在 $n-i+1$ 个元素中找出最小元，需要 $n-i$ 次比较。i 从 1 到 $n-1$ 的这 $n-1$ 趟中共需要比较 $(n-1)+(n-2)+\cdots+1$ 次 $(n(n-1)/2$ 次)，其时间复杂度为 $O(n^2)$。

原始序列	49	38	22	95	65	56	82	76
第 1 趟	22	38	49	95	65	56	82	76
第 2 趟	22	38	49	95	65	56	82	76
第 3 趟	22	38	49	95	65	56	82	76
第 4 趟	22	38	49	56	65	95	82	76
第 5 趟	22	38	49	56	65	95	82	76
第 6 趟	22	38	49	56	65	76	82	95
第 7 趟	22	38	49	56	65	76	82	95

图 8-32 简单选择排序

8.2 程序设计基础

8.2.1 程序设计方法与风格

程序设计是一门技术，需要相应的理论、技术、方法和工具来支持。程序设计方法和技术的发展，主要经过了结构化程序设计和面向对象的程序设计阶段。

除了好的程序设计方法和技术之外，程序设计风格也很重要。良好的程序设计风格可以使设计出来的程序结构清晰、容易阅读、容易修改、容易验证，使程序代码便于测试和维护。

　　程序设计风格是指编写程序时所表现出的特点、习惯和逻辑思路。程序是由人来编写的，为了测试和维护程序，往往还要阅读和跟踪程序，因此就程序设计的风格总体而言应该强调简单和清晰。"清晰第一，效率第二"的论点已成为当今主导的程序设计风格。要形成良好的程序设计风格，应注重考虑下列因素。

　　1. 源程序文档化

　　源程序文档化主要包括以下几个方面。

　　(1)符号名的命名：符号名的命名要具有一定的实际含义，做到"见名思义"，以便于对程序的理解。

　　(2)程序注释：正确的注释能够帮助读者理解程序。注释一般分为序言性注释和功能性注释。序言性注释通常位于每个程序的开头部分，它给出程序的整体说明，主要描述内容可以包括程序标题、程序功能说明、主要算法、接口说明、程序位置、开发简历、程序设计者、复审者、复审日期、修改日期等。功能性注释的位置一般嵌在源程序体之中，主要描述其后的语句或本程序段做什么。

　　(3)视觉组织：为使程序的结构一目了然，可以在程序中利用空格、空行、缩进等技巧使程序层次清晰。

　　2. 数据说明

　　在编写程序时，需要注意数据说明的风格，以便使程序中的数据说明更易于理解和维护。一般应注意如下几点。

　　(1)数据说明的次序规范化。鉴于程序理解、阅读和维护的需要，使数据说明次序固定，这样可以使数据的属性容易查找，也有利于测试、排错和维护。

　　(2)说明语句中变量安排有序化。当一个说明语句说明多个变量时，变量按照字母顺序排序为好。

　　(3)使用注释来说明复杂的数据结构。

　　3. 程序的结构

　　程序应该简单易懂，语句构造也应该简单直接，不应该为提高效率而把语句复杂化。一般应注意以下方面。

　　(1)在一行内只写一条语句，并采用适当的缩进格式，使程序的逻辑和功能变得明确。

　　(2)除非对效率有特殊要求，应避免不必要的转移，遵循"清晰第一，效率第二"的原则。

　　(3)首先要保证程序正确，然后才要求提高速度。

　　(4)避免使用临时变量而使程序的可读性下降。

　　(5)尽可能使用库函数。

　　(6)避免采用复杂的条件语句。

　　(7)尽量减少使用"否定"条件的条件语句。

　　(8)数据结构要有利于程序的简化。

　　(9)要模块化，使模块功能尽可能单一化。

　　(10)利用信息隐蔽，确保每一个模块的独立性。

　　(11)不要修补不好的程序，要重新编写。

　　4. 输入和输出

　　输入和输出的方式和格式，通常是用户对应用程序是否满意的一个因素，应尽可能方便用户的使用，在设计和编程时应该考虑如下原则。

(1)对所有的输入数据都要检验数据的合法性。

(2)检查输入项的各种重要组合的合理性。

(3)输入格式要简单，以使得输入的步骤和操作尽可能简单。

(4)输入数据时，应允许使用自由格式。

(5)应允许缺省值。

(6)输入一批数据时，最好使用输入结束标志。

(7)在以交互式输入/输出方式进行输入时，要在屏幕上使用提示来明确提示输入的请求，同时在数据输入过程中和输入结束时，应在屏幕上给出状态信息。

(8)如果程序设计语言对输入格式有严格要求，则应保持输入格式与输入语句的一致性。

(9)给所有的输出加注释，并设计输出格式。

8.2.2 结构化程序设计

软件危机的出现，使人们开始研究程序设计的方法，其中最受关注的是20世纪70年代提出的"结构化程序设计"思想和方法。结构化程序设计方法引入了工程思想和结构化思想，使大型软件的开发和编程得到了极大的改善。

1. 结构化程序设计的原则

结构化程序设计方法的主要原则可以概括为自顶向下，逐步求精，模块化，限制使用goto语句。

(1)自顶向下：程序设计时，应先从最上层总体目标开始设计，逐步使问题具体化，即应先考虑总体，后考虑细节；先考虑全局目标，后考虑局部目标。

(2)逐步求精：对复杂问题，应设计一些子目标作为过渡，逐步细化。

(3)模块化：一个复杂的问题，通常由若干稍简单的问题构成。模块化是把程序要解决的总目标分解为分目标，再进一步分解为具体的小目标，并把每个小目标称为一个模块。

(4)限制使用goto语句。

2. 结构化程序的基本结构与特点

结构化程序设计方法是程序设计的先进方法和工具。采用结构化程序设计方法编写程序，可使程序结构清晰、容易阅读、容易理解、容易维护、容易验证。1966年，Boehm和Jacopini证明了任何单入口、单出口且没有"死循环"的程序都可以使用顺序、选择和循环这三种基本结构构造出来。

(1)顺序结构：按照程序语句行的自然顺序依次执行，如图8-33所示。

(2)选择结构：又称为分支结构，它包括简单选择和多分支选择结构。这种结构可以根据设定的条件，判断应该选择哪一条分支来执行相应的语句序列。如图8-34所示列出了包含两个分支的简单选择结构。

(3)循环结构：又称为重复结构，它根据给定的条件，判断是否需要重复执行某一程序段。在程序设计语言中，循环结构对应两类循环语句，对先判断后执行循环体的称为当型循环结构，如图8-35所示；对先执行循环体后判断的称为直到型循环结构，如图8-36所示。

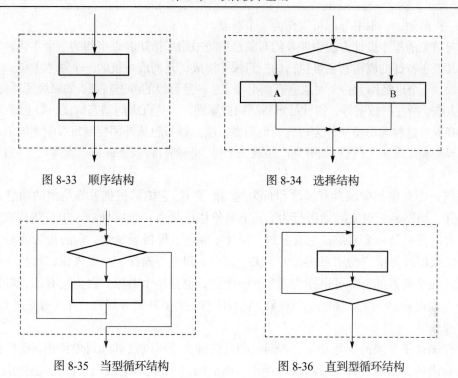

图 8-33 顺序结构   图 8-34 选择结构

图 8-35 当型循环结构   图 8-36 直到型循环结构

综上所述，结构化程序设计的基本思想如下：一是使用三种基本结构，二是采用自顶向下、逐步求精和模块化方法。结构化强调程序设计的风格和程序结构的规范化，其程序结构是按功能划分为若干个基本模块，这些模块之间的关系尽可能简单，且功能相对独立，每个模块内部均是由顺序、选择、循环三种基本结构组成。结构化程序设计由于采用了模块化与功能分解、自顶向下、分而治之的方法，因而可将一个较为复杂的问题分解为若干个子问题，各子问题分别由不同的人员来解决，从而可以提高程序开发的效率，而且有利于软件的开发和维护。结构化程序是由一些为数不多的基本结构模块组成，这些模块甚至可以由机器自动生成，从而可极大地减少编程者的工作量。

8.2.3 面向对象的程序设计

面向对象的程序设计是一种使用现实世界的概念思考问题从而自然地解决问题的程序设计方法。它强调模拟现实世界中的概念而不强调算法，是当前程序设计的主流方向，是程序设计方法上的一次飞跃。

1. 面向对象程序设计的基本概念

关于面向对象方法，对其概念有许多不同的看法和定义，但是都涵盖了对象、类、消息、继承、多态性等几个基本要素。

1）对象

对象（Object）是面向对象方法中最基本的概念。客观世界中任何一个事物都可以看成一个对象，也就是说，在应用领域中有意义的、与所要解决的问题有关系的任何事物都可以作为对象，客观世界是由千千万万对象组成的。对象可以是具体的物理实体的抽象，也可以是社会生活中的一种人为的概念，或者是任何有明确边界和意义的东西。例如，一个人、一家公司、一次活动、一本书等都可以作为一个对象。

面向对象的程序设计方法中涉及的对象是系统中用来描述客观事物的一个实体，它由一组表示其静态特征的属性和它可执行的一组操作组成，是构成系统的一个基本单位。

例如，一个班级作为一个对象它有两个要素：一是班级的静态特征，如班级所属的院系、专业、人数、所在的教室等，这种静态特征叫做属性；二是班级的动态特征，如上课、开会、体育比赛等，这种动态特征称为行为，也叫做方法。如果想从外部控制班级学生的活动，可以从外界向班级发一个信息(如听到广播就去上操，听到打铃就下课或上课等)，一般称它为消息。

任何一个对象都应该具有属性和行为这两个要素。它能够根据外界给出的信息进行相应的操作，操作表示对象的动态行为。一个对象往往是由一组属性和一组行为构成的。例如，一台电视机是一个对象，它有品牌、尺寸、颜色、价格等属性，它的行为就是它的功能，可以根据外界给它的消息进行开、关、选台、调色等操作。一般来说，凡是具有属性和行为这两个要素的，都可以作为对象。一个数，也是一个对象，因为它有值，对它能进行各种算术运算；一篇文章是一个对象，它有字数、文字种类等属性，可以对它进行修改、输出等操作。

操作描述了对象的执行功能，若通过消息传递，还可以被其他对象使用。操作的过程对外是封闭的，即用户只能看到这一操作实施后的结果(就像电视机上的功能按钮)。这相当于事先已经设计好的各种过程，只需要调用就可以了，用户不必去关心这一过程是如何编写的。事实上，这个过程已经封装在对象中，用户也看不到。对象的这一特性，即是对象的封装性。

2)类和实例

类(Class)是具有共同属性、共同行为的对象的集合。所以，类是对象的抽象，它描述了属于该对象类型的所有对象的性质，而一个对象则是其对应类的一个实例(Instance)。例如，integer 是一个整数类，它描述了所有整数的性质。因此，任何整数都是整数类的对象，而一个具体的整数"123"是类 integer 的一个实例。又如，哺乳动物可以看作是一个类，具体的一只羊就是这个类中的一个实例。

3)消息

消息(Message)是一个实例与另一个实例之间传递的信息，它请求对象执行某一操作。消息的使用类似于函数调用，消息中指定了某一个实例、一个操作名和一个参数表。接收消息的实例执行消息中指定的操作，并将形式参数与参数表中相应的值结合起来。消息传递过程中，由发送消息的对象(发送对象)的触发操作产生输出结果，作为消息传送至接收消息的对象(接收对象)，引发接收消息的对象一系列的操作。所传送的消息实质上是接收对象所具有的操作(方法)名称，有时还包括相应的参数，如图 8-37 表示了消息传递的概念。

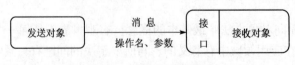

图 8-37　消息传递示意图

消息中只包含传递者的要求，它告诉接收者需要做哪些处理，但并不指示接收者应该怎样完成这些处理。消息完全由接收者解释，接收者独立决定采用什么方式完成所需的处理，发送者对接收者不起任何控制作用。一个对象能够接收不同形式、不同内容的多个消息；相同形式的消息可以送往不同的对象，不同的对象对于形式相同的消息可以有不同的解释，能够作出不同的反应。一个对象可以同时往多个对象传递信息，两个对象也可以同时向某个对象传递消息。

4) 继承

继承(Inheritance)是面向对象方法的一个主要特征。继承是用已有的类(父类)作为基础建立新类(子类)。子类直接继承其父类的描述(属性和方法)，而不必重复定义它们。

继承分为单继承与多重继承。单继承是指一个类只有一个父类，多重继承是指一个类有多个父类。

面向对象的许多强有力的功能和突出优点，都来源于它的继承特性。由于子类和父类之间存在继承性，所以，在父类中所作的修改将自动反映到它的所有子类上，而无需更改子类，这种自动更新的能力可以节省用户大量的时间和精力。例如，当为某父类添加一个所需要的新属性时，它的所有子类将同时具有这种属性；同样，当修复了父类中的一个错误时，这个修复也将自动体现在它的全部子类中。充分利用类的继承，相似的对象可以共享程序代码和数据结构，从而大大减少程序中的冗余信息，提高软件的可重用性，也便于软件修改维护。另外，继承性使得用户在开发新的应用系统时不必完全从零开始，可以继承原有的相似系统的功能或者从类库中选取需要的类，再派生出新的类以实现所需要的功能，可以使整个应用程序的设计工作大大简化。

5) 多态性

对象根据所接收的消息而做出动作，同样的消息被不同的对象接收时可导致完全不同的行为，该现象称为多态性(Polymorphism)。例如，在 Windows 环境下，用鼠标双击一下文件对象(向对象发送一个消息)，如果对象是一个可执行文件，则会执行此程序；如果对象是一个文本文件，则启动文本编辑器并打开该文件。在面向对象的软件技术中，多态性是指子类对象可以像父类对象那样使用，同样的消息既可以发送给父类对象也可以发送给子类对象。

多态性机制不仅能增加面向对象软件系统的灵活性，进一步减少冗余信息，而且能显著地提高软件的可重用性和可扩充性。当扩充系统功能增加新的实体类型时，只需要派生出与新实体类相应的新子类，完全无需修改原有的程序代码，甚至不需要重新编译原有的程序。利用多态性，用户能够发送一般形式的消息，而将所有的实现细节都留给接收消息的对象。

2. 面向对象程序设计的思想

面向对象方法的本质，就是从现实世界客观存在的事物出发，用人类在现实生活中常用的思维方法认识、理解和描述客观事物，最终构造系统。将事物的本质特征经抽象后表示为系统中的对象，并作为构造系统的基本单位。强调最终建立的系统能够反映问题域，并保持系统中的对象以及对象之间的关系能够如实地反映问题域中固有事物及其关系。面向对象方法强调按照人类思维方法中的抽象、分类、继承、封装等原则去解决问题。

面向对象方法之所以日益受到人们的重视和应用，成为流行的软件开发方法，是源于面向对象方法的以下主要优点。

1) 与人类习惯的思维方法一致

面向对象方法和技术是以对象为核心。对象是由数据和允许进行的操作组成的封装体，与客观实体直接对应，对象之间通过传递消息互相联系，以模拟现实世界中不同事物彼此之间的联系。

面向对象的设计方法与传统的面向过程的方法有本质不同，其基本原理是使用现实世界的概念抽象地思考问题从而自然地解决问题。它强调模拟现实世界中的概念而不强调算法，它鼓励开发者在软件开发的绝大部分过程中都用应用领域的概念进行思考。

2) 稳定性好

面向对象方法基于构造问题领域的对象模型，以对象为中心构造软件系统。它的基本做法是用对象模拟问题领域中的实体，以对象间的关系描述实体间的联系。因为面向对象的软件系统的结构是根据问题领域的模型建立起来的，而不是基于对系统应完成的功能的分解，所以，当对系统的功能需求变化时并不会引起软件结构的整体变化，往往仅需要作一些局部性的修改就可以了。由于现实世界中的实体是相对稳定的，因此，以对象为中心构造的软件系统也是比较稳定的。

3) 可重用性好

软件重用是指在不同的软件开发过程中重复使用相同或相似软件元素的过程。重用是提高软件生产率的最主要的方法。

在面向对象方法中所使用的对象，其数据和操作是作为平等伙伴出现的，对象所固有的封装性使得对象的内部与外界隔离，具有较强的独立性。由此可见，对象提供了比较理想的模块化机制和比较理想的可重用的软件成分。

面向对象的软件开发技术在利用可重用的软件成分构造新的软件系统时，有很大的灵活性。有两种方法可以重复使用一个类：一种方法是创建该类的实例，从而直接使用它；另一种方法是从它派生出一个满足当前需要的新类。继承性机制使得子类不仅可以重用其父类的数据结构和程序代码，而且可以在父类代码的基础上方便地修改和扩充，这种修改并不影响对原有类的使用。面向对象的软件开发技术所实现的可重用性是自然的和准确的。

4) 易于开发大型软件

用面向对象方法开发软件时，可以把一个大型产品看做是一系列本质上相互独立的小产品来处理，这不仅降低了开发的技术难度，也方便了对开发工作的管理。许多软件开发公司的经验都表明，当把面向对象技术用于大型软件开发时，软件成本明显降低，软件的整体质量也得到了提高。

5) 可维护性好

用传统的开发方法开发出来的软件很难维护，是软件危机的突出表现。由于下述因素的存在，使得用面向对象的方法开发的软件可维护性好。

(1) 用面向对象的方法开发的软件稳定性好，且容易修改。当对软件的功能或性能的要求发生变化时，通常不会引起软件的整体变化，往往只需要对局部做一些修改。由于对软件的改动较小且限于局部，自然比较容易实现。在面向对象方法中，核心是类(对象)，它具有理想的模块机制，独立性好，修改一个类通常很少会牵扯到其他类。如果仅修改一个类的内部实现部分(私有数据成员或成员函数的算法),而不修改该类的对外接口,则可以完全不影响软件的其他部分。面向对象技术特有的继承机制,使得对所开发的软件的修改和扩充比较容易实现,通常只需要从已有类派生出一些新类,无需修改软件原有成分。面向对象技术的多态性机制,使得当扩充软件功能时对原有代码的修改进一步减少,需要增加的新代码也比较少。

(2)用面向对象的方法开发的软件比较容易理解。面向对象的技术符合人们的习惯思维方式,用它所建立的软件系统的结构与问题空间的结构基本一致。因此,面向对象的软件系统比较容易理解。

(3)易于测试和调试。为了保证软件质量,对软件进行维护之后必须进行必要的测试,以确保要求修改或扩充的功能已正确地实现,而且没有影响到软件未修改的部分。如果测试过程中发现了错误,还必须通过调试修正过来,显然,软件是否易于测试和调试,是影响软件可维护性的一个重要因素。对用面向对象的方法开发的软件进行维护,往往是通过从已有类派生出一些新类来实现。因此,维护后的测试和调试工作也主要围绕这些新派生出来的类进行。类是独立性很强的模块,向类的实例发消息即可运行它,观察它是否能正确地完成相应的工作,因此对类的测试通常比较容易实现。

8.3 软件工程基础

8.3.1 软件工程的概念

1. 软件的概念与分类

计算机软件是计算机系统中与硬件相互依存的另一部分,包括程序、数据及相关文档的完整集合。其中,程序是软件开发人员根据用户需求开发的、用程序设计语言描述的、适合计算机执行的指令(语句)序列。数据是使程序能正常操纵信息的数据结构。文档是与程序开发、维护和使用有关的图文资料。可见软件由两部分组成:一是机器可执行的程序和数据;二是机器不可执行的,与软件开发、运行、维护、使用等有关的文档。

国家标准中对计算机软件的定义为,与计算机系统的操作有关的计算机程序、规程、规则,以及可能有的文件、文档及数据。

软件根据应用目标的不同,是多种多样的。软件按功能可以分为应用软件、系统软件、支撑软件(或工具软件)。应用软件是为解决特定领域的应用而开发的软件。例如,事务处理软件、工程与科学计算软件、实时处理软件、嵌入式软件、人工智能软件等应用性质不同的各种软件。

系统软件是计算机管理自身资源,提高计算机使用效率并为计算机用户提供各种服务的软件。例如,操作系统、编译程序、汇编程序、网络软件、数据库管理系统等。

支撑软件是介于系统软件和应用软件之间,协助用户开发软件的工具性软件,包括辅助、支持开发和维护应用软件的工具软件,如需求分析工具软件、设计工具软件、编码工具软件、测试工具软件、维护工具软件等,也包括辅助管理人员控制开发进程和项目管理的工具软件,如计划进度管理工具软件、过程控制工具软件、质量管理及配置管理工具软件等。

2. 软件的特点

软件在开发、生产、维护和使用等方面与计算机硬件相比存在明显的差异。在制造硬件时，人的创造性的劳动过程(分析、设计、建造、测试)能够完全转换成物理的形式，但软件是逻辑的而不是物理的产品，因此软件具有和硬件完全不同的特点。

(1)软件是一种逻辑实体，而不是物理实体，具有抽象性。软件的这个特点使它与其他工程对象有着明显的差异。人们可以把它记录在纸上或存储介质上，但却无法看到软件本身的形态，必须通过观察、分析、思考、判断，才能了解它的功能、性能等特性。

(2)软件的生产与硬件不同，它没有明显的制作过程。一旦研制开发成功，可以大量复制同一内容的副本。软件的成本集中在开发过程上，而硬件生产的成本更多地表现在原材料消耗上。因此，软件项目开发过程不能完全像硬件制造过程那样来管理，对软件的质量控制，必须着重在软件开发方面下功夫。

(3)软件在运行、使用期间不存在磨损、老化问题。软件虽然在生存周期后期不会因为磨损而老化，但为了适应硬件、环境以及需求的变化要进行修改，而这些修改又会不可避免地引入错误，导致软件失效率升高，从而使得软件退化。软件故障的修复要比硬件故障的修复复杂得多。因此，衡量软件产品质量的一个重要指标就是它的"可维护性"。

(4)软件的开发、运行对计算机系统具有依赖性，受计算机系统的限制，这导致了软件移植的问题。

(5)软件复杂性高，成本高昂。软件是人类有史以来生产的复杂度最高的工业产品。软件开发需要投入大量高强度的脑力劳动，成本高，风险大。

(6)软件开发涉及诸多的社会因素。许多软件的开发和运行涉及用户的机构设置、体制以及管理方式等，甚至涉及人们的观念和心理，软件知识产权及法律等问题。

3. 软件危机

软件工程概念的出现源自软件危机。20世纪60年代末以后，"软件危机"这个词频繁出现。所谓软件危机是泛指在计算机软件的开发和维护过程中所遇到的一系列严重问题。

随着计算机技术的发展和应用领域的扩大，计算机硬件性能/价格比和质量稳步提高，软件规模越来越大，复杂程度不断增加，软件成本逐年上升，质量没有可靠的保证，软件已成为计算机科学发展的"瓶颈"。具体地说，在软件开发和维护过程中，软件危机主要表现在以下几个方面。

(1)软件需求的增长得不到满足，用户对系统不满意的情况经常发生。

(2)软件开发成本和进度无法控制。

(3)缺乏良好的软件质量评测手段，从而导致软件产品的质量常常得不到保证。

(4)软件不可维护或维护程度非常低。

(5)软件的成本不断提高，软件开发的人力成本持续上升。

(6)软件开发生产率的提高赶不上硬件的发展和应用需求的增长。

总之，可以将软件危机归结为成本、质量、生产率等问题。

分析带来软件危机的原因，宏观方面是由于软件日益深入社会生活的各个层面，对软件需求的增长速度大大超过了技术进步所能带来的软件生产率的提高。而就每一项具体的工程任务来看，许多困难来源于软件工程所面临的任务和其他工程之间的差异以及软件和其他工业产品的不同。

　　在软件开发和维护过程中，之所以存在这些严重的问题，一方面与软件本身的特点有关。例如，在软件运行前，软件开发过程的进展难衡量，质量难以评价，因此管理和控制软件开发过程相当困难；在软件运行过程中，软件维护意味着改正或修改原来的设计；另外，软件的显著特点是规模庞大，复杂度超线性增长，在开发大型软件时，要保证高质量，极端复杂困难，不仅涉及技术问题，更重要的是必须有严格而科学的管理。另一方面与软件开发和维护方法不正确有关，这是主要原因。

　　4. 软件工程

　　为了消除软件危机，通过认真研究解决软件危机的方法，认识到软件工程是使计算机软件走向工程科学的途径，逐步形成了软件工程的概念，开辟了工程学的新兴领域——软件工程学。软件工程就是试图用工程、科学和数学的原理与方法研制、维护计算机软件的有关技术及管理方法。

　　关于软件工程的定义，国家标准中指出，软件工程是应用于计算机软件的定义、开发和维护的一整套方法、工具、文档、实践标准和工序。1968 年在北大西洋公约组织（North Atlantic Treaty Organization, NATO）会议上，讨论摆脱软件危机的办法，软件工程（Software Engineering）作为一个概念首次被提出。其后的几十年里，各种有关软件工程的技术、思想、方法和概念不断地被提出，软件工程逐步发展成为一门独立的科学。1993 年，IEEE 给出了一个更加综合的定义："将系统化的、规范的、可度量的方法应用于软件的开发、运行和维护的过程，即将工程化应用于软件中"。这些主要思想都是强调在软件开发过程中需要应用工程化原则。

　　软件工程包括三个要素，即方法、工具和过程。方法是完成软件工程项目的技术手段，工具支持软件的开发、管理、文档生成，过程支持软件开发的各个环节的控制、管理。

　　软件工程的核心思想是，把软件产品（就像其他工业产品一样）看作是一个工程产品来处理。把需求分析计划、可行性研究、工程审核、质量监督等工程化的概念引入到软件生产当中，以期望达到工程项目的三个基本要素：进度、经费和质量的目标。同时，软件工程也注重研究不同于其他工业产品生产的一些独特特性，并针对软件的特点提出了许多有别于一般工业工程技术的一些技术方法。其代表性的方法有结构化的方法、面向对象方法和软件开发模型及软件开发过程等。

　　5. 软件工程过程

　　软件工程过程（Software Engineering Process）是把输入转换为输出的一组彼此相关的资源和活动。定义支持了软件工程过程的两方面内涵。

　　(1)软件工程过程是指为获得软件产品，在软件工具支持下由软件工程师完成的一系列软件工程活动。基于这个方面，软件工程过程通常包含四种基本活动。

　　①P（Plan）——软件规格说明：规定软件的功能及其运行时的限制。

　　②D（Do）——软件开发：产生满足规格说明的软件。

　　③C（Check）——软件确认：确认软件能够满足客户提出的要求。

　　④A（Action）——软件演进：为满足客户的变更要求，软件必须在使用的过程中演进。

　　事实上，软件工程过程是一个软件开发机构针对某类软件产品为自己规定的工作步骤，它应当是科学的、合理的，否则必将影响软件产品的质量。

　　通常把用户的要求转变成软件产品的过程也叫做软件开发过程。此过程包括对用户的要求进行分析，解释成软件需求，把需求变换成设计，把设计用代码来实现并进行代码测试，有些软件还需要进行代码安装和交付运行。

（2）从软件开发的观点看，它就是使用适当的资源（包括人员、硬软件工具、时间等），为开发软件而进行的一组开发活动，在过程结束时将输入（用户要求）转换为输出（软件产品）。

所以，软件工程的过程是将软件工程的方法和工具综合起来，以达到合理、及时地进行计算机软件开发的目的。软件工程过程应确定方法使用的顺序、要求交付的文档资料、为保证质量和适应变化所需要的管理、软件开发各个阶段完成的任务。

6. 软件生命周期

软件生命周期（Software Life Cycle）是指将软件产品从提出、实现、使用维护到停止使用退役的过程。也就是说，软件产品从考虑其概念开始，到该软件产品不能使用为止的整个时期都属于软件生命周期。其一般包括可行性研究与需求分析、设计、实现、测试、交付使用以及维护等活动，如图 8-38 所示。这些活动可以有重复，执行时也可以有迭代。还可以将软件生命周期分为如图 8-38 所示的软件定义、软件开发及软件运行维护三个阶段。

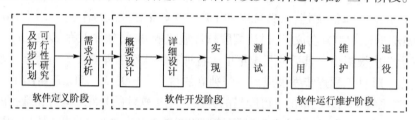

图 8-38　软件生命周期

（1）可行性研究与计划制定：确定待开发软件系统的开发目标和总的要求，给出它的功能、性能、可靠性以及接口等方面的可能方案，制定完成开发任务的实施计划。

（2）需求分析：对待开发软件提出的需求进行分析并给出详细定义。编写软件规格说明书及初步的用户手册，提交评审。

（3）软件设计：系统设计人员和程序设计人员应该在反复理解软件需求的基础上，给出软件的结构、模块的划分、功能的分配以及处理流程。在系统比较复杂的情况下，设计阶段可分为概要设计阶段和详细设计阶段。编写概要设计说明书、详细设计说明书和测试计划初稿，提交评审。

（4）软件实现：把软件设计转换成计算机可以接受的程序代码，即完成源程序的编码，编写用户手册、操作手册等面向用户的文档，编写单元测试计划。

（5）软件测试：在设计测试用例的基础上，检验软件的各个组成部分。编写测试分析报告。

（6）运行和维护：将已交付的软件投入运行，并在运行使用中不断地维护，根据新提出的需求进行必要而且可能的扩充和删改。

7. 软件工程的目标

软件工程的目标是在给定成本、进度的前提下，开发出具有有效性、可靠性、可理解性、可维护性、可重用性、可适应性、可移植性、可追踪性和可相互操作性且满足用户需求的产品。

软件工程需要达到的基本目标应是付出较低的开发成本；达到要求的软件功能；取得较好的软件性能；开发的软件易于移植；需要较低的维护费用；能按时完成开发，及时交付使用。基于软件工程的目标，软件工程的理论和技术性研究的内容主要包括软件开发技术和软件工程管理。

　　软件开发技术包括软件开发方法学、开发过程、开发工具和软件工程环境，其主体内容是软件开发方法学。软件开发方法学是根据不同的软件类型，按不同的观点和原则，对软件开发中应遵循的策略、原则、步骤和必须产生的文档资料都作出规定，从而使软件的开发能够进入规范化和工程化的阶段，以克服早期的手工方法生产中的随意性和非规范性做法。

　　软件工程管理是软件按工程化生产时的重要环节，它要求按照预先制定的计划、进度和预算执行，以实现预期的经济效益和社会效益。统计数据表明，多数软件开发项目的失败，并不是由于软件开发技术方面的原因，它们的失败是由于不适当的管理造成的。因此，人们对软件项目管理重要性的认识有待提高。

　　软件工程管理包括软件管理学、软件工程经济学、软件心理学等内容。软件管理学包括人员组织、进度安排、质量保证、配置管理、项目计划等。软件工程经济学是研究软件开发中成本的估算、成本效益分析的方法和技术，用经济学的基本原理来研究软件工程开发中的经济效益问题。软件心理学是软件工程领域具有挑战性的一个全新的研究视角，它是从个体心理、人类行为、组织行为和企业文化等角度来研究软件管理和软件工程的。

　　8. 软件工程的原则

　　为了达到上述软件工程目标，在软件开发过程中，必须遵循软件工程的基本原则。这些原则适用于所有的软件项目。这些基本原则包括抽象、信息隐蔽、模块化、局部化、确定性、一致性、完备性和可验证性。

　　(1)抽象：抽取事物最基本的特性和行为，忽略非本质细节。采用分层次抽象、自顶向下、逐层细化的办法控制软件开发过程的复杂性。

　　(2)信息隐蔽：采用封装技术，将程序模块的实现细节隐藏起来，使模块接口尽量简单。

　　(3)模块化：模块是程序中相对独立的成分，一个独立的编程单位，应有良好的接口定义。模块的大小要适中，模块过大会使模块内部的复杂性增加，不利于对模块的理解和修改，也不利于模块的调试和重用。模块太小会导致整个系统表示过于复杂，不利于控制系统的复杂性。

　　(4)局部化：要求在一个物理模块内集中逻辑上相互关联的计算资源，保证模块间具有松散的耦合关系，模块内部有较强的内聚性，这有助于控制系统的复杂性。

　　(5)确定性：软件开发过程中所有概念的表达应是确定的、无歧义且规范的。这有助于人与人的交互不会产生误解和遗漏，以保证整个开发工作的协调一致。

　　(6)一致性：包括程序、数据和文档的整个软件系统的各模块应使用已知的概念、符号和术语；程序内、外部接口应保持一致，系统规格说明与系统行为应保持一致。

　　(7)完备性：软件系统不丢失任何重要成分，完全实现系统所需要的功能。

　　(8)可验证性：开发大型软件系统需要对系统自顶向下逐层分解。系统分解应遵循容易检查、测评、评审的原则，以确保系统的正确性。

　　9. 软件开发工具和环境

　　现代软件工程方法之所以得以实施，其重要的保证是软件开发工具和环境的保证，使软件在开发效率、工程质量等多方面得到改善。软件工程鼓励研制和采用各种先进的软件开发方法、工具和环境。工具和环境的使用进一步提高了软件的开发效率、维护效率和软件质量。

1）软件开发工具

早期的软件开发除了一般的程序设计语言外，尚缺少工具的支持，致使编程工作量大，质量和进度难以保证，导致人们将很多的精力和时间花费在程序的编制和调试上，而在更重要的软件需求分析和设计上反而得不到必要的精力和时间投入。软件开发工具的完善和发展将促进软件开发方法的进步和完善，促进软件开发的高速度和高质量。软件开发工具的发展是从单项工具的开发逐步向集成工具发展的，软件开发工具为软件工程方法提供了自动的或半自动的软件支撑环境。同时，软件开发方法的有效应用也必须得到相应工具的支持，否则方法将难以有效地实施。

2）软件开发环境

软件开发环境或称为软件工程环境，是全面支持软件开发全过程的软件工具集合。这些软件工具按照一定的方法或模式组合起来，支持软件生命周期内的各个阶段和各项任务的完成。

计算机辅助软件工程（Computer Aided Software Engineering，CASE）将各种软件工具、开发机器和一个存放开发过程信息的中心数据库组合起来，形成软件工程环境。CASE 的成功将最大限度地降低软件开发的技术难度并使软件开发的质量得到保证。

8.3.2　结构化分析方法

软件开发方法是软件开发过程所遵循的方法和步骤，软件开发方法包括分析方法、设计方法和程序设计方法。结构化方法经过近 40 年的发展，已经成为系统、成熟的软件开发方法之一。结构化方法包括已经形成了配套的结构化分析方法、结构化设计方法和结构化编程方法，其核心和基础是结构化程序设计理论。

1. 需求分析与方法

软件需求是指用户对目标软件系统在功能、行为、性能、设计约束等方面的期望。需求分析的任务是发现需求、求精、建模和定义需求的过程。需求分析将创建所需要的数据模型、功能模型和控制模型。需求分析阶段的工作可以概括为四个方面。

（1）需求获取：需求获取的目的是确定对目标系统的各方面需求。其涉及的主要任务是建立获取用户需求的方法框架，并支持和监控需求获取的过程。

（2）需求分析：对获取的需求进行分析和综合，最终给出系统的解决方案和目标系统的逻辑模型。

（3）编写需求规格说明书：需求规格说明书作为需求分析的阶段成果，可以为用户、分析人员和设计人员之间的交流提供方便，可以直接支持目标软件系统的确认，又可以作为控制软件开发进程的依据。

（4）需求评审：需求评审是需求分析的最后一步，是对需求分析阶段的工作进行复审，验证需求文档的一致性、可行性、完整性和有效性。常见的需求分析方法有两类，其一是结构化分析方法，其二是面向对象的分析方法。结构化分析方法主要包括面向数据流的结构化分析方法、面向数据结构的 Jackson 方法和面向数据结构的结构化数据系统开发方法。从需求分析建立的模型的特性来分，需求分析方法又分为静态分析方法和动态分析方法。

2. 结构化分析方法

结构化分析方法是结构化程序设计理论在软件需求分析阶段的运用。结构化分析方法的实质是着眼于数据流，自顶向下逐层分解，建立系统的处理流程，以数据流图和数据字典为主要工具，建立系统的逻辑模型。结构化分析的步骤如下。

(1)通过对用户的调查，以软件的需求为线索，获得当前系统的具体模型。

(2)去掉具体模型中非本质因素，抽象出当前系统的逻辑模型。

(3)根据计算机的特点分析当前系统与目标系统的差别，建立目标系统的逻辑模型。

(4)完善目标系统并补充细节，写出目标系统的软件需求规格说明。

(5)评审直到确认完全符合用户对软件的需求。

3. 结构化分析的常用工具

结构化分析的常用工具有数据流图、数据字典、判定树和判定表等。

1)数据流图

数据流图(Data Flow Diagram，DFD)是描述数据处理过程的工具，是需求理解的逻辑模型的图形表示，它直接支持系统的功能建模。数据流图从数据传递和加工的角度，来刻画数据流从输入到输出的移动变换过程。数据流图中的主要图形元素与说明如表 8-1 所示。

表 8-1　数据流图的图形元素

图形元素	元素名称	作用
◯	加工(转换)	输入数据经加工变换产生输出
⟶	数据流	沿箭头方向传送数据的通道，一般在旁边标注数据流名
▭	源和潭	表示系统和环境的接口，属系统之外的实体
▭	存储文件(数据源)	表示处理过程中存放各种数据的文件

一般通过对实际系统的了解和分析后，使用数据流图为系统建立逻辑模型。可以按如下步骤创建数据流图。第 1 步由外向里，先画系统的输入、输出，然后画系统的内部；第 2 步自顶向下，顺序完成顶层、中间层、底层数据流图；第 3 步逐层分解。

数据流图的建立从顶层开始。顶层数据流图应该包含所有相关外部实体，以及外部实体与软件中间的数据流，其作用主要是描述软件的作用范围，对总体功能、输入、输出进行抽象描述，并反映软件和系统、环境的关系，如图 8-39 所示的为一个工资管理系统的顶层数据流图。

对复杂系统的表达应采用控制复杂度策略，需要按照问题的层次结构逐步分解细化，使用分层的数据流图表达这种结构关系。图 8-40 为工资管理系统的第一层数据流图。

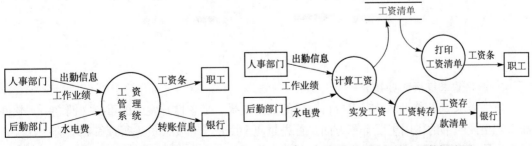

图 8-39　工资管理系统的顶层数据流图　　　　图 8-40　工资管理系统的第一层数据流图

2）数据字典

数据字典（Data Dictionary，DD）是结构化分析方法的核心。数据字典是对所有与系统相关的数据元素的一个有组织的列表，以及精确的、严格的定义，使得用户和系统分析员对于输入、输出、存储成分和中间计算结果有共同的理解。数据字典把不同的需求文档和分析模型紧密地结合在一起，与各模型的图形相配合，能清楚地表达数据处理的要求。

概括地说，数据字典的作用是对 DFD 中出现的被命名的图形元素的确切解释。通常数据字典包含的信息有：名称、别名、何处使用/如何使用、内容描述、补充信息等。在数据字典的编制过程中，常使用定义方式描述数据结构。表 8-2 给出了常用的定义式符号。

表 8-2　数据字典定义式符号

符号	含义	举例
=	用于对=左边的条目进行确切的定义	
[…｜…]	选择括号中用 "｜" 分隔的各项中的某一项	性别=［"男"｜"女"］
+	表示与，X=a+b 表示 X 由 a 和 b 共同构成	日期=年+月+日
n{ }m	重复括号中的项 n—m 次	户名=2{字母}24：户名由 2 到 24 个字母构成
(…)	表示 "可选"，即括号中的项可以没有	日期=年+月+(日)日期中的 "日" 可忽略
**	表示 "注释"	—
..	连接符	month=1..12 表示 month 可取 1～12 的任意值

3）判定树

使用判定树进行描述时，应先从问题定义的文字描述中分清哪些是判定的条件，哪些是判定的结论，根据描述材料中的连接词找出判定条件之间的从属关系、并列关系、选择关系，从而构造判定树。

4）判定表

判定表与判定树相似，当数据流图中的加工要依赖于多个逻辑条件的取值，即完成该加工的一组动作是由于某一组条件取值的组合而引发的，使用判定表描述比较适宜。

判定表由四部分组成，如图 8-41 所示。其中，标识为①的左上部称为基本条件项，列出了各种可能的条件。标识为②的右上部称为条件项，它列出了各种可能的条件组合。标识为③的左下部称为基本动作项，它列出了所有的操作。标识为④的右下部称为动作项，它列出在对应的条件组合下所选的操作。

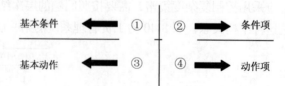

图 8-41　判定表组成

4. 软件需求规格说明书

软件需求规格说明书是需求分析阶段的最后成果，是软件开发中的重要文档之一。软件需求规格说明书的作用主要有三方面。首先是便于用户、开发人员进行理解和交流；其次是反映出用户问题的结构，可以作为软件开发工作的基础和依据；最后是作为确认测试和验收的依据。

　　软件需求规格说明书是作为需求分析的一部分而制定的可交付文档。该说明书把在软件计划中确定的软件范围加以展开，制定出完整的信息描述、详细的功能说明、恰当的检验标准以及其他与要求有关的数据。

　　软件需求规格说明书是确保软件质量的有力措施，衡量软件需求规格说明书质量好坏的标准、标准的优先级及标准的内涵主要有正确性、无歧义性、完整性、可验证性、一致性、可理解性、可修改性、可追踪性。

　　软件需求规格说明书是一份在软件生命周期中至关重要的文件，它在开发早期就为尚未诞生的软件系统建立了一个可见的逻辑模型，它可以保证开发工作的顺利进行，因而应及时地建立并保证它的质量。

　　作为设计的基础和验收的依据，软件需求规格说明书应该是精确而无二义性的，需求说明书越精确，则以后出现错误、混淆、反复的可能性越小。用户能够看懂需求说明书，并且发现和指出其中的错误是保证软件系统质量的关键，因而需求说明书必须简明易懂，尽量少包含计算机的概念和术语，以便用户和软件人员双方都能接受它。

8.3.3　结构化设计方法

　　软件设计是软件工程的重要阶段，是一个把软件需求转换为软件表示的过程。软件设计的基本目标是用比较抽象概括的方式确定目标系统如何完成预定的任务，即软件设计是确定系统的物理模型。

　　1. 软件设计概述

　　从技术观点来看，软件设计包括软件结构设计、数据设计、接口设计、过程设计。其中，结构设计是定义软件系统各主要部件之间的关系，数据设计是将分析时创建的模型转化为数据结构的定义，接口设计是描述软件内部、软件和协作系统之间以及软件与人之间如何通信，过程设计则是把系统结构部件转换成软件的过程性描述。

　　从工程管理角度来看，软件设计可分为概要设计和详细设计两个步骤。软件设计是一个迭代的过程：先进行高层次的结构设计，后进行低层次的过程设计，穿插进行数据设计和接口设计。

　　软件设计遵循软件工程的基本目标和原则，建立了适用于在软件设计中应该遵循的基本原理和与软件设计有关的概念。其主要有抽象、模块化、信息隐蔽、模块独立性。

　　模块化是指解决一个复杂问题时自顶向下逐层把软件系统划分成若干模块的过程。但是划分模块并不是越多越好，因为这会增加模块之间接口的工作量，所以划分模块的层次和数量应该避免过多或过少。模块独立性是指，每个模块只完成系统要求的独立的子功能，并且与其他模块的联系最少且接口简单。模块的独立程度是评价设计好坏的重要度量标准。衡量软件的模块独立性使用内聚性和耦合性两个定性的度量标准。

　　（1）内聚性。内聚性是一个模块内部各个元素间彼此结合的紧密程度的度量。内聚是从功能角度来度量模块内的联系。内聚有如下的种类，它们之间的内聚性由弱到强排列为偶然内聚、逻辑内聚、时间内聚、过程内聚、通信内聚、顺序内聚、功能内聚。

　　内聚性是信息隐蔽和局部化概念的自然扩展。一个模块的内聚性越强则该模块的模块独立性越强。作为软件结构设计的设计原则，要求每一个模块的内部都具有很强的内聚性，它的各个组成部分彼此都密切相关。

（2）耦合性。耦合性是模块间互相连接的紧密程度的度量。耦合性取决于各个模块之间接口的复杂度、调用方式以及哪些信息通过接口。耦合可以分为下列几种，它们之间的耦合度由高到低排列为内容耦合、公共耦合、外部耦合、控制耦合、标记耦合、数据耦合和非直接耦合。

一个模块与其他模块的耦合性越强则该模块的模块独立性越弱。原则上讲，模块化设计总是希望模块之间的耦合表现为非直接耦合方式。但是，由于问题所固有的复杂性和结构化设计的原则，非直接耦合往往是不存在的。

内聚性与耦合性是模块独立性的两个定性标准，但两者又是相互关联的。在程序结构中，各模块的内聚性越强，则耦合性越弱。一般较优秀的软件设计，应尽量做到高内聚，低耦合，即减弱模块之间的耦合性和提高模块内的内聚性，有利于提高模块的独立性。

与结构化需求分析方法相对应的是结构化设计方法。结构化设计就是采用最佳的可能方法设计系统的各个组成部分以及各成分之间的内部联系的技术。

2. 概要设计基础

概要设计（又称为结构设计）是将软件需求转换为软件体系结构、确定系统级接口、全局数据结构或数据库模式；详细设计确立每个模块的实现算法和局部数据结构，用适当方法表示算法和数据结构的细节。

1）软件概要设计的基本任务

软件概要设计的基本任务主要有以下四项。

（1）设计软件系统结构。在需求分析阶段，已经把系统分解成层次结构，而在概要设计阶段，需要进一步分解，划分为模块以及模块的层次结构。

（2）数据结构及数据库设计。数据结构设计是实现需求定义和规格说明过程中提出的数据对象的逻辑表示。数据设计的具体任务是：确定输入、输出文件的详细数据结构；结合算法设计，确定算法所必需的逻辑数据结构及其操作；确定对逻辑数据结构所必需的那些操作的程序模块，限制和确定各个数据设计决策的影响范围；需要与操作系统或调度程序接口所必需的控制表进行数据交换时，确定其详细的数据结构和使用规则；数据的保护性设计；防卫性、一致性、冗余性设计。

（3）编写概要设计文档。在概要设计阶段，需要编写的文档有概要设计说明书、数据库设计说明书、集成测试计划等。

（4）概要设计文档评审。在概要设计中，对设计部分是否完整地实现了需求中规定的功能、性能等要求，设计方案的可行性，关键的处理及内外部接口定义正确性、有效性，各部分之间的一致性等都要进行评审，以免在以后的设计中出现大的问题而返工。

2）软件结构图

常用的软件结构设计工具是结构图（Structure Chart，SC），结构图描述软件系统的层次和分块结构关系，它反映了整个系统的功能实现以及模块与模块之间的联系与通信，是未来程序中的控制层次体系。

结构图的基本图符主要有三种，其中，模块用一个矩形表示，矩形内注明模块的功能和名字；箭头表示模块间的调用关系。在图中还可以用带注释的箭头表示模块调用过程中来回传递的控制信息。如果希望进一步标明传递的信息是数据还是控制信息，则可用带实心圆的箭头●──▶表示传递的是控制信息，用带空心圆的箭头○──▶表示传递的是数据。

经常使用的结构图有四种模块类型：传入模块、传出模块、变换模块和协调模块。程序结构图中经常用到的术语有深度(控制的层数)、上级模块、从属模块、宽度(最大模块数的层中的模块个数)、扇入(调用一个给定模块的模块个数)、扇出(一个模块直接调用的其他模块数)、原子模块(树中位于叶子结点的模块)。

3) 面向数据流的概要设计

在需求分析阶段，主要是分析信息在系统中加工和流动的情况。面向数据流的设计方法定义了一些不同的映射方法，利用这些映射方法可以把数据流图变换成结构图表示的软件结构。首先需要了解数据流图表示的数据处理的类型，然后针对不同类型分别进行分析处理。典型的数据流类型有两种：变换型和事务型。

变换型数据处理问题的工作过程大致分为三步，即取得数据、变换数据和输出数据。相应于取得数据、变换数据、输出数据的过程，变换型系统结构图由输入、中心变换和输出三部分组成。

事务型数据流的特点是接受一项事务，根据事务处理的特点和性质，选择分派一个适当的处理单元(事务处理中心)，然后给出结果，这类数据流归为特殊的一类，称为事务型数据流。在一个事务型数据流中，事务中心接收数据，分析每个事务以确定它的类型，根据事务类型选取一条活动通路。

在事务型数据流系统结构图中，各事务处理模块并列，事务中心模块按所接受的事务类型，选择某一事务处理模块执行。每个事务处理模块可能要调用若干个操作模块，而操作模块又可能调用若干个细节模块。

面向数据流的结构设计过程由以下步骤构成。

(1)分析、确认数据流图的类型，区分是事务型还是变换型。

(2)说明数据流的边界。

(3)把数据流图映射为程序结构。对于事务流，区分事务中心和数据接收通路，将它映射成事务结构。对于变换流，区分输出和输入分支，并将其映射成变换结构。

(4)根据设计准则对产生的结构进行细化和求精。

大量软件设计的实践证明，以下的设计准则是可以借鉴为设计指导和对软件结构图进行优化原则的。

(1)提高模块独立性。对软件结构应着眼于改善模块的独立性，依据降低耦合提高内聚的原则，通过把一些模块取消或合并来修改程序结构。

(2)模块规模适中。当模块增大时，模块的可理解性迅速下降。但是当对大的模块分解时，不应降低模块的独立性，但是有可能会增加模块间的依赖。

(3)深度、宽度、扇出和扇入适当。好的软件设计结构通常顶层高扇出，中间扇出较少，底层高扇入。

(4)使模块的作用域在该模块的控制域内。模块的作用域是指模块内一个判定的作用范围，凡是受这个判定影响的所有模块都属于这个判定的作用域。对于那些不满足这一条件的软件结构，应将判定点上移或者将那些在作用范围内但是不在控制范围内的模块移到控制范围以内。

(5)应减少模块的接口和界面的复杂性。应该仔细设计模块接口，使得信息传递简单并且和模块的功能一致。

(6)设计成单入口、单出口的模块。

(7)设计功能可预测的模块。如果一个模块可以当作一个"黑盒",也就是不考虑模块的内部结构和处理过程,则这个模块的功能就是可以预测的。

3. 详细设计

详细设计的任务,是为软件结构图中的每一个模块确定实现算法和局部数据结构,用某种选定的表达工具表示算法和数据结构的细节。表达工具可以由设计人员自由选择,但它应该具有描述过程细节的能力,而且能够使程序员在编程时便于直接翻译成程序设计语言的源程序。

在过程设计阶段,要对每个模块规定的功能以及算法的设计,给出适当的算法描述,即确定模块内部的详细执行过程,包括局部数据组织、控制流、每一步具体处理要求和各种实现细节等。其目的是确定应该怎样来具体实现所要求的系统。

常见的过程设计工具有图形工具(如程序流程图、N-S、PAD、HIPO 等)、表格工具(如判定表)、语言工具(如 PDL 伪代码)。

其中,PAD(Problem Analysis Diagram,问题分析图)是继程序流程图和方框图之后,提出的又一种主要用于描述软件详细设计的图形表示工具。PAD 图的基本控制结构包括顺序型、选择型、多分支选择型、While 重复型、Until 重复型五种。

PDL(Procedure Design Language)也称为结构化的英语和伪码,它是一种混合语言,采用英语的词汇和结构化程序设计语言的语法,类似于编程语言。

8.3.4 软件测试

软件测试是保证软件质量的重要手段,其主要过程涵盖了整个软件生命周期的过程,包括需求定义阶段的需求测试、编码阶段的单元测试、集成测试以及后期的确认测试、系统测试,验证软件是否合格、能否交付用户使用等。

1. 软件测试的目的

1983 年 IEEE 将软件测试定义为:使用人工或自动手段来运行或测定某个系统的过程,其目的在于检验它是否满足规定的需求或是弄清预期结果与实际结果之间的差别。

关于软件测试的目的,Grenford J. Myers 告诉人们:软件测试是为了在执行程序的过程中发现错误,一个好的测试用例是指找到迄今为止尚未发现的错误的用例,一个成功的测试是发现了至今尚未发现的错误的测试。所以,测试要以查找错误为中心,而不是为了演示软件的正确功能。

2. 软件测试的准则

鉴于软件测试的重要性,要做好软件测试,设计出有效的测试方案和好的测试用例,软件测试人员需要充分理解和运用软件测试的如下基本准则。

(1)所有测试都应追溯到需求。

(2)严格执行测试计划,排除测试的随意性。

(3)注意测试中的群集现象。测试人员应该集中对付那些错误群集的程序。

(4)程序员应避免检查自己的程序。

(5)穷举测试不可能。测试只能证明程序中有错误,不能证明程序中没有错误。

(6)妥善保存测试计划、测试用例、出错统计和最终分析报告,为维护提供方便。

3. 静态测试与动态测试

若从是否需要执行被测软件的角度分,软件测试方法可以分为静态测试和动态测试方法;若按照功能可以划分为白盒测试和黑盒测试方法。

1)静态测试

静态测试包括代码检查、静态结构分析、代码质量度量等。静态测试可以由人工进行,充分发挥人的逻辑思维优势,也可以借助软件工具自动进行。经验表明,使用人工测试能够有效地发现 30%~70%的逻辑设计和编码错误。

2)动态测试

静态测试不实际运行软件,主要通过人工进行。动态测试是基于计算机的测试,是为了发现错误而执行程序的过程。或者说,是根据软件开发各阶段的规格说明和程序的内部结构而精心设计一批测试用例(输入数据及其预期的输出结果),并利用这些测试用例去运行程序,以发现程序错误的过程。设计高效、合理的测试用例是动态测试的关键。测试用例(Test Case)是为测试设计的数据。测试用例由测试输入数据和与之对应的预期输出结果两部分组成。

4. 白盒测试方法及其测试用例设计

白盒测试方法也称为结构测试或逻辑驱动测试。它是根据软件产品的内部工作过程,检查内部成分,以确认每种内部操作符合设计规格要求。白盒测试允许测试人员利用程序内部的逻辑结构及有关信息来设计或选择测试用例,对程序所有的逻辑路径进行测试。所以,白盒测试是在程序内部进行的,主要用于完成软件内部操作的验证。

白盒测试的基本原则是:保证所测模块中每一独立路径至少执行一次,保证所测模块所有判断的每一分支至少执行一次,保证所测模块每一循环都在边界条件和一般条件下至少各执行一次,验证所有内部数据结构的有效性。白盒测试的主要方法有逻辑覆盖、基本路径测试等。

1)逻辑覆盖测试

逻辑覆盖是泛指一系列以程序内部的逻辑结构为基础的测试用例设计技术。通常所指的程序中的逻辑表示有判断、分支、条件等几种表示方式。

(1)语句覆盖:选择足够的测试用例,使得程序中每个语句至少都能被执行一次。

(2)路径覆盖:执行足够的测试用例,使程序中所有可能的路径都至少经历一次。

(3)判定覆盖:设计测试用例保证程序中每个判断的每个取值分支至少经历一次。

(4)条件覆盖:设计的测试用例保证程序中每个条件的可能取值至少执行一次。

(5)判断-条件覆盖:设计足够的测试用例,使判断中每个条件的所有可能取值至少执行一次,同时每个判断的所有可能取值分支至少执行一次。

2)基本路径测试

基本路径测试的思想和步骤是,根据软件过程性描述中的控制流程确定程序的环路复杂性度量,用此度量定义基本路径集合,并由此导出一组测试用例对每一条独立执行路径进行测试。

5. 黑盒测试方法及其测试用例设计

黑盒测试方法也称为功能测试或数据驱动测试。黑盒测试是对软件已经实现的功能是否满足需求进行测试和验证。黑盒测试完全不考虑程序内部的逻辑结构和内部特性,只依据程序的需求和功能规格说明，检查程序的功能是否符合它的功能说明。所以，黑盒测试是在软件接口处进行的，完成功能验证。

黑盒测试主要诊断功能不对或遗漏、界面错误、数据结构或外部数据库访问错误、性能错误、初始化和终止条件错误。黑盒测试方法主要有等价类划分法、边界值分析法、错误推测法、因果图等，主要用于软件确认测试。

1）等价类划分法

等价类划分法是一种典型的黑盒测试方法。它是将程序的所有可能的输入数据划分成若干部分（及若干等价类），然后从每个等价类中选取数据作为测试用例。使用等价类划分法设计测试方案，首先需要划分输入集合的等价类。等价类包括有效等价类、合理和无效等价类。需要研究程序的功能说明，从而确定输入数据的有效等价类和无效等价类。

2）边界值分析法

边界值分析法是对各种输入、输出范围的边界情况设计测试用例的方法。经验表明，程序错误最容易出现在输入或输出范围的边界处，而不是在输入范围的内部。因此，针对各种边界情况设计测试用例，可以查出更多的错误。使用边界值分析方法设计测试用例，确定边界情况应考虑选取正好等于、刚刚大于或刚刚小于边界的值作为测试数据，这样发现程序中错误的概率较大。

3）错误推测法

错误推测法的基本想法是：列举出程序中所有可能有的错误和容易发生错误的特殊情况，根据它们选择测试用例。该方法针对性强，直接切入可能的错误，直接定位，是一种非常实用、有效的方法，但需要丰富的经验和专业知识。错误推测法的实施步骤一般是，对被测软件首先列出所有可能有的错误和易错情况表，然后基于该表设计测试用例。

6. 软件测试的实施

软件测试过程一般按四个步骤进行，即单元测试、集成测试、验收测试（确认测试）和系统测试。通过这些步骤的实施来验证软件是否合格，能否交付用户使用。

1）单元测试

单元测试是对软件设计的最小单位——模块（程序单元）进行正确性检验的测试。单元测试的目的是发现各模块内部可能存在的各种错误。单元测试的依据是详细设计说明书和源程序。单元测试的技术可以采用静态分析和动态测试。对动态测试通常以白盒动态测试为主，辅之以黑盒测试。

2）集成测试

集成测试是测试和组装软件的过程。它是把模块在按照设计要求组装起来的同时进行测试，主要目的是发现与接口有关的错误。集成测试的依据是概要设计说明书。

集成测试所涉及的内容包括软件单元的接口测试、全局数据结构测试、边界条件和非法输入的测试等。集成测试时将模块组装成程序通常采用两种方式，即非增量方式组装与增量方式组装。

非增量方式也称为一次性组装方式。将测试好的每一个软件单元一次组装在一起再进行整体测试。

增量方式是将已经测试好的模块逐步组装成较大系统，在组装过程中边连接边测试，以发现连接过程中产生的问题。最后通过增殖，逐步组装到所要求的软件系统。增量方式包括自顶向下、自底向上、自顶向下与自底向上相结合的混合增量方法。

3）确认测试

确认测试的任务是验证软件的功能和性能及其他特性是否满足了需求规格说明中确定的各种需求，以及软件配置是否完全、正确。

确认测试的实施首先运用黑盒测试方法，对软件进行有效性测试，即验证被测软件是否满足需求规格说明确认的标准。

配置复审是确认测试的另一个重要环节。复审的目的在于保证软件配置齐全、分类有序，以及软件配置所有成分的完备性、一致性、准确性和可操作性，并且包括软件维护所必需的细节。

4）系统测试

系统测试是将通过测试确认的软件，作为整个基于计算机系统的一个元素，与计算机硬件、外设、支持软件、数据和人员等其他系统元素组合在一起，在实际运行(使用)环境下对计算机系统进行一系列的集成测试和确认测试。由此可知，系统测试必须在目标环境下运行，其作用在于评估系统环境下软件的性能，发现和捕捉软件中潜在的错误。

系统测试的目的是在真实的系统工作环境下检验软件是否能与系统正确连接，发现软件与系统需求不一致的地方。

系统测试的具体实施一般包括功能测试、性能测试、操作测试、配置测试、外部接口测试、安全性测试等。

8.3.5　程序的调试

在对程序进行了成功的测试之后将进入程序调试(通常称为 Debug，即排错)。程序调试的任务是诊断和改正程序中的错误。它与软件测试不同，软件测试是尽可能多地发现软件中的错误。先要发现软件的错误，然后借助于一定的调试工具去执行软件，找出软件错误的具体位置。软件测试贯穿整个软件生命周期，调试主要在开发阶段。

1. 程序调试的步骤

由程序调试的概念可知，程序调试活动由两部分组成，其一是根据错误的迹象确定程序中错误的确切性质、原因和位置；其二是对程序进行修改，排除这个错误。因为修改程序可能带来新的错误，最后还要进行回归测试，防止产生新的错误。

2. 调试方法

调试的关键在于推断程序内部的错误位置及原因。从是否跟踪和执行程序的角度，调试类似于软件测试，软件调试可以分为静态调试和动态调试。软件测试中讨论的静态分析方法同样适用于静态调试。静态调试主要指通过人的思维来分析源程序代码和排错，是主要的调试手段，而动态调试是辅助静态调试的。主要的调试方法可以采用强行排错法、回溯法、原因排除法。

(1)强行排错法：作为传统的调试方法，其过程可概括为设置断点、程序暂停、观察程序状态、继续运行程序。它是目前使用较多、效率较低的调试方法。其涉及的调试技术主要是设置断点和监视表达式。

(2)回溯法：该方法适合于小规模程序的排错。即一旦发现了错误，先分析错误征兆，确定最先发现"症状"的位置，然后，从发现"症状"的地方开始，沿程序的控制流程，逆向跟踪源程序代码，直到找到错误根源或确定错误产生的范围。

(3)原因排除法：原因排除法是通过演绎和归纳，以及二分法来实现的。

演绎法的基本思想是从一些线索(错误征兆或与错误发生有关的数据)着手，通过分析寻找到潜在的原因，从而找出错误。

二分法实现的基本思想是：如果已知每个变量在程序中若干个关键点的正确值，则可以使用定值语句(如赋值语句、输入语句等)在程序中的某点附近给这些变量赋正确值，然后运行程序并检查程序的输出。

8.4　数据库设计基础

8.4.1　数据管理技术的发展

1. 数据处理

数据处理是对数据的收集、存储、加工和传播等一系列活动的总和。其基本目的是从大量的、杂乱无章的、难以理解的数据中整理出对人们有价值、有意义的数据，作为决策的依据。数据管理则是对数据进行分类、组织、编码、存储、检索和维护，它是数据处理的中心问题。

2. 数据管理技术的发展

随着计算机技术的发展，数据管理技术经历了人工管理、文件系统管理、数据库系统管理三个阶段。每一阶段的发展以数据存储冗余不断减小、数据独立性不断增强、数据操作更加方便和简单为标志，因此各有各的特点(表 8-3)。

表 8-3　数据管理三个阶段的特点比较

	人工管理阶段	文件系统阶段	数据库系统阶段
数据的管理者	用户(程序员)	文件系统	数据库管理系统
数据的针对者	特定应用程序	面向某一应用	面向整体应用
数据的共享性	无共享，冗余度极大	共享性差，冗余大	共享性好
数据的独立性	无独立性	独立性差	独立性好
数据的结构化	无结构	记录内有结构，整体无结构	整体结构化

1)人工管理阶段

20 世纪 50 年代中期以前，计算机主要应用于科学计算，数据量较少，一般不需要长期保存数据。硬件方面，没有磁盘等直接存取的外存储器；软件方面，没有对数据进行管理的系统软件。在此阶段，对数据的管理是由程序员个人考虑和安排的，他们既要设计算法，又要考虑数据的逻辑结构、物理结构以及输入/输出方法等问题。程序与数据是一个整体，一个程序中的数据无法被其他程序使用，因此程序与程序之间存在大量的重复数据。数据存储结构一旦有所改变，则必须修改相应程序。应用程序的设计与维护负担繁重。

2)文件系统阶段

20 世纪 50 年代后期至 60 年代后期，计算机开始大量用于数据管理。硬件上出现了直接存取的大容量外存储器，如磁盘、磁鼓等，这为计算机系统管理数据提供了物质基础；软件方面，出现了操作系统，其中包含文件系统，这又为数据管理提供了技术支持。计算机中的数据组织成相互独立的被命名的数据文件，并可根据文件的名字来进行访问。数据可以长期保存在计算机外存储器上，可以对数据进行反复处理，并支持文件的查询、修改、插入和删除等操作。文件系统实现了记录内的结构化，但从文件的整体来看却是无结构的，其数据面向特定的应用程序，因此数据共享性、独立性差，且冗余度大，管理和维护的代价也很大。

3) 数据库系统阶段

20 世纪 60 年代后期，计算机在管理中的应用规模更加庞大、数据量急剧增加，数据共享性更强。硬件价格下降，软件价格上升，编制和维护软件所需要的成本相对增加，其中维护成本更高。这些成为数据管理在文件系统的基础上发展到数据库系统的原动力。

在数据库系统中，由一种叫做数据库管理系统(DataBase Management Systems，DBMS)的系统软件来对数据进行统一的控制和管理，从而有效地减少了数据冗余，实现了数据共享，解决了数据独立性问题，并提供统一的安全性、完整性和并发控制功能。

数据库(DataBase，DB)是在数据库管理系统的集中控制之下，按一定的组织方式存储起来的、相互关联的数据集合。在数据库中集中了一个部门或单位完整的数据资源，这些数据能够为多个用户同时共享，且具有冗余度小、独立性和安全性高等特点。

数据库技术的发展先后经历了层次数据库、网状数据库和关系数据库。层次数据库和网状数据库可以看做是第一代数据库系统，关系数据库可以看做是第二代数据库系统。自 20世纪 70 年代提出关系数据模型和关系数据库后，数据库技术得到了蓬勃发展，应用也越来越广泛。但随着应用的不断深入，占主导地位的关系数据库系统已不能满足新的应用领域的需求。正是实际中涌现出的许多问题，促使数据库技术不断向前发展，涌现出许多不同类型的新型数据库系统，如分布式数据库系统、面向对象数据库系统、多媒体数据库系统等。

8.4.2　数据库系统

1. 数据库系统的组成

数据库系统(DataBase System，DBS)通常是指带有数据库的计算机应用系统，它不仅包括数据库本身，即实际存储在计算机中的数据，还包括相应的硬件、软件和各类人员。

1) 数据库

数据库系统中的数据库是按一定法则存储在计算机外存储器中的大批数据。它不仅包括描述事物的数据本身，而且还包括相关事物之间的联系。

数据库中的数据面向多种应用，可以被多个用户、多个应用程序共享。其数据结构独立于使用数据的程序，对于数据的增加、删除、修改和检索由系统软件进行统一控制。

2) 硬件

数据库系统的硬件资源包括主机、外存储器及外部设备等。通常要求较大内存和外存空间，同时要求有较高的通道能力，因为数据交换频率高、量大，如果能力较低，则直接影响数据库系统的效率。

3) 软件

数据库系统中的软件包括操作系统、数据库管理系统及数据库应用系统等。

(1) 数据库应用系统。数据库应用系统是指系统开发人员利用数据库系统资源开发出来的，面向某一类实际应用的应用软件系统。例如，教学管理系统、商品信息系统等。

(2) 数据库管理系统。数据库管理系统是数据库系统中的核心软件，用于处理所有用户对数据库存取的请求，其主要功能如下。

① 数据定义功能：DBMS 提供数据定义语言(Data Definition Language，DDL)，用户通过它可以方便地对数据库中的相关内容进行定义。例如，对数据库、基本表、视图和索引进行定义。

②数据操纵功能：DBMS 向用户提供数据操纵语言（Data Manipulation Language，DML），实现对数据库的基本操作。例如，对数据库中数据的查询、插入、删除和修改。

③数据库的运行管理：这是 DBMS 的核心部分，它包括并发控制，安全性检查，完整性约束条件的检查和执行，数据库的内部维护（如索引、数据字典的自动维护）等。所有数据库的操作都要在这些控制程序的统一管理下进行，以保证数据安全性、完整性和多个用户对数据库的并发操作。

④数据库的建立和维护功能：数据库初始数据的输入、转换功能，数据库的转储、恢复功能，数据库的重新组织功能和性能监测、分析功能等，这些功能通常是由一些实用程序完成的，它是数据库管理系统的一个重要组成部分。

⑤数据字典：数据字典是存放数据库各级模式结构的描述，也是访问数据库的接口。在大型系统中，数据字典也可以单独成为一个系统。

⑥数据通信功能：包括与操作系统的联机处理，分时处理和远程作业传输的相应接口等，这一功能对分布式数据库系统尤为重要。

4）数据库系统的有关人员

数据库系统的有关人员主要有最终用户、数据库应用系统开发人员和数据库管理员（DataBase Administrator，DBA）三类。最终用户指通过应用系统的用户界面使用数据库的人员，他们一般对数据库知识了解不多。数据库应用系统开发人员包括系统分析员、系统设计员和程序员。系统分析员负责应用系统的分析，他们和用户、数据库管理员相配合，参与系统分析；系统设计员负责应用系统设计和数据库设计；程序员则根据设计要求进行编码。数据库管理员是数据管理机构的一组人员，他们负责对整个数据库系统进行总体控制和维护，以保证数据库系统的正常运行。

2. 数据库系统结构

可以从多种不同层次或不同角度考察数据库系统的结构。从数据管理系统的角度看，数据库通常采用三级模式结构，这是数据库管理系统的内部结构；从数据库最终用户角度看，数据库系统的结构可分为集中式结构、分布式结构、客户/服务器结构、并型结构，这是数据库系统的外部体系结构。

这里主要介绍数据库系统的内部结构，即数据库的三级模式结构由外模式、模式和内模式组成，如图 8-42 所示。

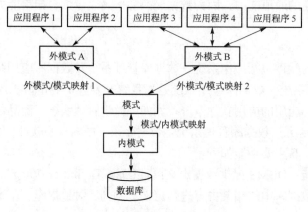

图 8-42　数据库的三级模式结构

1）外模式

外模式又称为子模式，对应于用户级。它是某个或某几个用户所看到的数据库的数据视图，是与某一应用有关的数据的逻辑表示。外模式是从模式导出的一个子集，包含模式中允许特定用户使用的那部分数据。用户可以通过外模式描述语言来描述、定义对应于用户的数据记录（外模式），也可以利用数据操纵语言对这些数据记录进行同样的操作。外模式反映了数据库的用户观。

2）模式

模式又称为概念模式或逻辑模式，对应于概念级。它是由数据库设计者综合所有用户的数据，按照统一的观点构造的全局逻辑结构，是对数据库中全部数据的逻辑结构和特征的总体描述，是所有用户的公共数据视图（全局视图）。同时，它是由数据库系统提供的数据模式描述语言来描述、定义的，体现、反映了数据库系统的整体观。

3）内模式

内模式又称为存储模式，对应于物理级。它是数据库中全体数据的内部表示或底层描述，是数据库最低一级的逻辑描述，它描述了数据在存储介质上的存储方式和物理结构，对应着实际存储在外存储介质上的数据库。内模式由内模式描述语言来描述、定义，它是数据库的存储观。

在一个数据库系统中，只有唯一的数据库，因而作为定义、描述数据库存储结构的内模式和定义、描述数据库逻辑结构的模式，也是唯一的，但建立在数据库系统之上的应用则是非常广泛、多样的，所以对应的外模式不是唯一的，也不可能唯一。

4）三级模式间的映射

数据库系统的三级模式是对数据的三级抽象，数据的具体组织由数据库管理系统负责，使用户能逻辑地处理数据，而不必考虑数据在计算机中的物理表示和存储方法。为了实现三个抽象层次的转换，数据库系统在三级模式中提供了两级映射：外模式/模式映射和模式/内模式映射。

用户应用程序根据外模式进行数据操作，通过外模式/模式映射，定义和建立某个外模式与模式间的对应关系，将外模式与模式联系起来，当模式发生改变时，只要改变其映射，就可以使外模式保持不变，对应的应用程序也可保持不变；另外，通过模式/内模式映射，定义建立数据的逻辑结构（模式）与存储结构（内模式）间的对应关系，当数据的存储结构发生变化时，只需要改变模式/内模式映射，就能保持模式不变，因此应用程序也可以保持不变。

3. 数据库系统的特点

1）数据共享

数据共享是指多个用户可以同时存取数据而不相互影响。数据共享包括以下三个方面：所有用户可以同时存取数据；数据库不仅可以为当前的用户服务，也可以为将来的新用户服务；可以使用多种语言完成与数据库的接口。

2）减少数据冗余

数据冗余就是数据重复，数据冗余既浪费存储空间，又容易产生数据的不一致。在非数据库系统中，由于每个应用程序都有自己的数据文件，所以数据存在着大量的重复。

数据库应从全局观念来组织和存储数据，数据已经根据特定的数据模型结构化，在数库中用户的逻辑数据文件和具体的物理数据文件不必一一对应,从而有效地节省了存储资源,减少了数据冗余,增强了数据的一致性。

3)具有较高的数据独立性

所谓数据独立性是指数据与应用程序之间的彼此独立,它们之间不存在相互依赖的关系。

在数据库系统中,数据库管理系统通过映像实现了应用程序对数据的逻辑结构与物理存储结构之间较高的独立性。数据库的数据独立包括两个方面。

(1)物理数据独立:数据的存储格式和组织方法改变时,不影响数据库的逻辑结构,从而不影响应用程序。

(2)逻辑数据独立:数据库逻辑结构的变化(如数据定义的修改,数据间联系的变更等)不影响用户的应用程序。

4)增强了数据安全性和完整性保护

数据库加入了安全保密机制,可以防止对数据的非法存取。由于实行集中控制,有利于控制数据的完整性。数据库系统采用了并发访问控制,保证了数据的正确性。另外,数据库系统还采取了一系列措施,实现了对数据库破坏的恢复。

8.4.3 数据模型

1. 数据模型概述

1)数据描述

在计算机进行数据处理过程中,数据的表示要经历三个阶段,即现实世界、信息世界和计算机世界的数据描述。

(1)现实世界:是指客观存在的世界中的事实及其联系。在这一阶段要对现实世界的信息进行收集、分类,并抽象成信息世界的描述形式。

(2)信息世界:是现实世界在人们头脑中的反映,又称为观念世界。客观事物在信息世界中称为实体,反映事物间联系的是实体模型或概念模型。现实世界是物质的,相对而言信息世界是抽象的。

(3)计算机世界:是信息世界中的信息数据化后对应的产物。现实世界中的客观事物及其联系,在计算机世界中以数据模型描述。相对于信息世界,计算机世界是量化的、物化的。

2)数据模型的组成要素

数据模型是数据库管理系统中用于提供信息数据表示和操作手段的形式,它是对现实世界中的具体事物的抽象与表示,是由若干概念构成的集合。数据模型通常由数据结构、数据操作和完整性约束三个部分组成,也称为数据模型三要素。

(1)数据结构。数据结构是数据库系统静态特性的描述,是所研究的对象类型的集合。这些对象是数据库的组成部分,它们一般分为两大类,一类是与数据类型、内容、性质有关的对象,另一类是与数据之间关联有关的对象。根据数据结构的类型不同,数据库结构通常分为层次模型、网状模型、关系模型和面向对象模型。

(2)数据操作。数据操作是对数据库系统动态特性的描述。对数据库的操作主要有两类,即检索和更新(包括插入、删除、替换、修改)。数据模型要定义这些操作的确切含义、操作符号、操作规则以及实现操作的语言。

(3)完整性约束。数据的完整性约束条件是完整性规则的集合。完整性规则是给定的数据模型中数据及其联系所具有的约束和依存规则。这些规则用来限定基于数据模型的数据库的状态及状态的变化，以保证数据库中数据的正确、有效和相容。

2. 概念模型

1) 信息世界中的基本概念

(1) 实体(Entity)。客观存在并可相互区别的事物称为实体。它可以指人，如一名教师、一名学生等，也可以指物，如一本书、一张桌子等。它不仅可以指实际的物体，还可以指抽象的事件，如一次借书、一次奖励等。它还可以指事物与事物之间的联系，如学生选课、客户订货等。

(2) 属性(Attribute)。实体所具有的某一特性称为属性。一个实体可以由若干个属性来刻画。例如，学生实体可以用学号、姓名、性别、专业、出生日期、籍贯等属性来描述。

(3) 域(Domain)：属性的取值范围称为该属性的域。例如，姓名的域为字符串集合，性别的域为(男，女)。

(4) 码(Key)。唯一标识实体的属性集称为码。例如，教师编号是教师实体的码。

(5) 实体型(Entity Type)。具有相同属性的实体必然具有共同的特征和性质。用实体名及其属性名集合来刻画同类实体，称为实体型。例如，学号、姓名、性别、专业、出生日期、籍贯等表征"学生"这样一种实体的实体型。

(6) 实体集(Entity Set)。同类型的实体的集合称为实体集。例如，全体教师就是一个实体集。

(7) 联系(Relationship)。现实世界中，事物内部以及事物之间是有联系的。这些联系在信息世界中反映为实体内部的联系和实体之间的联系。一个实体内部的联系指组成实体的各属性之间的联系，而实体间的联系指实体之间的相互关联。如果参与联系的实体集数目为 n，则称这种联系为 n 元联系。例如，有一元联系、二元联系、三元联系等。

①二元联系。只有两个实体集参与的联系称为二元联系，它是现实世界中大量存在的联系，可分为以下三类。

➤ 一对一联系($1:1$)：如果对于实体集 A 中的每一个实体，实体集 B 中有且只有一个实体与之联系，反之亦然，则称实体集 A 与实体集 B 具有一对一联系。例如，一个班级只有一个班长，一个班长对应一个班级，则班长与班级之间具有一对一联系。

➤ 一对多联系($1:n$)：如果对于实体集 A 中的每一个实体，实体集 B 中有多个实体与之联系，反之，对于实体集 B 中的每一个实体，实体集 A 中至多只有一个实体与之联系，则称实体集 A 与实体集 B 有一对多的联系。例如，一个宿舍可以住多名学生，一名学生只能住在一个宿舍中，则宿舍与学生之间具有一对多联系。

➤ 多对多联系($m:n$)：如果对于实体集 A 中的每一个实体，实体集 B 中有多个实体与之联系，而对于实体集 B 中的每一个实体，实体集 A 中也有多个实体与之联系，则称实体集 A 与实体集 B 之间有多对多的联系。例如，一门课程同时有若干名学生选修，而一名学生可以同时选修多门课程，则课程与学生之间具有多对多联系。

②多元联系。参与联系的实体集个数大于或等于 3 时，称为多元联系。与二元联系一样，多元联系也可分为 $1:1$、$1:n$ 和 $m:n$。例如，顾客、商店和商品之间的"购物"联系就是三元联系，而且属于 $m:n$ 联系。

③自反联系。它指同一实体集内两部分实体之间的联系，也可分为 $1:1$、$1:n$ 和 $m:n$

三种。例如，"人"这个实体集中，为了描述丈夫和妻子之间的关系，可用 1∶1 表示。"职工"实体集中，为了描述领导与被领导的关系，可用 1∶n 联系表示。又如，"零件"实体集中，一种零件可由多种其他零件装配而成，而一种零件又可装配于多种零件之中，零件的装配关系可用 m∶n 表示。

2) 概念模型的表示方法

概念模型的表示方法很多，其中最为常用的是 P.S.Chen 于 1976 年提出的实体-联系方法（Entity-Relationship Approach）。该方法用 E-R 图来描述现实世界的概念模型，E-R 方法也称为 E-R 模型。E-R 图提供了表示实体、属性和联系的方法。

（1）实体：用矩形表示，矩形框内写明实体名。

（2）属性：用椭圆形表示，并用无向边将其与相应的实体连接起来。

例如，用 E-R 图表示学生实体及其属性，如图 8-43 所示。

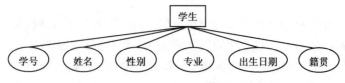

图 8-43　学生实体及属性

（3）联系：用菱形表示，菱形框内写明联系名，并用无向边分别与有关实体连接起来，同时在无向边旁标上联系的类型（1∶1，1∶n 或 m∶n）。如果一个联系具有属性，则这些属性也要用无向边与该联系连接起来。

E-R 模型对复杂对象、复杂联系也有很强的表达能力。图 8-44 显示了 E-R 图中常见的几种联系方式，图中省略了实体和联系的属性。

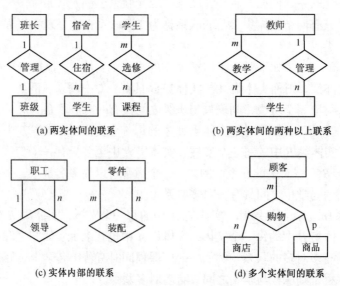

图 8-44　常见 E-R 模型

3. 常用的数据模型

数据模型的设计方法决定着数据库的设计方法，常见的数据模型有三种，即层次模型

(Hierarchical Model)、网状模型(Network Model)和关系模型(Relational Model)。

1)层次模型

层次模型用树形结构来表示实体及其之间的联系。在这种模型中,数据被组织成由"根"开始的"树",每个实体由根开始沿着不同的分支放在不同的层次上。树中的每一个结点代表实体型,连线则表示它们之间的关系。根据树形结构的特点,建立数据的层次模型需要满足如下两个条件。

(1)有一个结点没有父结点,这个结点即根结点。

(2)其他结点有且仅有一个父结点。

事实上,层次结构在现实世界中很普遍,如家族结构、行政组织机构,它们自顶向下、层次分明。图 8-45 给出了一个学校实体的层次模型。

层次模型具有层次清晰、构造简单、易于实现等优点。但由于受到如上所述的两个条件的限制,它可以比较方便地表示出一对一和一对多的实体联系,而不能直接表示出多对多的实体,对于多对多的联系,必须先将其分解为几个一对多的联系,才能表示出来。因而,对于复杂的数据关系,实现起来较为麻烦,这就是层次模型的局限性。

2)网状模型

网状数据模型用以实体型为结点的有向图来表示各实体及其之间的联系。其特点如下。

(1)可以有一个以上的结点无父结点。

(2)至少有一个结点有多于一个的父结点。

图 8-46 给出了网状模型的示例,图中矩形框表示的是实体,连线表示实体间的联系,S1,S2,…,S7 是联系的命名。设备与工人之间有两种不同的联系,S5 表示设备由工人使用的关系,S6 表示设备由工人维护的关系,每个工人使用和保养的设备可以是不同的。

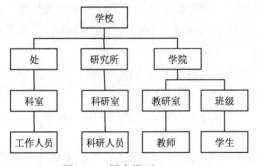

图 8-45　层次模型

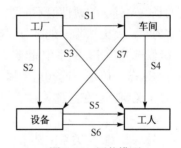

图 8-46　网状模型

由于树形结构可以看成是有向图的特例,所以网络模型要比层次模型复杂,但它可以直接用来表示"多对多"联系。然而由于技术上的困难,一些已实现的网状数据库管理系统(如DBTG)中仍然只允许处理"一对多"联系。

在以上两种数据模型中,各实体之间的联系是用指针实现的,其优点是查询速度快。但是当实体集和实体集中实体的数目都较多(这对数据库系统来说是理所当然的)时,众多的指针使得管理工作相当复杂,对用户来说使用也比较麻烦。

3)关系模型

关系模型与层次模型和网状模型相比有着本质的差别,它是用二维表格来表示实体及其相互之间的联系。在关系模型中，把实体集看成一个二维表，每一个二维表称为一个关系。每个关系均有一个名字，称为关系名。例如，表 8-4 就是一个学生关系表。

表 8-4　学生关系

学号	姓名	性别	出生日期	专业	籍贯
260601	刘宁宁	男	1992/10/01	英语教育	河南焦作
260601	张华	女	1993/02/12	社会学	江苏无锡
260603	李小莉	女	1992/11/05	英语教育	山东菏泽
260604	王磊	男	1992/12/04	网络工程	河南洛阳

虽然关系模型比层次模型和网状模型发展得晚，但是因为它建立在严格的数学理论基础上，所以是目前比较流行的一种数据模型。

8.4.4　关系数据库基础

1．基本概念

（1）关系。一个关系就是一张二维表，通常将一个没有重复行、重复列的二维表看成一个关系，每个关系都有一个关系名。

（2）元组。二维表的每一行在关系中称为元组。

（3）属性。二维表的每一列在关系中称为属性，每个属性都有一个属性名，属性值则是各个元组属性的取值。

（4）域。属性的取值范围称为域。域作为属性值的集合，其类型与范围具体由属性的性质及其所表示的意义确定。同一属性只能在相同域中取值。

（5）关键字。关系中能唯一区分、确定不同元组的属性或属性组合，称为该关系的一个关键字。单个属性组成的关键字称为单关键字，多个属性组合的关键字称为组合关键字。需要强调的是，关键字的属性值不能取"空值"，所谓空值就是"不知道"或"不确定"的值。若关键字为空，将无法唯一地区分、确定元组。

（6）候选关键字。关系中能够成为关键字的属性或属性组合可能不是唯一的。凡在关系中能够唯一区分、确定不同元组的属性或属性组合，称为候选关键字。

（7）主关键字。在候选关键字中选定一个作为关键字，称为该关系的主关键字。关系中主关键字是唯一的。

（8）外部关键字。关系中某个属性或属性组合并非关键字，但却是另一个关系的主关键字，称此属性或属性组合为本关系的外部关键字。关系之间的联系是通过外部关键字实现的。

（9）关系模式。对关系的描述称为关系模式，其格式为

关系名（属性名 1，属性名 2，…，属性名 n）

关系既可以用二维表格描述，也可以用数学形式的关系模式来描述。一个关系模式对应一个关系的结构。

2．关系模型的基本特点

在关系模型中，关系具有如下基本特点。

（1）关系必须规范化，属性不可再分割。规范化是指关系模型中每个关系模式都必须满足一定的要求，最基本的要求是关系必须是一张二维表，每个属性值必须是不可分割的最小数

据单元，即表中不能再包含表。

(2)在同一关系中不允许出现相同的属性名。

(3)在同一关系中不允许出现相同的元组。

(4)在同一关系中元组及属性的顺序可以任意。

3. 从 E-R 图导出关系模型

(1)对于 E-R 图中的每一个实体，都应转换为一个关系，实体的属性即为关系的属性，实体的码即为关系的码。

(2)对于 E-R 图中的联系，情况比较复杂，要根据实体联系方式的不同，采用不同的手段加以实现。

①两实体间 1：1 联系：只需要在一个实体中增加另一个实体的码，并可省略两实体间的联系。例如，如图 8-44(a)所示的"班长-管理-班级"E-R 模型，可以省去"管理"这个联系，在"班级"关系中加入"班长"的主关键字"学号"，或在"班长"关系中加入属性"班级号码"。

②两实体间 1：n 联系：可以将"1"方实体的"主关键字"纳入"n"方实体对应的关系中作为"外部关键字"，同时把联系的属性也一并纳入"n"方对应的关系中。

例如，如图 8-44(a)所示的"宿舍-住宿-学生"E-R 模型，"宿舍"实体的属性为宿舍编号、地址、床位数，其中宿舍编号为码；"学生"实体的属性为学号、姓名、性别、专业、其中学号为码；"住宿"联系的属性为床位号。则所对应的关系模型为

宿舍(宿舍编号，地址，床位数)

学生(学号，姓名，性别，专业，宿舍编号，床位号)

其中有下划线的属性为关系的主关键字。

③两实体间 m：n 联系：需要对联系单独建立一个关系。该关系的属性中至少要包括它所联系的双方实体的关键字，联系自身若有属性，也需要加入此关系中。

例如，如图 8-44(a)所示的"学生-选修-课程"E-R 模型，"学生"实体的属性为学号、姓名、性别、专业、其中学号为码；"课程"实体的属性为课程编号、课程名称、学分，其中课程编号为码；"选修"联系的属性为成绩。则所对应的关系模型为

学生(学号，姓名，性别，专业)

课程(课程编号，课程名称，学分)

选修(学号，课程编号，成绩)

④两个以上实体间 m：n 多元联系：必须为联系单独建立一个关系，该关系中最少应包括被它联系的各个实体的"主关键字"，若是联系有属性，也要归入这个关系中。

⑤同一实体内部个体间 1：n 联系：可在这个实体所对应的关系中多设一个属性，用来表示与该个体相联系的上级个体的关键字。

例如，如图 8-44(c)所示的"职工-领导"E-R 模型，"职工"实体的属性为工号、姓名、性别、工资、其中工号为码；"领导"联系的属性为民意。则所对应的关系模型为

职工(工号，姓名，性别，工资，领导者工号，民意)

⑥同一实体内部存在 m：n 的联系：需要对联系单独建立一个关系。该关系的属性中至少要包括它所联系的双方个体的关键字，联系自身若有属性，也需要加入此关系中。

4. 关系的完整性

关系完整性是为保证数据库中数据的正确性和相容性，对关系模型提出的某种约束条件或规则。关系模型提供了三类完整性规则：实体完整性、参照完整性、用户定义的完整性规则。其中，实体完整性规则和参照完整性规则是关系模型必须满足的完整性约束条件。

1）实体完整性

实体完整性是指关系的主关键字不能取"空值"。因为主关键字是唯一决定元组的，如果为空值则其唯一性就成为不可能的了。

2）参照完整性

参照完整性是定义建立关系之间联系的主关键字与外部关键字引用的约束条件。关系数据库中通常都包含多个存在相互联系的关系，关系与关系之间的联系是通过公共属性来实现的。所谓公共属性，它是一个关系 R（称为被参照关系或目标关系）的主关键字，同时又是另一关系 K（称为参照关系）的外部关键字。如果参照关系 K 中外部关键字的取值，要么与被参照关系 R 中某元组主关键字的值相同，要么取空值，那么，在这两个关系间建立关联的主关键字和外部关键字引用符合参照完整性规则要求。

3）用户定义完整性

根据应用环境的要求和实际的需要，对某一具体应用所涉及的数据提出约束性条件。这一约束机制一般不应由应用程序提供，而应由关系模型提供定义并检验。用户定义完整性主要包括字段有效性约束和记录有效性约束。

例如，在上面示例给出的学生选课关系模型中，对于学生关系和课程关系，学生关系的主关键字是属性"学号"，课程关系的主关键字是属性"课程编号"，受到实体完整性规则的约束，这两个属性的值在表中必须是唯一的和确定的，这样才能有效地标识每名学生和课程。

为了满足参照完整性规则，选修关系中的学号必须是学生关系中学号的有效值，否则就是违法的数据。同理，选修关系中的课程号必须是课程关系中课程号的有效值，否则也是违法的数据。

我们设定用户定义的完整性规则——选修关系中的属性"成绩"不能小于 0 和大于 100，为了满足该规则，用户在输入成绩项的数据时，该值必须在 0 ~ 100，否则就是违法的数据，系统应采取相应措施予以提示。

5. 关系代数

关系数据库系统的特点之一是它建立在数学理论的基础之上，有很多数学理论可以表示关系模型的数据操作，其中最为著名的是关系代数（Relational Algebra）与关系演算（Relational Calculus）。数学上已经证明两者在功能上是等价的，在此只介绍关系代数中的运算。它可以分为两类，即通常的集合运算和专门的关系运算。

1）通常的集合运算

（1）并（Union）：两个关系 R1、R2 的并是由属于 R 1 或 R2 的元组组成的集合 R3，记为 R3=R1∪R2。R1、R2、R3 的属性个数相同，且相应属性分别有相同的值域。

设 R1 和 R2 如表 8-5 和表 8-6 所示，则 R1 和 R2 的并 R3 如表 8-7 所示。

（2）差（Difference）：两个关系 R1、R2 的差是由属于 R1 但不属于 R2 的元组组成的集合 R3，记为 R3=R1−R2。R1、R2、R3 的属性个数相同，且相应属性分别有相同的值域。表 8-8 给出 R1−R2 的结果。

表 8-5　关系 R1		
A	B	C
a	b	c
d	e	f
g	h	i

表 8-6　关系 R2		
A	B	C
b	d	a
d	e	f

表 8-7　R1∪R2		
A	B	C
a	b	c
d	e	f
g	h	i
b	d	a

（3）交（Intersection）：两个关系 R1、R2 的交是由既属于 R1 同时又属于 R2 的元组组成的集合 R3，记为 R3=R1∩R2。R1、R2、R3 的属性个数相同，且相应属性分别有相同的值域。表 8-9 给出 R1∩R2 的结果。

（4）笛卡儿积（Cartesian Product）：设 R1 为 m 元关系，R2 为 n 元关系。R1 和 R2 的笛卡儿积产生一个新关系 R3，记作 R3=R1×R2。R3 是一个 $m+n$ 列元组组成的集合，每一个元组的前 m 列是 R1 的一个元组，后 n 列是 R2 的一个元组，R3 的元组个数等于 R1 的元组个数与 R2 的元组个数的积，其构成方法是用 R1 的每个元组分别与 R2 的每个元组组合成新元组，直到 R1 和 R2 的每个元组两两组合完，即得到了新关系 R3 的所有元组。表 8-10 给出了 R1×R2 的结果。

表 8-8　R1–R2		
A	B	C
a	b	c
g	h	i

表 8-9　R1∩R2		
A	B	C
d	e	f

表 8-10　R1×R2					
A	B	C	A	B	C
a	b	c	b	d	a
a	b	c	d	e	f
d	e	f	b	d	a
d	e	f	d	e	f
g	h	i	b	d	a
g	h	i	d	e	f

2）专门的关系运算

（1）选择（Selection）：选择运算是从指定关系中选取满足给定条件的元组，组成新的关系，记作 $\sigma_F(R)$。其中，F 为条件表达式，由属性名或列号、常数、关系运算符（<、>、≤、≥、=、≠）及逻辑运算符（NOT、AND、OR）组成，R 为指定的被运算的关系名。选择是在行的方向上进行挑选，为用户提供了构造符合某种条件的原关系子集的方法。表 8-11 给出了选择 R1 中属性 A 的值为 g 的元组的结果。

（2）投影（Projection）：投影运算是从指定的关系中选取所需要的属性，按要求排列组成一个新的关系，新关系的各个属性值来自原关系中相应的属性值，并去掉重复的元组，记为 $\pi A(R)$。其中，R 为被运算关系，A 为投影表达式，可以是属性名序列也可以是属性序号的系列。

投影运算在给定关系的列的方向上进行选择。它为用户提供了挑选某些属性并改变它们的排列次序来构造新关系的一种方法。表 8-12 给出了选择关系 R1 的 A、C 两列并交换次序所得到的结果。

（3）连接（Join）：连接运算是从两个指定关系 R1、R2 的笛卡儿积中选取属性间满足给定条件的所有元组，组成一个新关系，记为 R1 $\underset{i\theta j}{\bowtie}$ R2，其中，R1、R2 代表两个不同的关系名；i、j 分别代表 R1 的一个属性和 R2 的一个属性，可以是属性名，也可以是属性序号；θ 表示关系运算符。连接的结果关系的属性个数为两个关系属性个数之和。表 8-13 给出 $R1 \underset{B=A}{\bowtie} R2$ 的结果。

表 8-11 $\sigma_{A=g}(R1)$

A	B	C
g	h	i

表 8-12 $\pi_{C,A}(R1)$

C	A
c	a
f	d
i	g

表 8-13 $R1 \underset{B=A}{\bowtie} R2$

A	B	C	A	B	C
a	b	c	b	d	a

当连接运算中的比较符 θ 为 "=" 时称为等值连接，θ 为 "<" 时称为小于连接，θ 为 ">" 时称为大于连接。

在等值连接情况下，如果参与比较的两个关系中用于比较的属性相同，即有公共属性，则此连接称为自然连接，记为 $R1 \bowtie R2$。结果关系中属性个数不再是两关系属性个数之和，而是要去掉重复的属性。显而易见，若在两个关系无公共属性情况下作自然连接运算，实际上等同于求它们的笛卡儿积。表 8-16 给出了表 8-14 和表 8-15 自然连接的结果。

表 8-14   关系 R1

A	B	C
1	2	3
4	5	6
7	8	9

表 8-15   关系 R2

B	C	D
2	3	2
5	6	3
9	8	5

表 8-16 $R1 \bowtie R2$

A	B	C	D
1	2	3	2
4	5	6	3

8.4.5 数据库设计

数据库设计是数据库应用的核心。在此，以关系数据库为基础讨论数据库应用系统设计。一般来讲，数据库及其应用系统设计分为以下六个阶段，如图 8-47 所示。

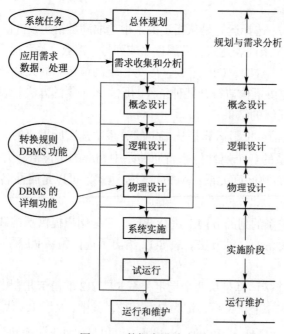

图 8-47   数据库设计步骤

(1)需求分析：即准确了解与分析用户需求，这是整个数据库设计的基础。

(2)概念结构设计：对用户的需求进行综合、归并与抽象，形成一个独立于具体 DBMS 的概念模型，一般用 E-R 图表示概念模型。

(3)逻辑结构设计：将得到的概念结构模型转换为关系模型，即按关系数据库的要求转换，使其在功能、性能、完整性约束、一致性和可扩充性等方面均满足用户需求。

(4)物理结构设计：选择数据库使用的物理结构，包括存储结构和存取方法等。

(5)数据库实施：根据逻辑设计和物理设计的结果建立数据库，编制与调试应用程序，组织入库，并进行试运行。

(6)数据库运行和维护：数据库系统正式运行中的日常维护。

习 题 八

习题八答案

一、选择题

1. 算法的时间复杂度是指（　　）。

　A. 执行算法程序所需要的时间

　B. 算法程序的长度

　C. 算法执行过程中所需要的基本运算次数

　D. 算法程序中的指令条数

2. 算法的空间复杂度是指（　　）。

　A. 算法程序的长度　　　　　　　　B. 算法程序中的指令条数

　C. 算法程序所占的存储空间　　　　D. 算法执行过程中所需要的存储空间

3. 下列对队列的叙述正确的是（　　）。

　A. 队列属于非线性表　　　　　　　B. 队列按"先进后出"原则组织数据

　C. 队列在队尾删除数据　　　　　　D. 队列按"先进先出"原则组织数据

4. 下面描述中，符合结构化程序设计风格的是（　　）。

　A. 使用顺序、选择和重复(循环)三种基本控制结构表示程序的控制逻辑

　B. 模块只有一个入口，可以有多个出口

　C. 注重提高程序的执行效率

　D. 不使用 goto 语句

5. 下面概念中，不属于面向对象方法的是（　　）。

　A. 对象　　　　　B. 继承　　　　　C. 类　　　　　D. 过程调用

6. 下列工具中为需求分析常用工具的是（　　）。

　A. PAD　　　　　B. PFD　　　　　C. N-S　　　　　D. DFD

7. 软件开发的结构化生命周期方法将软件生命周期划分成（　　）。

　A. 定义、开发、运行维护　　　　　B. 设计阶段、编程阶段、测试阶段

　C. 总体设计、详细设计、编程调试　D. 需求分析、功能定义、系统设计

8. 关系数据管理系统能实现的专门关系运算包括（　　）。

　A. 排序、索引、统计　　　　　　　B. 选择、投影、连接

C．关联、更新、排序　　　　　　　　　D．显示、打印、制表

9．关系模型允许定义 3 类数据约束，下列不属于数据约束的是（　　）。

A．实体完整性约束　　　　　　　　　B．参照完整性约束

C．域完整性约束　　　　　　　　　　D．用户自定义的完整性约束

10．在数据库设计中，将 E-R 图转换成关系数据模型的过程属于（　　）。

A．需求分析阶段　　　B．逻辑设计阶段　　　C．概念设计阶段　　　D．物理设计阶段

二、填空题

1．按"先进后出"原则组织数据的数据结构是_____。

2．在深度为 7 的满二叉树中，度为 2 的结点个数为_____。

3．已知一棵二叉树的前序序列为 ABCDEF,中序序列为 CBDAEF，则这棵二叉树的后序序列是_____。

4．数据结构分为逻辑结构与存储结构，线性链表属于_____。

5．在面向对象方法中，类之间共享属性和操作的机制称为_____。

6．若按功能划分，软件测试的方法通常分为白盒测试方法和_____测试方法。

7．数据库系统的三级模式分别为_____模式、内模式与外模式。

8．一个项目具有一个项目主管，一个项目主管可管理多个项目,则实体"项目主管"与实体"项目"的联系属于_____的联系。

参 考 文 献

白光丽, 孙全党, 高翔, 2003. 计算机应用基础教程. 北京: 电子工业出版社.

郭卫泳, 2008. 计算机应用技术简明教程. 北京: 清华大学出版社.

黄静, 2016. 物联网综述. 北京财贸职业学院学报, 32(6): 21-26.

贾宗福, 2007. 新编大学计算机基础教程. 北京: 中国铁道出版社.

江开耀, 张俊兰, 李晔, 2003. 软件工程. 西安: 西安电子科技大学出版社.

教育部考试中心, 2020a. 全国计算机等级考试二级教程——MS Office 高级应用与设计(2021 年版). 北京: 高等教育出版社.

教育部考试中心, 2020b. 全国计算机等级考试二级教程——MS Office 高级应用与设计上机指导(2021 年版). 北京: 高等教育出版社.

李菲, 李姝博, 邢超. 2012. 计算机基础实用教程. 北京: 清华大学出版社.

李克文, 等, 2007. 大学计算机基础. 北京: 电子工业出版社.

李文军, 2018. 计算机云计算及其实现技术分析. 军民两用技术与产品, (22): 57-58.

李秀, 安颖莲, 姚瑞霞, 等, 2005. 计算机文化基础. 5 版. 北京: 清华大学出版社.

林冬梅, 肖祥慧, 钟敬堂, 2006 . 计算机应用基础. 北京: 清华大学出版社.

陆以勤, 2015. 大数据在智慧校园的应用. 中国教育信息化, (5): 8-10.

罗晓慧, 2019. 浅谈云计算的发展. 电子世界, (8): 104.

马玉洁, 王春霞, 任竞颖, 2008. 计算机基础教程. 北京: 清华大学出版社.

庞丽萍, 张文彬, 吴永英, 等, 2004. 计算机软件技术导论. 北京: 高等教育出版社.

萨师煊, 王珊, 2006. 数据库系统概论. 4 版. 北京: 高等教育出版社.

邵玉环, 2012. Windows 7 实用教程. 北京: 清华大学出版社.

孙全党, 王晓东, 孙全庆, 2008. Flash CS3 中文版应用教程. 北京: 电子工业出版社.

汤子瀛, 梁红兵, 汤小丹, 2007. 计算机操作系统(修订版). 西安: 西安电子科技大学出版社.

王爱民, 徐久成, 2007. 大学计算机基础. 北京: 高等教育出版社.

王贺明, 2005. 大学计算机基础. 北京: 清华大学出版社.

王雄, 2019. 云计算的历史和优势. 计算机与网络, 45(2): 44.

向华, 徐爱芸, 2007. 多媒体技术与应用. 北京: 清华大学出版社.

徐士良, 陈英, 刘晓鸿, 2007. 全国计算机等级考试二级教程公共基础知识. 北京: 高等教育出版社.

许子明, 田杨锋, 2018. 云计算的发展历史及其应用. 信息记录材料, 19(8): 66-67.

薛芳, 2012. 精通 Windows 7 中文版. 北京: 清华大学出版社.

严蔚敏, 吴伟民, 2007. 数据结构(C 语言版). 北京: 清华大学出版社.

杨继, 于繁华, 赵建华, 2006. 大学计算机基础教程及实验指导. 北京: 中国水利水电出版社.

杨振山, 龚沛曾, 2003. 计算机文化基础. 北京: 高等教育出版社.

张国权, 孙全党, 龙怀冰, 2006. Flash 8 中文版精品动画制作 100 例. 北京: 电子工业出版社.

张钧良, 张世波, 2007. 大学计算机基础. 2 版. 北京: 电子工业出版社.

张彦, 苏红旗, 于双元, 等, 2013. 全国计算机等级考试一级教程. 北京: 高等教育出版社.

赵斌, 2019. 云计算安全风险与安全技术研究. 电脑知识与技术, 15(2): 27-28.

赵子江, 2008. 多媒体技术应用教程. 6 版. 北京: 机械工业出版社.